网络空间安全学科系列教材

数据安全与隐私计算基础

刘哲理 吕思艺 李同 黄晏瑜 编著

清華大学出版社
北京

内容简介

本书系统地介绍了数据安全与隐私计算涉及的典型密码技术、差分隐私、密文查询、安全多方计算、联邦机器学习等技术。全书共11章：第1章数据安全概述，介绍了数据安全相关的法律法规；第2章密码基础，包括对称密码、公钥密码、可证明安全性、通用可组合安全及国密算法；第3章同态加密，包括半同态Paillier方案、类同态BGN方案、全同态典型方案及开发框架SEAL；第4章典型密码原语，包括承诺、零知识证明、秘密共享、茫然传输等内容；第5章隐私保护的数据发布，包括k-匿名模型、数据脱敏与溯源、保留格式加密及应用等内容；第6章差分隐私，包括拉普拉斯机制、指数机制、随机响应机制、差分隐私应用等内容；第7章密文查询，包括可搜索加密、保留顺序加密、频率隐藏保序加密、密态数据库等内容；第8章密文集合运算，包括基本概念、隐私集合求交运算、应用实践等内容；第9章安全多方计算，包括布尔电路、电路优化、算术电路、ABY框架及应用实践等内容；第10章不经意随机存取模型，包括基本定义、典型构造、多云ORAM等内容；第11章联邦机器学习，包括联邦学习、横向联邦学习、纵向联邦学习、应用实践等内容。书中每章末都配有适量习题及实验，以供学生巩固和运用所学内容。书中标*章节代表提升章节，教师在授课过程中可以作为提升部分进行讲解。

本书是高等学校信息安全和网络空间安全专业本科生的教材，也可作为信息科学技术类专业(如计算机科学与技术、密码科学与技术、物联网科学与技术等)本科生和研究生的教材，同时也可供从事数据安全和其他信息技术工作的人员参考。

图书在版编目(CIP)数据

数据安全与隐私计算基础 / 刘哲理等编著. -- 北京：清华大学出版社，2025. 1.
(网络空间安全学科系列教材). -- ISBN 978-7-302-68103-8

Ⅰ. TP274

中国国家版本馆CIP数据核字第20256V1X90号

责任编辑：张　民　薛　阳
封面设计：刘　键
责任校对：申晓焕
责任印制：沈　露

出版发行：清华大学出版社
网　　址：https://www.tup.com.cn，https://www.wqxuetang.com
地　　址：北京清华大学学研大厦A座　　**邮　　编：**100084
社 总 机：010-83470000　　**邮　　购：**010-62786544
投稿与读者服务：010-62776969，c-service@tup.tsinghua.edu.cn
质量反馈：010-62772015，zhiliang@tup.tsinghua.edu.cn
课件下载：https://www.tup.com.cn，010-83470236
印 装 者：三河市铭诚印务有限公司
经　　销：全国新华书店
开　　本：185mm×260mm　　**印　　张：**20　　**字　　数：**490千字
版　　次：2025年2月第1版　　**印　　次：**2025年2月第1次印刷
定　　价：59.90元

产品编号：106985-01

网络空间安全学科系列教材

编委会

出版说明

21世纪是信息时代，信息已成为社会发展的重要战略资源，社会的信息化已成为当今世界发展的潮流和核心，而信息安全在信息社会中将扮演极为重要的角色，它会直接关系到国家安全、企业经营和人们的日常生活。随着信息安全产业的快速发展，全球对信息安全人才的需求量不断增加，但我国目前信息安全人才极度匮乏，远远不能满足金融、商业、公安、军事和政府等部门的需求。要解决供需矛盾，必须加快信息安全人才的培养，以满足社会对信息安全人才的需求。为此，教育部继2001年批准在武汉大学开设信息安全本科专业之后，又批准了多所高等院校设立信息安全本科专业，而且许多高校和科研院所已设立了信息安全方向的具有硕士和博士学位授予权的学科点。

信息安全是计算机、通信、物理、数学等领域的交叉学科，对于这一新兴学科的培养模式和课程设置，各高校普遍缺乏经验，因此中国计算机学会教育专业委员会和清华大学出版社联合主办了“信息安全专业教育教学研讨会”等一系列研讨活动，并成立了“高等院校信息安全专业系列教材”编委会，由我国信息安全领域著名专家肖国镇教授担任编委会主任，指导“高等院校信息安全专业系列教材”的编写工作。编委会本着研究先行的指导原则，认真研讨国内外高等院校信息安全专业的教学体系和课程设置，进行了大量具有前瞻性的研究工作，而且这种研究工作将随着我国信息安全专业的发展不断深入。系列教材的作者都是既在本专业领域有深厚的学术造诣，又在教学第一线有丰富的教学经验的学者、专家。

该系列教材是我国第一套专门针对信息安全专业的教材，其特点是：

① 体系完整、结构合理、内容先进。

② 适应面广。能够满足信息安全、计算机、通信工程等相关专业对信息安全领域课程的教材要求。

③ 立体配套。除主教材外，还配有多媒体电子教案、习题与实验导等。

④ 版本更新及时，紧跟科学技术的新发展。

在全力做好本版教材，满足学生用书的基础上，还经由专家的推荐和审定，遴选了一批国外信息安全领域优秀的教材加入系列教材中，以进一步满足大家对外版书的需求。“高等院校信息安全专业系列教材”已于2006年年初正式列入普通高等教育“十一五”国家级教材规划。

2007年6月，教育部高等学校信息安全类专业教学指导委员会成立大会暨第一次会议在北京胜利召开。本次会议由教育部高等学校信息安全类专业教学指导委员会主任单位北京工业大学和北京电子科技学院主办，清华大学出版社协办。教育部高等学校信息安全类专业教学指导委员会的成立对我国信息安全专业的发展起到重要的指导和推动作用。2006 年,教育部给武汉大学下达了“信息安全专业指导性专业规范研制”的教学科研项目。2007 年起,该项目由教育部高等学校信息安全类专业教学指导委员会组织实施。在高教司和教指委的指导下,项目组团结一致,努力工作,克服困难,历时 5 年,制定出我国第一个信息安全专业指导性专业规范,于 2012 年年底通过经教育部高等教育司理工科教育处授权组织的专家组评审,并且已经得到武汉大学等许多高校的实际使用。2013 年,新一届教育部高等学校信息安全专业教学指导委员会成立。经组织审查和研究决定,2014 年,以教育部高等学校信息安全专业教学指导委员会的名义正式发布《高等学校信息安全专业指导性专业规范》(由清华大学出版社正式出版)。

2015 年 6 月,国务院学位委员会、教育部出台增设“网络空间安全”为一级学科的决定,将高校培养网络空间安全人才提到新的高度。2016 年 6 月,中央网络安全和信息化领导小组办公室(下文简称“中央网信办”)、国家发展和改革委员会、教育部、科学技术部、工业和信息化部及人力资源和社会保障部六大部门联合发布《关于加强网络安全学科建设和人才培养的意见》(中网办发文〔2016〕4 号)。2019 年 6 月,教育部高等学校网络空间安全专业教学指导委员会召开成立大会。为贯彻落实《关于加强网络安全学科建设和人才培养的意见》,进一步深化高等教育教学改革,促进网络安全学科专业建设和人才培养,促进网络空间安全相关核心课程和教材建设,在教育部高等学校网络空间安全专业教学指导委员会和中央网信办组织的“网络空间安全教材体系建设研究”课题组的指导下,启动了“网络空间安全学科系列教材”的工作,由教育部高等学校网络空间安全专业教学指导委员会秘书长封化民教授担任编委会主任。本丛书基于“高等院校信息安全专业系列教材”坚实的工作基础和成果、阵容强大的编委会和优秀的作者队伍,目前已有多部图书获得中央网信办和教育部指导评选的“网络安全优秀教材奖”,以及“普通高等教育本科国家级规划教材”“普通高等教育精品教材”“中国大学出版社图书奖”等多个奖项。

“网络空间安全学科系列教材”将根据《高等学校信息安全专业指导性专业规范》(及后续版本)和相关教材建设课题组的研究成果不断更新和扩展,进一步体现科学性、系统性和新颖性,及时反映教学改革和课程建设的新成果,并随着我国网络空间安全学科的发展不断完善,力争为我国网络空间安全相关学科专业的本科和研究生教材建设、学术出版与人才培养做出更大的贡献。

我们的 E-mail 地址是 zhangm@tup.tsinghua.edu.cn,联系人:张民。

“网络空间安全学科系列教材”编委会

前言

在当今信息时代，数据的重要性与日俱增，个人、企业和组织都依赖于数据来进行决策、创新和提供各种服务。2020年，中共中央、国务院发布《关于构建更加完善的要素市场化配置体制机制的意见》，强调“加快培育数据要素市场”。这一政策标志着数据不仅是一种产业或应用，也成为了经济发展赖以依托的战略性资源。然而，随着数据价值得到高度重视，各类数据安全问题也日益突出。我国政府高度重视数据安全与隐私保护，并将其作为国家安全和发展的重要基石。在中共中央和国务院的引领下，我国制定了一系列相关政策和法律法规，旨在构建一个安全可靠的数据环境，保护国家和公民的数据安全与隐私权。其中，2021年，第十三届全国人大常委会第二十九次会议通过了《中华人民共和国数据安全法》，进一步强调了国家对数据安全的重视。如何应对大数据时代下严峻的数据安全威胁，不仅关乎国家经济发展和行业健康成长，更直接关系公民的切身利益。

数据安全即确保数据免受未经授权访问、篡改、泄露和破坏的保护措施。隐私计算关注在数据处理和共享的过程中的隐私保护。数据安全和隐私计算是保证数字化社会长治久安的关键要素。当前，我国政府不断加大对数据安全相关技术研发和创新的支持力度，旨在通过科技创新和产业发展，推动数据安全和隐私计算的前沿技术研究。目前我国在数据安全领域已取得了突出进展，例如，安全多方计算、差分隐私、可信计算等技术的应用不断深化，为保障数据安全和隐私提供了新的解决方案。

本书致力于我国数据安全与隐私保护相关学科专业的本科生和研究生教材建设、学术出版与人才培养，以应对未来复杂的国际网络空间安全环境和频发的数据泄露风险与隐私挑战。在编写本书时，我们不仅注重理论知识的讲解，还通过丰富的实例和案例，将抽象的概念和技术应用于现实场景，旨在帮助读者更好地理解和应用所学知识。因此本书不仅适用于没有相关基础的初学者，也适用于有意在数据安全领域深耕的实践者。

本书由南开大学数据与智能安全实验室组织编写，刘哲理、吕思艺、李同、黄晏瑜老师编著。基于实验室的研究方向和内容，部分课程素材由博士生（郭晓杰、贾靖宇、张宝磊、王锐璇、谭畅）、硕士生（韩叶、杨越、李鑫豪、陈聘之）提供。

作　者

2024年10月

目录

第1章 数据安全概述

学习要求：了解数据安全相关的法律法规；掌握数据、数据安全的定义；掌握个人信息的处理规则；理解相关法律法规定义的相关权益；了解分类分级的概念；理解数据安全相关的技术，能区分密文计算、机密计算、隐私计算等概念；了解数据安全相关典型案例，以及数据胶囊的含义。

课时：2 课时

建议授课进度：1.1 节～1.2 节用 1 课时，1.3 节～1.4 节用 1 课时

目前，隐私泄露的事件层出不穷，既有个人级的信息泄露，也有国家级的信息泄露。个人数据的泄露可能造成个人的财产损失乃至人身伤害（现在的电信诈骗多数是基于这种信息泄露实施的精准诈骗），而国家级的数据泄露更可能造成政治博弈和国与国之间的对抗。

习近平总书记很早就高瞻远瞩地提出了“没有网络安全，就没有国家安全”的国家战略。网络攻防和网络安全的实质是什么？可以用一句话来概述：保护服务和保护数据。服务指的是网络设施能够在任何正常和异常的情况下，保证基本功能的运行；而数据则是其中的核心，是重中之重。从第一次世界大战到第二次世界大战，从英格玛密码的产生到图灵和波兰三杰的破译，保护的核心数据都是情报数据。随着信息科技的发展，数据变得越来越广泛，不只是战争时期机密的关键信息，个人数据的保护也变得越来越重要。

现在正处于一个智能时代，一个基于云计算、大数据等技术从积累的海量数据里挖掘大量价值、改造和改善生活的时代。数据产生价值，海量的数据产生海量的价值。数据产生价值的过程，其实是以用户信息的采集为前提的。如何保证公民的隐私数据不被泄露，又能满足日益增长的科技需求，这是一个大问题，是民生要事。2022 年，《总体国家安全观学习纲要》将国家安全的内涵进行了扩充，从 16 个领域扩展到 20 个领域，其中增加了数据安全的内容，并强调“当前数据安全问题比较突出，绝不能掉以轻心”。浩瀚的数据海洋如同工业社会的石油资源，蕴含着巨大生产力和商机，谁掌握了大数据，谁就掌握了发展的资源和主动权。所以要把握好大数据发展的重要机遇，促进大数据产业健康发展，处理好数据安全、网络空间治理等方面的挑战。

因此，全世界都在出台法律法规，通过立法对数据安全和网络安全提出明确的要求和约束。现在的数据安全，已经从容灾备份、数据恢复、去重存储、安全删除等传统问题，慢慢转向聚焦于如何从数据中挖掘价值、在挖掘价值的同时如何保护用户的隐私等，在这方面发现、形成、发展新的研究脉络。典型技术方法包括差分隐私、安全多方计算、同态加密

(homomorphic encryption,HE)、密文查询、密文机器学习等。

本章将从法律法规、技术体系、典型案例等方面概述当前数据安全的总体情况。

1.1 法律法规和相关制度

1.1.1 相关法律法规

1. 国外相关法律法规

欧盟《通用数据保护条例》(General Data Protection Regulation,GDPR):该条例于2018年5月生效,是欧盟首部专门针对个人数据保护的法律,规定了个人数据处理的基本要求、责任和义务,以及个人数据保护、隐私保护等方面的内容,是全球遵守的规范参考。

美国《加州消费者隐私法案》(California Consumer Privacy Act,CCPA):该法案于2018年通过,于2020年生效,是加州首部专门针对消费者隐私保护的法律,规定了消费者个人数据处理的基本要求、责任和义务,以及消费者隐私保护、数据泄露通知等方面的内容。

此外,还有欧盟《网络与信息系统安全指令》(Directive on Security of Network and Information Systems,NIS)、美国《联邦贸易委员会法案》、澳大利亚《信息与隐私权法案》等法律法规也涉及数据安全方面的内容。

总体来说,全球各国都在加强数据安全法律法规的制定和实施,以保护个人隐私和数据安全,同时促进数字经济的发展。

2. 国内相关法律法规

《中华人民共和国网络安全法》:该法于2016年11月通过,于2017年6月施行,是中国首部针对网络安全领域的法律,规定了网络安全的基本要求、责任和义务,以及网络安全管理、网络安全技术、网络安全应急处置等方面的内容。

《中华人民共和国数据安全法》(以下简称《数据安全法》):该法于2021年6月通过,于2021年9月施行,是中国首部专门针对数据安全领域的法律,规定了数据安全的基本要求、责任和义务,以及数据安全管理、数据安全保护、数据安全监测预警等方面的内容。

《中华人民共和国个人信息保护法》(以下简称《个人信息保护法》):该法于2021年8月通过,于2021年11月施行,是中国为了保护个人信息权益,规范个人信息处理活动,促进个人信息合理利用,根据宪法制定的法规。

此外,《中华人民共和国电子商务法》《中华人民共和国刑法》等法律也涉及数据安全方面的内容。

3.《数据安全法》

《数据安全法》共包含七章,从数据安全与发展、数据安全制度、数据安全保护义务、政务数据安全与开放、法律责任等方面给出明确规定。

1) 数据安全相关定义

《数据安全法》第三条给出了数据、数据处理、数据安全的官方定义。

(1) 数据是指任何以电子或者其他方式对信息的记录。

(2) 数据处理包括数据的收集、存储、使用、加工、传输、提供、公开等。

(3) 数据安全是指通过采取必要措施,确保数据处于有效保护和合法利用的状态,以及具备保障持续安全状态的能力。

2) 数据安全与发展

《数据安全法》鼓励数据安全与发展,在第十三条指出“国家统筹发展和安全,坚持以数据开发利用和产业发展促进数据安全,以数据安全保障数据开发利用和产业发展”。

同时,从数据安全技术研究、标准建设、检测评估、交易制度等方面给出规定。

(1) 第十六条　国家支持数据开发利用和数据安全技术研究,鼓励数据开发利用和数据安全等领域的技术推广和商业创新,培育、发展数据开发利用和数据安全产品、产业体系。

(2) 第十七条　国家推进数据开发利用技术和数据安全标准体系建设。国务院标准化行政主管部门和国务院有关部门根据各自的职责,组织制定并适时修订有关数据开发利用技术、产品和数据安全相关标准。国家支持企业、社会团体和教育、科研机构等参与标准制定。

(3) 第十八条　国家促进数据安全检测评估、认证等服务的发展,支持数据安全检测评估、认证等专业机构依法开展服务活动。国家支持有关部门、行业组织、企业、教育和科研机构、有关专业机构等在数据安全风险评估、防范、处置等方面开展协作。

(4) 第十九条　国家建立健全数据交易管理制度,规范数据交易行为,培育数据交易市场。

截至2023年年底,有关数据安全的检测评估尚未完全普及和展开,数据交易市场尚未形成规模,在技术保障、落地实施等方面还有很长的路要走。

3) 数据安全制度

《数据安全法》明确了六项数据安全制度。

(1) 数据分类分级与核心数据保护制度(第二十一条)。确立了依据对国家安全、公共利益或者个人、组织合法权益造成的危害程度进行分类分级的原则,要求国家网信部门协调编制重要数据目录,各地区、各部门负责地方、领域的目录编制和数据保护,特别强调对于关系国家安全、国民经济命脉、重要民生、重大公共利益等国家核心数据,实行更加严格的管理制度。

(2) 数据安全风险评估与工作协调机制(第二十二条)。规定国家建立集中统一、高效权威的数据安全风险评估、报告、信息共享、监测预警机制,建立工作协调机制统筹协调有关部门加强数据安全风险信息的获取、分析、研判、预警工作。

(3) 数据安全应急处置机制(第二十三条)。要求对于数据安全事件,主管部门应当依法启动应急预案,采取相应的应急处置措施,防止危害扩大,消除安全隐患。

(4) 数据安全审查制度(第二十四条)。要求对影响或者可能影响国家安全的数据处理活动进行国家安全审查。

(5) 数据出口管制制度(第二十五条)。要求对与维护国家安全和利益、履行国际义务相关的属于管制物项的数据依法实施出口管制。

(6) 歧视反制制度(第二十六条)。规定对我国采取歧视性的禁止、限制或者其他类似措施的国家和地区,我国可以对其采取对等措施。

目前,这些制度正处于推动落实的阶段,比如,国家互联网信息办公室(以下简称国家网信办)推出《网络数据安全管理条例(征求意见稿)》等,逐步推动落实《中华人民共和国数据安全法》相关的各项制度的建设。

4.《个人信息保护法》

《个人信息保护法》全文共计八章七十四条，围绕个人信息的处理，从处理规则、跨境提供、个人权利、处理者义务、保护职责部门及法律责任等不同角度确立了相应规则，并且针对敏感个人信息和国家机关处理强调了特别规则。

1）个人信息相关定义

《个人信息保护法》第四条给出了个人信息、个人信息的处理的官方定义。

（1）个人信息是指以电子或者其他方式记录的与已识别或者可识别的自然人有关的各种信息，不包括匿名化处理后的信息。

（2）个人信息的处理包括个人信息的收集、存储、使用、加工、传输、提供、公开、删除等。

2）个人信息的处理规则

《个人信息保护法》规定了以“告知-知情-同意”为核心的个人信息处理规则。

（1）处理个人信息应当具有明确、合理的目的，并应当与处理目的直接相关，采取对个人权益影响最小的方式。收集个人信息，应当限于实现处理目的的最小范围。

（2）处理个人信息应当在事先充分告知的前提下取得个人同意，个人信息处理的重要事项发生变更的应当重新向个人告知并取得同意。

3）严格限制处理敏感个人信息

《个人信息保护法》规定，敏感个人信息包括生物识别、宗教信仰、特定身份、医疗健康、金融账户、行踪轨迹等信息，以及不满十四周岁未成年人的个人信息。

处理敏感个人信息比处理一般个人信息更为严格，只有在具有特定目的和充分的必要性，并采取严格保护措施的情形下，取得个人单独同意或书面同意才能进行。

4）规范个人信息跨境处理

《个人信息保护法》规定，个人信息处理者因业务等需要，确需向境外提供个人信息的，应当具备下列条件之一：

（1）通过国家网信部门组织的安全评估；

（2）按照国家网信部门的规定经专业机构进行个人信息保护认证；

（3）按照国家网信部门制定的标准合同与境外接收方订立合同，约定双方的权利和义务；

（4）符合法律、行政法规或者国家网信部门规定的其他条件。

个人信息处理者应当采取必要措施，保障境外接收方处理个人信息的活动达到《个人信息保护法》规定的个人信息保护标准。

5）明确大型互联网平台个人信息保护义务

《个人信息保护法》对大型互联网平台设定特别的个人信息保护义务，包括：

（1）按照国家规定建立健全个人信息保护合规制度体系，成立主要由外部成员组成的独立机构对个人信息保护情况进行监督；

（2）遵循公开、公平、公正的原则，制定平台规则；

（3）对严重违法处理个人信息的平台内的产品或者服务提供者，停止提供服务；

（4）定期发布个人信息保护社会责任报告，接受社会监督。

1.1.2　相关权益

1.《个人信息保护法》

个人在个人信息处理活动中有以下七项权利。

1）知情同意权

收集和使用公民个人信息必须遵循合法、正当、必要原则，且目的必须明确并经用户的知情同意。

2）决定权

有权限制、拒绝或撤回他人对其个人信息的处理。

3）查阅复制权

个人有权向个人信息处理者查阅、复制其个人信息。

4）个人信息移转权

个人请求将个人信息转移至其指定的个人信息处理者，符合国家网信部门规定条件的，个人信息处理者应当提供转移的途径。

5）更正补充权

个人发现其个人信息不准确或者不完整的，有权请求个人信息处理者更正、补充。

6）删除权

在下列五种情形下，个人信息处理者应当主动删除个人信息；个人信息处理者未删除的，个人有权请求删除：

① 处理目的已实现、无法实现或者为实现处理目的不再必要；

② 个人信息处理者停止提供产品或者服务，或者保存期限已届满；

③ 个人撤回同意；

④ 个人信息处理者违反法律、行政法规或者违反约定处理个人信息；

⑤ 法律、行政法规规定的其他情形。

7）规则解释权

个人有权要求个人信息处理者对其个人信息处理规则进行解释说明。

2. 欧盟 GDPR

欧盟 GDPR 定义了多种用户权益。

1）透明与审计(transparency & auditing)

数据主体应当知道谁拥有他们的数据，以及数据是如何处理的。这等同于《个人信息保护法》中定义的知情同意权。

2）同意(consent)

数据主体应该明确同意收集、处理他们的数据。这等同于《个人信息保护法》中定义的知情同意权。

3）处理控制(processing control)

数据主体应该有权控制对他们的数据应用的处理类型。这等同于《个人信息保护法》中定义的决定权。

4）数据携带权（data portability）

数据主体应该能够获得与他们相关的任何数据的副本。这等同于《个人信息保护法》中定义的查阅复制权。

5）其他权益

GDPR 还定义了删除权、被遗忘权等多种权益。删除权与被遗忘权是有区别的，简单来说，传统的删除权是一对一的，即用户个人（数据主体）对于企业（数据控制者）提出的要求，当数据主体认为数据控制者违法或违约收集、使用其个人信息的情况下，有权要求企业删除其个人数据。而 GDPR 在传统删除权上进一步扩展提出的被遗忘权是一对多的，不仅包含传统的删除权的权利要求，还包括要求数据控制者负责将其已经扩散出去的个人数据，采取必要的措施予以消除。

1.1.3 落地实施

1. 数据要素是第一生产力

国家网信办在 2023 年 5 月发布了《数字中国发展报告（2022 年）》，报告中显示 2022 年我国的数据产量达 8.1ZB，同比增长 22.7%，全球占比 10.5%，位居世界第二。2020 年 4 月，中共中央、国务院发布了《关于构建更加完善的要素市场化配置体制机制的意见》，数据作为一种新的生产要素首次写入了中央文件中。我国成为全球第一个（在国家政策层面）将数据确立为生产要素的国家。2022 年 12 月，《中共中央国务院关于构建数据基础制度更好发挥数据要素作用的意见》进一步指出，加快构建新发展格局，坚持改革创新、系统谋划，以维护国家数据安全、保护个人信息和商业秘密为前提，以促进数据合规高效流通使用、赋能实体经济为主线，以数据产权、流通交易、收益分配、安全治理为重点，深入参与国际高标准数字规则制定，构建适应数据特征、符合数字经济发展规律、保障国家数据安全、彰显创新引领的数据基础制度，充分实现数据要素价值、促进全体人民共享数字经济发展红利，为深化创新驱动、推动高质量发展、推进国家治理体系和治理能力现代化提供有力支撑。

2023 年 3 月，中共中央、国务院印发了《数字中国建设整体布局规划》，将数字安全屏障、数字技术创新体系并列为强化数字中国的两大能力。

2.《网络数据安全管理条例（征求意见稿）》

2021 年 11 月 14 日，国家网信办发布了《网络数据安全管理条例（征求意见稿）》（以下简称《条例》），共九章七十五条。2022 年 7 月，国务院办公厅印发《国务院 2022 年度立法工作计划》，《条例》被列入拟制定、修订的行政法规中。

概括来说，《条例》是在《中华人民共和国网络安全法》《中华人民共和国数据安全法》《中华人民共和国个人信息保护法》三部上位法的基础上制定的，在实施细则、责任界定、规范要求、惩罚措施等方面更加清晰细致，同时也增加了一些新的内容，进一步强化和落实数据处理者的主体责任，共同保护重要数据和个人信息的安全。

1）法律依据

《条例》的制定以《中华人民共和国网络安全法》《中华人民共和国数据安全法》《中华人民共和国个人信息保护法》三部上位法为依据。

2）主体定义

数据处理者：在数据处理活动中自主决定处理目的和方式的个人和组织。

互联网平台运营者：为用户提供信息发布、社交、交易、支付、视听等互联网平台服务的数据处理者。

大型互联网平台运营者：用户超过五千万、处理大量个人信息和重要数据、具有强大社会动员能力和市场支配地位的互联网平台运营者。

3）明确数据分类分级标准

《条例》第五条指出，国家建立数据分类分级保护制度。

数据分类是按照数据具有的某种共同属性或特征（包括数据对象共享属性、开放属性、应用场景等），采用一定原则和方法进行区分和归类，以便于管理和使用数据。

数据分级目的是差异化保护数据安全，按照数据遭到破坏（包括攻击、泄露、篡改、非法使用等）后对国家安全、社会稳定、公共利益及个人、法人和其他组织的合法权益（受侵害客体）的危害程度对数据进行定级，为数据全生命周期管理的安全策略制定提供支撑。

按照数据对国家安全、公共利益或者个人、组织合法权益的影响和重要程度，将数据分为核心数据、重要数据、一般数据，不同级别的数据应采取不同的保护措施。

（1）核心数据：对领域、群体、区域具有较高覆盖度或达到较高精度、较大规模、一定深度的重要数据，一旦被非法使用或共享，可能直接影响政治安全。主要包括关系国家安全重点领域的数据，关系国民经济命脉、重要民生、重大公共利益的数据，经国家有关部门评估确定的其他数据。

（2）重要数据：特定领域、特定群体、特定区域或达到一定精度和规模的数据，一旦被泄露或篡改、损毁，可能直接危害国家安全、经济运行、社会稳定、公共健康和安全等的数据。仅影响组织自身或公民个体的数据，一般不作为重要数据。

（3）一般数据：核心数据、重要数据之外的其他数据。

数据分类分级是企业数据安全治理的基础环节，也是国家、政府平衡数据保护与数据流通的重要手段，通过对敏感数据的分级，提升数据的安全性，降低企业的合规性风险。任何时候，数据的定级都离不开数据的分类。因此，在数据安全治理或数据资产管理领域都是将数据的分类和分级放在一起，统称为数据分类分级。

目前，诸如金融、工业、电信、医疗和汽车等行业均已出台了针对性的数据分类分级指南或技术规范，天津市自贸港也于 2024 年 2 月率先推出了涉及数据出境相关的重要数据分类指南。

4）其他相关规定

《条例》还从多个方面给出规定，如规定重要数据须落实等级保护等。《条例》第九条指出，数据处理者应当按照网络安全等级保护的要求，加强数据处理系统、数据传输网络、数据存储环境等安全防护，处理重要数据的系统原则上应当满足三级以上网络安全等级保护和关键信息基础设施安全保护要求，处理核心数据的系统依照有关规定从严保护。

总体上，目前技术保障、落地实施等方面，距离实现数据全生命周期的安全防护、全面落实《数据安全法》和《个人信息保护法》还有很长的路要走。

1.2 技术体系

1.2.1 技术体系概述

数据安全的定义强调"确保数据处于有效保护和合法利用的状态",数据处理(收集、存储、使用、加工、传输、提供、公开等)中的持续安全状态能力的保障都可以纳入数据安全的学术研究范畴。

如图 1-1 所示,数据安全技术体系以密码学和数据科学为基础,围绕数据全生命周期安全防护,衍生出一系列典型技术方法,包括差分隐私(第 6 章)、安全多方计算(第 9 章)、同态加密(第 3 章)、密文查询(第 7 章)等,这些技术在后续章节中详细讲解。

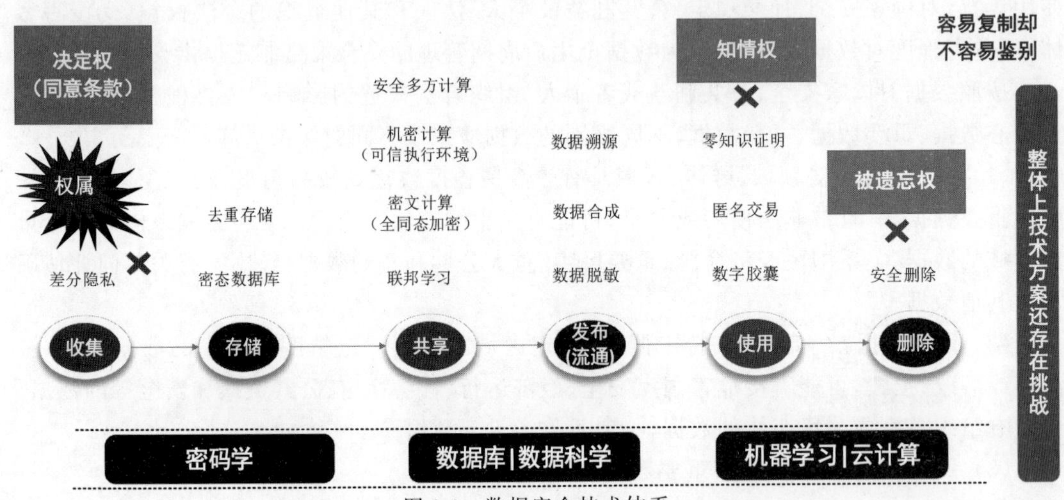

图 1-1 数据安全技术体系

现有技术解决了数据安全防护的特定问题。但是,因为电子数据容易复制、却不容易鉴别,在实现数据全生命周期安全防护、落实《个人信息保护法》和欧盟 GDPR 中定义的多种用户权益方面,还存在很多技术空白,例如,还没有可靠的技术支撑被遗忘权、知情权等的实现。

1.2.2 基础技术

1. 密码技术

密码技术的基本思想是伪装信息,所谓伪装就是对数据进行一组可逆的数学变换。伪装前的原始数据称为明文(plaintext),伪装后的消息称为密文(ciphertext)。伪装的数据的变换过程称为加密(encryption),相反地,将密文还原成明文的过程称为解密(decryption)。

加密和解密算法的操作通常都是在一组密钥(key)的控制下进行的,分别称为加密密钥和解密密钥,加密密钥通常用 k_e 来表示,解密密钥通常用 k_d 来表示。

1) 密码系统

一个密码系统(也称密码体制),通常由五部分组成。

(1) **明文空间**:所有可能明文 m 构成的有限集称为明文空间,通常用 M 表示。

(2) **密文空间**：所有可能密文 c 构成的有限集称为密文空间，通常用 C 表示。

(3) **密钥空间**：一切可能的密钥 k 构成的有限集称为密钥空间，通常用 K 表示。

(4) **加密算法**：加密算法是基于加密密钥 k_e 将明文 m 变换为密文 c 的变换函数，相应的变换过程称为加密，通常用 E 表示，即 $c=E_{k_e}(m)$，也可表示为 $c=E(m,k_e)$。

(5) **解密算法**：解密算法是基于解密密钥 k_d 将密文 c 恢复为明文 m 的变换函数，相应的变换过程称为解密，通常用 D 表示，即 $m=D_{k_d}(c)$，也可表示为 $m=D(c,k_d)$。

2) 分类

根据密钥的数量，可以将密码体制分为两类：对称密钥密码体制和非对称密钥密码体制。

如果一个密码体制的 $k_e=k_d$，即发送方和接收方双方使用的密钥相同，则称为对称密钥密码体制；相反地，如果 $k_e\neq k_d$，即发送方和接收方双方使用的密钥不相同，则称为非对称密钥密码体制。

在非对称密钥密码体制中，由于在计算上 k_d 不能由 k_e 推出，这样将 k_e 公开也不会损害 k_d 的安全，于是可以将 k_e 公开，因此，这种密码体制又称公开密钥密码体制。公开密钥密码体制的概念由 Diffie 和 Hellman 于 1976 年提出，它的出现是密码史上的一个里程碑。

2. 哈希函数

哈希(hash)函数又称为散列函数、杂凑函数，它是一种单向密码体制，即它是一个从明文到密文的不可逆映射，只有加密过程，没有解密过程。

哈希函数可以将任意长度的输入经过变换后得到固定长度的输出。哈希函数的数学表述为 $h=H(m)$，其中，$H()$是哈希函数，m 是任意长度的明文，h 是固定长度的哈希值。

理想的哈希函数对于不同的输入，获得的哈希值不同。如果存在 x、x'两个不同的消息，使得 $H(x)=H(x')$，则称 x 和 x'是哈希函数 H 的一个碰撞。

哈希函数的这种单向的特性及长度固定的特征使得它可以生成消息或者数据块的消息摘要(也称散列值、哈希值)，因此，在数据完整性和数字签名领域有着广泛应用。典型的哈希函数包括消息摘要算法 5(message digest algorithm 5，MD5)和安全散列算法(secure hash algorithm，SHA)。

1) 哈希函数的性质

(1) 压缩。对于任意大小的输入 x，哈希值 $H(x)$的长度很小，实际应用中哈希函数 H 产生的哈希值是固定长度的。

(2) 易计算。对于任意给定的消息，容易计算其哈希值。

(3) 单向性。对于给定的哈希值 h，要找到 m'使得 $H(m')=h$ 在计算上是不可行的，即求哈希函数的逆很困难。

(4) 抗碰撞性。理想的哈希函数是无碰撞的，但实际算法设计中很难做到。因此有两种抗碰撞性：一种是弱抗碰撞性，即对于给定的消息 x，要发现另一个消息 y，满足 $H(x)=H(y)$在计算上不可行；另一种是强抗碰撞性，即对任意一对不同的消息(x,y)，使得 $H(x)=H(y)$在计算上不可行。

(5) 高灵敏性。当一个输入位发生变化时，输出位将有一半以上会发生变化。

2）哈希函数的应用

（1）**消息认证**：在一个开放通信网络的环境中，信息面临的攻击包括窃听、伪造、修改、插入、删除、否认等。因此，需要提供用来验证消息完整性的一种机制或服务，即消息认证。这种服务的主要功能包括确保收到的消息确实和发送的一样、确保消息的来源真实有效等，用于消息认证的最常见的密码技术是基于哈希函数的消息认证码。

（2）**数字签名**：由于非对称算法的运算速度较慢，所以在数字签名协议中，哈希函数扮演了一个重要的角色。对哈希值（消息摘要）进行数字签名，在统计上可以认为与对文件本身进行数字签名是等效的。

（3）**口令保护**：由于哈希函数具有单向性的特征，在口令保护中应用非常广泛。通常，口令仅仅将其哈希值进行保存，进行口令校验的时候比对哈希值即可，即使攻击者获得了保存的哈希值，也无法计算出口令。

（4）**数据完整性校验**：比较熟悉的校验算法有奇偶校验和循环冗余校验码校验，这两种校验并没有抗数据篡改的能力，它们一定程度上能检测并纠正数据传输中的信道误码，但却不能防止对数据的恶意破坏。由于哈希算法具有消息摘要的特性，它已成为目前应用最广泛的一种数据完整性校验和算法。

3. 区块链

区块链（blockchain 或 block chain）是一种块链式存储、不可篡改、安全可信的去中心化分布式账本，它结合了分布式存储、点对点传输、共识机制、密码学等技术，通过不断增长的数据块链记录交易和信息，确保数据的安全和透明性。

区块链起源于比特币（bitcoin），最初由中本聪（Satoshi Nakamoto）在 2008 年提出①，作为比特币的底层技术。从诞生初期的比特币网络开始，区块链逐渐演化为一项全球性技术，以太坊（ethereum）等新一代区块链平台的出现进一步扩展了应用领域。

区块链包括三个基本要素，即交易（transaction，一次操作，导致账本状态的一次改变）、区块（block，记录一段时间内发生的交易和状态结果，是对当前账本状态的一次共识）和链（chain，由一个个区块按照发生顺序串联而成，是整个状态变化的日志记录）。区块链中每个区块保存规定时间段内的数据记录（即交易），并通过密码学的方式构建一条安全可信的链条，形成一个不可篡改、全员共有的分布式账本。通俗地说，区块链是一个收录所有历史交易的账本，不同节点之间各持一份，节点间通过共识算法确保所有人的账本最终趋于一致。区块链中的每一个区块就是账本的每一页，记录了一个批次的交易条目。这样一来，所有交易的细节都被记录在一个任何节点都可以看得到的公开账本上，如果想要修改一个已经记录的交易，需要所有持有账本的节点同时修改。同时，由于区块链账本里面的每一页都记录了上一页的一个摘要信息，如果修改了某一页的账本（也就是篡改了某一个区块），其摘要就会跟下一页上记录的摘要不匹配，这时候就要连带修改下一页的内容，这就进一步导致了下一页的摘要与下下页的记录不匹配。如此循环，一个交易的篡改会导致后续所有区块摘要的修改，考虑到还要让所有人承认这些改变，这将是一个工作量巨大到近乎不可能完成的工作。正是从这个角度看，区块链具有不可篡改的特性。

---

① NAKAMOTO S. Bitcoin：A peer-to-peer electronic cash system[J]. Bitcoin.-URL：https://bitcoin.org/bitcoin.pdf，2008，4(2)：15.

区块链的特点包括去中心化、不可篡改、透明、安全和可编程性。每个数据块都链接到前一个块,形成连续的链,保障了交易历史的完整性。智能合约技术使区块链可编程,支持更广泛地应用。

1.2.3　典型技术

1. 可信计算

可信计算(trusted computing),是一种基于密码的运算与防护并存的计算机体系安全技术,保证全程可检测、可监控。可信计算核心部分是可信根,通常是可信硬件芯片。

可信并不等同于安全,但它是安全的基础,因为安全方案、策略只有运行在未被篡改的环境下才能进一步确保安全目的。通过保证系统和应用的完整性,可以确保使用正确的软件栈,并在软件栈受到攻击发生改变后能及时发现。总的来说,在系统和应用中加入可信验证能够减少由于使用未知或遭到篡改的系统/软件而遭到攻击的可能性。

以可信个人计算机(personal computer,PC)为例,通俗来讲,就是在每台 PC 机启动时检测基本输入输出系统(basic input/output system,BIOS)和操作系统的完整性和正确性,保障在使用 PC 时硬件配置和操作系统没有被篡改过,所有系统的安全措施和设置都不会被绕过;在启动后,对所有的应用,如社交软件、音乐软件、视频软件等应用可进行实时监控,若发现应用被篡改立即采取止损措施。

2. 机密计算

机密计算(confidential computing)是通过基于硬件的可信执行环境(trusted execution environment,TEE)对使用中的数据进行保护。

TEE 被定义为提供一定级别的数据完整性、数据机密性和代码完整性保证的环境,如 Intel SGX,ARM Trustzone 等。

在受信任的硬件执行环境基础上构建安全区域,所有参与方将需要参与运算的明文数据加密传输至该安全区域内并完成运算,安全区域外部的任何非授权的用户和代码都无法获取或者篡改安全区域内的任何数据。机密计算可在可信硬件执行环境内保护数据的隐私,但当数据离开可信硬件执行环境时无能为力。

3. 密文计算

密文计算是指所有参与运算的明文数据使用指定的规则转换为密文,在密文空间中进行特定形式的代数运算并得到结果,密文运算的结果再通过相应的转换规则转换为明文运算结果,该结果与明文运算结果一致。同态加密是密文计算的代表性技术。

4. 安全多方计算

安全多方计算能够同时确保输入的隐私性和计算的正确性,在无可信第三方的前提下通过数学理论保证参与计算的各方成员输入信息不暴露,且同时能够获得准确的运算结果。

5. 隐私计算

中国中文信息学会大数据安全与隐私计算专业委员会主任李凤华等在《隐私计算研究范畴及发展趋势》中给出隐私计算的定义:隐私计算是面向隐私信息全生命周期保护的计算理论和方法,是隐私信息的所有权、管理权和使用权分离时隐私度量、隐私泄露代价、隐私保护与隐私分析复杂性的可计算模型与公理化系统。具体是指在处理视频、音频、图像、图形、文字、数值、泛在网络行为信息流等信息时，对所涉及的隐私信息进行描述、度量、评价和融合等操作，形成一套符号化、公式化且具有量化评价标准的隐私计算理论、算法及应用技术，支持多系统融合的隐私信息保护。隐私计算涵盖了信息搜集者、发布者和使用者在信息产生、感知、发布、传播、存储、处理、使用、销毁等全生命周期过程的所有计算操作，并包含支持海量用户、高并发、高效能隐私保护的系统设计理论与架构。隐私计算是泛在互联环境下隐私信息保护的重要理论基础。

6. 小结

如图 1-2 所示，个人信息是数据的一种，而隐私数据属于个人信息中敏感的非授权不能访问的数据，这种层次关系很清晰。数据安全是指确保数据全生命周期(包含产生、存储、销毁等)处于合法使用和有效保护的状态的能力，它涉及的技术领域广泛。同态加密、安全多方计算等技术都是实现数据安全的相关技术，它们也是达到隐私保护目标的相关技术。而仅仅就隐私计算而言，很多人将其与安全多方计算、密文计算等等同，实际上是有明显区分的，主要体现在信息量损失上，后者明显是不允许有任何信息损失的，但隐私计算允许。

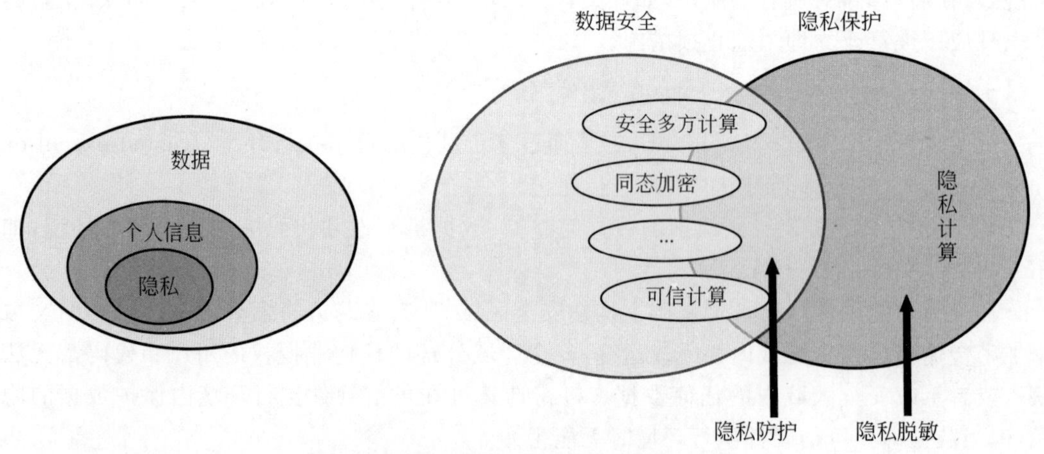

图 1-2　数据、数据安全和隐私保护的关系

1.3 典型案例

1.3.1 明文发布

在未来很长一段时间或者很多特殊应用场景里，仍然需要以明文方式使用和共享数据。如何让这些明文的数据能产生价值，同时避免泄露用户隐私？

一个典型例子就是精准医疗，即利用海量医院病人的数据，提高医疗诊治的准确率。医院已经积累了海量的病人数据，但实际上，在医疗机构要用病人数据进行分析以提升诊断准确率时，医院不敢分享这些数据，因为在分享的过程中，一定会存在泄露病人隐私的风险。

隐私保护的数据发布就是针对此类问题的一种解决方法。像医院、大型互联网企业、电信企业这样的数据发布者，都有海量的用户信息和各种维度的数据，但他们是不敢轻易地把数据发布给外部单位的，因为在发布的过程中会泄露用户敏感的隐私。一种直观的做法是删除敏感信息再发布，例如，删除病人信息中的名字、身份证号等，而保留统计分析可能需要的信息，例如，地域、住址、年龄等信息。

这种做法一般来说是没有问题的，但是对于专业的信息安全攻防人员而言，这就是大问题，为什么？举例来说，如果某大学医院的这种数据泄露了，而攻击者可以通过一些渠道购买或者通过黑客手段拿到该大学医院的数据库，得到该大学的具体老师名单。仅仅把名字等敏感信息去掉是不够的，因为通过准标识符，仍然可以确定用户身份。例如，一位计算机学院的、41岁的男老师得了某种病，而计算机学院也没几个41岁的老师，那么就可能很容易地圈定到具体人员。类似这种＜单位，年龄＞的信息就是准标识符。

为了抵御类似的攻击，提出了进一步的匿名方法，如泛化——将所有属性变成上一级的、更广泛的属性。例如，把计算机学院泛化成工学院，40～45岁统一泛化45岁。一个准标识符泛化后可能关联 k 条数据的话，就称为 k-匿名。通过这样的方法，做数据分析的时候，虽然不那么精确，但一定程度上还能满足需求。但是这仍然存在问题。如果相同泛化的结果(即 k 个准标识符)只能对应一种疾病，那么攻击者也能猜出你得的是什么病。这种情况下，就需要 l-多样化。l-多样化是指相同泛化后的准标识符拥有 l 种疾病。此时，攻击者只能知道你有 l 种疾病的可能，很难精确推测你的疾病了。

k-匿名和 l-多样化是不是就安全了？也不一定，因为还可能存在表关联攻击等。例如，一共有5个人，数据中有4个满足条件的，那么就知道至少有80%的概率生病。如果数据允许被查询的话，攻击者甚至可以用差分攻击的方法去差分1个人在不在这4个里，由此就可以确定地得知某个人得没得病。这种差分攻击非常致命，结构化查询语言(structure query language，SQL)盲注实际利用的就是类似的方法，通过一个查询语句成功执行与否的判定，去猜测数据库的表名、字段甚至各类数据。

抵御差分攻击的方法就是差分隐私。差分隐私是通过增加特定分布的噪声保护个体的差异，使得整体数据特征不变的一种技术，在现阶段非常有用。它可以用在面向终端用户的数据采集里，如输入法，通过增加噪声后无法让服务器知道特定用户的隐私信息，但可以利用带噪声的数据去推测，例如，用户输入了“LZL”就会选择“刘哲理”这一种词语的行为习惯。因为，一旦“刘哲理”成为了网红，一些用户可能会大量地搜索，这个时候可以利用采集的部分用户数据产生的价值，服务于其他第一次输入“LZL”的用户。

差分隐私就是在查询结果上加噪声，让构造的相似的数据集的返回结果变得不确定，让差分攻击失去了本质依赖条件，即对于个体“是与不是”或者“在与不在”的回答不确定了，所以无法奏效。然而，差分隐私并非万能药，因为加的噪声都是围绕真值的特定分布的数据，如果能多次查询，取平均值就能得到真正结果，这种重复攻击就又奏效了。

1.3.2 半密文使用

数据是机器学习的基础。而在大多数行业中，由于行业竞争、隐私安全、行政手续复杂等问题，数据常常是以孤岛的形式存在的。一个企业有上海分中心、天津分中心、北京分中心，内部都有大量数据，明文存储的数据并不一定能够很轻易地共享出去。不同的企业，如腾讯、京东、阿里巴巴等，既存在竞争关系，又存在合作关系，它们都有大量的数据库，在很多时候需要使数据联合起来产生价值。这种情况就要求明文存储、密文使用。

一个典型案例就是精准广告推荐。现在，广告主投放广告的要求越来越高，并不只是要求覆盖一个用户范围就行了，而是要求精准覆盖。以游戏设备厂商为例，腾讯有用户玩游戏的记录，而京东有用户买游戏设备的记录，游戏设备商就希望把广告投放给既玩某一款游戏、又买某一款设备的用户，这样广告的转化率才更高，广告主才愿意花更多的钱。

那么对两个数据孤岛，怎样去求交集，怎样把共性的元素提炼出来，这些问题都是安全业务的扩展带来的新问题。数据安全是企业拓展业务需要解决的首要问题。精准广告推荐中的问题怎么解决？用安全多方计算去解决。在不共享数据的条件下，通过密文上的数据计算的方式来完成任务。两方精准推送广告，其实就是密文集合求交，是安全多方计算的典型例子。

下面再看第二类场景。银行有着大量的财务数据，如何利用这些数据来产生价值？一种做法是开放一个接口，如果有需要可以来联合做预测。例如，超市有很多会员，它想增加营业额，充分利用会员机制，把一些大额的商品推送给会员。但如果会员平时就不怎么有钱，不怎么买东西，推送反而可能引起反感。所以超市就有动机宁可稍微花点钱，和银行做一次联合，以确定是否把大额商品推送给某会员。这种联合虽然要花小部分钱，但能提升超市的信誉，也能提升它的业绩。这是一种纵向联邦机器学习，也就是两方拥有不同维度的用户数据，超市有会员信息和购买意向，而银行有会员用户的财务情况。

另一种情况是，需要利用分布在不同地点的相同维度的数据，如上海、北京、天津分中心的大量数据，去共同训练一个模型。可是把数据集中在一起再去训练机器学习模型，对数据存储带来很高要求，而且训练效率可能也不够高。而且考虑到安全性，有些数据根本就不允许分享出去。在这种情况下，使用不同孤岛里存储的相同维度数据共同训练一个任务模型，就是横向联邦机器学习，这个过程是基于密文参数交换共享、特定服务器安全聚合的方式来完成的。安全聚合的联邦机器学习已经成为信息孤岛数据价值挖掘、保护用户隐私的重要数据安全手段。

1.3.3 全密文计算

从明文存储、明文使用到明文存储、密文使用，最终希望存的就是密文，用的时候也是密文，这将是一个理想状态。现在在一些机密的环境里已经开始使用了，如密态数据库。大量的信息泄露的根本原因，就是数据库里面存的是明文，但如果要把数据加密后存入数据库，那数据可能就没法用了，增、删、改、查可能都没有办法执行了。

密文查询和密文计算有助于解决这个问题，包括可搜索加密、保留顺序加密和同态加密等。可搜索加密解决的其实是关键词检索的问题。在数据库里输入一个订单号查找一条记录，或者输入一本书名查找类似书籍信息的多条记录，都是关键词检索的问题。在Windows操作系统打开“我的电脑”，去找一个文件存在哪儿，这也是关键词检索的问题。打开邮箱，输入一个关键词，搜索过去的某一封邮件，同样是一个关键词检索的问题。这些信息存储在文件或者数据库里，如果加了密，那么可搜索加密就可以替你完成这些事情，即检索密文里是否包含一个加密的关键词，这种手段是用密码技术来解决用户隐私保护的问题。数据库里经常要做范围查询，大于或小于多少、在哪个区间的范围查询。范围查询就需要在密文上保留顺序，这就是保留顺序加密能做到的事情。同态加密可以用于统计分析、求和与平均等常见数据库统计任务。上述的这些密码机制，在 NoSQL 数据库、分布式文件存储系统、云存储里都是可以工作的。

纯密文的状态是未来的必然趋势，现在核心关键的地方也应该率先采用这样的技术。随着《中华人民共和国密码法》的颁布，基于密码技术来实现数据价值的共享、用户隐私的保护，是一种必然趋势。然而，密码应用现在面临很多挑战，比如，可搜索加密面临注入攻击问题，同态加密面临密文扩充、复杂计算效率太低等问题；再如，现在国产数据库还不是全部基于密码，还做不到全密态，它们很多都是用加密卡来做的，只是在硬盘存储的时候加密。要完全解决这些问题，还需要走很长的路。

1.4 数据胶囊

什么是数据胶囊？数据胶囊是一种保护隐私的数据交换模型，包含用户要共享的加密数据和与之相对应的访问策略。

2022 年，Wang 等[①]提出了数据胶囊管理器 PrivGuard，其基础原型如图 1-3 所示。

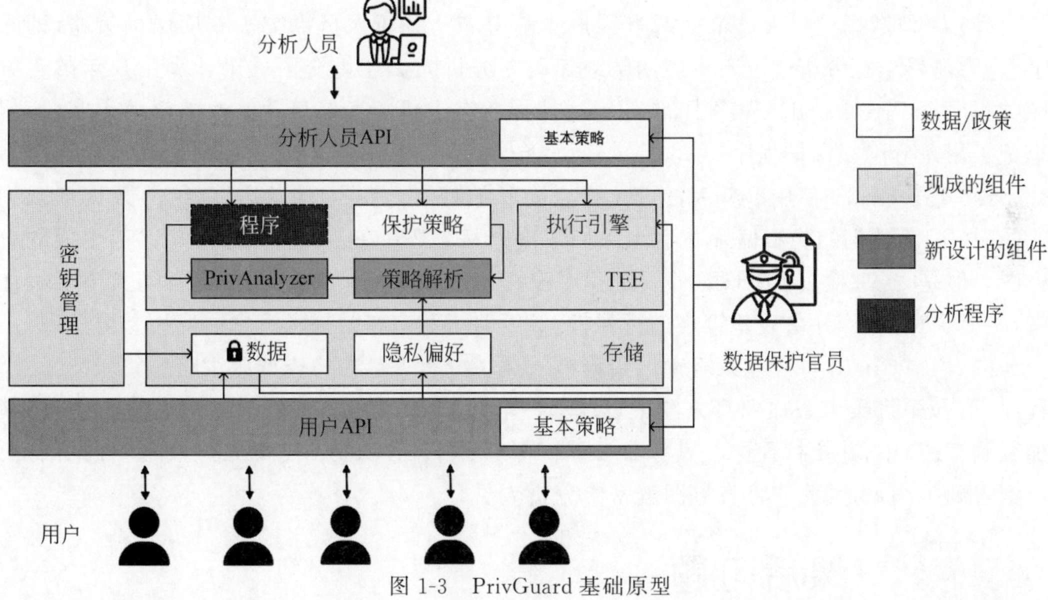

图 1-3　PrivGuard 基础原型

首先，数据保护官员(data protection officer，DPO)、法律专家和领域专家合作将隐私法规(privacy regulation)转换为机器可读的策略语言，即为基本策略(base policy)。翻译过程是面向特定应用的，并且需要具备应用领域和隐私法规领域的知识(例如，将法律概念映射到具体的领域)。

① WANG L，KHAN U，NEAR J，et al. Privguard：privacy regulation compliance made easier[C]//31st USENIX Security Symposium，2022：3753-3770.

然后，基于 PrivGuard 的数据应用步骤如下。

(1) 在收集数据之前，数据主体可以通过客户端应用程序接口(application program interface，API)来指定他们的隐私偏好。

(2) 数据分析人员提交程序来分析收集到的数据，同时提交一个相应的不弱于基本策略的保护策略(guard policy)。

(3) 使用静态分析工具 PrivAnalyzer 检查分析程序，以确认其符合保护策略。同时，加载隐私偏好不强于保护策略的数据子集，进行实际分析。

(4) 根据 PrivAnalyzer 的输出，将程序运行结果解密给分析人员，或者使用残差策略保护该结果。

下面举例说明 PrivGuard 的工作流程。

(1) DPO、法律专家和领域专家在基本策略中规定了两项要求：①未成年人的数据不得用于任何分析；②对数据的任何统计都应使用差分隐私进行保护。

(2) 隐私偏好与数据一起从数据主体处收集。一些数据主体(第 1 组)信任公司并直接接受基本策略，另一些数据主体(第 2 组)更为谨慎，希望在分析之前对其邮政编码进行修改，其他数据主体(第 3 组)不信任公司，不希望其数据用于合法利益以外的目的。

(3) 一位数据分析人员希望调查用户年龄分布。分析人员提交了一项保护策略，即除了基本策略外，在分析中也不得使用邮政编码。分析人员还提交了一个计算用户年龄直方图的程序给 PrivGuard。程序中，他记得过滤掉所有未成年人信息并修改邮政编码字段，但忘记了用差分隐私保护程序。

(4) PrivGuard 使用 PrivAnalyzer 检查隐私偏好，并将第 1 组和第 2 组的数据加载到 TEE 中，因为他们的隐私偏好并不比保护策略严格。PrivGuard 运行程序并保存生成的直方图。但是，经过检查 PrivGuard 发现程序没有用差分隐私保护直方图。因此，直方图被加密，转储到存储层，并由残差策略进行保护，该策略指示应在结果解密之前应用差分隐私。

(5) PrivGuard 将残差策略输出给分析人员。分析人员在检查残差策略后，提交了一个程序，该程序将噪声添加到直方图中，以满足差分隐私。然后 PrivGuard 解密直方图，将其加载到 TEE 中，并执行程序为其添加噪声。这一次，PrivGuard 发现保护策略中的所有要求都得到了满足，因此它将直方图解密给分析人员。

课后习题

1. 在处理个人信息时，(　　)是指个人有权知道其个人信息被收集、使用、处理的情况。

A. 删除权　　B. 查阅复制权　　C. 决定权　　D. 知情同意权

2. 将数据加密后，在加密的数据上直接进行运算，然后对运算的结果进行解密，这种计算方式是(　　)。

A. 可信计算　　B. 机密计算　　C. 密文计算　　D. 安全多方计算

3. 在未来数字化生活中，数据胶囊被认为是一种创新的个人数据管理方式，它允许个人掌握和管理自己的全部个人数据。假设你是一家科技公司的产品经理，你被要求设计一个数据胶囊应用程序。请思考以下问题，设计一个能够满足用户需求并提供安全、便捷的数据管理解决方案的数据胶囊应用程序。

（1）数据胶囊的核心功能是什么？它应该如何帮助用户管理和控制他们的个人数据？

（2）在设计数据胶囊时，如何平衡个人数据的安全性和便利性？如何权衡数据安全和用户体验？

（3）除了个人数据管理，数据胶囊还可以提供哪些附加功能来增强用户体验或增加价值？

第2章 密码基础

学习要求：掌握P问题和NP问题；理解对称密码的设计思想，掌握对称密码的分类和工作模式；掌握NP问题及公钥密码的设计思想，理解公钥密码及其在数字签名中的应用，了解典型的公钥密码构造方案；掌握刻画敌手能力的四种攻击模型，理解不可区分性的安全性目标，了解安全性证明的过程和思想、常见的安全性模型；了解通用可组合安全的概念。

课时：2课时

建议授课进度：2.1节～2.3节用1课时，2.4节～2.5节用1课时

2.1 基本概念

2.1.1 算法复杂度

算法复杂度包括时间复杂度和空间复杂度，分别由运行此算法所需要的计算时间 T 和计算空间 S 来表示，这两个值往往表示为算法输入规模 n 的函数。在分析并确定一个算法复杂度时，通常用大 O 符号 $O(\cdot)$ 来表示。

在算法分析的应用中，通常采用时间复杂度来描述算法复杂度。从时间复杂度的角度来看，算法一般可分为三类：多项式时间算法、指数时间算法和亚指数时间算法，算法时间复杂度依次增高。

定义 2-1（多项式时间算法） 多项式时间算法是指该算法的时间复杂度为 $O(n^k)$，这里 n 表示一个算法输入量的规模，k 为某个常数。

在计算复杂度理论中，多项式时间算法被看成一个简单的算法。如果解决一个问题的算法是多项式时间算法，则该问题不是一个计算困难问题。

定义 2-2（指数时间算法） 指数时间算法是指该算法的时间复杂度为 $O(t^{f(n)})$，这里 t 是一个大于1的常数，$f(n)$ 是关于算法输入规模 n 的一个多项式函数。

在计算复杂度理论中，指数时间算法具有过高的时间复杂度，所以该算法不是一个有效算法。对于一个计算问题来说，如果解决该问题的算法是指数时间算法，则该问题是一个计算困难问题。

定义 2-3（亚指数时间算法） 亚指数时间算法是指该算法的时间复杂度为 $O(t^{f(n)})$，这里 t 是一个大于1的常数，$f(n)$ 是大于常数小于 n 的线性多项式的一个函数。

亚指数时间算法的复杂度介于多项式时间算法和指数时间算法之间。

2.1.2　P 问题和 NP 问题

P 是指 polynomial-time，即多项式时间；NP 是指 non-deterministic polynomial-time，即非确定性多项式时间。P 问题是易解问题，NP 问题是难解问题。

P 问题：用确定性算法可以在多项式时间内求解的问题。

如冒泡排序、快速排序等问题。

NP 问题：用非确定性算法可以在多项式时间内求解的问题。

举一个非常浅显的例子来说明 NP 问题和 P 问题。如果要将非常多的不规则碎片拼成一个完整的杯子，这个问题的解决方式是随机的，且解决起来非常困难，是一个 NP 问题；而 P 问题则是去数杯子碎片有多少个，这种问题是比较容易解决的。

NP 问题不一定在多项式时间内可解，但可以在多项式时间内验证。比如，将碎片拼成杯子的问题，虽然求解过程可能算法很复杂，但是结果是一个完整的杯子，很容易验证是由给定的碎片拼成的。

换句话说，计算机可以在多项式时间复杂度内解决的问题称为 P 问题，在多项式时间复杂度内不可以解决的问题称为 NP 问题。

2.2　对称密码

对称密钥密码体制的基本特征是发送方和接收方共享相同的密钥，即加密密钥与解密密钥相同。对称密码的优点在于加解密处理速度快。

2.2.1　对称密码分类

对称密钥密码体制，根据对明文的加密方式的不同而分为两类：分组密码（block cipher）和序列密码（stream cipher）。

分组密码，也称分块密码，是将明文消息编码表示后的位（bit，也称比特）或字符序列，按指定的分组长度划分成多个分组（block）后，每个分组分别在密钥的控制下变换成等长的输出。常见的分组密码算法主要有 DES、IDEA、AES 等。

序列密码，也称流密码，是将明文和密钥都划分为位或字符的序列，并且对明文序列中的每一位或字符都用密钥序列中的对应分量来加密。公开的序列密码算法主要有 RC4、A5 等。

分组密码每一次加密一个明文分组，而序列密码每一次加密一位或者一个字符，两种密码在计算机系统中都有广泛应用。

2.2.2　设计思想

混淆（confusion）与扩散（diffusion）是设计对称密码的主要方法，最早出现在香农（Shannon）1945 年的论文《密码学的数学理论》中。

（1）混淆：是一种使密钥与密文之间的关系尽可能模糊的加密操作。如今实现混淆常用的一个方法就是替换，这个方法在 AES 和 DES 中都有使用。

(2) 扩散：是一种为了隐藏明文的统计特性而将一个明文符号的影响扩散到多个密文符号的加密操作。最简单的扩散元素就是位置换，它常用于 DES 中，而 AES 则使用更高级的列混合(mixcolumn)操作。

仅执行扩散不够安全，但是将扩散操作串联起来就可以建立一个更强壮的密码。将若干加密操作串联起来的思想也是香农提出的，这样的密码也称乘积密码(product cipher)。乘积密码就是以某种方式连续执行两个或多个密码，以使得所得到的最后结果或乘积从密码编码的角度比其任意一个组成密码都更强。

目前，所有的分组密码都是乘积密码，因为它们都是由对数据重复操作的轮组成的，其中每轮都执行一次扩散和混淆操作，如图 2-1 所示。

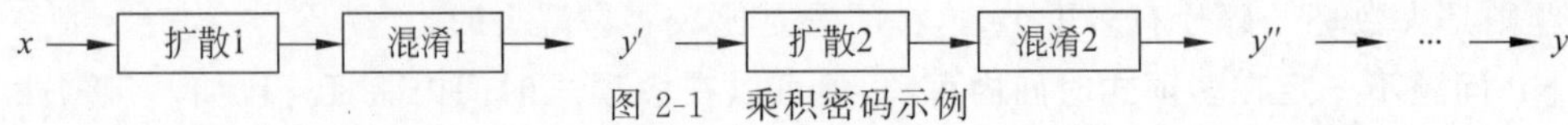

图 2-1　乘积密码示例

2.2.3　工作模式

即使有了安全的分组密码算法，也需要采用适当的工作模式来隐蔽明文的统计特性、数据的格式等，以提高整体的安全性，降低删除、重放、插入和伪造成功的机会。

分组密码的工作模式是一个算法，它刻画了如何利用分组密码提供信息安全服务。主要有五种工作模式，分别是电子密码本(electronic codebook，ECB)模式、密码分组链(cipher block chaining，CBC)模式、密码反馈(cipher feedback，CFB)模式、输出反馈(output feedback，OFB)模式、计数(counter，CTR)模式。

本书主要简单介绍前两种工作模式。

1. 电子密码本模式

直接利用分组密码对明文的各分组进行加密。设明文 $M=(M_1,M_2,\cdots,M_n)$，相应的密文 $C=(C_1,C_2,\cdots,C_n)$，其中

$$C_i=E_k(M_i),i=1,2,\cdots,n$$

电子密码本是分组密码的基本工作模式。

ECB 模式的一个缺点是容易暴露明文的数据模式，比如，相同的明文块密文是完全相同的。

ECB 模式容易遭受重放攻击。攻击者通过重放，可以在不知道密钥的情况下修改被加密过的消息，用这种办法欺骗接收者。例如，在实际应用中，不同的消息可能会有一些位序列是相同的(消息头)，攻击者重放消息头，修改消息体以欺骗接收者。

2. 密码分组链模式

明文要与前面的密文进行异或运算然后被加密，从而形成密文链。

密码分组链模式的运行原理如图 2-2 所示。每一分组的加密都依赖于之前所有的分组。在处理第一个明文分组时，与一个初始化向量(initialization vector，IV)组进行异或运算。IV 不需要保密，它可以将明文与密文一起传送。

使用 IV 后，完全相同的明文被加密成不同的密文。敌手再用分组重放进行攻击是完

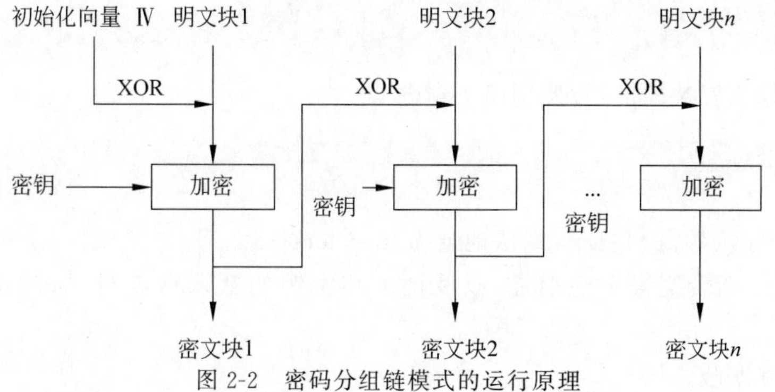

图 2-2　密码分组链模式的运行原理

全不可能的了。

CBC 模式除了用于加密大长度明文外，还常用于报文鉴别与认证。

2.2.4　应用示例

实验 2-1　安装 OpenSSL 并应用对称密码的 CBC 等模式进行数据加密。

1. OpenSSL 安装

一般情况下，Ubuntu 操作系统存在预装的 OpenSSL，可使用 openssl version 命令查看版本号。

1）使用 APT 软件包管理工具安装

（1）可使用以下命令安装或更新 OpenSSL，需保证处于 root 账户下或使用 sudo 命令提权。

```
[sudo] apt install openssl
```

（2）若需使用 OpenSSL 开发组件，则需要额外安装 libssl-dev 包。

```
[sudo] apt install libssl-dev
```

2）使用源码编译安装

（1）在安装新版本前，可根据需要，使用如下命令卸载预装版本。

```
[sudo] apt autoremove openssl
```

（2）下载源码包，下载链接可从官网（https://www.openssl.org）获取。

```
wget https://www.openssl.org/source/openssl-<版本号>.tar.gz
```

（3）解压并进入该目录。

```
tar -zxvf openssl-<版本号>.tar.gz
cd openssl-<版本号>
```

（4）使用 config 生成 Makefile。

```
./config
```

（5）若想修改安装地址，可使用以下命令。

```
./config --prefix=/opt/openssl --openssldir=/usr/local/ssl
```

--prefix 指定安装的根目录，默认地址为/usr/local；

--openssldir 指定配置文件地址，以及证书和密钥的默认存放目录，默认地址为/usr/local/ssl。

（6）编译并安装。

```
make
[sudo] make install
```

（7）安装完成后，可能会出现动态链接库相关错误。这是因为 OpenSSL 默认放置动态链接库的地址并非系统搜索目录，可通过以下命令添加。

```
[sudo] ldconfig /usr/local/lib          #openssl 1.1.*
[sudo] ldconfig /usr/local/lib64        #openssl 3.0.*
```

2. 对称加密及工作模式

1）使用 OpenSSL 命令加解密文件

openssl enc 对称密码命令可使用各种分块密码和流密码对数据进行加密或解密，使用命令 openssl enc -help 可查看全部选项。

（1）文件加密。

使用 aes-128-cbc 对 message.txt 文件进行加密并使用 base64 编码，输出到 ciphertext.txt 文件。假设 128 位密钥为 a3171d177d1ce97ebc644ea3ff826b4e，IV 为 8bc65f2f883f95eea10b6f940cc805f6。

```
openssl enc -e -aes-128-cbc -in message.txt -out ciphertext.txt -K
a3171d177d1ce97ebc644ea3ff826b4e -iv 8bc65f2f883f95eea10b6f940cc805f6 -base64
```

（2）文件解密。

对 ciphertext.txt 文件进行 base64 解码并解密，结果输出到 plaintext.txt 文件。

```
openssl enc -d -aes-128-cbc -in ciphertext.txt -out plaintext.txt -K
a3171d177d1ce97ebc644ea3ff826b4e -iv 8bc65f2f883f95eea10b6f940cc805f6 -base64
```

表 2-1 为语法 enc [options]的参数解释。

表 2-1 语法解释（enc [options]）

选　　项	作　　用
-e	加密
-d	解密

续表

选　　项	作　　用
-in infile	指定输入文件
-out outfile	指定输出文件
-base64	在加密完成后，对密文进行 base64 编码，或在解密时首先对密文进行解码
-K val	指定密钥
-iv val	提供初始化向量

2）加解密程序

（1）编写程序文件 aes-128-cbc.cpp。

```
#include <stdio.h>
#include <string.h>
#include <openssl/evp.h>

//aes-128-cbc 加密函数
bool aes_128_cbc_encrypt(const uint8_t * in, int in_len, uint8_t * out, int * out_len, const uint8_t * key, const uint8_t * iv)
{
    //创建上下文
    EVP_CIPHER_CTX * ctx = EVP_CIPHER_CTX_new();
    if (!ctx)
        return false;
    bool ret = false;
    //初始化加密模块
    if (EVP_EncryptInit_ex(ctx, EVP_aes_128_cbc(), NULL, key, iv) <= 0)
        goto err;
    int update_len;
    //向缓冲区写入数据,同时将对齐的数据加密并返回
    if (EVP_EncryptUpdate(ctx, out, &update_len, in, in_len) <= 0)
        goto err;
    int final_len;
    //结束加密,填充并返回最后的加密数据
    if (EVP_EncryptFinal_ex(ctx, out + update_len, &final_len) <= 0)
        goto err;
    * out_len = update_len + final_len;
    ret = true;
err:
    EVP_CIPHER_CTX_free(ctx);
    return ret;
}

//aes-128-cbc 解密函数,结构与加密相似
```

```
bool aes_128_cbc_decrypt(const uint8_t * in, int in_len, uint8_t * out, int * out_len, const uint8_t * key, const uint8_t * iv)
{
    EVP_CIPHER_CTX * ctx = EVP_CIPHER_CTX_new();
    if (!ctx)
        return false;
    bool ret = false;
    if (EVP_DecryptInit_ex(ctx, EVP_aes_128_cbc(), NULL, key, iv) <= 0)
        goto err;
    int update_len;
    if (EVP_DecryptUpdate(ctx, out, &update_len, in, in_len) <= 0)
        goto err;
    int final_len;
    if (EVP_DecryptFinal_ex(ctx, out + update_len, &final_len) <=0)
        goto err;
    * out_len = update_len + final_len;
    ret = true;
err:
    EVP_CIPHER_CTX_free(ctx);
    return ret;
}

int main()
{
    //密钥
    uint8_t key[] = {35, 31, 71, 44, 34, 42, 76, 16, 86, 27, 93, 59, 26, 62, 4, 19};
    //初始化向量
    uint8_t iv[] = {91, 66, 51, 17, 14, 40, 65, 38, 4, 60, 89, 44, 87, 63, 67, 32};
    const char * msg = "Hello World!";
    const int msg_len = strlen(msg);
    //存储密文
    uint8_t ciphertext[32] = {0};
    int ciphertext_len;
    //加密
    aes_128_cbc_encrypt((uint8_t *)msg, msg_len, ciphertext, &ciphertext_len, (uint8_t *)key, (uint8_t *)iv);
    //存储解密后的明文
    uint8_t plaintext[32] = {0};
    int plaintext_len;
    //解密
    aes_128_cbc_decrypt((uint8_t *)ciphertext, ciphertext_len, plaintext, &plaintext_len, (uint8_t *)key, (uint8_t *)iv);

    //输出解密后的内容
    printf("%s\n", plaintext);
    return 0;
}
```

(2) 编译并运行。

```
g++ aes-128-cbc.cpp -o aes-128-cbc -lcrypto
./aes-128-cbc
```

2.3 公钥密码

对称加密最大的缺点在于其密钥管理困难,因为通信的双方必须事先协商并共享相同的密钥后才能进行加密,此外在网络环境下,为了保证安全性,密钥应当经常更换。随着用户数量的增加,密钥的数量和管理难度也相应增加。

1976 年,Diffie 和 Hellman① 第一次提出了公开密钥密码体制的概念,开创了一个密码新时代。

2.3.1 基本概念

公开密钥密码体制,也就是非对称密钥密码体制,基本思想是将对称密码的密钥 k 一分为二,分为加密密钥 k_e 和解密密钥 k_d,用加密密钥 k_e 控制加密,用解密密钥 k_d 控制解密,而且由计算复杂性确保由加密密钥 k_e 在计算上不能推出解密密钥 k_d。这样,即使是将 k_e 公开也不会暴露 k_d,也不会损害密码的安全。于是便可将 k_e 公开,而只对 k_d 保密。由于 k_e 是公开的,只有 k_d 是保密的,所以从根本上克服了传统密码在密钥分配上的困难。

1. 加解密过程

公开密钥密码体制中,一个用户有两个密钥,即公钥 k_e 和私钥 k_d,加解密的过程如下。

(1) 如果要给一个拥有公钥 k_e 的用户发送信息 m,则可以用其公钥 k_e 执行加密算法 E,以加密明文 m 得到密文 c: $c=E_{k_e}(m)$。

(2) 用户收到密文之后,用自己的私钥 k_d 执行解密算法 D 以恢复明文 m: $m=D_{k_d}(c)$。

可见,加密算法 E 和解密算法 D 是可逆运算,即 $D(E(m))=m$,不过加解密过程使用的密钥不同,不同于对称密码的加密和解密均使用相同的密钥。

2. 数字签名应用

私钥唯一、不公开且不可伪造的特性,使得公钥密码可以应用到数字签名中。

一个拥有公钥 k_e 和私钥 k_d 的用户,实现数字签名的过程如下。

(1) 拥有公钥 k_e 的可以用其私钥 k_d 执行签名算法 S,以产生信息 m 的签名信息 sig: $\mathrm{sig}=S_{k_d}(m)$。

(2) 要验证一个签名信息 sig 是不是某用户的签名时,只需要用该用户的公钥 k_e 执行验签方法计算出校验值 m': $m'=V_{k_e}(\mathrm{sig})$,如果 $m'=m$,那么验证成功,否则失败。

3. 优缺点

公钥密码的优点在于从根本上克服了对称密码密钥分配上的困难,且易于实现数字签

① DIFFIE W, HELLMAN M E. Multiuser cryptographic techniques[C]//Proceedings of International Computer Conference and Exposition, 1976: 109-112.

名。然而,由于公钥密码通常依赖于某个难解的问题设计,虽然安全性高,但降低了加解密效率,是公钥密码的一大缺点。

在应用中,通常采用对称密码实现数据加密、公钥密码实现密钥管理的混合加密机制。公钥密码主要用于身份认证、密钥协商,一种混合机制是通过公钥密码进行密钥协商后得到一个对称密码的会话密钥,进而用作加密。

2.3.2 设计思想

在安全性方面,公钥密码通常依赖于某个难解的数学难题。也就是说,**基于难解问题设计密码是公钥密码设计的主要思想**。

如 2.1.2 节所述,**NP 问题不一定在多项式时间内可解,但可以在多项式时间内验证**。比如,大数分解问题,给定一个极大数,把它拆成两个素数相乘,可能很久都解不出来,也就是在多项式时间复杂度内不可以解决。但是,对于两个素数 p 和 q,很简单就能在多项式时间内验证 p 和 q 相乘是否等于这个数,这就是 NP 问题。

公钥密码,开拓了直接利用 NP 问题设计密码的技术路线。对于一个 NP 问题,若能找到一个计算序列,用于设计加解密算法,那么密码分析者在不知道计算序列的情形下求解问题(称为客观求解)成为计算上的不可能。也就是说,NP 问题在密码学中的价值便是这些 NP 问题没有已知的算法可以在多项式时间内解决,作为攻击者可能需要指数级或者更高的破译时间。

典型且流行的公钥密码包括 RSA、ElGamal、椭圆曲线密码(elliptic curve cryptography, ECC)等。RSA 基于大整数因数分解困难的问题设计;ElGamal 基于离散对数求解困难的问题设计;而 ECC 基于椭圆曲线离散对数求解困难的问题设计。

自 2000 年起,基于身份的加密(identity-based encryption, IBE)、基于属性的加密(attribute-based encryption, ABE)、基于格的公钥密码等逐渐兴起,并且在减少密钥管理复杂度、细粒度访问控制、抗量子攻击密码体制设计等方面起到了重要作用。

2.3.3 RSA 算法

1978 年美国麻省理工学院的三名密码学者 Rivest、Shamir 和 Adleman① 提出了一种基于大整数因数分解困难性的公钥密码,简称为 RSA 密码。

1. 大整数因数分解问题

大整数因数分解问题是指将两个大素数相乘十分容易,但想要对其乘积进行因数分解却极其困难,因此可以将乘积公开作为加密密钥。

大整数因数分解就是一个典型的 NP 问题。

2. 算法描述

1) 密钥生成

(1) 随机选择两个大素数 p 和 q,p 和 q 都保密。

---

① RIVEST R L, SHAMIR A, ADLEMAN L. A method for obtaining digital signatures and public-key cryptosystems[J]. Communications of the ACM, 1978, 21(2): 120-126.

(2) 计算 $n=pq$,将 n 公开。

(3) 计算 $\phi(n)=(p-1)(q-1)$,$\phi(n)$保密。

(4) 随机选取一个正整数 e,$1<e<\phi(n)$且 e 与 $\phi(n)$互素,将 e 公开;e 和 n 就构成了用户的公钥。

(5) 根据 $ed\equiv 1 \bmod \phi(n)$($\equiv$表示模同余运算),计算出 d,d 保密;d 和 n 构成了用户的私钥。

由以上算法可见,RSA 密码的公开加密密钥 $K_e=<n,e>$,而保密的解密密钥 $K_d=<p,q,d,\phi(n)>$,保存 $p,q,\phi(n)$是为了加速计算。

说明:算法中的 $\phi(n)$是一个数论函数,称为欧拉函数,表示在比 n 小的正整数中与 n 互素的数的个数。若 p 和 q 是素数,且 $n=pq$,则 $\phi(n)=(p-1)(q-1)$。例如,$6=2\times3$,$\phi(6)=2$,而 1~5 之间和 6 互素的数是 1 和 5 两个数。

2) 加密

加密明文 M 得到密文 C 的运算:$C=M^e \bmod n$。

3) 解密

解密密文 C 得到明文 M 的运算:$M=C^d \bmod n$。

3. 正确性

给定密文 $C=M^e \bmod n$,可以利用私钥 $K_d=<p,q,d,\phi(n)>$解密,即

$$(C)^d=(M^e)^d=M^{ed}=M \bmod n$$

通过 RSA 加解密运算可以看出,加密和解密运算具有可交换性,即

$$D(E(M))=(M^e)^d=M^{ed}=(M^d)^e=E(D(M)) \bmod n$$

通过这种可交换性可以看出,使用解密算法生成的签名,同样可以通过公钥进行验证。

4. 安全性

密码分析者攻击 RSA 密码的一种可能途径是截获密文 C,从中求出明文 M。他们知道

$$M=C^d \bmod n$$

因为 n 是公开的,要从 C 中求出明文 M,必须先求出 d,而 d 是保密的。但他们知道,e 是公开的,要从中求出 d,必须先求出 $\phi(n)$,而 $\phi(n)$是保密的。但他们知道

$$n=pq$$

要从 n 求出 p 和 q,只有对 n 进行因数分解。

由此可见,只要能对 n 进行因数分解,便可攻破 RSA 算法。虽然大合数因数分解是十分困难的,但是随着科学技术的发展,人们对于大合数因数分解的能力在不断提高。1994 年成功分解了 129 位的大合数;1996 年又破译了 RSA-130;1999 年又破译了 RSA-140。现在,科学家们正向更高位数的 RSA 发起冲击。因此,要应用 RSA 密码,应当采用足够大的整数 n。普遍认为,n 至少应取 1024 位,最好是 2048 位。

除了通过因数分解攻击 RSA 外,还有一些攻击方法,但是还不能构成有效威胁。因此,完全可以认为,只要合理地选择参数,正确地使用,RSA 就是安全的。

2.3.4 ElGamal 算法

ElGamal 密码是除了 RSA 密码之外最有代表性的公钥密码。RSA 密码建立在大整数

因数分解的困难性之上，而 ElGamal 密码建立在离散对数问题的困难性之上。

1. 离散对数问题

设 p 为素数，若存在一个正整数 g，使得 $g, g^2, g^3, \cdots, g^{p-1}$ 在模 p 下互不同余，则称为模 p 的本原元。显而易见若 g 为模 p 的本原元，则对于 $i \in \{1,2,3,\cdots,p-1\}$ 一定存在一个正整数 k，使得 $i \equiv g^k \bmod p$。

设 p 为素数，g 为模 p 的本原元，g 的幂乘运算为

$$Y \equiv g^X \bmod p, 1 \leqslant X \leqslant p-1$$

其中：X 是以 g 为底的模 p 的对数，即求解对数 X 的运算为

$$X \equiv \log_g Y, 1 \leqslant X \leqslant p-1$$

由于上述运算是定义在模 p 有限域上的，所以称为离散对数运算。

从 X 计算 Y 是容易的，可是从 Y 计算 X 就困难得多，利用目前最好的算法，对于小心选择的 p 将至少需用 $p^{1/2}$ 次的运算，只要 p 足够大，求解离散对数问题是相当困难的。

这便是著名的离散对数问题。可见，离散对数问题具有较好的单向性。

由于离散对数问题具有较好的单向性，所以离散对数问题在公钥密码学中得到广泛应用。除了 ElGamal 密码外，Diffie-Hellman 密钥分配协议和美国数字签名标准算法 DSA 等也都是建立在离散对数问题之上的。

2. ElGamal 密码

1）密钥生成

随机选择一个大素数 p，且要求 $p-1$ 有大素数因子。再选择一个模 p 的本原元 g，将 p 和 g 公开。

用户随机选择一个整数 d 作为自己的私钥，$1 \leqslant d \leqslant p-2$，计算 $y \equiv g^d \bmod p$，取 y 为自己的公钥。

2）加密

将明文消息 $M(0 \leqslant M \leqslant p-1)$ 加密成密文的过程如下：

(1) 随机选择一个整数 r，$1 \leqslant r \leqslant p-2$；

(2) 计算 $U = y^r \bmod p$，$C_1 = g^r \bmod p$，$C_2 = UM \bmod p$；

(3) 取 (C_1, C_2) 作为密文。

3）解密

将密文 (C_1, C_2) 解密的过程如下：

(1) 计算 $V = C_1 d \bmod p$；

(2) 计算 $M = C_2 V^{-1} \bmod p$。

3. 正确性

解密的可还原性可证明如下。

因为，
$$\begin{aligned} C_2V^{-1} \bmod p &= (UM)V^{-1} \bmod p \\ &= (UM)(C_1^d)^{-1} \bmod p \\ &= (UM)((g^r)^d)^{-1} \bmod p \\ &= (UM)((g^d)^r)^{-1} \bmod p \end{aligned}$$

$$=(UM)((y)^r)^{-1}\bmod p$$
$$=(UM)(U)^{-1}\bmod p$$
$$=M\bmod p$$

故解密可还原。

4. 安全性

由于 ElGamal 密码的安全性建立在 GF(p)离散对数的困难性上，而目前尚无求解有限域 GF(p)离散对数的有效算法，所以在 p 足够大时 ElGamal 密码是安全的。

为了安全，p 应该为 150 位以上的十进制数，而且 $p-1$ 应有大素数因子。

此外，为了安全加密和签名所使用的 r 必须是一次性的。这是因为，如果使用的 r 不是一次性的，时间长了就可能被攻击者获得。又因 y 是公开密钥，攻击者就可以计算出 U，进而利用 Euclid 算法求出 U^{-1}。又因为攻击者可以获得密文 C_2，因此可以通过计算 $U^{-1}C_2$ 得到明文 M。另外，假设用同一个 r 加密两个不同的明文 M 和 M'，相应的密文为(C_1,C_2)和($C_1{}'$,$C_2{}'$)。因为 $C_2/C_2{}'=M/M'$，如果攻击者知道 M，则很容易求出 M'。

2.3.5　椭圆曲线密码

1. 椭圆曲线离散对数问题

在椭圆曲线密码中，利用了某种特殊形式的椭圆曲线，即定义在有限域上的椭圆曲线。其方程为

$$y^2=x^3+ax+b(\bmod p)$$

其中，p 为一个素数或 2 的幂(有时也称椭圆曲线的秩)，且 $4a^3+27b^2\neq 0$。

椭圆曲线离散对数问题(elliptic curve discrete logarithm problem，ECDLP)是指给定素数 p 和椭圆曲线 E，给定椭圆曲线上两点 P 和 W，对 $W=kP$，求 k 的值。可以证明，已知 k 和 P 计算 W 比较容易，而由 W 和 P 计算 k 则比较困难，至今没有有效的方法来解决这个问题，这就是椭圆曲线加密算法原理之所在。

注意： kP 是指定义在加法运算符“+”上的 k 个 P 执行运算“+”，类似于 P^k。

类似这样的特性，向一个方向计算容易，但反方向倒推很难的算法被称为单向陷门函数(trapdoor function)。椭圆曲线离散对数问题可以用来构造一个很好的陷门函数。

2. 椭圆曲线加密

将 ECDLP 嵌入加密系统中的方法有很多种，最简单的一种实现方法描述如下。

(1) Alice 首先选择一条椭圆曲线及该曲线上的一点 G，然后选取一个保密数字 k，该数字将作为她的私钥。她的公钥为 G 和 P_A，其中：$P_A=kG$，并将公钥给 Bob。

(2) 当 Bob 要给 Alice 发送一个消息时，他需要先将明文转换成数字 m，并在曲线上找出一点 P_m，使其 x 坐标值与 y 坐标值之差为 m。再选择一个随机数 r，然后将得到的密文 $C=(C_1,C_2)$发送给 Alice，其中：

$$C_1=rG;C_2=P_m+rP_A$$

(3) Alice 收到消息后，通过用自己的私钥与 C_1 相乘，并用 C_2 减去它，就可以很容易完成解密，即

$$C_2-kC_1=P_m+rP_A-k(rG)=P_m+r(kG)-k(rG)=P_m$$

3. 安全性与性能

攻击者得到 C_1 和 C_2 后，因为椭圆曲线离散对数问题，无法通过计算得到 r 或 k，因此是安全的。

ECC 使用较小的密钥就可以提供比 RSA 更高的安全级别，如 160 位 ECC 与 1024 位 RSA 有相同的安全强度。

2.3.6 应用示例

公钥基础设施(public key infrastructure，PKI)，是一种遵循既定标准的密钥管理平台，它能够为所有网络应用提供加密和数字签名等密码服务及所必需的密钥和证书管理体系。简单来说，PKI 就是利用公钥理论和技术建立的提供安全服务的基础设施。

数字证书是指在互联网通信中标志通信各方身份信息的一个数字认证，人们可以在网上用它来识别对方的身份。在 PKI 体系中，建有证书管理机构(certificate authority，CA)。CA 中心的公钥是公开的，因此由 CA 中心签发的内容均可以验证。

密钥的生存周期包括：密钥的产生和登记、密钥分发、密钥更新、密钥撤销、密钥销毁等。在产生密钥后，公钥需要在 PKI 中登记，并通过 CA 中心的私钥签名后形成公钥证书。由于 CA 中心的公钥公开，用户可以方便地对公钥证书进行验证，并通过公钥证书来互相交换自己的公钥。进而，PKI 作为安全基础设施，能够提供身份认证、数据完整性、数据保密性、数据公正性、不可抵赖性和时间戳六种安全服务。

PKI 的应用非常广泛，为网上金融、网上银行、网上证券、电子商务、电子政务等网络中的数据交换提供了完备的安全服务功能。

OpenSSL 库提供了相关的基本功能支撑，下面提供一个数字签名及验证的简单示例。

实验 2-2 在 OpenSSL 中进行数据签名及验证。

基于 RSA 算法，在 OpenSSL 中进行数据签名及验证的实验如下所示。

1. 使用 OpenSSL 命令签名并验证

(1) 生成 2048 位密钥，存储到文件 id_rsa.key。

```
openssl genrsa -out id_rsa.key 2048
```

(2) 根据私钥文件，导出公钥文件 id_rsa.pub。

```
openssl rsa -in id_rsa.key -out id_rsa.pub -pubout
```

(3) 使用私钥对文件 message.txt 进行签名，输出签名到文件 rsa_signature.bin。

```
openssl dgst -sign id_rsa.key -out rsa_signature.bin -sha256 message.txt
```

(4) 使用公钥验证签名。

```
openssl dgst -verify id_rsa.pub -signature rsa_signature.bin -sha256
message.txt
```

若验证成功，会输出 Verified OK。

表 2-2 为语法 genrsa [options] numbits 的参数解释；表 2-3 为语法 rsa [options]的参数解释；表 2-4 为语法 dgst [options] [file…]的参数解释。

表 2-2 语法解释(genrsa [options] numbits)

选　项	作　用
-out outfile	指定输出文件
numbits	密钥长度，存在默认值

表 2-3 语法解释(rsa [options])

选　项	作　用
-in val	指定输入文件
-out outfile	指定输出文件
-pubout	输出公钥

表 2-4 语法解释(dgst [options] [file…])

选　项	作　用
-sign val	生成签名，同时指定私钥
-verify val	使用公钥验证签名
-prverify val	使用私钥验证签名
-out outfile	输出到文件
-signature infile	指定签名文件
-sha256	使用 SHA-256 算法摘要
file	消息文件

2. 数字签名程序

(1) 编写程序文件 signature.cpp。

```
#include <stdio.h>
#include <string.h>
#include <openssl/evp.h>
#include <openssl/rsa.h>
#include <openssl/pem.h>

//公钥文件名
#define PUBLIC_KEY_FILE_NAME "public.pem"
//私钥文件名
#define PRIVATE_KEY_FILE_NAME "private.pem"

//RSA 生成公私钥,存储到文件
```

```
bool genrsa(int numbit)
{
    EVP_PKEY_CTX * ctx = EVP_PKEY_CTX_new_id(EVP_PKEY_RSA, NULL);
    if (!ctx)
        return false;
    EVP_PKEY * pkey = NULL;
    bool ret = false;
    int rt;
    FILE * prif = NULL, * pubf = NULL;
    if (EVP_PKEY_keygen_init(ctx) <= 0)
        goto err;
    //设置密钥长度
    if (EVP_PKEY_CTX_set_rsa_keygen_bits(ctx, numbit) <= 0)
        goto err;
    //生成密钥
    if (EVP_PKEY_keygen(ctx, &pkey) <= 0)
        goto err;
    prif = fopen(PRIVATE_KEY_FILE_NAME, "w");
    if (!prif)
        goto err;
    //输出私钥到文件
    rt = PEM_write_PrivateKey(prif, pkey, NULL, NULL, 0, NULL, NULL);
    fclose(prif);
    if (rt <= 0)
        goto err;

    pubf = fopen(PUBLIC_KEY_FILE_NAME, "w");
    if (!pubf)
        goto err;
    //输出公钥到文件
    rt = PEM_write_PUBKEY(pubf, pkey);
    fclose(pubf);
    if (rt <= 0)
        goto err;
    ret = true;
err:
    EVP_PKEY_CTX_free(ctx);
    return ret;
}

//生成数据签名
bool gensign(const uint8_t * in, unsigned int in_len, uint8_t * out, unsigned int * out_len)
{
    FILE * prif = fopen(PRIVATE_KEY_FILE_NAME, "r");
    if (!prif)
        return false;
    //读取私钥
    EVP_PKEY * pkey = PEM_read_PrivateKey(prif, NULL, NULL, NULL);
```

```
    fclose(prif);
    if (!pkey)
        return false;
    bool ret = false;
    EVP_MD_CTX * ctx = EVP_MD_CTX_new();
    if (!ctx)
        goto ctx_new_err;
    //初始化
    if (EVP_SignInit(ctx, EVP_sha256()) <= 0)
        goto sign_err;
    //输入消息,计算摘要
    if (EVP_SignUpdate(ctx, in, in_len) <= 0)
        goto sign_err;
    //生成签名
    if (EVP_SignFinal(ctx, out, out_len, pkey) <= 0)
        goto sign_err;
    ret = true;
sign_err:
    EVP_MD_CTX_free(ctx);
ctx_new_err:
    EVP_PKEY_free(pkey);
    return ret;
}

//使用公钥验证数字签名,结构与签名相似
bool verify(const uint8_t * msg, unsigned int msg_len, const uint8_t * sign, unsigned int sign_len)
{
    FILE * pubf = fopen(PUBLIC_KEY_FILE_NAME, "r");
    if (!pubf)
        return false;
    //读取公钥
    EVP_PKEY * pkey = PEM_read_PUBKEY(pubf, NULL, NULL, NULL);
    fclose(pubf);
    if (!pkey)
        return false;
    bool ret = false;
    EVP_MD_CTX * ctx = EVP_MD_CTX_new();
    if (!ctx)
        goto ctx_new_err;
    //初始化
    if (EVP_VerifyInit(ctx, EVP_sha256()) <= 0)
        goto sign_err;
    //输入消息,计算摘要
    if (EVP_VerifyUpdate(ctx, msg, msg_len) <= 0)
        goto sign_err;
    //验证签名
    if (EVP_VerifyFinal(ctx, sign, sign_len, pkey) <= 0)
        goto sign_err;
```

```
    ret = true;
sign_err:
    EVP_MD_CTX_free(ctx);

ctx_new_err:
    EVP_PKEY_free(pkey);
    return ret;
}

int main()
{
    //生成长度为 2048 的密钥
    genrsa(2048);
    const char * msg = "Hello World!";
    const unsigned int msg_len = strlen(msg);
    //存储签名
    uint8_t sign[256] = {0};
    unsigned int sign_len = 0;
    //签名
    if (!gensign((uint8_t *)msg, msg_len, sign, &sign_len))
    {
        printf("签名失败\n");
        return 0;
    }
    //验证签名
    if (verify((uint8_t *)msg, msg_len, sign, sign_len))
        printf("验证成功\n");
    else
        printf("验证失败\n");
    return 0;
}
```

(2) 编译并运行。

```
g++ signature.cpp -o signature -lcrypto
./signature
```

2.4 可证明安全性

随着现代密码学理论的发展，在面向各种应用的密码方案设计中，可证明安全性(provable security)受到越来越多的重视。如果某个方案没有通过形式化验证确认其可证明安全性，那么无法想象它能被广泛接受而投入现实应用中。

将某个方案的安全性简单归结为某种函数运算(大整数分解、背包问题、离散对数等)的单向性上的传统设计思路，并没有充分考虑适应性攻击者的攻击能力和实际应用中复杂的环境条件影响，因而采用该思路设计的方案往往很快被发现其中可被适应性攻击者利用的漏洞，例如，二次剩余加密方案可被适应性攻击者利用，以不可忽略的概率对模数进行分解等。

2.4.1 基本概念

1. 安全参数

在密码学中，安全参数(security parameter)是用来衡量一个攻击者(adversary)攻破一个加解密机制有多困难的方式。直观理解就是，安全参数越大，对应的破解加密系统的难度也就越大。安全参数有两种类型：计算安全参数和统计安全参数。

1) 计算安全参数

计算安全参数(computational security parameter，通常使用符号 λ 表示)表示攻击者在算力有限的情况下，应用离线计算破解一个问题的困难程度，如破解一个加密算法的困难程度。计算安全参数 λ 定义了计算的数值空间大小，通常是用位数表示。更大的 λ 也就对应了所需要计算的次数更多，所花费的时间更长。

2) 统计安全参数

统计安全参数(statistical security parameter，通常使用符号 σ 表示)表示攻击者在算力无限的情况下，破解加密机制的困难程度。统计安全参数依赖于不同变量分布之间的统计距离(statistical distance，也称总变差距离)。直观上说，如果两个变量之间的统计距离越小，则越难区分猜测值和目标变量值。如果一个协议是统计安全的，那么其属于信息论安全，意指无论攻击方算力强弱，均无法破解系统。

2. 完美安全

如果一个具有无限计算能力的敌手从给定的密文中不能获取明文的任何有用信息，则说明这个加密体制具有完美安全性或信息论安全性。在 1949 年，香农在他的论文①里提出了完美密码模式(定义在对称密码上)，称为香农定理。

定理 2-1(香农定理)　设(KeyGen, Enc, Dec)是一种在明文空间 M 上的加密模式，且 $|M|=|K|=|C|$，则当且仅当满足以下两个条件时，称它为完美安全的：

(1) 所有密钥 $k\in K$ 都以 $\frac{1}{|K|}$ 的概率通过 KeyGen 生成；

(2) 对所有明文 $m\in M$，密文 $c\in C$，都存在单独密钥 $k\in K$ 使得 $\mathrm{Enc}_k(m)$ 输出 c。

(3) $|M|$ 是明文空间大小，$|K|$ 是密钥空间大小，$|C|$ 是密文空间大小。

一次一密是达到完美安全的设计方法，它要求每次均使用随机变化的密钥进行加解密。这样，即使攻击者获取信道上的秘密消息，由于其不知道当前使用的密钥，也无法进行解密。

3. 计算安全

虽然一次一密理论上是安全的，但是它带来的密钥管理等开销使其难以在大多数现实场景中广泛应用。香农定理告诉我们，如果一个加密体制具有完美安全性，那么密钥数量至少要和明文数量一样多。因受香农定理制约，一次一密要求密钥长度至少要和明文一样长，

① SHANNON C. Communication theory of secrecy systems[J]. Bell System Technical Journal, 1949, 28(4): 656-715.

用它加密 1GB 的视频文件时，密钥也至少得是 1GB。事实上，不需要实现一个绝对安全的密码系统，只需要保证密码算法的破解对攻击者来说是计算上不可行的即可，也就是计算安全性。对敌手的计算安全性需要考虑以下两个方面：①攻击的运行时间；②攻击的成功概率。

假设一个密钥为 λ 位长，那么最暴力的攻击方式是攻击者需要尝试 2^{λ} 种可能的密钥。这里的 λ 就是安全参数，λ 的增大意味着攻击者暴力破解的难度呈指数级增加。而为了评估 λ 的上限，对敌手计算安全性的考量变更为：①渐进运行时间；②渐进攻击成功率。

1）渐进运行时间

如何使得算法的破解在计算上不可行的？根据 2.1.1 节可知，只需保证算法在多项式时间内不能被破解即可。

2）渐进攻击成功率

密码系统在考虑攻击者的安全性时，还需要考虑渐进攻击成功率。当安全参数 λ 增加时，如果攻击成功率趋近于 0，那么即使攻击时间在多么有效率的多项式时间内都无效。

为了表示这个思想，就需要使用可忽略函数的概念。可忽略函数是一个极小量，其定义如下。

定义 2-4 可忽略函数 v：$\mathbf{N}\to\mathbf{R}$ 是任意一个趋近于 0 的速度比任何逆多项式都快的函数。换句话说，对于任意多项式 p，除了有限多个 n 以外，均有 $v(n)<1/p(n)$。

可忽略函数有以下两个性质，即若 $f_1(\lambda)$和 $f_2(\lambda)$为可忽略函数，则：

（1）$f_3(\lambda)=f_1(\lambda)+f_2(\lambda)$为可忽略函数；

（2）对所有正多项式 p，函数 $f_4(\lambda)=p(\lambda)f_1(\lambda)$为可忽略函数。

可忽略函数的重要意义在于，如果一个事件是可忽略事件，由于它几乎不可能发生，那么就可以被实际目标所忽略。因此如果对密码系统的某次攻击仅具有可忽略的可能性，那么在设计密码模式时，就无须考虑这种攻击。

2.4.2 敌手能力

敌手的攻击能力是评判模型安全能力的重要角度之一。

1. 密码方案的敌手能力

在对密码方案进行尝试破解的敌手中，依照攻击者的攻击能力由弱到强，可分为以下四种基本攻击模式。

（1）唯密文攻击（cipher-only attack）：最基础的攻击方式，敌手目标是通过观察密文，尝试推测出相应的明文信息。

（2）已知明文攻击（known-plaintext attack）：敌手已知部分在同一密钥下加密的明文-密文对，敌手的目标是通过已知的明文-密文对，推测出其他一些密文对应的明文信息。

（3）选择明文攻击（chosen-plaintext attack，CPA）：敌手可以选择获取任意其所选取的明文加密后的结果，其目标是通过这些明文信息推测出其他密文对应的明文信息。

（4）选择密文攻击（chosen-ciphertext attack，CCA）：敌手甚至可以获取任意其所选择的密文解密后的结果，敌手目标是通过这些信息推测出一些其他（其无法随意选取的）密文对应的明文信息。

2. 安全协议的敌手能力

上述密码方案的敌手主要以破解密文或者猜测密钥为主要目的，敌手所针对的密码方案中交互次数少、形式较为单一。但是，随着研究的进展，以安全多方计算等为代表的复杂的安全协议被广泛应用，这些安全协议设计复杂、参与方多、存在多个协议并行运行的情况。

在安全协议中，主要考虑两种敌手：半诚实攻击者和恶意攻击者。

(1) 半诚实(semi-honest)攻击者可以攻陷参与方，但会遵循协议规则执行协议。换句话说，攻陷参与方会诚实地执行协议，但可能会尝试从其他参与方接收到的消息中尽可能获得更多的信息，是一种诚实但好奇(honest-but-curious)的攻击者。半诚实攻击者也称被动(passive)攻击者，因为此类攻击者只能通过观察协议执行过程中自己的视角来尝试得到秘密信息，无法采取其他任何攻击行动。

(2) 恶意(malicious)攻击者，也称主动(active)攻击者，可以让攻陷参与方任意偏离协议规则执行协议，以破坏协议的安全性。恶意攻击者分析协议执行过程的能力与半诚实攻击者相同，但恶意攻击者可以在协议执行期间采取任意行动。请注意，这意味着攻击者可以控制或操作网络，或在网络中注入任意消息。

2.4.3　安全性定义

1. 完美保密性

历史上第一个关于对称加密方案的安全性的严格定义是香农在 20 世纪 40 年代提出的完美保密性其定义如下。

定义 2-5(完美保密性)　如果对 $\forall m_0, m_1 \in M(|m_0| = |m_1|)$ 和 $\forall c \in C$，有 $\Pr[E(k, m_0) = c] = \Pr[E(k, m_1) = c]$，则该对称加密方案具有完美保密性，其中，$k \in K$ 是随机的。

这个定义说明，如果一个对称加密方案满足完美保密性，那么密文不会泄露明文的“任何信息”。攻击者窃听到任意一个密文后，由于明文空间中任意两个明文加密后得到该密文的概率都是一样的，那么攻击者自然无法确定密文对应的是哪个明文。

香农指出一次一密能满足完美保密性，并且非常简单。一次一密有多种不同的形式，位串形式的一次一密是指加密时明文和密钥逐位异或即得密文，解密时密文和密钥逐位异或即得明文。

有关完美保密性，需要注意以下几点。

(1) 完美保密性定义在信息论安全上，即拥有无限计算资源。

(2) 对称加密方案的完美保密性考虑的是唯密文攻击，即在唯密文攻击下是安全的，然而在其他类型的攻击下未必安全。

(3)“任何信息”指的是明文内容的信息。明文长度、明文发送时间等信息不包含在内，这些附加信息即使不破译密码，也可以通过其他手段获知，所以不在密码安全性的考虑范畴之内。因此，定义中附加了一个限制条件：$|m_0| = |m_1|$，即 m_0 和 m_1 的长度要相等。

事实上，现在加密原语即使达到了信息论安全，但是在使用过程中存在的信息泄露(大小模式、访问行为模式等)已经被证明用来做各种密码破译工作。

(4) 一次一密并不实用，最主要的原因就是，为了达到完美保密性，需要的密钥长度不能短于明文长度，当加密长消息时必须使用长密钥。然而，一次一密的优点也是非常明显的,加解密只需要异或操作,软硬件实现都非常简单,运行速度很快。

如何让一次一密更加实用?思路很直接:在保证安全性的前提下,可以使用短密钥加密长消息。那么问题又来了,根据香农定理,如果用短密钥加密长消息,就没法达到完美保密性,因为密文势必会泄露明文的信息。明文的信息都泄露了,那又如何保证安全性?

虽然完美保密性可以抵抗无限计算资源的攻击者,但在现实世界中,攻击者的计算资源总是有限的。所以,可以针对有限计算资源的攻击者重新给安全性下一个定义。如果一个加密方案在这个定义下是安全的,那么有限计算资源的攻击者就没办法破译,这样使用就足够了。这种加密方案被称为计算上安全的。实际应用中也都是使用这种密码方案。因此,解决方法就是设计一种加密方案,可以用短密钥加密长消息,它在面对实际的攻击者时(计算资源有限),没必要达到完美保密性,即使密文泄露一些明文的信息,只要这些信息对攻击者的帮助是可忽略的即可。

2. 不可区分性

如何定义攻击者的能力是可忽略的?不可区分性已经成为一个重要的基础概念,不可区分安全性也已经成为加密算法的重要安全目标。此外,还有一些其他安全目标,如不可延展性(鉴于本书内容侧重,不做介绍)、存在不可伪造性等。通常对于加密算法,定义安全目标为不可区分性或者不可延展性;对于数字签名算法,定义安全目标为存在不可伪造性;对于密钥交换协议,定义安全目标为通过攻击获得的会话密钥和随机数的不可区分性。

定义 2-6(不可区分性) 令 D_1 和 D_2 为两个以安全参数为索引的概率分布,或表述为 D_1 和 D_2 是以安全参数为输入的两个算法。如果对于所有的算法 A,存在一个可忽略函数 v,满足

$$|\Pr[A(D_1(n))=1]-\Pr[A(D_2(n))=1]|\leqslant v(n)$$

则称 D_1 和 D_2 是不可区分的(indistinguishable)。换句话说,当以根据 D_1 或 D_2 采样得到的样本作为输入时,任何一个算法 A 的执行差异都不会超过可忽略函数。

如果仅考虑非均匀、多项式时间算法 A,则此定义描述的是计算不可区分性。如果考虑所有算法而不考虑算法的计算复杂性,则此定义描述的是统计不可区分性。在统计不可区分性里,两个概率分布的差异上界为两个概率分布的统计距离,定义为

$$\Delta(D_1(n),D_2(n))=\frac{1}{2}\sum_{x}|\Pr[x=D_1(n)]-\Pr[x=D_2(n)]|$$

将不可区分性的安全目标与敌手能力结合起来评估模型安全性,已经成为目前主要安全性定义方式之一。在后续安全性定义和模型的讨论中,默认是指计算不可区分性。

定义 2-7(不可区分安全性) 常见的不可区分安全性定义有以下两个。

(1) 选择明文攻击下的不可区分性(indistinguishable chosen-plaintext attack,IND-CPA):一个具有选择明文攻击能力的敌手对模型进行攻击的结果与随机攻击的结果具有不可区分性,则称加密算法在选择明文攻击下具有不可区分性。

(2) 选择密文攻击下的不可区分性(indistinguishable chosen-ciphertext attack,IND-CCA):一个具有选择密文攻击能力的敌手对模型进行攻击的结果与随机攻击的结果具有不可区分性,则称加密算法在选择密文攻击下具有不可区分性。

3. 语义安全性

语义安全(semantic security)是继香农提出的完美保密性之后第二个重要的安全性定

义，是 Micali 等[①]在 1984 年给出的安全性定义：如果已知某段未知文段的密文不会泄露任何该文段的其余信息，则称该密文是语义安全的。语义安全性意味着密文不会向任何计算能力为多项式时间的敌手泄露有关相应明文的任何有用信息（假定明文长度不被认为是有用信息），这个定义侧重表示被揭露的信息不会被实际窃取。

后来，Micali 等证明语义安全性和选择明文攻击安全性是等价的。

在定义语义安全性时，不能像定义完美保密性那样只给出一个概率公式就能完成，必须得把选择明文攻击中攻击者"自己选择一些明文"这一活动特点刻画进去。因此，需要借助一个安全模型来帮助给出定义，并通过这些安全模型来证明达到了预期的安全性。

如图 2-3 所示的安全模型里，E 表示一个对称加密体制，有一个挑战者 C 和一个攻击者 A。定义两个黑盒子，每个里面都有一个挑战者，它会随机选择一个密钥，加密一个指定的左侧或右侧的明文，并将密文输出。然后，随机选择一个黑盒子，放在 A 面前，A 并不知道自己面对的是哪一个黑盒子。如果 A 面对的是上面那个，称为实验 EXP(0)；否则，称为实验 EXP(1)。A 的任务就是根据得到的密文 c 猜测自己到底是面对实验 EXP(0)还是实验 EXP(1)，并输出自己的猜测 b。

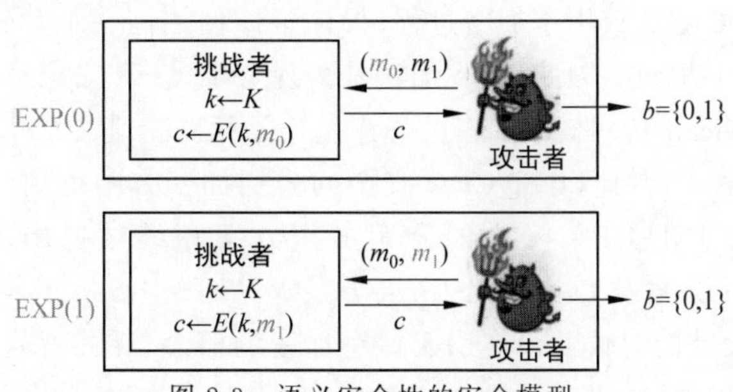

图 2-3　语义安全性的安全模型

该安全性模型称为 Left-or-Right(LoR)模型，是因为在所设计的实验里，将 m_0 写在左边，m_1 写在右边。详细定义如下。

(1) 攻击者 A 随机选择两个消息 m_0 和 m_1，$|m_0|=|m_1|$，将 m_0 和 m_1 发送给挑战者。

(2) 挑战者从密钥空间 K 中随机选择一个密钥 k：在实验 EXP(0) 中，挑战者将加密左边的明文 m_0，输出密文 c；在实验 EXP(1)中，挑战者将加密右边的明文 m_1，输出密文 c。

(3) 攻击者 A 根据获得的密文 c 猜测自己面对哪个实验，并输出自己的猜测，记为 b。比如，$b=0$ 表示攻击者 A 猜测面对的实验是 EXP(0)，加密的消息是 m_0。

注意：在这个对称密码语义安全性的 LoR 模型中，攻击者 A 只能给挑战者发送一次明文，也即只允许 A 询问一次。换句话说，挑战者选择的密钥只使用了一次。

很明显，从攻击者的角度，它能区分面对的是哪个实验只能依靠得到的密文 c，只要加密方案足够好，攻击者就无法从密文 c 获取有用信息来区分两个实验。这就是为什么这两个实验能刻画加密方案安全性。另外，m_0 和 m_1 都是攻击者自己选择的（攻击者愿意选择什么样的明文都可以），这也刻画了选择明文这一特性。

攻击者 A 的优势定义为

---

① GIANCOTTI V, RUSSO E, DE CRISTINI F, et al. Histone modification in early and late Drosophila embryos [J]. Biochemical Journal, 1984,218(2): 321-329.

$\text{Adv}=|\Pr[W_0]-\Pr[W_1]|$，即 $\text{Adv}=|\Pr[A(\text{EXP}(0))=1]-\Pr[A(\text{EXP}(1))=1]|$。其中：

W_0：表示事件攻击者 A 在面对实验 EXP(0)时返回 1。

W_1：表示事件攻击者 A 在面对实验 EXP(1)时返回 1。

$\Pr[W_0]$：表示攻击者 A 在实验 EXP(0)中返回 1 的概率。

$\Pr[W_1]$：表示攻击者 A 在实验 EXP(1) 中返回 1 的概率。

基于这个安全模型和攻击者 A 的优势，正式定义语义安全性如下。

定义 2-8（语义安全性） 设 E 是一个对称加密方案，如果所有高效攻击者 A 在语义安全性的安全模型中的优势都是可忽略的，则 E 是语义安全的。

如果该方案达到了语义安全，可以这样理解，攻击者 A 总是输出 $b=1$，即猜测密文 c 来自实验 EXP(1)，在这种情况下 EXP(0)和 EXP(1)仍然是等价的。或者说，不管这个攻击者面对 EXP(0)还是 EXP(1)，他输出相同猜测结果（因为 W_0 和 W_1 都只关注攻击者返回 1 的情况）的概率是相等的。

1984 年，Micali 等提出概率加密的概念，用于设计公钥密码体制。概率加密指的是，每次加密时都使用独立的随机数用于加密过程，保证了即使用同一个公钥对同一个明文加密所得密文也很大概率不相同。因此，概率加密是实现 IND-CPA 安全目标不可缺少的条件。

Goldwasser 和 Micali 利用概率加密的思想给出了第一个满足 IND-CPA 安全的公钥加密方案（简称 GM 方案）。自此，IND-CPA 安全的公钥加密方案得到了快速地发展。各种满足不同困难假设的 IND-CPA 安全的公钥加密方案相继被提出，其中最经典的包括 ElGamal 方案、Paillier 方案及 Damgård-Jurik 方案等。回顾 RSA 方案和 ElGamal 方案，很明显发现 RSA 方案设计的时候并没有引入概率加密的概念，在此背景下，相同密钥对同一明文加密的密文是相同的，并没有达到 IND-CPA 安全性。RSA 加密方案虽然开创了公钥密码理论的先河，但是没有给出明确的安全定义，也缺乏严格的安全性证明，从而导致了后来可能出现的短私钥攻击等问题。

2.4.4 安全性证明

接下来，以流密码来演示语义安全性的安全模型定义、安全性定义和安全性证明。

流密码基于一次一密基础做了改造，引入伪随机生成器（pseudo-random generator, PRG），它能够利用短密钥产生长密钥，然后用这个长密钥再和明文异或，进一步得到密文。

定义 2-9（流密码） 定义 $G: k\leftarrow\{0,1\}^n$ 是一个 PRG，含义是生成 n 长度的密钥 k；加密过程为 $E(k,m)=G(k)\oplus m$；解密过程为 $D(k,c)=G(k)\oplus c$。很明显，这里使用 PRG 的输出 $G(k)$代替了原来的随机密钥。这种改造后的一次一密被称为流密码。可以看出，k 在 PRG 中是种子，而在流密码中作为密钥使用。流密码本质上是简单套用 PRG 构造而成的，很明显，流密码的安全性必然依赖于 PRG 的安全性。

根据前面的介绍，流密码的安全性可以这样来理解：只要 PRG 的输出能以假乱真，即能够和等长的随机序列不可区分，那么流密码加密的密文也能以假乱真，也即和一次一密加密出的密文是不可区分的。这就是流密码安全的依据。

定理 2-2 如果 $G: K\rightarrow\{0,1\}^n$ 是一个安全的 PRG，由它构造的流密码便具有语义安全性，其中，$K=\{0,1\}^s$。

证明 令 E 表示一个对称加密体制,G 表示一个安全的 PRG,有一个挑战者和一个攻击者 A,定义如下两个实验。

(1) EXP(0):攻击者 A 随机选择两个消息 m_0 和 m_1,$|m_0|=|m_1|$,将 m_0 和 m_1 发送给挑战者;挑战者从 K 中随机选择一个种子 k,计算 $G(k)\oplus m_0$,输出左明文的密文 c。

(2) EXP(1):攻击者 A 随机选择两个消息 m_0 和 m_1,$|m_0|=|m_1|$,将 m_0 和 m_1 发送给挑战者;挑战者从 K 中随机选择一个种子 k,计算 $G(k)\oplus m_1$,输出右明文的密文 c。

如图 2-4 所示,设事件 W_0 表示攻击者 A 面对 EXP(0)时返回 1,设事件 W_1 表示攻击者 A 面对 EXP(1)时返回 1,攻击者 A 的优势定义为 $\mathrm{Adv}=|\Pr[W_0]-\Pr[W_1]|$。如果 A 的优势是可忽略的,则 E 是语义安全的。

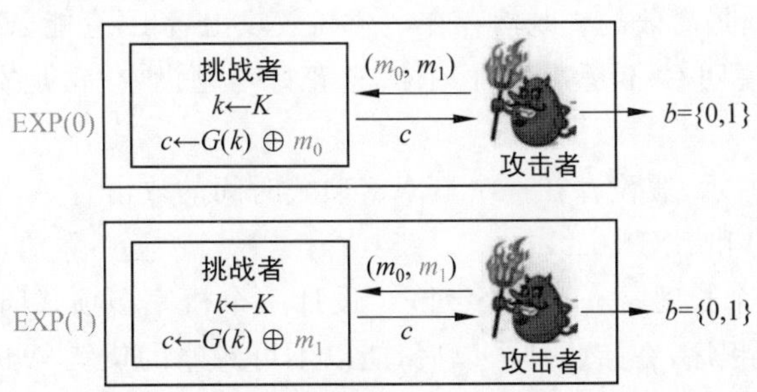

图 2-4 证明流密码语义安全的安全模型

直接证明 EXP(0)和 EXP(1)是不可区分的较为困难,所以采用间接的证明方法。间接的证明方法是这样的:要证明 EXP(0)和 EXP(1)是不可区分的,先把 EXP(0)这个实验进行一系列改造,逐步改造成 EXP(1)。每次改造都会产生一个新的中间实验,需要证明改造前的实验和改造后的实验是不可区分的。最后利用计算上不可区分的传递性,推导出 EXP(0)和 EXP(1)是不可区分的。

为完成证明,如图 2-5 所示,进一步定义如下实验。

(1) EXP(0.1):攻击者 A 随机选择两个消息 m_0 和 m_1,$|m_0|=|m_1|$,将 m_0 和 m_1 发送给挑战者;挑战者从 $\{0,1\}^n$ 中随机选择一个随机数 r,计算 $r\oplus m_0$,输出左明文的密文 c。

(2) EXP(0.2):攻击者 A 随机选择两个消息 m_0 和 m_1,$|m_0|=|m_1|$,将 m_0 和 m_1 发送给挑战者;挑战者从 $\{0,1\}^n$ 中随机选择一个随机数 r,计算 $r\oplus m_1$,输出右明文的密文 c。

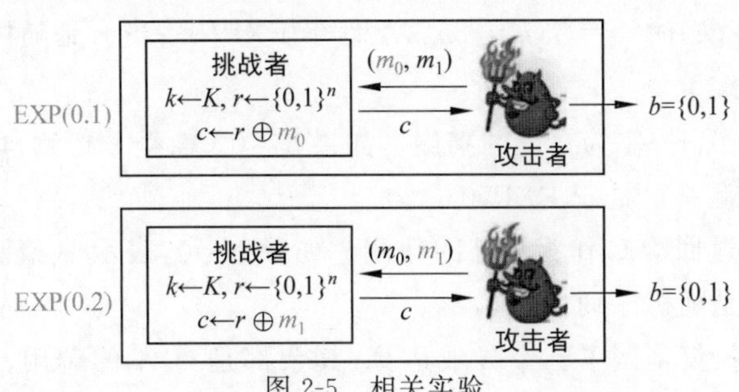

图 2-5 相关实验

也就是说,一共定义了四个实验:EXP(0),EXP(0.1),EXP(0.2),EXP(1)。

引理 2-1 如果 G 是安全的 PRG,则 EXP(0)和 EXP(0.1)是计算上不可区分的。

证明思路 EXP(0) 和 EXP(0.1)不可区分的依据是 G 必须是安全的 PRG,也即 $G(k)$

与随机序列必须计算上不可区分。反证法的实质就是通过前提假设"EXP(0)和EXP(0.1)是可以区分的",以推出矛盾的结论"G 不是安全的 PRG"。相当于,有一个 PRG 安全性模型里的挑战者 C,它给了一串序列 r。r 可能等于 $G(k)$,也可能等于随机序列,需要想办法设计一个高效攻击者 B,能以不可忽略的优势将之区分开。

幸运的是,根据前提假设,EXP(0)和EXP(0.1)是可以区分的,那必然存在一个高效攻击者 A 能以不可忽略的优势区分 EXP(0)和EXP(0.1)。那么需要做的就是把 A 作为子程序,让 B 去调用 A,以利用 A 区分 EXP(0)和EXP(0.1)的能力,去识别 r 到底是 $G(k)$ 还是随机序列。如何设计 B 就是反证法的核心,证明的实质就是写出 B 的具体执行过程,就像写算法的伪代码一样。证明的最后还需要算出 B 的优势和时间复杂度:B 的优势必须是不可忽略的,同时 B 必须是高效的。既然存在一个高效攻击者 B,它能以不可忽略的优势区分 $G(k)$ 和随机序列,就说明 G 不是安全的 PRG,这正好与题设中"G 是安全的 PRG"相矛盾,由此证明完毕。

证明 如图 2-6 所示,假设存在一个概率多项式时间的攻击者 A,它能以不可忽略的优势 $\mathrm{Adv_A}$ 区分 EXP(0)和EXP(0.1)。

挑战者 C 给出一个长度是 n 的位序列 r。设计一个概率多项式时间的算法 B,它的任务是通过调用 A 为子程序,在接收到 r 以后,能以不可忽略的优势 $\mathrm{Adv_B}$ 识别出 r 是 $G(k)$ 还是随机序列。

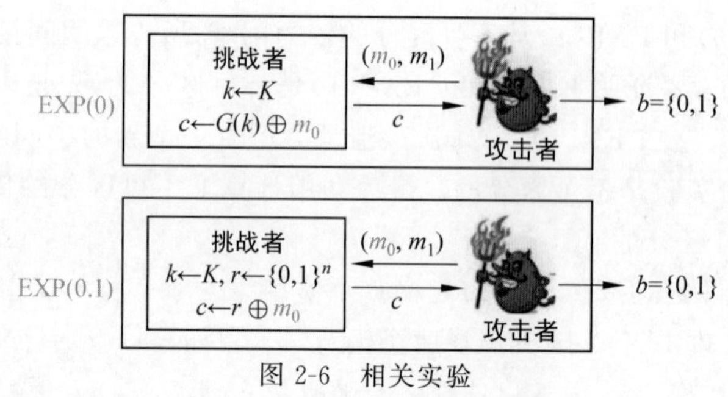

图 2-6 相关实验

在收到挑战者 C 发来的 r 以后,算法 B 的执行过程如下。

(1) 收到 A 发来的 m_0 和 m_1 后,计算 $c=r\oplus m_0$,并将 c 返回给 A 作为应答。

很明显,当 $r=G(k)$ 时,$c=G(k)\oplus m_0$,A 处于 EXP(0);当 r 是随机序列时,$c=\{0,1\}^n \oplus m_0$,A 处于 EXP(0.1)。

(2) A **输出** $b\in\{0,1\}$ 作为自己的**猜测**。如果 $b=0$,表示 A 猜测自己处于 EXP(0);否则($b=1$),表示 A 猜测自己处于 EXP(0.1)。

(3) B 将 b 直接返回给 C 作为自己的猜测。如果 $b=0$,表示 B 猜测 $r=G(k)$;否则($b=1$),表示 B 猜测 r 是随机序列。

很明显,因为 B 仅仅是做了一个异或运算,其余都是对 A 的调用,所以 $\mathrm{Adv_A}=\mathrm{Adv_B}$,且 B 的时间复杂度等于 A 的时间复杂度。因为假定 A 是一个可以区分两个实验的攻击者,所以 B 同样能在多项式时间内以不可忽略的优势区分 $G(k)$ 和随机序列。这与 G 是安全的 PRG 相矛盾。

引理 2-2 EXP(0.1)和EXP(0.2)是计算上不可区分的。

证明 因为两个实验都是利用随机数 r 异或左明文或者右明文，本质就是一次一密。根据一次一密的完美保密性，任何攻击者区分 EXP(0.1)和 EXP(0.2)的优势都等于零。

引理 2-3 如果 G 是安全的 PRG，则 EXP(0.2)和 EXP(1)是计算上不可区分的。

证明 参考引理 2-1，利用反证法证明。

归纳总结 考虑到：

(1) EXP(0)和 EXP(0.1)之间是计算上不可区分的；

(2) EXP(0.1)和 EXP(0.2)之间是计算上不可区分的；

(3) EXP(0.2)和 EXP(1)之间是计算上不可区分的。

根据(1)，(2)和(3)及传递性可知，EXP(0)和 EXP(1)是计算上不可区分的。所以，任意高效攻击者区分 EXP(0)和 EXP(1)的优势都是可忽略的。

证毕！

2.4.5 安全性模型

1. 语义安全性模型

常用的语义安全性模型有三类：LoR 模型、比特随机猜测模型和 Real-Random 模型。这些模型之间都是等价的。也就是说，一个加密方案在其中一个模型下证明是安全的，它在另一个模型下肯定也能证明是安全的。

2.4.4 节介绍的语义安全的安全性模型是 LoR 模型，即攻击者猜测是对左侧密文还是右侧密文的加密的一种攻击者能力的定义模型。LoR 模型还有一种完全对应的比特随机猜测模型。比特随机猜测模型更为常用。

1) 比特随机猜测模型

如图 2-7 所示，挑战者随机选择一个比特，记为 b。在收到攻击者发来的两个消息后，挑战者用随机产生的密钥 k 加密消息 m_b，产生密文 c。

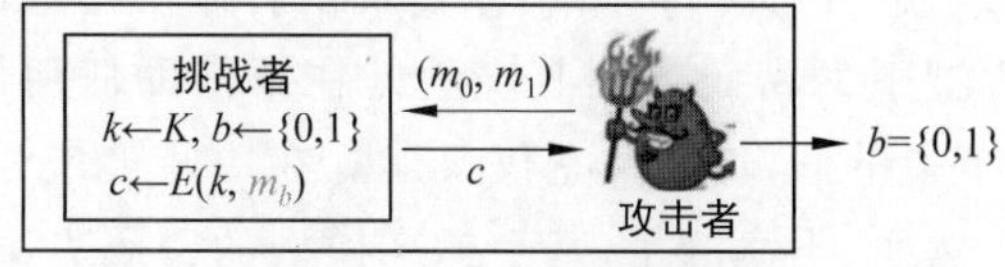

图 2-7 比特随机猜测模型

很明显，$b=0$ 时，c 对应的是消息 m_0；$b=1$ 时，c 对应的是消息 m_1。

所以，攻击者收到的密文 c 里包含的不是 m_0 就是 m_1，他需要猜测挑战者选择的 b 到底等于 0 还是等于 1，并输出自己的猜测，记为 b'。

如果 $b'=b$ 就说明攻击者猜对了，攻击成功；否则就说明攻击者猜错了，攻击失败。

在这个安全性模型中，攻击者的优势定义为 $|\Pr[b=b']-1/2|$，很容易理解，攻击者一直猜测相同结果，在随机猜测的情况下猜对的概率是 1/2。如果不比 1/2 多，那么意味着攻击者成功的概率是可忽略的。

2) Real-Random 模型

如图 2-8 所示，攻击者只给挑战者发一个消息 m，挑战者收到 m 以后，会随机决定到底是直接加密 m 还是再产生一个等长的随机 m 进行加密。这个随机产生的消息记为 m'。之后，挑战者用随机产生的密钥 k 加密 m 或者 m'，然后将密文发送给攻击者。也就是说，攻击者收到的密文可能是他发送的明文 m 的密文，也可能是挑战者随机选择的 m'的密文。因此，攻击者处于两个不同的实验中，当密文是明文 m 的加密的时候，它处于的是 REAL 实验，当密文是随机消息 m'的加密的时候，它处于的是 IDEAL 实验。

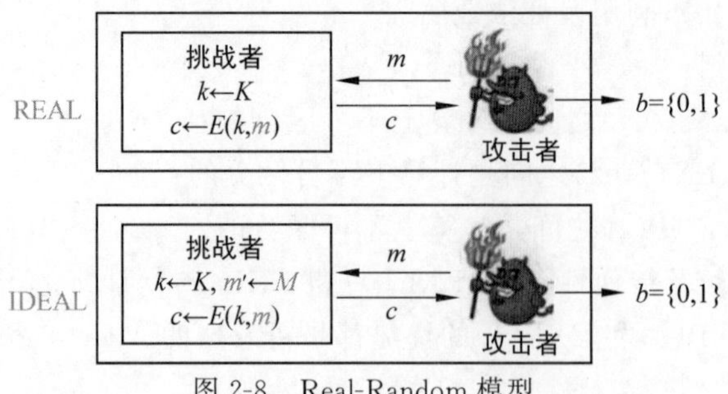

图 2-8　Real-Random 模型

注意，这里称为 IDEAL 实验而不是随机实验。

最后，攻击者输出 b，如果 $b=0$，则表示攻击者猜测处于 REAL 实验；否则，处于 IDEAL 实验。

2. 随机预言机模型

计算安全将攻击者的能力限定为多项式时间，一个方案是否计算安全取决于攻击者成功的优势能否规约到以不可忽略的概率解决某个已知困难问题（如大整数分解、离散对数等），或者所有高效攻击者 A 在相应的安全模型中的优势都是可忽略的。

在公钥密码学研究中，早期基于计算安全的密码方案一般是基于标准模型（standard model）设计的。在该模型下，首先对方案中攻击者的能力加以定义，必须强调攻击者是自适应性的。然后假设该攻击者成功的概率为某个多项式时间不可忽略的值，并通过一定的步骤利用该攻击者，将攻击者的能力转化为攻破某已知困难问题的优势。然而，由于该困难问题在多项式时间下无法求解，因此可以得出存在攻击者以不可忽略概率攻破方案这一假设与事实相矛盾。标准模型下的密码方案其实就是在不借助任何假想模型下所设计的方案，没有任何安全证明环节上的假设存在，它仅仅建立在一些被广泛接受的假设基础上，因此安全性值得高度信赖。然而，不幸的是，基于标准模型的密码方案往往需要大量的计算，难以在实际中应用。

如何设计一个面向具体应用的密码方案，同时平衡可证明安全性和实用性，成为了密码方案设计中首要考虑的问题。因为一个低效率的方案与不安全的方案一样，都无法在实际当中被广大用户接受并广泛使用。

随机预言机（random oracle，RO）是描述哈希函数安全性的一个启发式模型，由 Bellare 和 Rogaway 在 1993 年首先提出①。随机预言机的基本思想是将哈希函数看作公开的理想随机函数。在随机预言机模型中，所有参与方都可以访问用状态预言机实现的公开函数 $H:\{0,1\}^*\rightarrow\{0,1\}^k$。给定字符串 $x\in\{0,1\}^k$，H 查找自身的调用记录。如果之前从未调用过 $H(x)$，则 H 随机选择 $r_x\in\{0,1\}^k$，记录输入/输出对(x, r_x)，并返回 r_x。如果之前调

① BELLARE M, ROGAWAY P. Random oracles are practical: a paradigm for designing efficient protocols[C]// Proceedings of the 1st ACM Conference on Computer and Communications Security, 1993: 62-73.

用过 $H(x)$，则 H 返回 r_x。预言机通过这一方式实现了一个随机选择函数 $\{0,1\}^* \to \{0,1\}^k$。

随机预言机模型是一个启发式模型，因为此模型只能覆盖将哈希函数 H 视为黑盒的攻击算法。随机预言机模型将公开函数（如像 SHA-256 这样的标准哈希函数）视为固有随机对象，尽管在现实中并不存在这样的公开函数。事实上，可以构造出在随机预言机模型下安全，但当 H 被任意具体函数实例化后却不再安全的方案①。尽管存在这些缺点，但实际应用中通常都可以接受随机预言机模型。如果能假设存在随机预言机，一般都可以设计出更高效的方案。

2.5 通用可组合安全*

2.4 节介绍的安全性定义和安全证明过程，主要是面向交互次数少、形式较为单一的简单密码协议。目前很多安全协议设计复杂、参与方多、存在多个协议并行运行的情况。

比如，在多方参与安全计算的环境中，一组参与者，他们之间互不信任，但是他们希望安全地计算一个约定的函数，这个函数的输入由这些参与者提供。每个参与者都能得到正确的计算结果，同时每个参与者的输入是保密的，也就是说一个参与者无法得知另一个参与者的输入，这就是安全多方计算的一个直观的说法。

安全多方计算问题可以用数学形式化如下：n 个协议参与者 $\{P_1, P_2, \cdots, P_n\}$ 执行某个协议 π，每个协议参与者提供秘密输入 x_i，协议 π 计算函数 $F(x_1, x_2, \cdots, x_n) = (y_1, y_2, \cdots, y_n)$，结果协议参与者 P_i 应该得到（并且仅仅得到）他的结果 y_i，除此以外，他不应该知道任何其他敏感信息，如其他参与者的输入。假设有可信第三方 T 存在，这个问题的解决是十分容易的，参与者只需将自己的输入保密传送给 T，由 T 计算这个函数，然后将计算的结果广播给每一个参与者，这样每个参与者都得到了正确的结果，同时自己的输入也是保密的。然而在现实的应用中，很难找到这样一个所有参与者都信任的 T，因此安全多方计算的研究主要是针对无可信 T 的情况下，如何安全地计算一个约定函数的问题。从另一个技术角度说，安全多方计算协议实际上就是在努力仿真一个有可信 T 的协议，虽然没有可信 T，但是希望达到有可信 T 存在的“效果”。

安全多方计算是许多密码学协议的基础，从广义上讲，所有的密码学协议都是安全多方计算的一个特例，这些密码学协议都可以看作是一组参与者之间存在着各种各样的信任关系（最弱的信任关系就是互不信任），他们希望通过交互或者非交互的操作来完成一项工作（计算某个约定的函数）。这些协议的不同之处在于协议计算的函数是不一样的。

针对类似复杂协议并行运行或者作为其他协议的子协议时整个系统的安全情况，2001 年，Canetti② 提出了通用可组合安全（universally composable security，UC 安全）的概念。UC 安全的最优秀的性质就是一种模块化设计思想：可以单独设计协议，只要协议满足 UC

① BELLARE M, CANETTI R, KRAWCZYK H. A modular approach to the design and analysis of authentication and key exchange protocols[C]//Proceedings of the Thirtieth Annual ACM Symposium on Theory of Computing, 1998: 419-428.

② CANETTI R. Universally composable security: a new paradigm for cryptographic protocols[C]//Proceedings of 42nd IEEE Symposium on Foundations of Computer Science, 2001: 136-145.

安全,那么就可保证和其他协议并行运行的安全。UC安全框架的核心包括三个模型:现实模型、理想模型及F-混合模型,它的主要证明和技术手段是仿真。

2.5.1 基本概念

定义安全性时,很自然的想法是列举一个"安全检查清单",枚举出哪些情况属于违反安全性要求。这种安全性定义方式不仅非常烦琐,而且很容易出现错误。很难说明"安全检查清单"是否枚举出了所有的安全性要求。

现实-理想范式避免采取这种安全性要求描述方式,引入了一个定义明确、涵盖所有安全性要求的理想世界,通过论述现实世界与理想世界的关系来定义安全性。

定义 2-10(理想世界) 在理想世界中,每个参与方P_i秘密地将自己拥有的私有输入x_i发送给一个完全可信的参与方T,由后者来安全地计算函数$F(x_1,x_2,\cdots,x_n)$,并返回结果给所有参与方。通常,F被称为理想函数(ideal functionality),它扮演了一个不可破的可信第三方的角色,能完成协议所执行的功能。

虽然很容易理解理想世界的定义,但完全可信第三方的存在使得理想世界只是一个想象中的世界。**通常用理想世界作为判断实际协议安全性的基准。**

现实世界中不存在可信参与方。在现实世界中,攻击者可以攻陷参与方。在协议开始执行之前就被攻陷的参与方与原始参与方即攻击者是等价的。根据威胁模型的定义,攻陷参与方可以遵循协议规则执行协议,也可以偏离协议规则执行协议。

如果攻击者实施攻击后,其在现实世界中达到的攻击效果与其在理想世界中达到的攻击效果相同,则可以认为现实世界中的协议是安全的。换句话说,协议的目标是(在给定一系列假设的条件下)使其在现实世界中提供的安全性与其在理想世界中提供的安全性等价。

2.5.2 半诚实安全性

参与方的视角包括其私有输入及协议执行期间收到的所有消息所构成的消息列表等。攻击者的视角包含所有攻陷参与方的混合视角。攻击者从协议执行过程中得到的任何信息都必须能表示为以其视角作为输入的高效可计算函数的输出。

根据现实-理想范式,为了证明协议是安全的,在理想世界中的攻击者必须能够生成一个视角,此视角与真实世界中的攻击者视角不可区分。请注意,理想世界中的攻击者视角只包含发送到T的输入和从T接收到的输出。因此,理想世界中的攻击者必须能够使用这些信息生成一个视角,此视角和真实世界中的攻击者视角看起来一样。因为攻击者在理想世界中生成了一个真实世界中的仿真攻击者视角,所以理想世界的攻击者被称为仿真者(simulator)。能说明存在这样一个仿真者,就能证明攻击者在现实世界中实现的所有攻击效果都可以在理想世界中实现。

定义 2-11(形式化现实-理想范式) 令π为一个协议,F为一个功能函数。令C为攻陷参与方集合,令Sim为一个仿真者算法。定义下述两个随机变量的概率分布。

(1) $\mathrm{Real}_\pi(\kappa,C;x_1,x_2,\cdots,x_n)$:在安全参数$\kappa$下执行协议,其中每个参与方$P_i$都将使用自己的私有输入$x_i$,诚实地执行协议。令$V_i$为参与方$P_i$的最终视角,令$y_i$为参与方$P_i$的最终输出。

输出$\{V_i \mid i\in C\},(y_1,y_2,\cdots,y_n)$。

(2) $\text{Ideal}_{F,\text{Sim}}(\kappa,C;x_1,x_2,\cdots,x_n)$：计算$(y_1,y_2,\cdots,y_n)\leftarrow F(x_1,x_2,\cdots,x_n)$。

输出 $\text{Sim}(C,\{(x_i,y_i)|i\in C\}),(y_1,y_2,\cdots,y_n)$。

在上述定义中，所有参与方的输出都包含了进来，包括诚实参与方的输出。如果现实世界中攻陷参与方所拥有的视角和理想世界中攻击者所拥有的视角不可区分，换句话说，协议在现实世界中给出的输出概率分布与理想功能函数给出的输出概率分布相同，那么协议在半诚实攻击者的攻击下是安全的，具体定义如下。

定义 2-12 给定协议 π，如果存在一个仿真者 Sim，使得对于攻陷参与方集合 C 的所有子集，对于所有的输入 $x_1,x_2,\cdots,x_n$，概率分布

$$\text{Real}_{\pi}(\kappa,C;x_1,x_2,\cdots,x_n)\text{和}\ \text{Ideal}_{F,\text{Sim}}(\kappa,C;x_1,x_2,\cdots,x_n)$$

(在 κ 下)是不可区分的，则称此协议在半诚实攻击者存在的条件下安全地实现了 F。

初看半诚实攻击模型，会感觉此模型的安全性很弱，简单地读取和分析收到的消息看起来几乎根本就不是一种攻击方法，因此有理由怀疑是否有必要考虑如此受限的攻击模型。实际上，构造半诚实安全的协议并非易事。更重要的是，在构造更复杂环境下可抵御更强大攻击者攻击的协议时，一般都在半诚实安全协议的基础之上进行改进。此外，很多现实场景确实可以与半诚实攻击模型相对应。一种典型的应用场景是，参与方在计算过程中的行为是可信的，但是无法保证参与方的存储环境在未来一定不会遭到攻击。

接下来将详细描述最关键的技术手段，也就是如何利用仿真建立起现实模型和理想模型之间的桥梁，将现实模型的安全规约到理想模型的安全。

假设协议 A 和协议 B 完成同样的功能，如果攻击者攻击协议 A 不能比攻击协议 B 获得更多的信息或者影响，那么协议 A 至少和协议 B 一样安全。如果攻击者攻击现实模型下的一个协议 π，不比攻击理想模型下的一个理想函数 F 获得更大的影响或者更多的信息，那么 π 至少和 F 一样安全。

以上的说法形式化地表述如下：如果任何现实模型攻击者 A 都存在一个理想模型攻击者 S(仿真器)，对于任何输入，在现实模型下运行包含 A 的协议 π 的全局输出，它和在理想模型下运行包含 S 的 F 的全局输出是不可区分的，那么 π 至少和 F 一样安全。

这里的仿真是这样完成的，S 在得到 F 后，它就仿真一个虚拟的现实协议所执行的每个动作，它必须能够完成现实模型攻击者 A 的所有动作(如收买参与者)，以及看到所有 A 能看到的信息。因为在理想模型下不存在现实的协议 π，它只有一个可信第三方 F，所以协议中参与者所有的交互和输出都需要虚构(仿真)，如果这些虚构(仿真)的信息和现实模型下真实的协议 π 不可区分，那么仿真就成功了，那么也就将现实模型的安全规约到了理想模型的安全。

这里以 Diffie-Hellman 协议为例，且假设攻击者是被动的，也就是仅仅能窃听协议。Diffie-Hellman 协议执行情况如下：共同输入 p 为一个大素数，g 为 F_p^* 的生成元；输出为 Alice 和 Bob 共享的域 F_p^* 的一个元素。协议执行过程如下：

(1) Alice 随机选择 $a\in[1,p-1)$，发送 $g_a=g^a \bmod p$ 给 Bob；

(2) Bob 随机选择 $b\in[1,p-1)$，发送 $g_b=g^b \bmod p$ 给 Alice；

(3) Alice 计算 $k=g_b^a \bmod p$；

(4) Bob 计算 $k=g_a^b \bmod p$。

定义 Diffie-Hellman 协议的理想函数 F_{DH} 的描述如下：Alice 和 Bob 为了得到一个共

享密钥，它们向一个 F_{DH} 发送自己的身份标识后，F_{DH} 从 F_p^* 随机选取一个安全的整数 k 发送给Alice 和 Bob 作为 Alice 和 Bob 之间的共享密钥，从而完成了现实模型下的 Diffie-Hellman 协议所需要的功能。

仿真器 S_{DH} 的仿真过程如下：

(1) S_{DH} 仿真 Alice 的动作，随机选择 $a' \in [1, p-1)$，发送 $g_{a'} = g^{a'} \bmod p$ 给虚构的 Bob；

(2) S_{DH} 仿真 Bob 的动作，随机选择 $b' \in [1, p-1)$，发送 $g_{b'} = g^{b'} \bmod p$ 给虚构的 Alice；

(3) 虚构的 Alice 计算 $k' = g_{b'}^{a'} \bmod p$（k' 也就是 F_{DH} 的输出）；

(4) 虚构的 Bob 计算 $k' = g_{a'}^{b'} \bmod p$。

显然这里仿真的虚假消息 $a', b', g_{a'}, g_{b'}, k'$（全局输出）和真实的 a, b, g_a, g_b, k 是不可区分的，两者都是落在同一区间的均匀分布，也就是说，不比攻击理想模型下的 F_{DH} 获得更大的影响或者更多的信息，于是可以得出，对于被动攻击者而言 Diffie-Hellman 协议是安全的。

本例的仿真是很自然和简单的，但是实际上在很多情况下仿真是很困难的，这是一种构造式的证明，仿真的成功与否直接决定了所设计协议的安全与否。

2.5.3 恶意安全性

与半诚实攻击者类似，恶意攻击者场景下的安全性也将通过比较理想世界和现实世界的差异来定义，但需要考虑两个重要的附加因素。

(1) **对诚实参与方输出的影响**。攻陷参与方偏离协议规则执行协议，可能会对诚实参与方的输出造成影响。例如，攻击者的攻击行为可能会使两个诚实参与方得到不同的输出，但在理想世界中，所有参与方都应该得到相同的输出。此外，不能也不应该相信恶意攻击者会给出最终的输出，因为恶意参与方可以输出任何想输出的结果。

(2) **输入提取**。由于诚实参与方会遵循协议规则执行协议，因此可以明确定义诚实参与方的输入，并在理想世界中将此输入提供给 T。相反，在现实世界中无法明确定义恶意参与方的输入，这意味着在理想世界中需要知道将哪个输入提供给 T。直观上看，对于一个安全的协议，无论攻击者在现实世界中实施何种攻击行为，都可以通过为攻陷参与方选择适当的输入在理想世界中模拟实现。因此，可以让仿真者选择攻陷参与方的输入。这样的仿真过程称为输入提取，因为仿真者要从现实世界的攻击者行为中提取出有效的理想世界输入，来“解释”此输入对现实世界造成的影响。大多数安全性证明只需考虑黑盒仿真过程，即仿真者只能访问现实世界中实现攻击的预言机，不能访问攻击代码本身。

1. 形式化定义

用 A 表示攻击者，用 corrupt(A)表示被现实世界中的攻击者 A 攻陷的参与方集合，用 corrupt(Sim)表示被理想世界中的攻击者 Sim 攻陷的参与方集合。与定义半诚实安全性的方式类似，定义现实世界和理想世界的概率分布，并定义一个安全协议，使这两个概率分布满足不可区分性。

(1) $\text{Real}_{\pi,\text{A}}(\kappa; \{x_i \mid i \notin \text{corrupt(A)}\})$：在安全参数 κ 下执行协议，其中每个诚实参与方

P_i 使用给定的私有输入 x_i 诚实地执行协议，而攻陷参与方的消息将由 A 选取。令 y_i 表示每个诚实参与方 P_i 的输出，令 V_i 表示参与方 P_i 的最终视角。输出($\{V_i | i \in \text{corrupt(A)}\}$，$\{y_i | i \notin \text{corrupt(A)}\}$)。

(2) $\text{Ideal}_{F,\text{Sim}}(\kappa; \{x_i | i \notin \text{corrupt(A)}\})$：执行 Sim，直至其输出一个输入集合 $\{x_i | i \in \text{corrupt(A)}\}$。计算 $(y_1, y_2, \cdots, y_n) \leftarrow F(x_1, x_2, \cdots, x_n)$。随后，将 $\{y_i | i \in \text{corrupt(A)}\}$ 发送给 Sim。令 V^* 表示 Sim 的最终输出(输出是参与方的仿真视角集合)。输出(V^*，$\{y_i | i \notin \text{corrupt(Sim)}\}$)。

定义 2-13 给定协议 π，如果对于任意一个现实世界中的攻击者 A，存在一个满足 corrupt(A)＝corrupt(Sim)的仿真者 Sim，使得对于诚实参与方的所有输入 $\{x_i | i \notin \text{corrupt(A)}\}$，概率分布

$$\text{Real}_{\pi,\text{A}}(\kappa; \{x_i | i \notin \text{corrupt(A)}\})$$

和

$$\text{Ideal}_{F,\text{Sim}}(\kappa; \{x_i | i \notin \text{corrupt(Sim)}\})$$

(在 κ 下)是不可区分的，则称此协议**在恶意攻击者存在的条件下安全地实现了 F**。

需要注意的是，该定义仅描述了诚实参与方的输入 $\{x_i | i \notin \text{corrupt(A)}\}$。攻陷参与方与现实世界 Real 交互时不需要提供任何输入。而在与理想世界 Sim 交互时，攻陷参与方的输入是间接确定的(仿真者需要根据攻陷参与方的行为来选择将何种输入发送给 F)。虽然也可以在现实世界定义攻陷参与方的输入，但此输入仅仅是一个“建议”，因为攻陷参与方可以在执行协议时选择使用任何其他的输入(甚至使用与真实输入不一致的输入执行协议)。

2. 交互功能函数

在理想世界中，功能函数仅包含一轮交互过程：提供输入，给出输出。可以进一步扩展 F 的行为方式，令 F 与参与方进行多轮交互，且在多轮交互的过程中保持其内部状态的私有性，称此类功能函数为交互功能函数(reactive functionality)。

交互功能函数的一个实例是扑克游戏中的发牌方。此功能函数必须追踪所有扑克牌的状态，获取输入命令，并通过多轮交互向所有参与方提供输出。

另一个交互功能函数实例是承诺(commitment)，这是一个非常常见的功能函数。此功能函数从 P_1 处接收一个位值 b(更一般的情况是接收一个字符串)，告知 P_2 已“承诺”b，并在内部记住 b。稍后，如果 P_1 向该功能函数发送命令“披露”(或“打开”)，此功能函数将 b 发送给 P_2。

3. 可中止安全性

在几乎所有基于消息的 2PC 协议中，一个参与方会在另一个参与方之前得到最终的输出。如果此参与方是恶意地攻陷参与方，它可以简单地拒绝将最后一条消息发送给诚实参与方，从而阻止诚实参与方得到输出。然而，这种攻击行为与理想世界攻击行为不兼容。在理想世界中，如果攻陷参与方可以从功能函数中得到输出，则所有参与方均可以得到输出。此性质称为输出公平性(output fairness)。并非所有的功能函数在计算过程都可以满足输出公平性。

为在恶意攻击场景下覆盖此攻击行为，学者们提出了一种稍弱的安全性定义，称为可中止安全性(security with abort)。为此，需要按照下述方式稍微修改一下理想功能函数。首

先，允许功能函数得知攻陷参与方的身份。其次，修改后的功能函数需要一些交互能力：当所有参与方提供输入后，功能函数计算输出结果，但只将输出结果交付给攻陷参与方。随后，功能函数等待来自攻陷参与方的"交付"或"中止"命令。收到"交付"命令后，功能函数将输出交付给所有诚实参与方。收到"中止"命令后，功能函数向所有诚实参与方交付一个表示协议中止的输出($\perp$)。

在修改后的理想世界中，攻击者允许在诚实参与方之前得到输出，同时可以阻止诚实参与方接收任何输出。需要特别注意此定义的一个关键点：诚实参与方是否中止协议只能依赖于攻陷参与方的命令。特别地，如果诚实参与方中止协议的概率依赖于诚实参与方的输入，则协议可能是不安全的。

在描述功能函数时，一般不会明确写出此功能函数可能会让诚实参与方无法得到输出。反之，当讨论协议在恶意攻击者攻击下的安全性时，通常会认为攻击者可以选择是否向诚实参与方交付输出，在此场景下不应该期望协议可以满足输出公平性。

4. 适应性攻陷

在已经定义的现实世界和理想世界中，如果攻陷参与方在整个交互过程中是固定不变的，则称这一安全模型的协议在静态性攻陷(static corruption)下是安全的。相反地，如果攻击者在协议执行期间可以根据交互过程中得到的信息选择攻陷哪些参与方，则称这一攻击行为是适应性攻陷(adaptive corruption)。

可以在现实-理想范式中为适应性攻陷攻击行为建立安全模型，方法是允许攻击者发出形式为"攻陷 P_i"的命令。在现实世界中，这将使攻击者得到 P_i 的当前视角(包括 P_i 的内部私有随机状态)，并接管其在协议执行过程中发送消息的控制权。而在理想世界中，仿真者只能得到攻陷此参与方时该参与方的输入和输出，必须使用这些信息生成仿真视角。显然，各个参与方的视角是相互关联的(如果 P_i 向 P_j 发送一条消息，则此消息会同时包含在两个参与方的视角中)。适应性安全的挑战是仿真者必须逐段生成攻陷参与方的视角。例如，当参与方 P_i 被攻陷时，要求仿真者生成 P_i 的视角。仿真者必须在未知 P_j 私有输入的条件下仿真出 P_j 发送给 P_i 的所有消息。随后，仿真者可能需要提供 P_j 的视角(包括 P_j 的内部私有随机状态)来"解释"之前发送的协议消息与 P_j 的私有输入是匹配的。

2.5.4 组合性

出于模块化考虑，设计协议时经常会让协议调用其他的理想功能函数。例如，要设计一个安全实现某功能函数 F 的协议 π，在 π 中，参与方除了彼此要发送消息之外，还需要与另一个功能函数 G 交互。因此，该协议在现实世界中包含 G，但在理想世界(一般来说)仅包含 F。这一修改后的现实世界称为 G-混合世界。

对安全模型的一个很自然的要求是组合性(composition)：如果 π 是一个安全实现 F 的 G-混合协议(即 π 的参与方需要彼此发送消息，且需要与一个理想的 G 交互)，且 ρ 是一个安全实现 G 的协议，则以最直接的方式组合使用 π 和 ρ(将调用 G 替换为调用 ρ)应该可以得到安全实现 F 的协议。一个组合性的例子是基于理想认证消息传输功能函数 F_{auth} 实现的 DH 密钥交换协议 π_{DH}。组合性要求：如果 π_{DH} 在给定 F_{auth} 的情况下安全地实现了理想 DH 密钥交换功能函数 F_{DH}，那么将 π_{DH} 中所有对 F_{auth} 的调用替换为对某个安全实现了

F_{auth}的子协议 π_{auth}的调用后得到的 π'_{DH}依然安全地实现了 F_{DH}。

需要指出，满足基于模拟证明(参考半诚实安全性和恶意安全性)的协议自然满足孤立环境(stand-alone setting)下的可组合性。孤立环境是指当前环境中有且仅有一个该协议的实例在运行，而不存在该协议的其他实例。这种环境下的可组合性又称串行组合性(sequential composition)。然而，在现实环境下，协议是有可能同时存在多个实例的，而这种环境下协议的可组合性称为并行组合性(concurrent composition)。Canetti 已经指出，一些满足串行组合性的协议在并行组合的情况下是不安全的。

保证并行组合性的一种方法是使用 2001 年 Canetti 提出的通用可组合性(universal composability，UC)框架①。UC 框架在之前描述的 Real-Random 安全模型上进行扩展，在安全模型中增加了一个称为环境(environment)的实体，此实体也同时包含在理想世界和现实世界中。引入环境实体的目的是体现协议执行时的“上下文”(例如，当前协议被某个更大的协议所调用)。环境实体为诚实参与方选择输入，接收诚实参与方的输出。环境实体可以与攻击者进行任意交互。

现实世界和理想世界都包含相同的环境实体，而环境实体的“目标”是判断自身是在现实世界还是在理想世界中被实例化的。在之前描述的 Real-Random 模型上，定义安全性的方式是要求现实世界和真实世界中的特定视角满足不可区分性。在 UC 场景下，还可以将区分两种视角的攻击者吸收到环境实体之中。因此，不失一般性，环境实体的最终输出是一个位值，表示环境实体“猜测”自身是在现实世界还是在理想世界被实例化的。

接下来，定义现实世界和理想世界的协议执行过程，其中：Z 是一个环境实体。

(1) $\text{Real}_{\pi,A,Z}(\kappa)$：执行涉及攻击者 A 和环境 Z 的协议交互过程。当 Z 为某一诚实参与方生成一个输入时，此诚实参与方执行协议 π，并将输出发送给 Z。最后，Z 输出一个位值，作为 $\text{Real}_{\pi,A,Z}(\kappa)$的输出。

(2) $\text{Ideal}_{F,\text{Sim},Z}(\kappa)$：执行涉及攻击者(仿真者)Sim 和环境 Z 的协议交互过程。当 Z 为某一诚实参与方生成一个输入时，此输入将被直接转发给功能函数 F，F 将相应的输出发送给 Z(F 完成了诚实参与方的行为)。Z 输出一个位值，作为 $\text{Ideal}_{F,\text{Sim},Z}(\kappa)$的输出。

定义 2-14　给定协议 π，如果对于所有现实世界中的攻击者 A，存在一个满足 corrupt(A)＝corrupt(Sim)的仿真者 Sim，使得对于所有的环境实体 Z

$$|\Pr[\text{Real}_{\pi,A,Z}(\kappa)=1]-\Pr[\text{Ideal}_{F,\text{Sim},Z}(\kappa)=1]|$$

(在 κ 下)是可忽略的，则称此协议 UC-安全地实现了 F。

由于定义中要求不可区分性对所有可能的环境实体都成立，因此一般会把攻击者 A 的攻击行为也吸收到环境 Z 中，只留下无作为攻击者(此攻击者只会简单地按照 Z 的指示转发协议消息)。

在其他(非 UC 可组合的)安全模型中，理想世界中的攻击者(仿真者)可以随意利用现实世界中的攻击者。特别地，仿真者可以在内部运行攻击者，并反复将攻击者的内部状态倒带成先前的内部状态。可以在这类较弱的模型下证明很多协议的安全性，但组合性可能会对仿真者的部分能力进行一些约束和限制。

---

① CANETTI R. Universally composable security: a new paradigm for cryptographic protocols[C]//Proceedings of 42nd IEEE Symposium on Foundations of Computer Science, 2001: 136-145.

在UC模型中,仿真者无法倒带攻击者的内部状态,因为攻击者的攻击行为可能会被吸收到环境实体之中,而仿真者不允许利用环境实体完成仿真过程。相反,仿真者必须是一个直线仿真者(straight-line simulator):一旦环境实体希望发送一条消息,仿真者必须立刻用仿真出的回复做出应答。直线仿真者必须一次性生成仿真消息,而先前的安全模型定义没有对仿真消息或视角生成过程做出任何限制。

2.6 国密算法

国密即国家密码局认定的国产密码算法,主要有SM1,SM2,SM3,SM4。密钥长度和分组长度均为128位。

SM1为对称加密算法,其加密强度与AES相当。该算法不公开,调用该算法时,需要通过**加密芯片**的接口进行调用。基于该算法,已经研制了系列芯片、智能集成电路(integrated circuit,IC)卡、智能密码钥匙、加密卡、加密机等。这些安全产品广泛应用于电子政务、电子商务及国民经济的各个应用领域(包括国家政务通、警务通等重要领域)。

SM2为非对称加密算法,该算法已公开。由于该算法基于ECC,故其签名速度与密钥生成速度都快于RSA。ECC 256位(SM2采用的就是ECC 256位的一种)安全强度比RSA 2048位高,但运算速度快于RSA。

SM3为消息摘要算法,可以用MD5作为对比理解。该算法已公开,校验结果为256位。

SM4为无线局域网标准的分组数据算法,对称加密,密钥长度和分组长度均为128位。

由于SM1,SM4加解密的分组大小为128位,故对消息进行加解密时,若消息长度过长,需要进行分组,若消息长度不足,则要进行填充。

下面介绍国密算法的安全性。

(1) SM2算法:SM2椭圆曲线公钥密码算法是我国自主设计的公钥密码算法,包括SM2-1椭圆曲线数字签名算法、SM2-2椭圆曲线密钥交换协议、SM2-3椭圆曲线公钥加密算法,分别用于实现数字签名密钥协商和数据加密等功能。SM2算法与RSA算法不同的是,SM2算法是基于椭圆曲线上点群离散对数难题设计的,相对于RSA算法,256位的SM2密码强度已经比2048位的RSA密码强度要高。

(2) SM3算法:SM3杂凑算法是我国自主设计的密码杂凑算法,适用于商用密码应用中的数字签名和验证消息认证码的生成与验证,以及随机数的生成,可满足多种密码应用的安全需求。为了保证杂凑算法的安全性,其产生的杂凑值的长度不应太短,例如,MD5输出128位杂凑值,输出长度太短,影响其安全性。SHA-1算法的输出长度为160位,SM3算法的输出长度为256位,因此SM3算法的安全性要高于MD5算法和SHA-1算法。

(3) SM4算法:SM4分组密码算法是我国自主设计的分组对称密码算法,用于实现数据的加密/解密运算,以保证数据和信息的机密性。要保证一个对称密码算法的安全性的基本条件是其具备足够的密钥长度,SM4算法与AES算法具有相同的密钥长度分组长度128位,因此在安全性上高于3DES算法。

课后习题

1. 一个算法的时间复杂度是 $O(n\log 2n)$，则该算法是(　　)。

A. 多项式时间算法　　B. 指数时间算法

C. 亚指数时间算法　　D. 都不是

2. 在现有的计算能力条件下，对于公钥密码算法 ElGamal，被认为是安全的最小密钥长度是(　　)。

A. 128 位　　B. 160 位　　C. 512 位　　D. 1024 位

3. 在考虑密码算法的安全性时，经常提到的攻击模型有哪些？请简要描述每个攻击模型，并说明它们对密码算法的影响。

第3章 同态加密

学习要求：掌握同态加密的特点、定义和分类；了解同态加密的发展历史；了解典型方案的构造思想，理解同态加密的应用场景，能够运用不同类型的同态加密解决实际问题；理解自举的概念；掌握理想格的概念及格上的两类难题；了解 BGN，Gentry 和 CKKS 方案设计的主要思想；掌握基于 Paillier 的隐私信息获取的应用示例，以及基于 SEAL 的 CKKS 的开发案例。

课时：2 课时

建议授课进度：3.1 节～3.2 节用 1 课时，3.3 节～3.5 节用 1 课时

3.1 基本概念

3.1.1 定义

同态加密是一种加密算法，它可以通过对密文进行运算得到加密结果，解密后与明文运算的结果一致，如图 3-1 所示。

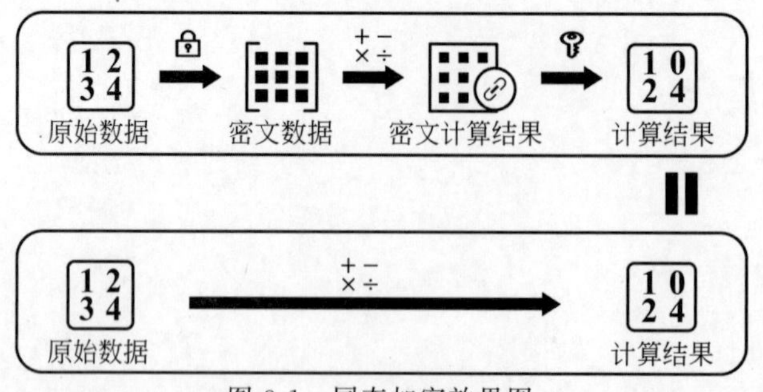

图 3-1 同态加密效果图

同态加密主要基于公钥密码体制构建，它允许将加密后的密文发给任意的第三方进行计算，并且在计算前不需要解密，可以在不需要密钥方参与的情况下，在密文上直接进行计算。

同态加密方案由 KeyGen，Encrypt，Decrypt 和 Evaluate 4 个函数构成。

(1) KeyGen(λ)→(pk，sk)：密钥生成函数；在给定加密参数 λ 后，生成公钥/私钥对(pk，sk)。

（2）Encrypt(pk,pt)→ct：加密函数；使用给定公钥 pk 将目标明文数据 pt 加密为密文 ct。

（3）Decrypt(sk,ct)→pt：解密函数；使用给定密钥 sk 将目标密文数据 ct 解密为明文 pt。

（4）Evaluate(pk,Π,ct_1,ct_2,…)→(ct'_1,ct'_2,…)：求值函数；给定公钥 pk 与准备在密文上进行的运算函数 Π,求值函数将一系列的密文输入(ct_1,ct_2,…)转换为密文输出(ct'_1,ct'_2,…)。

求值函数是同态加密方案不同于传统加密方案的部分。它的参数 Π 支持的运算函数种类决定了该同态加密方案支持的同态运算操作。

在给定以上 4 个函数后,同态加密方案应满足正确性、语义安全性和简短性。

（1）正确性：一个同态加密系统必须要是正确的。具体来说,也就是加密之后的密文可以被成功解密,并且求值函数输出的密文也可以成功解密回原文。

（2）语义安全性：同态加密系统输出的密文必须难以分辨。具体来说,如果有一个网络窃听者看到了所有的密文,那么这个窃听者并不能分辨出哪个密文是对应哪个原文的。

（3）简短性：同态加密的求值函数输出的密文的长度需要在一个可以控制的长度范围内,确保了同态加密系统的实用性。

3.1.2　分类

根据同态加密算法所支持的同态操作种类和次数,可以将现有同态加密方案分为以下几种类型。

（1）半同态加密(partial homomorphic encryption,PHE)：仅支持单一类型的密文域同态运算(加或乘同态)。

（2）类同态加密(somewhat homomorphic encryption,SHE)：能够支持密文域有限次数的加法和乘法同态运算。

（3）层级同态加密(leveled homomorphic encryption,LHE)：能同时支持多种同态操作(加或乘同态),并可以在安全参数中定义能够执行的操作次数上限。一般允许的操作次数越大,该同态加密方案的密文空间开销及各类操作的时间复杂度就越大。

（4）全同态加密(fully homomorphic encryption,FHE)：能够实现任意次密文的加、乘同态运算。

3.1.3　发展历史

同态加密的发展历史如表 3-1 所示。

表 3-1　同态加密的发展历史

类　型	算法	时间	说　明
半同态加密	RSA 算法	1977 年	非随机化加密,具有乘法同态性的原始算法面临选择明文攻击
	ElGamal 算法	1985 年	随机化加密,乘法同态
	Paillier 算法	1999 年	加法同态,在联邦学习中广泛应用

续表

类型		算法	时间	说明
类同态加密		BGN 方案	2005 年	支持任意次加法和一次乘法操作的同态运算
全同态加密	第一代	Gentry 方案	2009 年	自举操作,性能差
	第二代	BGV 方案	2012 年	基于算术电路,基于模归约提升了自举性能
		BFV 方案	2012 年	基于算术电路,使用 SIMD 操作提升了自举性能
	第三代	GSW 方案	2013 年	支持任意布尔电路,基于近似特征向量
		FHEW 方案	2015 年	支持任意布尔电路,可实现快速比较
		TFHE 方案	2016 年	支持任意布尔电路,基于近似特征向量
	第四代	CKKS 方案	2017 年	可实现浮点数近似计算

1. 半同态加密

(1) **乘法同态加密**是指存在有效算法$\otimes$,使得 $\mathrm{Enc}(x)\otimes\mathrm{Enc}(y)=\mathrm{Enc}(xy)$ 或者 $\mathrm{Dec}(\mathrm{Enc}(x)\otimes\mathrm{Enc}(y))=xy$ 成立,并且不泄露 x 和 y。

典型乘法同态加密算法是 RSA 算法和 ElGamal 算法。以 RSA 算法为例,如果 $c_1=m_1^e \bmod n$,$c_2=m_2^e \bmod n$,那么 $c_1c_2=m_1^e m_2^e \bmod n=(m_1m_2)^e \bmod n\equiv\mathrm{Enc}(m_1m_2)$。

(2) **加法同态加密**是指存在有效算法$\oplus$,使得 $\mathrm{Enc}(x)\oplus\mathrm{Enc}(y)=\mathrm{Enc}(x+y)$ 或者 $\mathrm{Dec}(\mathrm{Enc}(x)\oplus\mathrm{Enc}(y))=x+y$ 成立,并且不泄露 x 和 y。

典型加法同态加密算法是 Paillier 算法,详见 3.2 节描述。

注意:加法和乘法同态是相对明文而言所执行的操作,而非密文上执行的运算形式。

2. 类同态加密

类同态加密方案能够同时支持加法和乘法的同态操作。但由于它生成的密文随着操作次数的增加而逐渐增大,能够在密文上执行的同态操作次数是有上限的。

典型的类同态加密方案是 Boneh、Goh 和 Nissim 在 2005 年提出的 Boneh-Goh-Nissim (BGN)方案[①],它支持在密文大小不变的情况下进行任意次数的加法和一次乘法。该方案中的加法同态基于类似 Paillier 算法的思想,而一次乘法同态基于双线性映射的运算性质。虽然该方案是双同态的(同时支持加法同态和乘法同态),但只能进行一次乘法操作。

3. Gentry 方案(第一代全同态加密方案)

在同态加密概念提出后的 30 年间,并没有真正能够支持无限制的各类同态操作的全同态加密方案问世。

2009 年,Gentry[②] 基于所提出的类同态加密方案,提出了自举(bootstrapping)技术,可以将满足条件的类同态加密方案改造成全同态加密方案。其基本思想是在类同态加密算法的基础上引入自举方法来控制运算过程中的噪声增长(类同态加密算法操作次数过多会导

① BONEH D, GOH E J, NISSIM K. Evaluating 2-DNF formulas on ciphertexts[C]//Theory of Cryptography Conference, 2005: 325-341.

② GENTRY C. A fully homomorphic encryption scheme[M]. Stanford University, 2009.

致噪声过大而无法解密)，这也是第一代全同态加密方案的主流模型。

为了避免多次运算使得噪声扩大，Gentry 方案采用了计算一次就消除一次噪声的方法，而消除噪声的方法还是使用的同态运算。但是，由于解密过程本身的运算十分复杂，运算过程中也会产生大量噪声，因此，Gentry 方案性能极差，一次同态乘法可能需要 30min。

现在的第四代全同态加密解决方案要比 Gentry 提出的方案要好得多，性能大概提高了 100 万倍，并且已经开始制定相关的标准。

4. BGV 和 BFV 方案(第二代全同态加密方案)

第二代全同态加密方案主要包括 BGV① 和 BFV②，通常基于容错学习问题(learning with error，LWE)和环上容错学习问题(ring learning with error，RLWE)假设，其安全性基于格困难问题。

第二代方案主要是解决自举操作带来的昂贵操作，通过引入层级同态加密等来提升性能。此外，第二代全同态加密还提出了单指令多数据(single instruction multiple data，SIMD)操作，通过批量处理来提高吞吐量，极大降低了均摊复杂度。简单来说，SIMD 操作把密文切出上千个槽，把上千个明文放在这些密文槽中，这样，就可以并行处理各个槽中的数据了。在此基础上，还可以利用同构性置换各个槽中的数据，各个槽中的数据也可以相互运算。

第二代全同态加密方案的性能已经提升了很多，每个明文位的自举时间约为 0.9ms，自举一个密文能在 10s 左右完成，具有了一定的实用性。HElib 和 SEAL(simple encrypted arithmetic library)两个全同态加密开源库均支持 BGV 和 BFV 方案。

5. TFHE 等方案(第三代全同态加密方案)

GSW③，FHEW④ 和 TFHE⑤ 是第三代同态加密方案重要的代表作。与第二代 FHE 方案相比，自举的性能得到大幅度提升，在常见的台式机平台上速度可以达到毫秒级别；但同时因为缺少第二代 FHE 的 SIMD 特性，FHEW 只能处理若干位(典型值为 2～7)的加法和乘法操作，也就是说同态乘法的性能较差。

6. CKKS 等方案(第四代全同态加密方案)

CKKS 方案⑥支持针对实数或复数的浮点数加法和乘法同态运算，但是得到的计算结果是近似值。因此，它适用于不需要精确结果的场景。支持浮点数运算这一功能在实际中

---

① BRAKERSKI Z，GENTRY C，VAIKUNTANATHAN V. (Leveled) fully homomorphic encryption without bootstrapping[J]. ACM Transactions on Computation Theory，2014，6(3)：1-36.

② BRAKERSKI Z. Fully homomorphic encryption without modulus switching from classical GapSVP[C]//Annual cryptology conference，2012：868-886.

③ GENTRY C，SAHAI A，WATERS B. Homomorphic encryption from learning with errors：Conceptually-simpler，asymptotically-faster，attribute-based[C]//Annual cryptology conference，2013：75-92.

④ DUCAS L，MICCIANCIO D. FHEW：Bootstrapping homomorphic encryption in less than a second[C]//Annual international conference on the theory and applications of cryptographic techniques，2015：617-640.

⑤ CHILLOTTI I，GAMA N，GEORGIEVA M，et al. TFHE：Fast fully homomorphic encryption over the torus[J]. Journal of Cryptology，2020，33(1)：1-58.

⑥ CHEON J H，KIM A，KIM M，et al. Homomorphic encryption for arithmetic of approximate numbers[C]//Advances in Cryptology-ASIACRYPT 2017，2017：409-437.

有非常重要的作用，如实现机器学习模型训练等。这个方案的性能也非常优异，大多数算法库都实现了 CKKS。

注意：有关全同态加密的发展历程，可以关注 Gentry 在 EUROCRYPT 2021 上的邀请报告，网络上有中文翻译版。

3.2 半同态 Paillier 方案

Paillier 加密算法[①]是 Paillier 等于 1999 年提出的一种基于判定 n 阶剩余类难题的典型密码学加密算法，具有加法同态性，是半同态加密方案。

3.2.1 数学基础

1. 卡迈克尔函数

在数论中，卡迈克尔函数的定义如下：设 $\gcd(a,n)=1$，gcd 为求最大公约数，使得 $a^m \equiv 1 \bmod n$ 成立的最小正整数 m，将 m 记作 $\lambda(n)$。对于 $n=pq$，p 和 q 都是素数，则有 $\lambda(n)=\operatorname{lcm}(p-1,q-1)$，lcm 为求最小公倍数。

在数论中，对正整数 n，欧拉函数是小于 n 的正整数中与 n 互质的数的数目。显然 $\phi(1)=1$，而对于 $m>1$，$\phi(m)$ 就是 $\{1,2,\cdots,m-1\}$ 中与 m 互素的数的个数，如果 p 是素数，则有 $\phi(p)=p-1$。对于 $n=pq$，p 和 q 都是素数，则有 $\phi(n)=(p-1)(q-1)$。显然，如果 $p-1$ 和 $q-1$ 也分别为素数的话，那么 $\phi(n)=\lambda(n)$，否则，$\phi(n)$ 是 $\lambda(n)$ 的倍数。

表 3-2 是卡迈克尔函数 $\lambda(n)$ 与欧拉函数 $\phi(n)$ 的对比表。

表 3-2 卡迈克尔函数 $\lambda(n)$ 与欧拉函数 $\phi(n)$ 的对比表

n	1	2	3	4	5	6	7	8	9	10	11	12	13	14	15	16
$\lambda(n)$	1	1	2	2	4	2	6	2	6	4	10	2	12	6	4	4
$\phi(n)$	1	1	2	2	4	2	6	4	6	4	10	4	12	6	8	8

1）示例

8 的卡迈克尔函数是 2，即 $\lambda(8)=2$，即对于任意的 a 满足 $\gcd(a,8)=1$，有 $a^m \equiv 1 \bmod 8$，也就是说 $1^2 \equiv 1 \bmod 8$，$3^2 \equiv 1 \bmod 8$，$5^2 \equiv 1 \bmod 8$，$7^2 \equiv 1 \bmod 8$。

而对于欧拉函数来说，$\phi(8)=4$，因为欧拉函数是计算与 8 互素的数的数量，即 1，3，5，7。

对于 $n=15$，因为 $n=3\times5$，令 $p=3$，$q=5$，$\lambda(15)=\operatorname{lcm}(2,4)=4$，$\phi(15)=2\times4=8$。

2）卡迈克尔函数的性质

设 $n=pq$，其中：p 和 q 是大素数。那么 $\phi(n)=(p-1)(q-1)$，$\lambda(n)=\operatorname{lcm}(p-1,q-1)$。为便于描述，用 λ 表示 $\lambda(n)$。

对于任意 $g\in \mathbf{Z}_{n^2}^*$，有如下性质：

① PAILLIER P. Public-key cryptosystems based on composite degree residuosity classes [C]//International conference on the theory and applications of cryptographic techniques, 1999: 223-238.

$$\begin{cases} g^{\lambda} \equiv 1 \bmod n \\ g^{n\lambda} \equiv 1 \bmod n^2 \end{cases}$$

具体推导如下。

根据 λ 的定义，可得 $\lambda = k_1(p-1) = k_2(q-1)$

根据费马小定理 $g^{p-1} = 1 \bmod p$，可得

$$g^{\lambda} = g^{k_1(p-1)} = (g^{p-1})^{k_1} \equiv 1 \bmod p$$

同理 $g^{\lambda} \equiv 1 \bmod q$

所以 $g^{\lambda} \equiv 1 \bmod pq = 1 \bmod n$

所以 $g^{\lambda} = 1 + kn, k \in \mathbf{Z}_n^*$

结合上式及二项式定理，可得

$$g^{n\lambda} \bmod n^2 = (1+kn)^n \bmod n^2 \equiv (1+kn^2) \bmod n^2 \equiv 1 \bmod n^2$$

推导中使用了如下性质：对于 $1+n \in \mathbf{Z}_{n^2}^*$，有

$$(1+n)^2 \equiv 1+2n+n^2 \equiv (1+2n) \bmod n^2$$
$$(1+n)^3 \equiv 1+3n+n^3 \equiv (1+3n) \bmod n^2$$
$$(1+n)^v \equiv 1+vn+\cdots \equiv (1+vn) \bmod n^2$$

2. 判定复合剩余假设

剩余类：也称同余类，指全体整数按照对一个正整数的同余关系而分成的类。对于一个整数 m，可以把所有整数分成 m 类，每类模 m 后余数都相同，每一类都叫作 m 的一个剩余类。比如，给定整数 5，有 5 个剩余类，对 0 同余的有$\{-5, 0, 5, \cdots\}$。

复合剩余类：如果存在一个数 $x \in \mathbf{Z}_{n^2}^*$，那么符合公式 $z = x^n \bmod n^2$ 的数 z，称为 x 模 n^2 的 n 阶剩余类。或者说，如果数 z 被称为 x 的模 n^2 的 n 阶剩余类，则存在一个数 $x \in \mathbf{Z}_{n^2}^*$，使得 $z = x^n \bmod n^2$。

判定复合剩余假设（decisional composite residuosity assumption，DCRA）：设 $n = pq$，p 与 q 为两个大素数，对于任意给定的整数 z，判断它是不是模 n^2 的 n 阶剩余类是一个难解问题。

3.2.2　方案构造

1. 算法描述

1）密钥生成

（1）随机选择两个素数 p 和 q，尽可能地保证 p 和 q 的长度接近或相等（安全性高）。

（2）计算 $n = pq$ 和 $\lambda = \mathrm{lcm}(p-1, q-1)$，其中 lcm 表示最小公倍数。

（3）随机选择 $g \in \mathbf{Z}_{n^2}^*$，考虑计算性能优化，通常会选择 $g = n+1$。

（4）计算 $\mu = [L(g^{\lambda} \bmod n^2)]^{-1} \bmod n$，其中 $L(x) = \dfrac{x-1}{n}$。

（5）公钥为(n, g)。

（6）私钥为(λ, μ)。

2）加密算法

对于任意明文消息 $m \in \mathbf{Z}_n$，任意选择一个随机数 $r \in \mathbf{Z}_n^*$，计算得到密文

$$c=E(m)=g^m r^n \bmod n^2$$

注意：密文 c 要比明文 m 更长。

3）解密算法

对于密文 $c\in \mathbf{Z}_{n^2}^*$，计算得到明文

$$m=D(c)=L(c^\lambda \bmod n^2)\mu \bmod n$$

2. 正确性

依据卡迈克尔函数的性质，对于任意 $g\in \mathbf{Z}_{n^2}^*$，$n=pq$ 和 $\lambda=\operatorname{lcm}(p-1,q-1)$，有

$$\begin{cases} g^\lambda \equiv 1 \bmod n \\ g^{n\lambda} \equiv 1 \bmod n^2 \end{cases}$$

如 3.2.1 节所述，$g^\lambda=1+kn, k\in \mathbf{Z}_n^*$，基于上述三个性质，解密过程推导如下。

$$\begin{aligned} D(c) &= L(c^\lambda \bmod n^2)\mu \bmod n \\ &= L((g^m r^n)^\lambda \bmod n^2)\mu \bmod n \end{aligned}$$

参考 $r^{n\lambda}\equiv 1 \bmod n^2$ 性质可得

$$\begin{aligned} D(c) &= L((g^\lambda)^m \bmod n^2)(L(g^\lambda \bmod n^2))^{-1} \bmod n \\ &= L((1+kn)^m \bmod n^2)\ (L(1+kn) \bmod n^2)^{-1} \bmod n \end{aligned}$$

参考 $(1+n)^v \equiv 1+vn+\cdots \equiv (1+vn) \bmod n^2$ 可得

$$\begin{aligned} D(c) &= L((1+mkn) \bmod n^2)\ (L(1+kn) \bmod n^2)^{-1} \bmod n \\ &= mkk^{-1} \bmod n \\ &= m \end{aligned}$$

3. 加法同态性

对于任意明文 $m_1, m_2\in \mathbf{Z}_n$ 和任意 $r_1, r_2\in \mathbf{Z}_n^*$，对应密文 $c_1=E(m_1)$，$c_2=E(m_2)$，满足

$$c_1c_2=g^{m_1}r_1^n g^{m_2}r_2^n \bmod n^2=g^{m_1+m_2}(r_1r_2)^n \bmod n^2$$

解密后得到

$$D(c_1c_2)=D(g^{m_1+m_2}(r_1r_2)^n \bmod n^2)=m_1+m_2$$

即 $c_1c_2=m_1+m_2$，也就是，**密文乘等于明文加**。

注意：这里定义的密文加法运算形式是乘法运算，但是因为运算的结果是明文相加，因此是加法同态。加法或乘法同态是相对明文而言所执行的操作，而非密文上执行的运算形式。

4. 标量乘同态性

对于明文 $m_1\in \mathbf{Z}_n$ 及其密文 c_1，给定一个整数 $a\in \mathbf{Z}_n$，满足

$$D(c_1^a \bmod n^2)=D(g^{m_1a}(r^a)^n \bmod n^2)=m_1a$$

注意：这里定义的密文标量乘运算形式是指数运算 c_1^a，但是因为运算的结果解密是常数乘明文 m_1a，因此是标量乘法。

3.2.3 应用示例

1. 典型应用

半同态加密虽然还不能同时支持加法和乘法运算，不能支持任意地计算，但是因为其与

全同态相比，具有较高性能，因此，仍然具有极为广泛的应用场景，且在现实应用中起到了重要的作用。一类典型的应用体现在隐私保护的数据聚合上。由于加法同态加密可以在密文上直接执行加和操作，不泄露明文，在多方协作的统计场景中，可完成安全的统计求和的功能。

1）联邦学习

在联邦学习（federated learning，FL）中，不同参与方训练出的模型参数可由一个第三方进行统一聚合。使用加法 PHE，可以在明文数据不出域且不泄露参数的情况下，完成对模型参数的更新，此方法已在实际中应用（如 FATE），如图 3-2 所示。

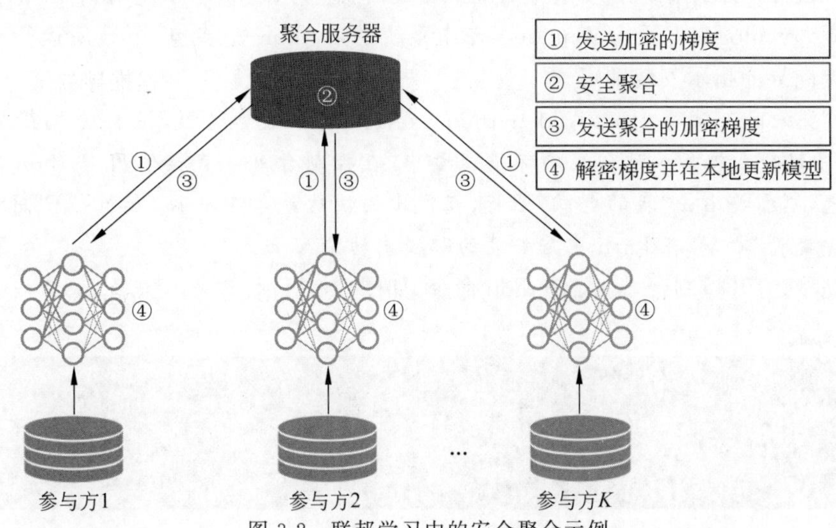

图 3-2　联邦学习中的安全聚合示例

2）隐私集合求和

在线广告投放的场景中，广告主（如商家）在广告平台（如媒体）投放在线广告，并希望计算广告点击的转化收益。然而，广告点击数据集和购买数据集分散在广告主和广告平台两方。使用加法 PHE 结合隐私集合求和（private intersection-sum-with-cardinality，PIS-C）协议可以在保护双方隐私数据前提下，计算出广告的转化率。如图 3-3 所示，协议中的隐私保护求和功能依赖于广告主将自己的交易数据用 PHE 加密发送给广告平台，使得广告平台在看不到原始数据的前提下，完成对交集中数据金额的聚合。该方案已被 Google 落地应用。

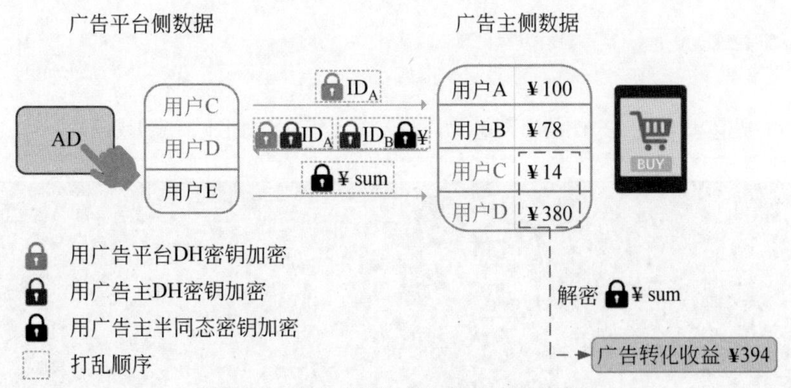

图 3-3　加法 PHE 在 PIS-C 中的应用

3）数据库统计查询

在加密数据库 SQL 查询场景，在数据库不可信的情况下，可以通过部署协议和代理来保护请求者的查询隐私。其中，PHE 可以用来完成安全数据求和、均值的查询。

除了上述场景，加法 PHE 还可被用于多种行为数据和效益数据分离的商业场景，在应用上有着很大的想象空间。

2. 实验环境安装

1）安装 Python 环境

在 Windows 操作系统下安装 Python 开发环境，可以进入官方网站 https://www.python.org/downloads/，下载 Windows 操作系统的 Python 安装包，下载后运行下载文件并按照安装向导的指示安装即可。

注意：安装时一定要勾选 Add python.exe to PATH 复选框，这样会使得安装后的 Python 程序路径直接加入时系统的环境变量中，在控制台可以直接使用 Python 命令。如果忘记勾选，则需要右击“我的电脑”图标，在弹出的快捷菜单中选择“属性”→“高级系统设置”→“环境变量”命令，在 Path 中将安装的路径手动输入。

安装完毕，打开控制台，输入 Python 命令，如图 3-4 所示。

```
命令提示符 - python
Microsoft Windows [版本 10.0.19044.2604]
(c) Microsoft Corporation。保留所有权利。

C:\Users\liuzh>python
Python 3.11.2 (tags/v3.11.2:878ead1, Feb  7 2023, 16:38:35) [MSC v.1934 64 bit (AMD64)] on win32
Type "help", "copyright", "credits" or "license" for more information.
>>>
```

图 3-4 进入 Python 环境

这代表已经安装成功，并且进入 Python 运行环境。

（1）输入 Python 程序。

```
from phe import paillier
```

该命令将导入 phe 库的 paillier 功能，第一次执行会提示 ModuleNotFoundError：No module named 'phe'。这是因为，默认安装 Python 程序后，并没有安装 phe 库。

（2）输入退出命令。

```
exit()
```

该命令可以退出当前 Python 环境，切回控制台模式，如图 3-5 所示。

```
命令提示符
Microsoft Windows [版本 10.0.19044.2604]
(c) Microsoft Corporation。保留所有权利。

C:\Users\liuzh>python
Python 3.11.2 (tags/v3.11.2:878ead1, Feb  7 2023, 16:38:35) [MSC v.1934 64 bit (AMD64)] on win32
Type "help", "copyright", "credits" or "license" for more information.
>>> from phe import paillier
Traceback (most recent call last):
  File "<stdin>", line 1, in <module>
ModuleNotFoundError: No module named 'phe'
>>> exit()

C:\Users\liuzh>
```

图 3-5 退出 Python 环境

2）安装 phe 库

输入如下命令。

```
pip install phe
```

完成 phe 库的安装，如图 3-6 所示。

```
C:\Users\liuzh>pip install phe
Collecting phe
  Using cached phe-1.5.0-py2.py3-none-any.whl (53 kB)
Installing collected packages: phe
Successfully installed phe-1.5.0

[notice] A new release of pip available: 22.3.1 -> 23.0
[notice] To update, run: python.exe -m pip install --upgrade pip
```

图 3-6　安装 phe 库

pip 是 Python 语言的一个安装库的工具，可执行文件在 Python 程序安装目录下可以找到。

3）验证环境正确性

再次进入 Python 环境，输入如下 Python 代码。

```
from phe import paillier
```

结果如图 3-7 所示。

```
C:\Users\liuzh>python
Python 3.11.2 (tags/v3.11.2:878ead1, Feb  7 2023, 16:38:35) [MSC v.1934 64 bit (AMD64)] on win32
Type "help", "copyright", "credits" or "license" for more information.
>>> from phe import paillier
>>>
```

图 3-7　验证环境正确性

如果不出现错误信息，说明环境安装成功。

4）编写 Python 程序并运行

可以用三种方式调试和编写 Python 程序。

（1）在控制台运行 Python 命令，逐行编写 Python 程序并运行。

（2）用文本编辑器编写完整的程序并保存为 x.py 文件，通过控制台命令 python x.py 的方式完成整个程序的调用。

（3）通过自带的集成开发环境 IDLE 完成开发和调试运行。通过开始菜单，找到 IDLE 并打开，选择 File→New File 菜单项可以新建一个文件，编辑程序并保存后，选择 Run→Run Module 菜单项运行，会看到运行的结果。

3. 简单示例

phe 库的使用说明详见 https://python-paillier.readthedocs.io/en/develop/usage.html#usage。

实验 3-1　基于 Python 语言的 phe 库完成加法和标量乘法的验证。

演示代码如下。

```
from phe import paillier #开源库
import time #做性能测试
```

```

######################设置参数
print("默认私钥大小:", paillier.DEFAULT_KEYSIZE)
#生成公私钥
public_key, private_key = paillier.generate_paillier_keypair()
#测试需要加密的数据
message_list = [3.1415926,100,-4.6e-12]

######################加密操作
time_start_enc = time.time()
encrypted_message_list = [public_key.encrypt(m) for m in message_list]
time_end_enc = time.time()
print("加密耗时 s:",time_end_enc-time_start_enc)
print("加密数据(3.1415926):",encrypted_message_list[0].ciphertext())

######################解密操作
time_start_dec = time.time()
decrypted_message_list = [private_key.decrypt(c) for c in encrypted_message_list]
time_end_dec = time.time()
print("解密耗时 s:",time_end_dec-time_start_dec)
print("原始数据(3.1415926):",decrypted_message_list[0])

######################测试加法和乘法同态
a,b,c = encrypted_message_list #a,b,c 分别为对应密文
a_sum = a + 5 #密文加明文,已经重载了+运算符
a_sub = a - 3 #密文加明文的相反数,已经重载了-运算符
b_mul = b * 6 #密文乘明文,数乘
c_div = c / -10.0 #密文乘明文的倒数
print("a+5 密文:",a.ciphertext()) #密文纯文本形式
print("a+5=",private_key.decrypt(a_sum))
print("a-3",private_key.decrypt(a_sub))
print("b*6=",private_key.decrypt(b_mul))
print("c/-10.0=",private_key.decrypt(c_div))
##密文加密文
print((private_key.decrypt(a)+private_key.decrypt(b))==private_key.decrypt(a+b))
#报错,不支持 a*b,即两个密文直接相乘
#print((private_key.decrypt(a)+private_key.decrypt(b))==private_key.decrypt(a*b))
```

如上述代码所示：第一,Python 程序对运算符进行了承载,已经支持直接密文上的运算;第二,只支持明文的加法,不支持明文的乘法,最后一句如果将注释符去掉,将报错。

4. 隐私信息获取示例

实验 3-2 基于 Python 语言的 phe 库完成隐私信息获取的功能：服务器拥有多个数值,要求客户端能基于 Paillier 实现从服务器读取一个指定的数值并正确解密,但服务器不知道所读取的是哪一个。

首先，基于 Paillier 协议进行设计。

对 Paillier 的标量乘的性质进行扩展，可以知道：数值 0 的密文与任意数值的标量乘也是 0，数值 1 的密文与任意数值的标量乘将是数值本身。

基于这个特性，可以进行如下巧妙设计。

服务器：产生数据列表 message_list $=\{m_1, m_2, \cdots, m_n\}$。

客户端：

(1) 设置要选择的数据位置为 pos。

(2) 生成选择向量 select_list $=\{0, \cdots, 1, \cdots, 0\}$，其中：仅有 pos 的位置为 1。

(3) 生成密文向量 enc_list $=\{E(0), \cdots, E(1), \cdots, E(0)\}$。

(4) 发送密文向量 enc_list 给服务器。

服务器：

(1) 将数据与对应的向量相乘后累加得到密文

$$c = m_1 * \text{enc\_list}[1] + \cdots + m_n * \text{enc\_list}[n]$$

(2) 返回密文 c 给客户端。

客户端：解密密文 c 得到想要的结果。

然后，开发具体代码如下。

```
from phe import paillier                                    #开源库
import random                                               #选择随机数

######################设置参数
#服务器保存的数值
message_list = [100,200,300,400,500,600,700,800,900,1000]
length = len(message_list)
#客户端生成公私钥
public_key, private_key = paillier.generate_paillier_keypair()
#客户端随机选择一个要读的位置
pos = random.randint(0, length-1)
print("要读起的数值位置为:", pos)

######################客户端生成密文选择向量
select_list=[]
enc_list=[]
for i in range(length):
    select_list.append(i == pos)
    enc_list.append(public_key.encrypt(select_list[i]))
######################服务器进行运算
c=0
for i in range(length):
    c = c + message_list[i] * enc_list[i]
print("产生密文:", c.ciphertext())

######################客户端进行解密
m=private_key.decrypt(c)
print("得到数值:", m)
```

扩展思考：在客户端保存对称密钥 k，在服务器存储 m 个用对称密钥 k 加密的密文，通过隐私信息获取方法得到指定密文后能解密得到对应的明文，如何设计实现？

3.3 类同态 BGN 方案

1994 年，Fellows 和 Koblitz 提出第一个同时支持同态加法和同态乘法的类同态加密方案[①]，其密文大小随着同态操作的次数呈指数级增长，且同态乘法的计算开销很大，无法投入实际使用。2005 年，BGN 加密方案[②]提出，它支持在密文大小不变的情况下进行任意次数的加法和一次乘法。

3.3.1 数学基础

1. 群

群是一种由元素的集合和一个二元运算组成的基本代数结构。若元素集合 G 和二元运算"·"满足封闭性、结合律、单位元和逆元素四个要素，则称为群。

(1) 封闭性：对于所有集合 G 中的元素 a 和 b，$a \cdot b$ 的结果也在集合 G 中。

(2) 结合律：$(a \cdot b) \cdot c = a \cdot (b \cdot c)$ 对任意 $a,b,c \in G$ 成立。

(3) 单位元：集合 G 存在元素 e，满足 $e \cdot a = a \cdot e = a$，$\forall a \in G$。

(4) 逆元素：对于集合 G 中的任意一个元素 a，存在集合 G 中的另一个元素 b 使 $a \cdot b = b \cdot a = e$。

若一个群还满足交换律(即 $a \cdot b = b \cdot a$，对任意 $a,b \in G$ 成立)，则可进一步称为交换群或阿贝尔群。定义一个有限群的阶为群中元素的个数。对于二元运算"·"，定义元素的乘方 a^2 为 $a \cdot a$，并以此推演出元素的更高次方。

若一个群 G 的每一个元素都可以被表达成群 G 中某一个元素 g 的次方 g^m，则称 G 为循环群，记作 $G=(g)=\{g^m \mid m \in \mathbf{Z}\}$，$g$ 被称为 G 的一个生成元，因为可以通过对 g 的不断自我运算来获得群中的所有元素。

注意：符号 $\langle g \rangle$ 与符号 (g) 相同，也经常被定义为由 g 生成的循环群。

在一个有限群中，如果对不是生成元的其他元素 a 进行这种次方运算，它最终会循环遍历一个群 G 的子集。可以证明，所有元素的这种遍历都会经过单位元 e。将满足 $a^n=e$ 的最小正整数 n 称为 a 元素的阶，生成元的阶和群的阶相等。

以整数模 6 加法群 $\mathbf{Z}_6=\{0,1,2,3,4,5\}$ 为例，其群的阶为 6，单位元为 0。6 个元素的阶分别是 1,6,3,2,3,6。其中：1,5 为生成元。

以元素 5 为例，经过模加运算有

$5^1=5$

$5^2=(5+5)(\bmod 6)=4$

① FELLOWS M, KOBLITZ N. Combinatorial cryptosystems galore! [J]. Contemporary Mathematics, 1994, 168: 51.

② BONEH D, GOH E J, NISSIM K. Evaluating 2-DNF formulas on ciphertexts[C]//Theory of Cryptography Conference, 2005: 325-341.

$5^3=(5+5+5)(\bmod 6)=3$

$5^4=(5+5+5+5)(\bmod 6)=2$

$5^5=(5+5+5+5+5)(\bmod 6)=1$

$5^6=(5+5+5+5+5+5)(\bmod 6)=0=e$

故称元素5的阶为6,为群G的生成元。

可以很容易发现循环群的一个特性,即由生成元g构建的循环群很容易满足加法同态:$g^{r_1}\cdot g^{r_2}=g^{(r_1+r_2)}$。根据上述例子,很容易验证:对于明文1和2,对应的密文是5^5和5^4,因为这里的运算符"·"就是加法,显然,$5^5\cdot 5^4=5^9=(5^6\cdot 5^3)(\bmod 6)=5^3=5^{(1+2)}=3$。

2. 环

在群的基础上,还可以使用两种运算和元素集合R来构建环(ring),这两种运算一般写作"+"和"·"。

(1)"+"一般表示环上的加法,其对应的单位元通常为0,由其定义的群为加法群,群上的两个相同运算的"+"运算,可以记作$a+a=2a$。

(2)"·"一般表示环上的乘法,其对应的单位元通常记作e,由其定义的群为乘法群,群上的两个相同运算的"·"运算,可以记作$a\cdot a=a^2$。

环可以认为是在加法交换群之上增加了乘法运算"·",且满足如下性质。

(1) 封闭性:对于所有R中元素a和b,$a\cdot b$的结果也在R中。

(2) 结合律:$(a\cdot b)\cdot c=a\cdot(b\cdot c)$对任意$a,b,c\in R$成立。

(3) 单位元:R存在元素e,满足$e\cdot a=a\cdot e=e$,$\forall a\in R$,该元素常被称为乘法单位元。

(4) 分配律:乘法操作可以在加法之间进行分配。即给出任意$a,b,c\in R$,有$a\cdot(b+c)=a\cdot b+a\cdot c$和$(b+c)\cdot a=b\cdot a+c\cdot a$。

事实上,满足上述封闭性和结合律的$(R,\cdot)$构成一个半群。再加上单位元,就构成一个幺半群。如果再有逆元素,就构成了一个群。

$(R,+,\cdot)$若满足:

(1) $(R,+)$构成交换群;

(2) $(R,\cdot)$构成幺半群;

(3) $(R,+,\cdot)$满足分配律。

则其构成一个环。

在一个环$(R,+,\cdot)$中,若其子集I与其加法构成子群$(I,+)$,且满足$\forall i\in I,r\in R$,$i\cdot r\in I$,则称I为环R的一个右理想(right ideal)。若$\forall i\in I,r\in R,r\cdot i\in I$则称$I$为环$R$的一个左理想(left ideal)。若同时满足左右理想,则称I为环R上的一个理想(ideal)。

理想对内具有乘法封闭性,对外具有乘法吸收性。

3. 域

域是环的一种特殊形式,它要求乘法运算必须满足交换律,因此域是交换环,还要求域中的除0外的所有元素都有乘法逆元素。

有限域,就是一个包含有限个元素的域。一个有限域的具体例子就是模p的整数域,其中:p是一个素数。通常有限域可表示为Z_p。

从群到环,再到域,是一个条件逐渐收敛的过程。

4. 双线性映射

一个双线性映射是由两个向量空间上的元素,生成第三个向量空间上一个元素的函数,并且该函数对每个参数都是线性的。若 $B: V\times W\to X$ 是一个双线性映射,则 V 固定,W 可变时,W 到 X 的映射是线性的;W 固定,V 可变时,V 到 X 的映射也是线性的。也就是说,保持双线性映射中的任意一个参数固定,另一个参数对 X 的映射都是线性的。

存在一个加法循环群 G_1 和乘法循环群 G_2,这两个群的阶都为大素数 q。定义 $e: G_1\times G_1\to G_2$ 为这两个循环点群之间的一个双线性映射,且该映射满足如下三个性质。

(1) 双线性:对于所有的 $P,Q\in G_1$ 和 $a,b\in \mathbf{Z}_q^*$,有

$$e(aP,bQ)=e(P,Q)^{ab}$$

$$e[(a+b)P,Q]=e(P,Q)^a\cdot e(P,Q)^b$$

其中,$\mathbf{Z}_q^*$ 表示不包含 0 的整数集,$\mathbf{Z}$ 表示整数集,q 表示阶,* 表示不包含 0 元素。

(2) 非退化性:e 为非平凡映射,即 e 不会将 $G_1\times G_1$ 的所有值映射到 G_2 的单位元。

(3) 可计算性:具有有效的算法对于任何的 $P,Q\in G_1$ 能够计算 $e(P,Q)$。

满足如上三个性质的双线性映射就称为可采纳的双线性映射。

Boneh 等给出了关于双线性映射更具体的描述,提出了与双线性相关的数学难题,并用于设计基于身份加密、基于属性的加密等密码原语。

5. 子群判定问题

子群判定问题是指给定(n,G,G_1,e),其中:群 G,G_1 具有相同的阶 $n=pq$;$e: G\times G\to G_1$ 是一个双线性映射,给定一个元素 $x\in G$,如果 x 的阶是 p,则输出 1,否则输出 0。

上述问题也可以描述为一个阶为 $n=pq$(p,q 为素数)的合数阶群里,判定一个元素是否属于某个阶为 p 的子群的问题。

该判定问题为困难问题,BGN 方案的实现就是基于子群判定问题。

3.3.2 方案构造

BGN 能够同时支持加法和乘法的关键原因在于,它提出了一套能够构建在两个群 G 和 G_1 之间的双线性映射 $e: G\times G\to G_1$ 的方法。BGN 提出的方法能够生成两个阶相等的乘法循环群 G 和 G_1,并建立其双线性映射关系 e,且满足当 g 是 G 的生成元时,$e(g,g)$为 G_1 的生成元。

在执行乘法之前,密文属于群 G 中的元素,可以利用群的二元操作进行密文的加法同态操作。密文的乘法同态操作通过该双线性映射函数,将密文从群 G 映射到 G_1 的元素当中。执行乘法同态操作之后,处于 G_1 的密文仍然能够继续使用同态加法。

1. 密钥生成

(1) 给出安全参数,选择大素数 q_1,q_2 并获得合数 $n=q_1q_2$,BGN 将构建两个阶为 n 的循环群 G,G_1 和双线性映射关系 $e: G\times G\to G_1$。

(2) 从 G 中随机选取两个生成元 g,u,并获得 $h=u^{q_2}$。可知 h 为某阶为 q_1 的 G 的子群的生成元。

(3) 公钥设置为(n,G,G_1,e,g,h)，私钥设置为q_1。

2. 加密

对于消息明文 m（某小于 q_2 的自然数），随机抽取 0 到 n 之间的一个整数 r，生成密文

$$c=E(m)=g^m h^r \in G$$

3. 解密

使用私钥 q_1，首先计算

$$c^{q_1}=(g^m h^r)^{q_1}=(g^m u^{q_2 r})^{q_1}=g^{mq_1}u^{q_2 q_1 r}=g^{mq_1}u^{nr}=(g^{q_1})^m$$

然后，计算离散对数得到明文 $m=\log_{g^{q_1}}(c^{q_1})$。

3.3.3　同态性

1. 密文上的同态加法性质

由生成元 g 构建的循环群很容易构造加法同态，$g^{r_1}\cdot g^{r_2}=g^{(r_1+r_2)}$。

对于两个密文 $c_1=g^{m_1}\cdot h^{r_1}$ 和 $c_2=g^{m_2}\cdot h^{r_2}$，很明显 $c_1\cdot c_2=g^{(m_1+m_2)}\cdot h^{(r_1+r_2)}$。

2. 密文上的同态乘法

密文上的同态乘法，则通过双线性映射函数实现，$e(u^a,v^b)=e(u,v)^{ab}$。

在密钥生成的时候，定义 $g_1=e(g,g)$ 和 $h_1=e(g,h)$，且将 h 写作 $h=g^{\alpha q_2}$（因为 g 可生成 u：$u=g^\alpha$），定义对 c_1 和 c_2 的同态乘法运算为

$$e(c_1,c_2)h_1^r=e(g^{m_1}h^{r_1},g^{m_2}h^{r_2})h_1^r=g_1^{m_1 m_2}h_1^{\hat{r}}\in G_1$$

其中：$\hat{r}$ 是前文提到的随机抽取的 0 到 n 之间的整数 r。

由此可见，经过同态乘法之后的密文从 G 转移到了 G_1，其解密过程在 G_1 上完成，即 G_1 的生成元 $g_1=e(g,g)$ 替代 g。在群 G_1 上依然可以进行乘法同态操作，所以 BGN 支持同态乘法运算之后的同态加法运算。

但是，因为没有下一个群可以继续映射，BGN 加密的密文只能够支持一次同态乘法运算。

3.4　全同态典型方案

3.4.1　数学基础

1. 格的定义

给定一个 n 维向量空间 $\mathbf{R}^n$，格(lattice)是其上的一个离散加法子群。

根据线性代数知识，可以构造一组 n 个线性无关的向量 $\boldsymbol{v}_1,\boldsymbol{v}_2,\boldsymbol{v}_3,\cdots,\boldsymbol{v}_n\in\mathbf{R}^n$。基于该组向量的整数倍的线性组合，可以生成一系列的离散点，即

$$L(\boldsymbol{v}_1,\boldsymbol{v}_2,\boldsymbol{v}_3,\cdots,\boldsymbol{v}_n)=\left\{\sum_{i=1}^{n}\alpha_i\boldsymbol{v}_i \mid \alpha_i\in\mathbf{Z}\right\}$$

这些元素集合和对应的加法操作$(L,+)$称为格。这组线性无关的向量 $\boldsymbol{B}$（即 $\boldsymbol{v}_1,\boldsymbol{v}_2,\boldsymbol{v}_3,\cdots,\boldsymbol{v}_n$）称为格基，其向量个数称为格的维度。

2. 格的示例

格基$(1,0)^T$与$(0,1)^T$可以产生二维空间的所有整数格，如图 3-8(a)所示。同时，使用格基$(1,0)^T$与$(1,1)^T$同样可以生成二维空间的所有整数格，如图 3-8(b)所示。也就是说，一个格的基向量可以有多个，图 3-8(a)的基向量正交程度好一些，称为“好基”，而图 3-8(b)的基向量正交程度坏一些，称为“坏基”。

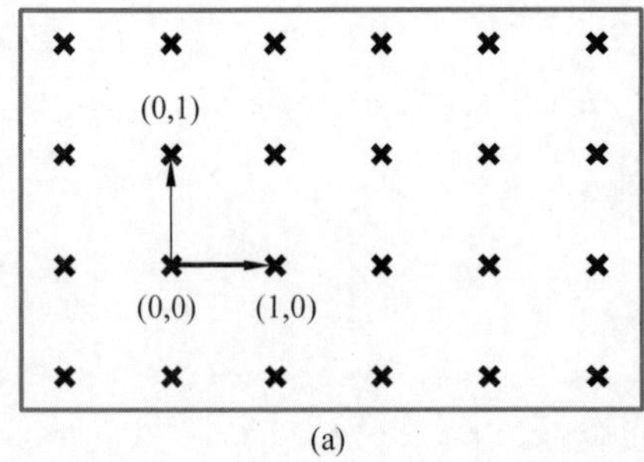

(a)

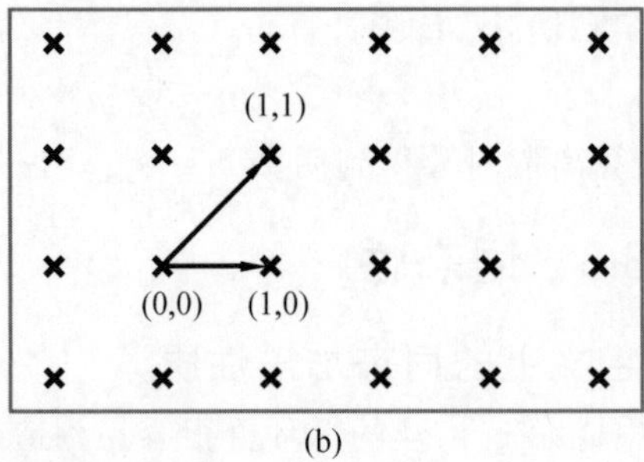

(b)

图 3-8　二维空间的格示例

再如，格基$(1,1)^T$与$(2,0)^T$不能产生二维空间的所有整数格。如图 3-9 所示，标有“×”号的为可产生的格，其横纵坐标相加为偶数。

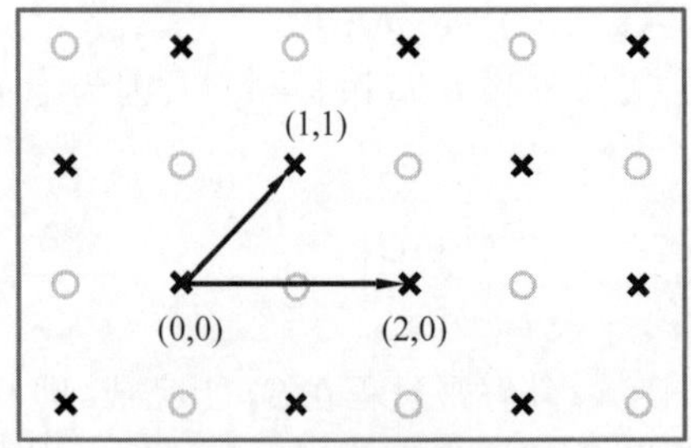

图 3-9　二维空间的格示例

上面都是简单的二维例子，一个格可以由无限多的维度和无限多的向量组成，所以虽然二维看起来非常简单，但是随着基向量和维度的数量增加时，问题很快会变得非常复杂。一般来说，对于达到足够安全性的方案，格的维度在 1000 左右。

注意：通过图 3-9 可以看出，并非所有的基都能生成一个格上的所有元素，而且通过“坏基”推测一个“好基”是一个难题。

3. 格上的难题

尽管格也由基扩展获得，它和向量空间最大的不同在于，**它的系数限制为整数**，从而生成一系列离散的空间向量。格上的向量的离散性质催生了一系列新的难题。

格上的主要难题是最近向量问题(closest vector problem，CVP)和最短向量问题(shortest vector problem，SVP)。

定义 3-1(**最近向量问题**)　给定一个格 L 和一个在向量空间 $\mathbf{R}^n$ 中但不在格 L 中的向量 $\boldsymbol{w}\in\mathbf{R}^n$，试图找到一个离 $\boldsymbol{w}$ 最近的向量 $\boldsymbol{v}\in L$，即与 $\boldsymbol{w}$ 的欧氏距离最小的向量。

欧氏距离也称欧几里得距离，以古希腊数学家欧几里得命名，是最常见的距离度量，衡量的是多维空间中两个点之间的绝对距离。例如，在二维和三维空间中的欧氏距离就是两点之间的距离，二维的公式是 $d=\sqrt{(x_1-x_2)^2+(y_1-y_2)^2}$；三维的公式是 $d=\sqrt{(x_1-x_2)^2+(y_1-y_2)^2+(z_1-z_2)^2}$。

如图 3-10 所示，在二维空间中，给定非格上的向量，很容易找到格上的向量与其距离最近。但是，当基向量和维度增加时，寻找最近向量将变得很困难。

定义 3-2(**最短向量问题**)　对于给定的格 L，找到一个非零的格向量 $\boldsymbol{v}$，使得对于任意

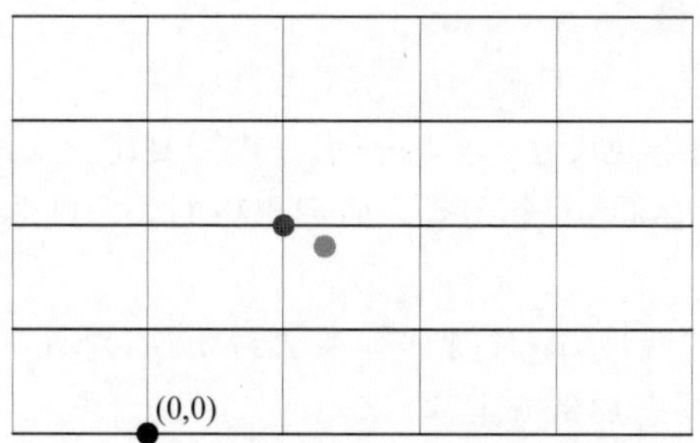

图 3-10　二维空间的格中的最近向量示例

的非零向量 $\boldsymbol{u}\in L$，有 $\|\boldsymbol{v}\|\leqslant\|\boldsymbol{u}\|$。

换种说法，该问题试图找到格 L 上一个最短的向量 $\boldsymbol{v}\in L$，其与零点的欧氏距离最小。通常使用符号 $\|\boldsymbol{v}\|$ 来表示向量 $\boldsymbol{v}$ 与零点的欧氏距离。

同最近向量问题一样，在基向量和维度够大的情况下，寻找最短向量是一个难题。解决这些问题的难度在很大程度上取决于其对应的格的基的性质。若格的基尽可能相互正交，则存在多项式时间内解决 SVP 和 CVP 的方法。若格的基的正交程度很差，则目前解决 SVP 和 CVP 的最快算法也需要指数级的计算时间。

因此，通过将正交程度差的基作为公钥，将正交程度好的基作为私钥，将解密系统设计为解决格上的最短向量问题或者最近向量问题，就能够提供一种基于格的加密方案。以最近向量问题为例，可以将数据编码到一个安全的格点，加密算法会生成一个离它近的密文，解密的时候拥有私钥的一方可以在多项式时间内找到密文对应的最近向量，但是拥有公钥和其他公开参数的一方在多项式时间内是无法完成求解的。

注意：在这里，也可以提前解释全同态加密的自举操作，因为加密后的密文是一个带噪声的点，这些点如果反复做乘法等运算，会让噪声越来越大，产生过大偏差后会让最近或者最短的格点无法正确求解出来，这时就需要自举运算来消除噪声。

基于格的密码系统具有以下两个优点。

(1) 使用线性代数操作实现加解密，具有易实现、高效率的特点。

(2) 安全性高。为达到 k 个位的安全等级，传统基于大数分解或离散对数问题的加密系统的加解密操作需要 $O(k^3)$的时间复杂度，而基于格的加密系统仅需要 $O(k^2)$的时间复杂度。随着量子计算机的问世，大数因式分解之类的经典难题可以在多项式时间被解决，但是量子计算机尚无法在多项式时间内解决格所对应的难题。

4. 理想格

循环格是一种特殊的格，循环格最显著的优点就是能够用一个向量来表示，可以采用相关算法来加速运算，可以进一步解决基于一般格上的密码方案中密钥量大、运行效率较低的问题。对于一系列向量 $\boldsymbol{v}_0=(v_1,v_2,v_3,\cdots,v_n)^{\mathrm{T}}$，$\boldsymbol{v}_1=(v_n,v_1,v_2,\cdots,v_{n-1})^{\mathrm{T}}$，$\boldsymbol{v}_2=(v_{n-1},v_n,v_1,\cdots,v_{n-2})^{\mathrm{T}}$，$\cdots\boldsymbol{v}_n=(v_2,v_3,v_4,\cdots,v_1)^{\mathrm{T}}$，以循环生成的 n 个向量为基生成的格被称为循环格。

理想格是对循环格概念的推广，一般格是群的子群，理想格指该格同时也是环上的理想。在多项式环 $Z[x]/(f(x))$上，循环格的基是通过给出一个多项式 $\boldsymbol{v}\in L$，然后对其连续模乘 x 得到$\{\boldsymbol{v}_i=\boldsymbol{v}_0\cdot x^i(\bmod f(x))\mid i\in[0,n-1]\}$。可以证明，在多项式环上构建的循环格即为环的理想，也称理想格。

理想格具有以下两个优点。

（1）可以降低格表示的空间尺寸。格的表示方式需要比较大的空间，比如，用一个 $n\times n$ 矩阵来表示一组基，则需要存储 n^2 个元素。而理想格的表示则非常简单，对于基而言，给出一个多项式即可。

（2）理想格具有理想的特性，即对内具有乘法封闭性，对外具有乘法吸收性，这一特点使得理想格很容易构造全同态加密方案。

3.4.2 Gentry 方案

尽管有很多关于部分同态加密和类同态加密的方案，然而在同态加密概念提出后的 30 年间，并没有真正能够支持无限制的各类同态操作的全同态加密方案问世。直到 2009 年，斯坦福大学的博士生 Gentry 在他的论文中提出了第一个切实可行的全同态加密方案①。

1. 自举操作

类同态加密方案可以支持有限次数的各类同态操作，不满足强同态。如果想要不断地进行同态操作，一种简单直接的方法是将该密文解密并且再次加密，从而能够获得一个全新的密文，这个过程简称为刷新。刷新之后的密文相当于被重置回刚刚加密的状态，从而继续支持更多的同态操作。但是这样的话，需要使用密钥对密文进行解密，这违背了同态加密在加密状态下进行持续运算的原则。

Gentry 敏锐地察觉到，如果能够设计一种加密方案，它的解密操作本身能够做成同态操作，就能够在全程不解密的情况下完成刷新操作，这个操作称为自举。

自举过程可简述如下。

（1）对于给定的同态加密方案 ε。在生成公私钥对(sk，pk)之后，用公钥 pk 加密私钥 sk 得到$\overline{\text{sk}}$。

（2）在对密文 ct 进行同态加密之前，应用公钥 pk 再次加密得到两次加密的密文$\overline{\text{ct}}$。设解密操作为 D_ε，其中：ε 支持同态解密，使用密文$\overline{\text{ct}}$和密钥$\overline{\text{sk}}$进行同态解密 Evaluate(pk，D_ε，$\overline{\text{ct}}$，$\overline{\text{sk}}$)。此时，更早被加密的密文已经被解密，生成密文为此轮刚加密的全新密文。

（3）在新密文上执行一系列同态操作。

通过自举技术可以将原来仅支持有限次同态操作的近似同态加密方案改造成支持无限次同态操作的全同态方案。基于这一思想，Gentry 提出了基于理想格的全同态加密方案。

2. 近似同态加密方案

1）具体实现

Gentry 的基于理想格的近似同态加密方案的具体实现如下。

（1）密钥生成。

给定一个多项式环 $R=Z[x]/(f(x))$，R 上的一个理想 I 及其固定基 B_I，通过循环格生成理想格 J，满足 $I+J=R$，生成两组 J 的基(B_J^{sk}，B_J^{pk})作为公私钥对。其中：私钥 B_J^{sk}

① GENTRY C. Fully homomorphic encryption using ideal lattices[C]//Proceedings of the forty-first annual ACM symposium on Theory of computing，2009：169-178.

正交化程度较高；公钥 B_J^{pk} 正交化程度较低。另外，提供一个随机函数 $\mathrm{Samp}(B_I,x)$ 用于从 $x+B_I$ 的陪集中抽样。最终，$(R,B_I,B_J^{\mathrm{pk}},\mathrm{Samp}())$ 为公钥，B_J^{sk} 为私钥。

注意：$I+J=R$ 表示 I 和 J 上的元素，运算+的结果在 R 上。

（2）加密。

通过函数 $\mathrm{Samp}(B_I,x)$ 随机选择向量 $\boldsymbol{r},\boldsymbol{g}$，使用 B_J^{pk} 对明文 $\boldsymbol{m}\in\{0,1\}^n$ 进行加密，有

$$\boldsymbol{c}=\mathrm{Enc}(\boldsymbol{m})=\boldsymbol{m}+\boldsymbol{r}\cdot B_I+\boldsymbol{g}\cdot B_J^{\mathrm{pk}}$$

其中，$\boldsymbol{g}\cdot B_J^{\mathrm{pk}}$ 是理想格 J 上的一个元素。

（3）解密。

通过私钥 B_J^{sk} 解密密文 $\boldsymbol{c}$，得到

$$\boldsymbol{m}=\boldsymbol{c}-B_J^{\mathrm{sk}}\cdot\lfloor(B_J^{\mathrm{sk}})^{-1}\cdot\boldsymbol{c}\rceil(\mathrm{mod}B_I)$$

其中，$\lfloor\ \rceil$表示对向量各维度坐标进行四舍五入取整。

2）正确性

在加密阶段，密文 $\boldsymbol{c}$ 可以看作一个格 J 中的元素 $\boldsymbol{g}\cdot B_J^{\mathrm{pk}}$ 加上噪声 $\boldsymbol{m}+\boldsymbol{r}\cdot B_I$。

在解密阶段，$B_J^{\mathrm{sk}}\cdot\lfloor(B_J^{\mathrm{sk}})^{-1}\cdot\boldsymbol{c}\rceil$为应用取整估计法求解最近向量问题，即找到密文向量在格 J 中最近的向量，即 $B_J^{\mathrm{sk}}\cdot\lfloor(B_J^{\mathrm{sk}})^{-1}\cdot\boldsymbol{c}\rceil=\boldsymbol{g}\cdot B_J^{\mathrm{pk}}$。因此，有

$$\boldsymbol{m}=\boldsymbol{c}-B_J^{\mathrm{sk}}\cdot\lfloor(B_J^{\mathrm{sk}})^{-1}\cdot\boldsymbol{c}\rceil(\mathrm{mod}B_I)=\boldsymbol{c}-\boldsymbol{g}\cdot B_J^{\mathrm{pk}}(\mathrm{mod}B_I)=\boldsymbol{m}+\boldsymbol{r}\cdot B_I(\mathrm{mod}B_I)$$

注意：应用取整估计法解最近向量问题要求 $\boldsymbol{m}+\boldsymbol{r}\cdot B_I$ 足够小，才能保证其加密的格元素 $\boldsymbol{g}\cdot B_J^{\mathrm{pk}}$ 和解密时找到的最近的格元素是相同元素，即 $B_J^{\mathrm{sk}}\cdot\lfloor(B_J^{\mathrm{sk}})^{-1}\cdot\boldsymbol{c}\rceil=\boldsymbol{g}\cdot B_J^{\mathrm{pk}}$。

3）安全性

上述加解密过程，安全性规约到最近向量问题的求解上，只有在格的基正交程度较高的私钥上可以获得尽可能接近的格向量，正交程度较低的基 B_J^{pk} 无法解密明文。

4）同态性

在该方案中，明文和密文之间的线性关系使得同态操作易于实现，直接密文相加即可实现同态加法，即

$$\boldsymbol{c}_1+\boldsymbol{c}_2=\boldsymbol{m}_1+\boldsymbol{m}_2+(\boldsymbol{r}_1+\boldsymbol{r}_2)\cdot B_I+(\boldsymbol{g}_1+\boldsymbol{g}_2)\cdot B_J^{\mathrm{pk}}$$

结果仍在密文空间中，并且只要 $\boldsymbol{m}_1+\boldsymbol{m}_2+(\boldsymbol{r}_1+\boldsymbol{r}_2)\cdot B_I$ 相对较小，即可运用上述解密方法得到明文 $\boldsymbol{m}_1+\boldsymbol{m}_2$。其同态乘法也可以直接使用密文相乘，即

$$\boldsymbol{c}_1\cdot\boldsymbol{c}_2=\boldsymbol{e}_1\boldsymbol{e}_2+(\boldsymbol{e}_1\boldsymbol{g}_2+\boldsymbol{e}_2\boldsymbol{g}_1+\boldsymbol{g}_1\boldsymbol{g}_2)\cdot B_J^{\mathrm{pk}}$$

其中：$\boldsymbol{e}_1=\boldsymbol{m}_1+\boldsymbol{r}_1\cdot B_I$；$\boldsymbol{e}_2=\boldsymbol{m}_2+\boldsymbol{r}_2\cdot B_I$。该结果仍然在密文空间中，并且当$|\boldsymbol{e}_1\cdot\boldsymbol{e}_2|$足够小时，可以通过上述解密方法获得 $\boldsymbol{m}_1\cdot\boldsymbol{m}_2$。

5）自举

随着加法同态和乘法同态的积累，密文中的噪声项逐渐积累增大，直至无法从密文中解密明文，这时就需要借助自举技术消除噪声，使其支持无限次数的加法和同态乘法。因为 Gentry 自举技术较为复杂，这里不详细介绍。

3.4.3 CKKS 算法①

1. 容错学习

容错学习是在格的难题上构建出来的问题，可以看作解一个带噪声的线性方程组：给

① BRAKERSKI Z, VAIKUNTANATHAN V. Efficient fully homomorphic encryption from (Standard) LWE [C]//Proceedings of the 2011 IEEE 52nd Annual Symposium on Foundations of Computer Science, 2011: 97-106.

定随机向量 $s \in Z_q^n$，随机选择线性系数矩阵 $\boldsymbol{A} \in Z_q^{n\times n}$ 和随机噪声 $e \in Z_q^n$，生成矩阵线性运算结果$(\boldsymbol{A}, \boldsymbol{A}\cdot s+e)$。LWE 问题试图从该结果中反推 s 的值，已经证明了 LWE 至少和格中的难题一样困难，从而能够抵抗量子计算机的攻击。

LWE 问题使得在其上构建加密系统十分简单，具体实现如下。

(1) 密钥生成函数：给定随机向量 $\boldsymbol{s} \in Z_q^n$，随机选择线性系数矩阵 $\boldsymbol{A} \in Z_q^{n\times n}$ 和随机噪声 $\boldsymbol{e} \in Z_q^n$，将$(-\boldsymbol{A}\cdot\boldsymbol{s}+\boldsymbol{e}, \boldsymbol{A})$作为公钥，$\boldsymbol{s}$ 作为私钥。

(2) 加密函数：对于需要加密的消息 $\boldsymbol{m} \in Z_q^n$，使用公钥加密为$(\boldsymbol{c}_0, \boldsymbol{c}_1)=(\boldsymbol{m}-\boldsymbol{A}\cdot\boldsymbol{s}+\boldsymbol{e}, \boldsymbol{A})$。

(3) 解密函数：使用私钥进行解密，计算 $\boldsymbol{c}_0+\boldsymbol{c}_1\cdot\boldsymbol{s}=\boldsymbol{m}+\boldsymbol{e}$，当噪声 $\boldsymbol{e}$ 足够小时，能够尽可能地恢复明文 $\boldsymbol{m}$。

在 LWE 基础上，RLWE 问题将 LWE 问题扩展到环结构上。RLWE 问题在 LWE 的一维向量空间上，将原来的 Z_q 环替换成 n 阶多项式环 $Z_q[X]/(X^N+1)$。于是，LWE 问题中的 $\boldsymbol{s}, \boldsymbol{e}, \boldsymbol{m}$ 从 n 个 Z_q 环中的元素被替换成一个从多项式环中选取的多项式；$n\times n$ 的线性系数矩阵 $\boldsymbol{A}$ 被替换成 1×1 的多项式 $a \in Z_q[X]/(X^N+1)$。通过转换，RLWE 的公钥大小从 $O(n^2)$级下降到 $O(n)$级，而不会减少消息 $\boldsymbol{m}$ 携带的数据量（从 N 维向量替换成一个 n 阶多项式）。另外，基于多项式的乘法操作可以使用离散傅里叶变换算法达到 $O(n\log(n))$ 的计算复杂度，从而比直接进行矩阵向量乘法快。

2. 方案构造

CKKS 层次同态加密方案即是基于上述 RLWE 问题实现的。具体实现如下。

(1) 密钥生成函数：给定安全参数，CKKS 生成私钥 $s \in Z_q[X]/(X^N+1)$和公钥 $p=(-a\cdot s+e, a)$。其中，a, e 表示多项式环中随机抽取的元素，即 $a, e \in Z_q[X]/(X^N+1)$，且 e 为较小噪声。

(2) 加密函数：对于给定的一个消息 $m \in \boldsymbol{C}^{N/2}$（表示为复数向量），CKKS 首先需要对其进行编码，将其映射到多项式环中生成 $r \in Z[X]/(X^N+1)$。然后，CKKS 使用公钥对 r 进行加密，即

$$(c_0, c_1)=(r-a\cdot s+e, a)$$

(3) 解密函数：对密文(c_0, c_1)，CKKS 使用密钥进行解密，即

$$\tilde{r}=c_0+c_1\cdot s=r+e$$

$\tilde{r}$ 需要经过解码，从多项式环空间反向映射回向量空间 $\boldsymbol{C}^{N/2}$。当噪声 e 足够小时，可以获得原消息的近似结果。

CKKS 支持浮点运算，为保存消息中的浮点数，在编码过程中 CKKS 设定缩放因子 $\Delta>0$，并将浮点数乘以缩放因子生成整数的多项式项，其浮点值被保存在缩放因子 Δ 中。

3. 再线性化和再缩放

CKKS 支持同态加法和同态乘法。给定两个密文 ct_1 和 ct_2，其对应的同态加法为

$$\mathrm{ct}_1+\mathrm{ct}_2=(c_0, c_1)+(c'_0, c'_1)=(c_0+c'_0, c_1+c'_1)$$

对应的同态乘法操作为

$$\mathrm{ct}_1\cdot\mathrm{ct}_2=(c_0, c_1)\cdot(c'_0, c'_1)=(c_0\cdot c'_0, c_0\cdot c'_1+c_1\cdot c'_0, c_1\cdot c'_1)$$

可见，在进行同态乘法操作后，密文的大小扩增了一半。因此，每次乘法操作后，CKKS 都需

要进行再线性化(relinearization)和再缩放(rescaling)操作。

1) 再线性化

该技术能够将扩增的密文($c_0 \cdot c'_0, c_0 \cdot c'_1 + c_1 \cdot c'_0, c_1 \cdot c'_1$)再次恢复为二元对($d_0$, d_1),从而允许进行更多的同态乘法操作。

2) 再缩放

另外,因为在编码消息的过程中使用了缩放因子 Δ,在进行同态乘法操作时,两个缩放因子皆为 Δ 的密文相乘,其结果的缩放因子变为 Δ^2。如果连续使用同态乘法,缩放因子将会呈指数级上升。所以,每次乘法操作之后,CKKS 都会进行再缩放的操作,将密文值除以 Δ 以将缩放因子从 Δ^2 恢复到 Δ。在不断再缩放除以 Δ 的过程中,表示密文值的可用位每次会下降 $\log(\Delta)$ 位,直到最终用尽。此时,无法再继续进行同态乘法。

在 CKKS 的加密、解密、再线性化和再缩放的过程中,积累增加的噪声会影响最终解密消息的精度和准度。所以,CKKS 支持浮点运算的同时,对结果的准确性做出了一定的牺牲。CKKS 适用于允许一定误差的、基于浮点数的计算应用,如机器学习任务。

3) 自举

CKKS 中的再线性化和再缩放是为了保证缩放因子不变,同时降低噪声,但会造成密文模数减少,所以只能构成有限级全同态方案。CKKS 的自举操作能提高密文模数,以支持无限次数的全同态,但是自举成本很高,在满足需求的时候,甚至不需要执行自举操作,后来有一些研究针对 CKKS 方案的自举操作做了精度和效率的提升。

3.5 开发框架 SEAL

SEAL 是微软开源的基于 C++ 语言的同态加密库,支持 CKKS 方案等多种全同态加密方案,支持基于整数的精确同态运算和基于浮点数的近似同态运算。该项目采用商业友好的 MIT 许可证在 GitHub 上(https://github.com/microsoft/SEAL)开源。SEAL 基于 C++ 语言实现,不需要其他依赖库。

3.5.1 安装部署

1. SEAL 库安装

1) 复制加密库资源到本地

在 Ubuntu 操作系统的 home 文件夹下建立文件夹 seal,进入该文件夹后,打开终端,输入如下命令。

```
git clone https://github.com/microsoft/SEAL
```

运行完毕,将在 seal 文件夹下自动建立 SEAL 这个新文件夹。

注意:安装 Ubuntu 操作系统时可以选择最小化内核,也可以选择同时安装相关软件等,如果选择最小化安装,需要手动安装 cmake、g++ 等环境。

2) 编译和安装

输入如下命令。

```
cd SEAL
cmake .
```

网络原因可能会报错,多尝试几次。该步骤成功后,如图 3-11 所示。

```
-- Configuring done
-- Generating done
-- Build files have been written to: /home/liuzheli/seal/SEAL
liuzheli@liuzheli-virtual-machine:~/seal/SEAL$
```

图 3-11　cmake 运行示例

```
make
```

可能会报错,多尝试几次。该步骤成功后,如图 3-12 所示。

```
[100%] Linking CXX static library lib/libseal-4.0.a
[100%] Built target seal
liuzheli@liuzheli-virtual-machine:~/seal/SEAL$
```

图 3-12　make 运行示例

```
sudo make install
```

最后一步成功后,如图 3-13 所示。

```
-- Installing: /usr/local/include/SEAL-4.0/seal/util/ztools.h
liuzheli@liuzheli-virtual-machine:~/seal/SEAL$
```

图 3-13　make install 运行示例

到此即安装完毕。

说明:cmake 是一种高级编译配置工具,它可以将多个 cpp、hpp 文件组合构建为一个大工程的语言。它能够输出各种各样的 makefile 或者 project 文件,所有操作都是通过编译 CMakeLists.txt 来完成。通常 cmake 执行之后,再执行 make 和 make install 可以完成开源项目的编译和安装。在 make install 步骤,相关的头文件和静态库都被安装复制到了/usr/local 文件夹下的 include 和 lib 文件夹中,以便系统里其他应用程序可以查找到并使用。

2. 简单测试程序

在 seal 文件夹下建立一个测试文件夹 demo,如图 3-14 所示。

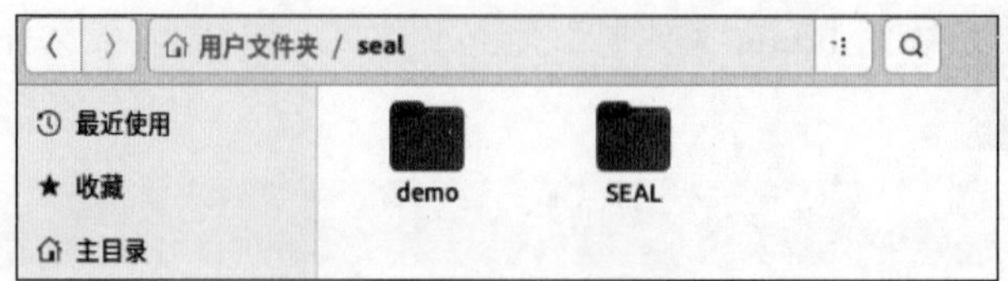

图 3-14　建立测试文件夹

进而,在 demo 文件夹下,使用文本编辑器建立一个 cpp 文件 test.cpp,内容如下。

```
#include "seal/seal.h"
#include <iostream>
```

```

using namespace std;
using namespace seal;

int main(){
    EncryptionParameters parms(scheme_type::bfv);
    printf("hellow world\n");
    return 0;
}
```

为了完成 test.cpp 的编译和执行，需要编写一个 CMakeLists.txt 文件，内容如下。

```
cmake_minimum_required(VERSION 3.10)
project(demo)
add_executable(test test.cpp)
add_compile_options(-std=c++17)

find_package(SEAL)
target_link_libraries(test SEAL::seal)
```

编写完毕后，打开控制台，依次运行如下命令。

```
cmake .
make
./test
```

运行结果如图 3-15 所示。

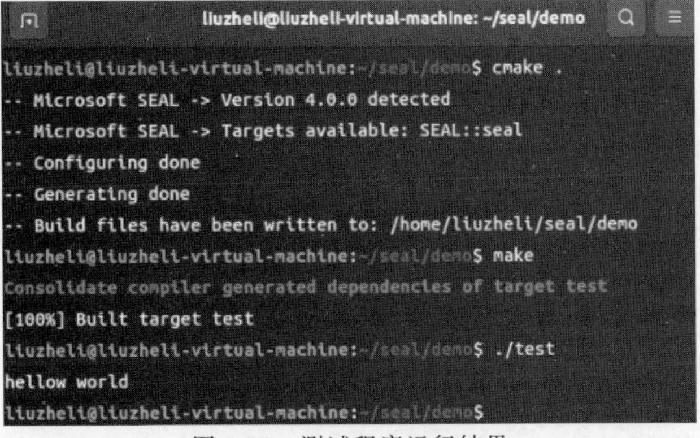

图 3-15　测试程序运行结果

3.5.2　应用示例

实验 3-3　基于 CKKS 方案构建一个同态加密应用，该应用基于云服务器的算力协助完成客户端的某种运算。

1. 标准化构建流程

CKKS 算法由五个模块组成：密钥生成器 keygenerator、加密模块 encryptor、解密模块 decryptor、密文计算模块 evaluator 和编码器 encoder，其中：编码器实现数据和环上元素的相互转换。

依据这五个模块，构建同态加密应用的过程为：

(1) 选择 CKKS 参数 parms；

(2) 生成 CKKS 框架 context；

(3) 构建 CKKS 模块 keygenerator、encoder、encryptor、evaluator 和 decryptor；

(4) 使用 encoder 将数据 n 编码为明文 m；

(5) 使用 encryptor 将明文 m 加密为密文 c；

(6) 使用 evaluator 对密文 c 运算为密文 c'；

(7) 使用 decryptor 将密文 c' 解密为明文 m'；

(8) 使用 encoder 将明文 m' 解码为数据 n。

2. 示例代码

客户端将一组数据的计算外包到云服务器上，云服务器不能得知密文相关的信息，客户端可以正确完成密文运算结果的解密。

代码如下。

```
#include "examples.h"
/* 该文件可以在 SEAL/native/examples 目录下找到 */
#include <vector>
using namespace std;
using namespace seal;
#define N 3
//本例目的:给定 x, y, z 三个数的密文,让服务器计算 x * y * z

int main(){
    //初始化要计算的原始数据
    vector<double> x, y, z;
    x = { 1.0, 2.0, 3.0 };
    y = { 2.0, 3.0, 4.0 };
    z = { 3.0, 4.0, 5.0 };

/************************************
客户端的视角:生成参数、构建环境和生成密文
************************************/
//(1)构建参数容器 parms
    EncryptionParameters parms(scheme_type::ckks);
/* CKKS 有三个重要参数:
①poly_modulus_degree(多项式模数)、
②coeff_modulus(参数模数)、
③scale(规模) */

```

```
    size_t poly_modulus_degree = 8192;
    parms.set_poly_modulus_degree(poly_modulus_degree);
    parms.set_coeff_modulus(CoeffModulus::Create(poly_modulus_degree, { 60, 40, 40, 60 }));
//选用 2^40 进行编码
    double scale = pow(2.0, 40);

//(2)用参数生成 CKKS 框架 context
    SEALContext context(parms);

//(3)构建各模块
//首先构建 keygenerator,生成公钥、私钥
    KeyGenerator keygen(context);
    auto secret_key = keygen.secret_key();
    PublicKey public_key;
    keygen.create_public_key(public_key);

//构建编码器、加密模块、运算器和解密模块
//注意加密需要公钥 pk,解密需要私钥 sk,编码器需要 scale
    Encryptor encryptor(context, public_key);
    Decryptor decryptor(context, secret_key);

    CKKSEncoder encoder(context);
//对向量 x、y、z 进行编码
    Plaintext xp, yp, zp;
    encoder.encode(x, scale, xp);
    encoder.encode(y, scale, yp);
    encoder.encode(z, scale, zp);
//对明文 xp、yp、zp 进行加密
    Ciphertext xc, yc, zc;
    encryptor.encrypt(xp, xc);
    encryptor.encrypt(yp, yc);
    encryptor.encrypt(zp, zc);


//至此,客户端将 pk、CKKS 参数发送给服务器,服务器开始运算
/***********************************
服务器的视角:生成重线性密钥、构建环境和执行密文计算
***********************************/
//生成重线性密钥和构建环境
    SEALContext context_server(parms);
    RelinKeys relin_keys;
    keygen.create_relin_keys(relin_keys);
    Evaluator evaluator(context_server);

/*对密文进行计算,要说明的原则是:
-加法可以连续运算,但乘法不能连续运算
-密文乘法后要进行 relinearization 操作
-执行乘法后要进行 rescaling 操作
```

```
-进行运算的密文必须执行过相同次数的 rescaling(位于相同层) * /
    Ciphertext temp;
    Ciphertext result_c;
//计算 x * y,密文相乘,要进行 relinearization 和 rescaling 操作
    evaluator.multiply(xc,yc,temp);
    evaluator.relinearize_inplace(temp, relin_keys);
    evaluator.rescale_to_next_inplace(temp);

//在计算 x * y * z 之前,z 没有进行过 rescaling 操作,所以需要对 z 进行一次乘法和 rescaling 操作,目的是使得 x * y 和 z 在相同的层
    Plaintext wt;
    encoder.encode(1.0, scale, wt);
//此时,可以查看框架中不同数据的层级
    cout << "    + Modulus chain index for zc: "<< context_server.get_context_data(zc.parms_id())->chain_index() << endl;
    cout << "    + Modulus chain index for temp(x * y): "<< context_server.get_context_data(temp.parms_id())->chain_index() << endl;
    cout << "    + Modulus chain index for wt: "<< context_server.get_context_data(wt.parms_id())->chain_index() << endl;

//执行乘法和 rescaling 操作
    evaluator.multiply_plain_inplace(zc, wt);
    evaluator.rescale_to_next_inplace(zc);

//再次查看 zc 的层级,可以发现 zc 与 temp 层级变得相同
    cout << "    + Modulus chain index for zc after zc * wt and rescaling: " << context_server.get_context_data(zc.parms_id())->chain_index() << endl;

//最后执行 temp(x * y) * zc(z * 1.0)
    evaluator.multiply_inplace(temp, zc);
    evaluator.relinearize_inplace(temp,relin_keys);
    evaluator.rescale_to_next(temp, result_c);

//计算完毕,服务器把结果发回客户端
/*************************************
客户端的视角:进行解密和解码
*************************************/
//客户端进行解密
    Plaintext result_p;
    decryptor.decrypt(result_c, result_p);
//注意要解码到一个向量上
    vector<double> result;
    encoder.decode(result_p, result);
//得到结果,输出:[6.000,24.000,60.000,...,0.000,0.000,0.000]
    cout << "结果是:" << endl;
    print_vector(result,3,3);
    return 0;
}
```

3. 参数解释

本小节对三个参数进行简单的解释。

1）poly_modulus_degree（多项式模数）

该参数必须是 2 的幂，如 1024，2048，4096，8192，16 384，32 768，当然再大点也没问题。

更大的 poly_modulus_degree 会增加密文的尺寸，这会让计算变慢，但也能执行更复杂的计算。

2）coeff_modulus（参数模数）

这是一组重要参数，因为 rescaling 操作依赖于 coeff_modulus。

简单来说，coeff_modulus 的个数决定了能进行 rescaling 的次数，进而决定了能执行的乘法操作的次数。

coeff_modulus 的最大位数与 poly_modulus_degree 有直接关系，如表 3-3 所示。

表 3-3　coeff_modulus 的最大位数与 poly_modulus_degree 的关系

poly_modulus_degree	coeff_modulus 的最大位数
1204	27
2048	54
4096	109
8192	218
16 384	438
32 768	881

本实验代码中的{60，40，40，60}有以下含义：

（1）coeff_modulus 总位长 200（60＋40＋40＋60）位；

（2）最多进行 2 次（2 层）乘法操作。

该系列数字的选择不是随意的，有以下要求：

（1）总位长不能超过表 3-3 中的最大位数；

（2）最后一个参数为特殊模数，其值应该与中间模数的最大值相等；

（3）中间模数与 scale 尽量相近。

注意：如果将模数变大，则可以支持更多层级的乘法运算，比如，poly_modulus_degree 为 16 384 则可以支持 coeff_modulus＝｛60，40，40，40，40，40，40，60｝，也就是 6 层的运算。

3）scale（规模）

encoder 利用该参数对浮点数进行缩放，每次相乘后密文的 scale 都会翻倍，因此需要执行 rescaling 操作约减一部分，约模的大素数位长由 coeff_modulus 中的参数决定。

scale 不应太小，虽然大的 scale 会导致运算时间增加，但能确保噪声在约模的过程中被正确地舍去，同时不影响正确解密。

因此，两组推荐的参数为：

poly_modulus_degree ＝ 8192；coeff_modulus＝{60，40，40，60}；scale ＝ 2^40 poly_modulus_degree = 8192; coeff_modulus={50,30,30,30,50};scale = 2^30

4. 注意事项

如示例代码中所述,每次进行运算前,要保证参与运算的数据位于同一层级上。

加法不需要进行 rescaling 操作,因此不会改变数据的层级。数据的层级只能降低无法升高,所以要小心设计计算的先后顺序。

可以通过输出 p.scale()、p.parms_id()及 context_server.get_context_data 来确认即将进行操作的数据满足如下计算条件:①用同一组参数进行加密;②位于链上的同一层级;③scale 相同。

要想把不同层级的数据拉到同一层级,可以利用乘法单位元 1 把层级较高的操作数拉到较低的层级(如本例),也可以通过内置函数进行直接转换。

目前,SEAL 提供了 reverse、square 等有限的计算操作,大部分复杂运算需要自己编写代码实现,在实现过程中要根据数据量把握好精度和性能的取舍。

5. 编译运行

将 SEAL/native/examples 目录下的 examples.h 复制到 demo 文件夹下。这个头文件定义了使用 SEAL 的常见头文件,并定义了一些输出函数。

新建文件 ckks_example.cpp,并将源代码复制到该文件。

更改 CMakeLists.txt 内容,如下所示。

```
cmake_minimum_required(VERSION 3.10)
project(demo)
add_executable(he ckks_example.cpp)
add_compile_options(-std=c++17)

find_package(SEAL)
target_link_libraries(he SEAL::seal)
```

编写完毕后,打开控制台,依次运行如下命令。

```
cmake .
make
./he
```

运行结果如图 3-16 所示。

```
liuzheli@liuzheli-virtual-machine:~/seal/demo$ ./he
    + Modulus chain index for zc: 2
    + Modulus chain index for temp(x*y): 1
    + Modulus chain index for wt: 2
    + Modulus chain index for zc after zc*wt and rescaling: 1
结果是:

    [ 6.000, 24.000, 60.000, ..., -0.000, 0.000, -0.000 ]
```

图 3-16 编译运行结果

课后习题

1. 能够同时支持多种同态操作(加或乘同态),并能够实现有限次数的加法和乘法同态运算的是(　　)。

A. 半同态加密　　B. 类同态加密　　C. 层级同态加密　　D. 全同态加密

2. 实验 3-3 完成了密文上 xyz 的运算,如何将三个数的密文发送到服务器,完成 x^3+yz 的运算?

第4章 典型密码原语

学习要求：掌握承诺的概念，能认识哈希承诺的应用及其不足，掌握加法同态承诺的定义和Pedersen承诺的构造，能使用加法同态承诺解决现实问题；掌握零知识证明的概念，理解交互式和非交互式零知识证明的适用范围的差异，了解非交互式零知识证明的设计要点，了解简洁零知识证明的用法；掌握秘密共享的概念、门限秘密共享的定义，了解Shamir秘密共享的原理，理解秘密共享在多方计算中的应用；掌握茫然传输的应用，基础构造；掌握混淆电路的构造思想。

课时：2课时

建议授课进度：4.1节～4.2节用1课时，4.3节～4.4节用1课时

4.1 承诺

在日常生活中，承诺无处不在。例如，预约打车成功后，司机和乘客之间就互相做了一个承诺。到了预约时间，乘客等车，司机接客，这就是在兑现承诺。

4.1.1 基本概念

一般而言，密码学中的承诺涉及承诺方和验证方，它允许承诺方向验证方对一个秘密值做出承诺，承诺方后续会向验证方披露此秘密值。

承诺协议包含如下两个阶段。

(1) 承诺生成(commit)阶段：承诺方选择一个敏感数据 v，计算出对应的承诺 c，然后将承诺 c 发送给验证方。通过承诺 c，验证方确定承诺方对于还未解密的敏感数据 v 只能有唯一的解读方式，无法违约。

(2) 承诺披露(reveal)阶段：也称承诺打开-验证(open-verify)阶段。承诺方公布敏感数据 v 的明文和其他的相关参数，验证方重复承诺生成的计算过程，比较新生成的承诺与之前接收到的承诺 c 是否一致，一致则表示验证成功，否则失败。

承诺有如下两个性质。

(1) **隐藏性**(hiding)：在承诺方未向接收方披露承诺值之前，验证方无法得到与承诺值相关的任何信息，这一性质称为隐藏性。

(2) **绑定性**(binding)：在对秘密值做出承诺之后，承诺方无法对秘密值进行任何修改，

这一性质称为绑定性。

4.1.2　哈希承诺

哈希承诺就是一个简单的承诺协议。承诺生成阶段，将通过输入的消息 v 的哈希值 $H(v)$ 作为承诺并公开；承诺披露阶段，将对获取的消息 v' 通过计算它的哈希值 $H(v')$ 并与之前公开的承诺 $H(v)$ 进行比对完成验证。

基于单向哈希的单向性，难以通过哈希值 $H(v)$ 反推出敏感数据 v，以此提供了一定的隐藏性；基于单向哈希的抗碰撞性，难以找到不同的敏感数据 v' 产生相同的哈希值 $H(v)$，以此提供了一定的绑定性。

1. 典型应用

某些网站在提供下载文件时，会提供对应文件的单向哈希值。这里，单向哈希值便是一种对文件数据的承诺。基于下载的哈希承诺，用户可以对下载文件数据进行校验，检测接收到的文件数据是否有丢失或变化，如果校验通过，相当于网站兑现了关于文件数据完整性的承诺，如图 4-1 所示。

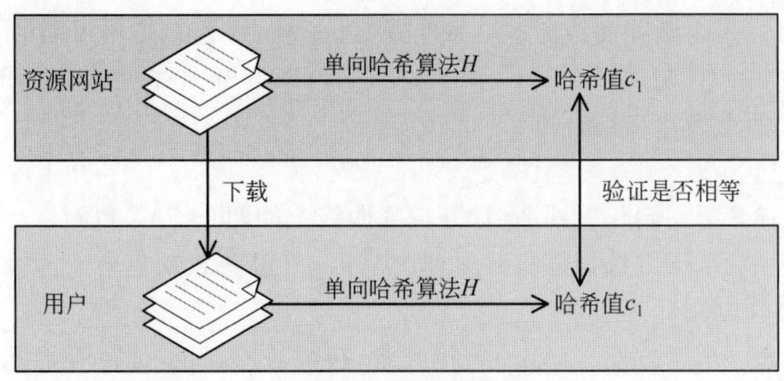

图 4-1　哈希承诺

2. 提升安全性的哈希承诺

对隐私数据机密性要求高的应用，需要注意哈希承诺提供的隐匿性比较有限，不具备随机性。对于同一个敏感数据 v，$H(v)$ 值总是固定的，因此可以通过暴力穷举，列举所有可能的 v 值，来反推出 $H(v)$ 中实际承诺的 v。

利用随机预言机模型可以构造更加安全高效的承诺协议。如果想对 x 做出承诺，只需要简单地选择一个随机值 $r \in_R \{0,1\}^k$ 并公布 $y=H(x \parallel r)$。后续只需要简单地披露 x 和 r 即可。

4.1.3　加法同态承诺

4.1.2 节描述的哈希承诺不具备同态特性，多个相关的承诺值之间无法进行密文运算和交叉验证，复杂的验证都需要承诺披露后才能进行，对于构造复杂密码学协议和多方安全计算方案的作用比较有限。同态承诺(homomorphic commitment)与同态加密概念相似，可以在公开的承诺上直接执行一定的计算，使得其与明文上运算后的承诺一致。

1. 基本定义

定义 4-1 加法同态承诺是指具有加法同态性质的同态承诺，即给定承诺 $\mathrm{Com}(x;r_x)$ 和 $\mathrm{Com}(y;r_y)$，存在运算⊕，满足

$$\mathrm{Com}(x;r_x)\oplus\mathrm{Com}(y;r_y)=\mathrm{Com}(x+y;r_x+r_y)$$

对于两个敏感数据 x 和 y 的承诺执行运算⊕，与两个敏感消息先执行运算+之后再生成的承诺是相同的，都可以在承诺披露阶段完成验证。

2. Pedersen 承诺

Pedersen 同态承诺（简称 Pedersen 承诺）是由 Torben Pryds Pedersen 于 1991 年提出的一种承诺①。Pedersen 承诺主要搭配椭圆曲线密码使用，具有基于离散对数困难问题的强绑定性及同态加法特性。

1）椭圆曲线

回顾一下椭圆曲线，椭圆曲线上的点可以进行加、减或乘（乘以整数，也称标量）运算。椭圆曲线上的点满足以下特性。

（1）给定一个整数 k，其可以与曲线上的点 G 进行标量乘法运算，即 kG，所得结果也是曲线上的一个点。因为椭圆曲线离散对数问题，通过 kG 反推 k 是不可能的。

（2）给定另一个整数 j，$(k+j)G$ 等于 $kG+jG$，即椭圆曲线上的加法和标量乘法运算保持加法和乘法的交换律和结合律。

2）具体构造

（1）初始化阶段：初始化椭圆曲线，并选择曲线上的两个点 G 和 H。

（2）承诺阶段：承诺方选择随机数 r 作为盲因子，对隐私信息 v 计算承诺值 $C=rG+vH$，并发送给接收方。

（3）披露阶段：承诺方发送(v,r)给接收者，接收者验证 C 是否等于 $rG+vH$，如果相等则接收，否则拒绝承诺。

3）加法同态性

Pedersen 承诺具备加法同态特性，这是椭圆曲线点运算的性质决定的。

假设有两个要承诺的信息 v_1,v_2，随机数 r_1,r_2，生成对应的两个承诺为

$$C(v_1)=r_1G+v_1H,C(v_2)=r_2G+v_2H$$

显然，满足加法同态特性

$$C(v_1)+C(v_2)=(r_1G+v_1H)+(r_2G+v_2H)=(r_1+r_2)G+(v_1+v_2)H=C(v_1+v_2)$$

4.1.4 应用示例

1. 信息隐私性保护

Pedersen 承诺允许承诺一个秘密信息，在未来的某个时候才真正透露出来。

2. 电子投票

由于承诺具有绑定性，所承诺的秘密信息是不允许更改的，在未来透露出来的时候可以

---

① PEDERSEN T P. Non-interactive and information-theoretic secure verifiable secret sharing[C]//Annual International Cryptology Conference，1991：129-140.

进行验证。因此，Pedersen 承诺可以用于电子投票时候对所投的人进行承诺和事后校验。

3. 隐私交易

Pedersen 承诺还可以用来实现匿名保密交易等隐私交易协议。

假定在区块链上，Alice 转给 Bob 一定数额的数字货币，在其他人不知道数额和地址的情况下，使用 Pedersen 承诺可以保证这笔交易是有效的，使得任何人在区块浏览器上都查不到数额和地址信息。

在不知道交易金额的情况下，如何验证这笔交易收支平衡？

这就需要利用 Pedersen 承诺来设计一个满足要求的协议：第一，要能对拥有的金额、转账额度做出承诺；第二，基于做出的承诺可以进行交易收支平衡的验证。

假定 Alice 有 10 元钱，要转给 Bob 的额度为 7 元，基于 Pedersen 承诺来实现的具体步骤如图 4-2 所示。

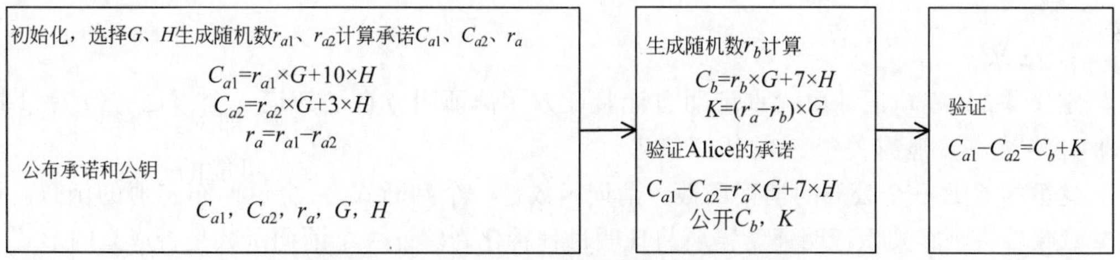

图 4-2　采用 Pedersen 承诺验证转账示意图

Alice 对参与交易的 10 元和余额 3 元都做了承诺，即 C_{a1} 和 C_{a2}，并公布了两个关联的随机数的差值 r_a。Bob 对收到的金额 7 元钱也做了承诺，且可以通过 C_{a1} 和 C_{a2} 来验证 Alice 的承诺是正确的。其他验证者可以通过 Alice 和 Bob 公开的承诺和相关信息进行整个交易的验证。协议设计细节如下。

三个承诺：Alice 对金额 10 元和余额 3 元的承诺 C_{a1} 和 C_{a2}，Bob 对收到的 7 元转账的承诺 C_b。

两个验证：

Bob（知道转账金额）对 Alice 的承诺的验证（转出 7 元），即

$$C_{a1}-C_{a2}=r_aG+7H, r_a=r_{a1}-r_{a2}$$

其他验证者可以通过 Alice 和 Bob 公开的承诺和相关信息进行整个交易的验证，即

$$C_{a1}-C_{a2}=C_b+K, K=(r_a-r_b)G$$

显然，验证过程不会泄露双方的余额，也不会泄露交易的金额。即使攻击者可以通过计算 $K=C_{a1}-C_{a2}-C_b$ 得到 $7H$，但是，因为椭圆曲线离散对数求解困难问题，其无法反推出 7。同理，其他验证者也无法推断出 Alice 原有金额及找零金额。

虽然 Pedersen 承诺证明了数字之间的关系，但是并没有限制任何数字的取值区间，如果提供的承诺出现了负数，则违背了余额不能为负的现实约束，使得整个数字货币体系不可用。因此，还需要对隐藏的数值进行范围证明。不允许泄露隐私情况下证明数值的范围，就得依赖零知识(zero-knowledge，ZK)证明了。

4.2 零知识证明

零知识证明是由 S. Goldwasser、S. Micali 及 C. Rackoff 在 20 世纪 80 年代提出的[①]，是一种涉及两方或更多方的协议，允许证明者能够在不向验证者提供任何有用的信息的情况下，使验证者相信某个论断是正确的。

举一个简单的例子，有一个环形的长廊，出口和入口距离非常近(在目距之内)，但走廊中间某处有一道只能用钥匙打开的门，A 要向 B 证明自己拥有该门的钥匙。采用零知识证明，则 B 看着 A 从入口进入走廊，然后又从出口走出走廊，这时 B 没有得到任何关于这个钥匙的信息，但是完全可以证明 A 拥有钥匙。

4.2.1 基本概念

1. 定义

定义 4-2 零知识证明允许证明方让验证方相信证明方自己知道一个满足 $C(x)=1$ 的 x，但不会进一步泄露关于 x 的任何信息。

这里的 C 是一个公开的谓词函数。谓词函数是一个判断式，一个返回布尔值的函数。该定义意味着一个零知识证明通常需要将证明过程转化为验证一个谓词函数是否成立的形式。

2. 性质

在零知识证明中，需要满足以下三个性质。

(1) **正确性**：没有人能够假冒证明方 P 使这个证明成功。如果不满足这条性质，也就是证明方 P 不知道知识，再怎么证明，验证方 V 也很难相信证明方 P 拥有正确的知识。

(2) **完备性**：如果证明方 P 和验证方 V 都是诚实的，并且证明过程的每一步都进行正确的计算，那么这个证明一定是成功的。也就是说如果证明方 P 知道知识，那么验证方 V 会有极大的概率相信证明方 P。

(3) **零知识性**：证明执行完之后，验证方 V 只获得了“证明方 P 拥有这个知识”这条信息，而没有获得关于这个知识本身的任何信息。

3. 应用

零知识证明的应用场景很多，简要举例如下。

(1) 身份认证：可用于对用户进行身份验证，而不需要交换密码等机密信息。比如，用户可以向网站证明，他拥有私钥，网站并不需要知道私钥的内容，可以通过验证这个零知识证明，确认用户的身份。

(2) 数据的隐私保护：在隐私场景中，根据零知识性，不泄露交易的接收方、发送方、交易细节的前提下，满足特定业务的需求。比如以下三种场景。

① 买保险的时候，保险公司需要了解被保险人是否患有某种疾病，但是他不想让保险公司知道全部病历信息，这时可以向保险公司证明没有相关疾病就足够了。

---

① GOLDWASSER S, MICALI S, RACKOFF C. The knowledge complexity of interactive proof systems[J]. SIAM Journal on Computing, 1989, 18(1): 186-208.

② 在金融领域，抵押贷款申请人可以证明他们的收入在可接受的范围内，而不透露他们的确切工资。

③ 在区块链上，比特币和以太坊等区块链能保证链上数据的透明性使人人都可以验证链上交易，这意味着参与者几乎没有了隐私，可能导致数据的非对称性，而零知识证明可以帮助保护区块链参与者的隐私权。

4.2.2 交互式 Schnorr 协议

Schnorr 协议是一种基于离散对数难题的零知识证明机制。证明者声称知道一个密钥 sk 的值，通过使用 Schnorr 加密技术，可以在不揭露 sk 的情况下，向验证者证明对 sk 的知情权。证明者可以用它证明自己有一个私钥但是不披露私钥的内容。这是一类典型的可以应用到前面所述的身份认证场景的零知识证明协议。

依据椭圆曲线的离散对数难题，已知椭圆曲线 E 和生成元 G，随机选择一个整数 a，容易计算 $Q=aG$，但是根据给定的 Q 和 G 计算 a 就非常困难。

假设 Alice 拥有一个秘密数字 a，可以把这个数字当成私钥 sk，然后把它映射到椭圆曲线群上的一个点 aG。把这个点当成公钥 PK。接下来，Alice 向 Bob 证明她拥有 PK 对应的私钥 sk，应该如何证明？

1. 协议流程

（1）承诺阶段：Alice 产生一个随机数 r，计算 $R=rG$ 并发送 R 给 Bob。

（2）挑战阶段：Bob 提供一个随机数 c 进行挑战，并将 c 发送给 Alice。

（3）回应挑战：Alice 根据挑战数 c 计算 $z=r+ac$，然后把 z 发给 Bob。

（4）验证阶段：Bob 通过式子进行检验：zG？$=R+c\cdot \text{PK}$。

由于 $z=r+ca$，所以 $zG=rG+caG=R+c\cdot \text{PK}$。如果相等则证明 Alice 确实拥有私钥 sk，但是验证者 Bob 并不能得到私钥 sk 的值，因此这个过程是零知识的。

2. 安全性

由于椭圆曲线上的离散对数问题，知道 R 和 G 的情况下通过 $R=rG$ 解出 r 是不可能的，所以保证了 r 的私密性。但是，整个过程是由证明者和验证者在私有安全通道中执行的。这是由于协议存在交互过程，只对参与交互的验证者有效。

4.2.3 非交互式零知识证明

1. 设计要点

交互式零知识证明需要证明者和验证者时刻保持在线状态，而这会因网络延迟、拒绝服务等原因难以保障。而在非交互式零知识证明（non-interactive zero-knowledge，NIZK）中，证明者仅需发送一轮消息即可完成证明。

但是，将交互式零知识证明直接转为非交互式零知识证明会面临一些挑战，即减少随机挑战和回应挑战两个步骤后，如何防止证明方伪造证明成为设计的关键。交互式 Schnorr 协议中，为什么需要验证者回复一个随机数 c？这是为了防止 Alice 造假。如果 Bob 不回复一个 c，就变成一次性交互。因为 a 和 r 都是 Alice 自己生成的，她知道 Bob 会用 PK 和 R 相加然后再与 zG 进行比较，即 zG？$=\text{PK}+R$。所以她完全可以在不知道 a 的情况下构造

$R=rG-\text{PK}$ 和 $z=r$。这样 Bob 的验证过程就变成 $rG ?=\text{PK}+rG-\text{PK}$。这是永远成立的,所以这种方案并不正确。

目前主流的非交互式零知识证明的构造方法有两种,一是基于随机预言机并利用 Fiat-Shamir 变换实现,二是基于公共参考字符串(common reference string,CRS)模型实现。

2. 非交互式 Schnorr 协议

非交互式 Schnorr 协议就是基于随机预言机并利用 Fiat-Shamir 变换实现的非交互式零知识证明协议。Fiat-Shamir 变换,又称 Fiat-Shamir 启发式(heurisitc),或者 Fiat-Shamir 范式(paradigm),由 Fiat 和 Shamir 在 1986 年提出①,其特点是可以将交互式零知识证明转换为非交互式零知识证明,思路就是用公开的哈希函数的输出代替随机的挑战。

1) 协议流程

(1) 承诺阶段: Alice 均匀随机选择 r,并依次计算 $R=rG$, $c=\text{Hash}(\text{PK},R)$, $z=r+c\,\text{sk}$,然后生成证明(R,z)。

(2) 验证阶段: Bob(或者任意一个验证者)计算 $c=\text{Hash}(\text{PK},R)$,验证 $zG ?=R+c\cdot\text{PK}$。

2) 安全性

为了不让 Alice 进行造假,在交互式 Schnorr 协议中需要 Bob 发送一个 c 值,并将 c 值构造进公式中。所以,在非交互式 Schnorr 协议中,如果 Alice 选择一个无法造假并且大家公认的 c 值并将其构造进公式中,问题就解决了。生成这个公认无法造假的 c 的方法是使用随机预言机。

随机预言机(见 2.4.5 节)是一种针对任意输入得到的输出是独立且均匀分布的哈希函数。理想的随机预言机并不存在,在实现中,经常采用密码学哈希函数作为随机预言机。一个密码学安全哈希函数是单向的,因此,虽然 c 是 Alice 计算的,但是 Alice 并没有能力实现通过挑选 c 来作弊。因为只要 Alice 一旦产生 R,c 就相当于固定下来了。这样,就把三步 Schnorr 协议合并为一步。Alice 可直接发送(R,z),因为 Bob 拥有 Alice 的公钥 PK,于是 Bob 可自行计算出 c。然后验证 $zG ?=c\cdot\text{PK}+R$。

3. 简洁零知识证明 zkSNARK

zkSNARK(zero-knowledge succinct non-interactive arguments of knowledge)就是一类基于 CRS 模型实现的典型的非交互式零知识证明技术。zkSNARK 中比较典型的协议有 Groth10②、GGPR13③、Pinocchio④、Groth16⑤、GKMMM18⑥ 等。

---

① FIAT A, SHAMIR A. How to prove yourself: practical solutions to identification and signature problems[C]//Annual International Cryptology Conference, 1986.

② GROTH J. Short pairing-based non-interactive zero-knowledge arguments[C]//International Conference on the Theory and Application of Cryptology and Information Security, 2010.

③ GENNARO R, GENTRY C, PARNO B, et al. Quadratic span programs and succinct NIZKs without PCPs [C]//Annual International Conference on the Theory and Applications of Cryptographic Techniques, 2013.

④ PARNO B, HOWELL J, GENTRY C, et al. Pinocchio: nearly practical verifiable computation [C]//Proceedings of the IEEE Symposium on Security and Privacy, 2013: 238-252.

⑤ GROTH J. On the size of pairing-based non-interactive arguments[C]//Annual International Conference on the Theory and Applications of Cryptographic Techniques, 2016.

⑥ GROTH J, KOHLWEISS M, MALLER M, et al. Updatable and universal common reference strings with applications to zk-SNARKs[C]//Annual International Cryptology Conference. 2018, 698-728.

CRS 模型是在证明者构造证明之前由一个受信任的第三方产生的随机字符串，CRS 必须由一个受信任的第三方来完成，同时共享给证明者和验证者。它其实是预先生成挑战过程中所要生成的随机数和挑战数，然后基于这些随机数和挑战数生成它们对应的在证明和验证过程中所需用到的各种同态隐藏。之后，就把这些随机数和挑战数销毁。这些随机数和挑战数被称为有毒废物(toxic waste)，如果它们没有被销毁的话，就可以被用来伪造证明。

1）技术特征

zkSNARK 的命名几乎包含其所有技术特征。

(1) 简洁性：最终生成的证明具有简洁性，也就是说最终生成的证明足够小，并且与计算量大小无关。

(2) 无交互：没有或者只有很少的交互。对于 zkSNARK 来说，证明者向验证者发送一条信息之后几乎没有交互。此外，zkSNARK 还常常拥有"公共验证者"的属性，意思是在没有再次交互的情况下任何人都可以验证。

(3) 可靠性：证明者在不知道见证(witness，私密的数据，只有证明者知道)的情况下，构造出证明是不可能的。

(4) 零知识：验证者无法获取证明者的任何隐私信息。

2）开发步骤

应用 zkSNARK 技术实现一个非交互式零知识证明应用的开发步骤大体如下。

(1) 定义电路：将所要声明的内容的计算算法用算术电路来表示，简单地说，算术电路以变量或数字作为输入，并且允许使用加法、乘法两种运算来操作表达式。所有的 NP 问题都可以有效地转换为算术电路。

(2) 将电路表达为一阶约束系统(rank-1 constraint system，R1CS)：在电路的基础上构造约束，也就是一阶约束系统，有了约束就可以把 NP 问题抽象成 QAP(quadratic arithmetic problem)问题。R1CS 与 QAP 形式上的区别是 QAP 使用多项式来代替点积运算，而它们的实现逻辑完全相同。有了 QAP 问题的描述，就可以构建 zkSNARK。

(3) 完成应用开发。

① 生成密钥：生成证明密钥(proving key)和验证密钥(verification key)。

② 生成证明：证明方使用证明密钥和其可行解构造证明。

③ 验证证明：验证方使用验证密钥验证证明方发过来的证明。

基于 zkSNARK 的实际应用，最终实现的效果就是证明者给验证者一段简短的证明，验证者可以自行校验某命题是否成立。

4.2.4 应用示例

1. libsnark 框架

1）框架概述

libsnark 框架是用于开发 zkSNARK 应用的 C++ 语言代码库，由 SCIPR Lab 开发并采用商业友好的 MIT 许可证(但附有例外条款)，在 GitHub 上(https://github.com/scipr-lab/libsnark)开源。libsnark 框架提供了多个通用证明系统的实现，其中使用较多的是 BCTV14a[①]

---

① BEN-SASSON E, CHIESA A, TROMER E, et al. Succinct non-interactive zero knowledge for a von Neumann architecture[C]//Proceedings of the 23rd USENIX Conference on Security Symposium, 2014: 781-796.

和 Groth16。

Groth16 计算分成以下三个部分。

(1) 设置：针对电路生成证明密钥和验证密钥。

(2) 证明：在给定见证和声明的情况下生成证明。

(3) 验证：通过验证密钥验证证明是否正确。

查看 libsnark/libsnark/zk_proof_systems 路径，就能发现 libsnark 对各种证明系统的具体实现，并且均按不同类别进行了分类，还附上了所依照的具体论文。其中：

(1) zk_proof_systems/ppzksnark/r1cs_ppzksnark 对应的是 BCTV14a；

(2) zk_proof_systems/ppzksnark/r1cs_gg_ppzksnark 对应的是 Groth16。

在 Groth16 中，ppzksnark 是指 preprocessing zkSNARK。这里的 preprocessing 是指可信设置(trusted setup)，**即在证明生成和验证之前，需要通过一个生成算法来创建相关的公共参数(证明密钥和验证密钥)，这个提前生成的参数就是 CRS。**

2) 环境安装

使用 libsnark 框架需要有简单的 C++ 语言基础，libsnark 源码目录如图 4-3 所示。

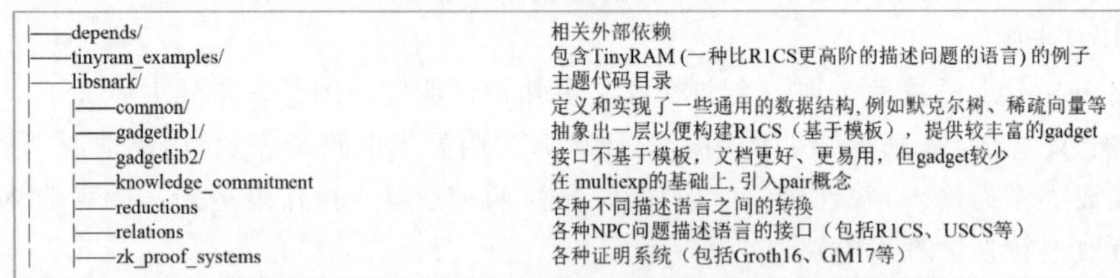

```
|——depends/                      相关外部依赖
|——tinyram_examples/             包含TinyRAM (一种比R1CS更高阶的描述问题的语言) 的例子
|——libsnark/                     主题代码目录
|    |——common/                  定义和实现了一些通用的数据结构，例如默克尔树、稀疏向量等
|    |——gadgetlib1/              抽象出一层以便构建R1CS (基于模板)，提供较丰富的gadget
|    |——gadgetlib2/              接口不基于模板，文档更好、更易用，但gadget较少
|    |——knowledge_commitment     在 multiexp的基础上，引入pair概念
|    |——reductions               各种不同描述语言之间的转换
|    |——relations                各种NPC问题描述语言的接口 (包括R1CS、USCS等)
|    |——zk_proof_systems         各种证明系统 (包括Groth16、GM17等)
```

图 4-3　libsnark 源码目录

libsnark 框架的安装比较麻烦，它的多个子模块也需要编译安装。

(1) 创建名为 Libsnark 的文件夹。

(2) 打开 https://github.com/sec-bit/libsnark_abc，依次单击 Code，Download ZIP 按钮，下载后解压到 Libsnark 文件夹，得到～/Libsnark/libsnark_abc-master。

(3) 打开 https://github.com/scipr-lab/libsnark，依次单击 Code，Download ZIP 按钮，下载解压后，将其中文件复制到～/Libsnark/libsnark_abc-master/depends/libsnark 文件夹内。

(4) 打开 https://github.com/scipr-lab/libsnark，单击 depends 按钮，可以看到 6 个子模块的链接地址，如图 4-4 所示。

ate-pairing @ e698901	Update git submodules to latest commits on origin	6 years ago
gtest @ 3a4cf1a	Update libfqfft, libff, gtest, xbyak dependency versions	6 years ago
libff @ 176f3f4	Updated libff, libfqfft submodules to their latest staging branch	3 years ago
libfqfft @ 7e1e957	Updated libff, libfqfft submodules to their latest staging branch	3 years ago
libsnark-supercop @ b04a0ea	Update third_party to depends	6 years ago
xbyak @ f0a8f7f	Update libfqfft, libff, gtest, xbyak dependency versions	6 years ago

图 4-4　6 个子模块

分别单击这 6 个链接并下载解压，得到如图 4-5 所示的 6 个文件夹，为方便下面表述，分别将这 6 个文件夹命名为 Libfqfft，Libff，Gtest，Xbyak，Ate-pairing，Libsnark-supercop。

libfqfft-7e1e957d0e84accadcf92e88162510c0ad88...	7 个项目	2020 年 3 月 30 日	☆
libff-176f3f42fdef791f12b24417a400c4b6d386863c	6 个项目	2020 年 3 月 30 日	☆
googletest-3a4cf1a02ef4adc28fccb7eef2b573b14...	12 个项目	2018 年 2 月 24 日	☆
xbyak-f0a8f7faa27121f28186c2a7f4222a9fc66c283d	10 个项目	2018 年 2 月 14 日	☆
ate-pairing-e69890125746cdaf25b5b51227d96678...	14 个项目	2017 年 7 月 6 日	☆
libsnark-supercop-b04a0ea2c7d7422d74a512ce84...	5 个项目	2015 年 6 月 4 日	☆

图 4-5　解压后的文件夹

(5) 选择对应的 Linux 操作系统，执行以下命令。

① Ubuntu 18.04 LTS 操作系统，Ubuntu 20.04 LTS 操作系统。

```
sudo apt install build-essential cmake git libgmp3-dev libprocps-dev python3-markdown libboost-program-options-dev libssl-dev python3 pkg-config
```

② Ubuntu 16.04 LTS 操作系统。

```
sudo apt-get install build-essential cmake git libgmp3-dev libprocps4-dev python-markdown libboost-all-dev libssl-dev
```

③ Ubuntu 14.04 LTS 操作系统。

```
sudo apt-get install build-essential cmake git libgmp3-dev libprocps4-dev python-markdown libboost-all-dev libssl-dev
```

(6) 安装子模块 xbyak。

将下载得到的文件夹 Xbyak 内的文件复制到～/Libsnark/libsnark_abc-master/depends/libsnark/depends/xbyak，并在该目录下打开终端，执行以下命令。

```
sudo make install
```

如图 4-6 所示，说明安装成功。

```
cpz2000@cpz2000-virtual-machine:~/Libsnark/libsnark_abc-master/depends/libsnark/depends/xbyak$ sudo make install
[sudo] cpz2000 的密码:
mkdir -p /usr/local/include/xbyak
cp -pR xbyak/*.h /usr/local/include/xbyak
```

图 4-6　子模块 xbyak 安装

(7) 安装子模块 ate-pairing。

将下载得到的文件夹 Ate-pairing 内的文件复制到～/Libsnark/libsnark_abc-master/depends/libsnark/depends/ate-pairing，并在该目录下打开终端，执行以下命令。

```
make -j
test/bn
```

执行 make -j 命令时最后几行输出如图 4-7 所示。

```
g++ -o loop_test loop_test.o -lm -lzm -L../lib -lgmp -lgmpxx -m64
g++ -o java_api java_api.o -lm -lzm -L../lib -lgmp -lgmpxx -m64
g++ -o sample sample.o -lm -lzm -L../lib -lgmp -lgmpxx -m64
g++ -o bench_test bench.o -lm -lzm -L../lib -lgmp -lgmpxx -m64
g++ -o test_zm test_zm.o -lm -lzm -L../lib -lgmp -lgmpxx -m64
g++ -o bn bn.o -lm -lzm -L../lib -lgmp -lgmpxx -m64
make[1]: 离开目录"/home/cpz2000/Libsnark/libsnark_abc-master/depends/libsnark/depends/ate-pairing/test"
```

图 4-7 子模块 ate-pairing 安装 1

执行 test/bn 命令时最后几行输出如图 4-8 所示。

```
Fp2::mul      253.01 clk
Fp2::inverse   18.372Kclk
Fp2::square   201.28 clk
Fp2::mul_xi    19.73 clk
Fp2::mul_Fp_0 196.64 clk
Fp2::mul_Fp_1 196.28 clk
Fp2::divBy2    71.63 clk
Fp2::divBy4    94.46 clk
finalexp 434.492Kclk
pairing 898.251Kclk
precomp   159.103Kclk
millerLoop 429.461Kclk
Fp::add     11.18 clk
Fp::sub     11.98 clk
Fp::neg      7.49 clk
Fp::mul     94.65 clk
Fp::inv      9.869Kclk
mul256      33.39 clk
mod512      61.48 clk
Fp::divBy2  24.85 clk
Fp::divBy4  52.13 clk
err=0(test=461)
cpz2000@cpz2000-virtual-machine:~/Libsnark/libsnark_abc-master/depends/libsnark/depends/ate-pairing$
```

图 4-8 子模块 ate-pairing 安装 2

(8) 安装子模块 libsnark-supercop。

将下载得到的文件夹 Libsnark-supercop 内的文件复制到～/Libsnark/libsnark_abc-master/depends/libsnark/depends/libsnark-supercop，并在该目录下打开终端，执行以下命令。

```
./do
```

如图 4-9 所示，说明安装成功。

```
cpz2000@cpz2000-virtual-machine:~/Libsnark/libsnark_abc-master/depends/libsnark/depends/libsnark-supercop$ ./do
ar: 正在创建 ../lib/libsupercop.a
```

图 4-9 子模块 libsnark-supercop 安装

(9) 安装子模块 gtest。

将下载得到的文件夹 Gtest 内的文件复制到～/Libsnark/libsnark_abc-master/depends/libsnark/depends/gtest。

(10) 安装子模块 libff。

将下载得到的文件夹 Libff 内的文件复制到～/Libsnark/libsnark_abc-master/depends/libsnark/depends/libff。打开 libff 文件夹中的 depends 文件夹，可以看到一个 ate-pairing 文件夹和一个 xbyak 文件夹，这是 libff 需要的依赖项。打开这两个文件夹，会发现它们是空的，这时候需要将下载得到的 Ate-pairing 和 Xbyak 内的文件复制到这两个文件夹下。

① 在～/Libsnark/libsnark_abc-master/depends/libsnark/depends/libff 下打开终端，执行以下命令。

```
mkdir build
cd build
cmake ..
make
sudo make install
```

② 安装完之后检测是否安装成功，执行以下命令。

```
make check
```

如图 4-10 所示则说明安装成功。

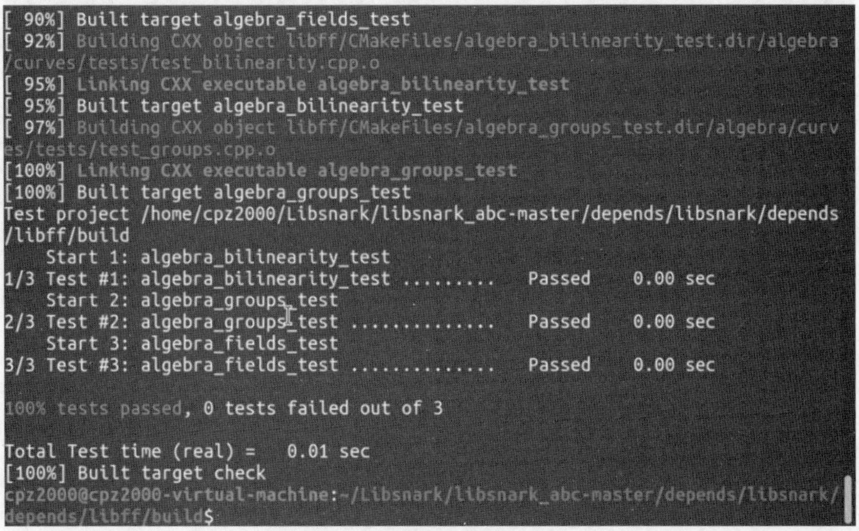

```
[ 90%] Built target algebra_fields_test
[ 92%] Building CXX object libff/CMakeFiles/algebra_bilinearity_test.dir/algebra
/curves/tests/test_bilinearity.cpp.o
[ 95%] Linking CXX executable algebra_bilinearity_test
[ 95%] Built target algebra_bilinearity_test
[ 97%] Building CXX object libff/CMakeFiles/algebra_groups_test.dir/algebra/curv
es/tests/test_groups.cpp.o
[100%] Linking CXX executable algebra_groups_test
[100%] Built target algebra_groups_test
Test project /home/cpz2000/Libsnark/libsnark_abc-master/depends/libsnark/depends
/libff/build
    Start 1: algebra_bilinearity_test
1/3 Test #1: algebra_bilinearity_test .........   Passed    0.00 sec
    Start 2: algebra_groups_test
2/3 Test #2: algebra_groups_test .............   Passed    0.00 sec
    Start 3: algebra_fields_test
3/3 Test #3: algebra_fields_test .............   Passed    0.00 sec

100% tests passed, 0 tests failed out of 3

Total Test time (real) =   0.01 sec
[100%] Built target check
cpz2000@cpz2000-virtual-machine:~/Libsnark/libsnark_abc-master/depends/libsnark/
depends/libff/build$
```

图 4-10　子模块 libff 安装

(11) 安装子模块 libfqfft。

将下载得到的文件夹 Libfqfft 内的文件复制到～/Libsnark/libsnark_abc-master/depends/libsnark/depends/libfqfft。打开 libfqfft 文件夹中的 depends 文件夹，可以看到 libfqfft 有四个依赖项，分别是 ate-pairing、gtest、libff、xbyak，点开来依然是空的。和上一步一样，将下载得到的文件夹内文件复制到对应文件夹下。注意 libff 里还有 depends 文件夹，里面的 ate-pairing 和 xbyaky 也是空的，需要将下载得到的 Ate-pairing 和 Xbyak 文件夹内的文件复制进去。

① 在～/Libsnark/libsnark_abc-master/depends/libsnark/depends/libfqfft 下打开终端，执行以下命令。

```
mkdir build
cd build
cmake ..
make
sudo make install
```

② 安装完毕之后检测是否安装成功,执行以下命令。

```
make check
```

如图 4-11 所示则说明安装成功。

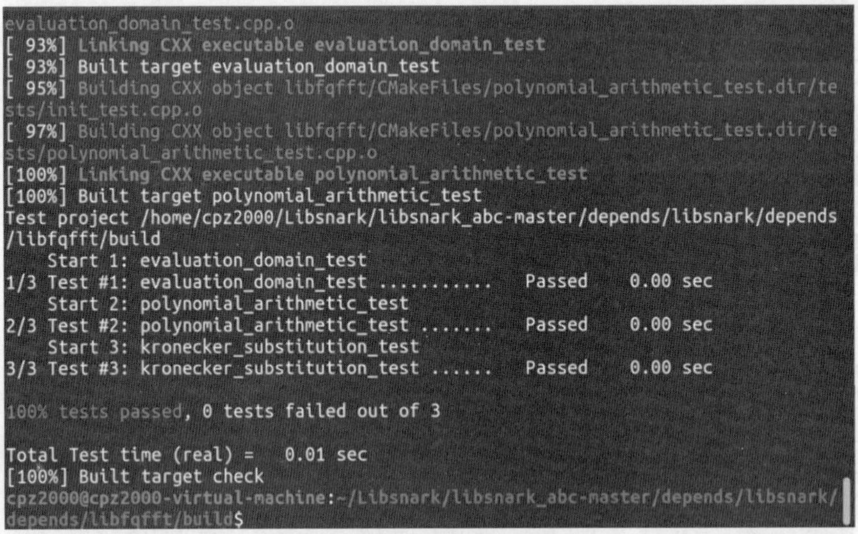

```
evaluation_domain_test.cpp.o
[ 93%] Linking CXX executable evaluation_domain_test
[ 93%] Built target evaluation_domain_test
[ 95%] Building CXX object libfqfft/CMakeFiles/polynomial_arithmetic_test.dir/te
sts/init_test.cpp.o
[ 97%] Building CXX object libfqfft/CMakeFiles/polynomial_arithmetic_test.dir/te
sts/polynomial_arithmetic_test.cpp.o
[100%] Linking CXX executable polynomial_arithmetic_test
[100%] Built target polynomial_arithmetic_test
Test project /home/cpz2000/Libsnark/libsnark_abc-master/depends/libsnark/depends
/libfqfft/build
    Start 1: evaluation_domain_test
1/3 Test #1: evaluation_domain_test ..........   Passed    0.00 sec
    Start 2: polynomial_arithmetic_test
2/3 Test #2: polynomial_arithmetic_test .......   Passed    0.00 sec
    Start 3: kronecker_substitution_test
3/3 Test #3: kronecker_substitution_test ......   Passed    0.00 sec

100% tests passed, 0 tests failed out of 3

Total Test time (real) =   0.01 sec
[100%] Built target check
cpz2000@cpz2000-virtual-machine:~/Libsnark/libsnark_abc-master/depends/libsnark/
depends/libfqfft/build$
```

图 4-11　子模块 libfqfft 安装

(12) libsnark 编译安装。

在～/Libsnark/libsnark_abc-master/depends/libsnark 下打开终端,执行以下命令。

```
mkdir build
cd build
cmake ..
make
make check
```

如图 4-12 所示则说明安装成功。

(13) 整体编译安装。

在～/Libsnark/libsnark_abc-master 下打开终端,执行以下命令。

```
mkdir build
cd build
cmake ..
make
```

```
18/23 Test #18: zk_proof_systems_tbcs_ppzksnark_test ............   Passed    0
.00 sec
      Start 19: zk_proof_systems_uscs_ppzksnark_test
19/23 Test #19: zk_proof_systems_uscs_ppzksnark_test ............   Passed    0
.00 sec
      Start 20: test_knapsack_gadget
20/23 Test #20: test_knapsack_gadget ............................   Passed    0
.00 sec
      Start 21: test_merkle_tree_gadgets
21/23 Test #21: test_merkle_tree_gadgets ........................   Passed    0
.01 sec
      Start 22: test_set_commitment_gadget
22/23 Test #22: test_set_commitment_gadget ......................   Passed    8
.46 sec
      Start 23: test_sha256_gadget
23/23 Test #23: test_sha256_gadget ..............................   Passed    0
.05 sec

100% tests passed, 0 tests failed out of 23

Total Test time (real) =  55.55 sec
[100%] Built target check
cpz2000@cpz2000-virtual-machine:~/Libsnark/libsnark_abc-master/depends/libsnark/
build$
```

图 4-12　libsnark 编译安装

(14) 运行代码。

执行以下命令。

```
./src/test
```

执行后的输出如图 4-13 所示,这说明已顺利安装 zkSNARK 应用开发环境,并成功运行了第一个 zkSNARK 的 demo。

```
        (leave) Call to alt_bn128_final_exponentiation        [0.0036s x1.00](
1676981610.8501s x0.00 from start)
      (leave) Check QAP divisibility                        [0.0075s x1.00] (1676981
610.8501s x0.00 from start)
    (leave) Online pairing computations                     [0.0076s x1.00] (1676981
610.8501s x0.00 from start)
  (leave) Call to r1cs_gg_ppzksnark_online_verifier_weak_IC   [0.0076s x1.00](
1676981610.8501s x0.00 from start)
 (leave) Call to r1cs_gg_ppzksnark_online_verifier_strong_IC   [0.0076s x1.00](
1676981610.8501s x0.00 from start)
(leave) Call to r1cs_gg_ppzksnark_verifier_strong_IC     [0.0088s x1.00] (1676981
610.8501s x0.00 from start)
Number of R1CS constraints: 4
Primary (public) input: 1
35

Auxiliary (private) input: 4
3
9
27
30

Verification status: 1
cpz2000@cpz2000-virtual-machine:~/Libsnark/libsnark_abc-master/build$
```

图 4-13　demo 运行成功

2. 编写程序

实验 4-1　假设证明方有一个整数 x,希望向验证方证明这个整数 x 的取值范围为 $[0,3]$。

1）将待证明的命题表达为 R1CS

（1）用算术电路表示待证明问题。

在计算复杂性理论中，计算多项式的最自然的计算模型就是算术电路。简单地说，算术电路以变量或数字作为输入，并且允许使用加法、乘法两种运算来操作表达式。

如果想要约束整数 x 必须取值于 $[a,b]$ 的话，可以用 $(x-a)(x-(a+1))\cdots(x-b)=0$ 来约束它。对于待证明的问题证明整数 x 的取值范围为 $[0,3]$，可以写出如下约束：$x(x-1)(x-2)(x-3)=0$，该约束对应的算术电路如图 4-14 所示。

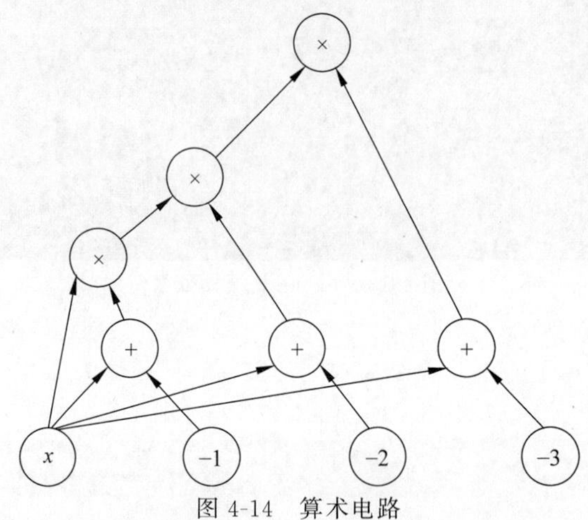

图 4-14　算术电路

可以用 $C(v,w)$ 来表示上述电路，其中，v 为公有输入，表达了想要证明的问题的特性和一些固定的环境变量，所有人都知道 v；w 为私密输入，只有证明方才会知道。

将待证明命题转换为算术电路之后，就可以将证明过程转换为证明 $C(v,w)=0$，即在证明方和验证方已知算术电路 C 的输出为 0，并且公有输入为 v 的情况下，证明方需要证明其拥有能构成电路输出为 0 的私密输入值 w。

（2）用 R1CS 描述电路

将算术电路拍平成多个 $x=y$ 或者 $x=y(\text{op})z$ 形式的等式，其中：op 可以是加、减、乘、除运算符中的一种。对于 $x(x-1)(x-2)(x-3)=0$，可以拍平成如下几个等式：

$$
\begin{aligned}
w_1 &= x-1 \\
w_2 &= x-2 \\
w_3 &= x-3 \\
w_4 &= xw_1 \\
w_5 &= w_2 w_4 \\
\text{out} &= w_3 w_5
\end{aligned}
$$

（3）使用原型板搭建电路

在电气工程中，原型板（protoboard，也称面包板）是用于连接电路和芯片的，如图 4-15 所示。

将待证明的命题用电路表示，并用 R1CS 描述电路之后，就可以使用原型板快速搭建算术电路，把所有变量、组件和约束关联起来。

因为在初始设置、证明、验证三个阶段都需要构造原型板，所以这里将下面的代码放在

图 4-15　原型板

一个公用的文件 common.hpp 中供三个阶段使用。

```
//代码开头引用三个头文件:第一个头文件是为了引入 default_r1cs_gg_ppzksnark_pp 类型;第二个则为了引入证明相关的各个接口;pb_variable 则是用来定义电路相关的变量。
#include <libsnark/common/default_types/r1cs_gg_ppzksnark_pp.hpp>
#include <libsnark/zk_proof_systems/ppzksnark/r1cs_gg_ppzksnark/r1cs_gg_ppzksnark.hpp>
#include <libsnark/gadgetlib1/pb_variable.hpp>
using namespace libsnark;
using namespace std;
typedef libff::Fr<default_r1cs_gg_ppzksnark_pp> FieldT; //定义使用的有限域
protoboard<FieldT> build_protoboard(int* secret)  //定义创建原型板的函数
{
    default_r1cs_gg_ppzksnark_pp::init_public_params();    //初始化曲线参数
    protoboard<FieldT> pb;                                  //创建原型板 pb
    //定义所有需要外部输入的变量及中间变量
    pb_variable<FieldT> x;
    pb_variable<FieldT> w_1;
    pb_variable<FieldT> w_2;
    pb_variable<FieldT> w_3;
    pb_variable<FieldT> w_4;
    pb_variable<FieldT> w_5;
    pb_variable<FieldT> out;
    //下面将各变量与原型板连接,相当于把各个元器件插到"原型板"上。allocate()函数的第二个 string 类型变量仅是用来方便 DEBUG 时的注释,方便 DEBUG 时查看日志。
    out.allocate(pb, "out");
    x.allocate(pb, "x");
    w_1.allocate(pb, "w_1");
    w_2.allocate(pb, "w_2");
    w_3.allocate(pb, "w_3");
    w_4.allocate(pb, "w_4");
    w_5.allocate(pb, "w_5");
    //定义公有的变量的数量,set_input_sizes(n)用来声明与原型板连接的 public 变量的个数 n。在这里 n=1,表明与 pb 连接的前 1 个变量是 public 的,其余都是 private 的。因此,要将 public 的变量先与 pb 连接(前面 out 是公开的)。
```

```
    pb.set_input_sizes(1);
    pb.val(out)=0;                                    //为公有变量赋值
    //至此,所有变量都已经顺利与原型板相连,下面需要确定的是这些变量间的约束关系。
//如下调用原型板的 add_r1cs_constraint()函数,为 pb 添加形如 a * b = c 的 r1cs_
//constraint。即 r1cs_constraint<FieldT>(a, b, c)中参数应该满足 a * b = c。
//根据注释不难理解每个等式和约束之间的关系。
    //x-1= w_1
    pb.add_r1cs_constraint(r1cs_constraint<FieldT>(x-1, 1, w_1));
    //x-2= w_2
    pb.add_r1cs_constraint(r1cs_constraint<FieldT>(x-2, 1, w_2));
    //x-3= w_3
    pb.add_r1cs_constraint(r1cs_constraint<FieldT>(x-3, 1, w_3));
    //x*w_1=w_4
    pb.add_r1cs_constraint(r1cs_constraint<FieldT>(x, w_1, w_4));
    //w_2*w_4=w_5
    pb.add_r1cs_constraint(r1cs_constraint<FieldT>(w_2, w_4, w_5));
    //w_3*w_5=out
    pb.add_r1cs_constraint(r1cs_constraint<FieldT>(w_3, w_5, out));
    //证明者在生成证明阶段传入私密输入,为私密变量赋值,其他阶段为 NULL
    if (secret!=NULL) {
        pb.val(x)=secret[0];
        pb.val(w_1)=secret[1];
        pb.val(w_2)=secret[2];
        pb.val(w_3)=secret[3];
        pb.val(w_4)=secret[4];
        pb.val(w_5)=secret[5];
    }
    return pb;
}
```

至此,针对命题的电路已构建完毕。

2) 生成证明密钥和验证密钥

在生成公钥的初始设置阶段,使用生成算法为该命题生成公共参数(证明密钥和验证密钥),并把生成的证明密钥和验证密钥输出到对应文件中保存。其中:证明密钥供证明者使用;验证密钥供验证者使用。

编写如下代码,放在 mysetup.cpp 文件中。

```
#include <libsnark/common/default_types/r1cs_gg_ppzksnark_pp.hpp>
#include <libsnark/zk_proof_systems/ppzksnark/r1cs_gg_ppzksnark/r1cs_gg_
ppzksnark.hpp>
#include <fstream>
#include "common.hpp"

using namespace libsnark;
using namespace std;

int main()
```

```
{
    //构造原型板
    protoboard<FieldT> pb=build_protoboard(NULL);
    const r1cs_constraint_system<FieldT> constraint_system = pb.get_constraint_system();
    //生成证明密钥和验证密钥
    const r1cs_gg_ppzksnark_keypair<default_r1cs_gg_ppzksnark_pp> keypair = r1cs_gg_ppzksnark_generator<default_r1cs_gg_ppzksnark_pp>(constraint_system);
    //保存证明密钥到文件 pk.raw
    fstream pk("pk.raw",ios_base::out);
    pk<<keypair.pk;
    pk.close();
    //保存验证密钥到文件 vk.raw
    fstream vk("vk.raw",ios_base::out);
    vk<<keypair.vk;
    vk.close();

    return 0;
}
```

3）证明方使用证明密钥和其可行解构造证明

在定义原型板时，已为公共输入提供具体数值，在构造证明阶段，证明者只需为秘密输入提供具体数值。再把公共输入及秘密输入的数值传给 prover 函数生成证明。生成的证明保存到 proof.raw 文件中供验证者使用。编写如下代码，放在 myprove.cpp 文件中。

```
#include <libsnark/common/default_types/r1cs_gg_ppzksnark_pp.hpp>
#include <libsnark/zk_proof_systems/ppzksnark/r1cs_gg_ppzksnark/r1cs_gg_ppzksnark.hpp>
#include <fstream>
#include "common.hpp"
using namespace libsnark;
using namespace std;
int main()
{
    //输入秘密值 x
    int x;
    cin>>x;
    //为私密输入提供具体数值
    int secret[6];
    secret[0]=x;
    secret[1]=x-1;
    secret[2]=x-2;
    secret[3]=x-3;
    secret[4]=x*(x-1);
    secret[5]=x*(x-1)*(x-2);
    //构造原型板
```

```
    protoboard<FieldT> pb=build_protoboard(secret);
    const r1cs_constraint_system<FieldT> constraint_system = pb.get_constraint_system();
    cout<<"公有输入:"<<pb.primary_input()<<endl;
    cout<<"私密输入:"<<pb.auxiliary_input()<<endl;
    //加载证明密钥
    fstream f_pk("pk.raw",ios_base::in);
    r1cs_gg_ppzksnark_proving_key<libff::default_ec_pp>pk;
    f_pk>>pk;
    f_pk.close();
    //生成证明
    const r1cs_gg_ppzksnark_proof<default_r1cs_gg_ppzksnark_pp> proof = r1cs_gg_ppzksnark_prover<default_r1cs_gg_ppzksnark_pp>(pk, pb.primary_input(), pb.auxiliary_input());
    //将生成的证明保存到 proof.raw 文件
    fstream pr("proof.raw",ios_base::out);
    pr<<proof;
    pr.close();
    return 0;
}
```

4）验证方使用验证密钥验证证明方发过来的证明

最后使用 r1cs_gg_ppzksnark_verifier_strong_ICC 函数校验证明。如果 verified = 1 则说明证明验证成功。编写如下代码，放在 myverify.cpp 文件中。

```
#include <libsnark/common/default_types/r1cs_gg_ppzksnark_pp.hpp>
#include <libsnark/zk_proof_systems/ppzksnark/r1cs_gg_ppzksnark/r1cs_gg_ppzksnark.hpp>
#include <fstream>
#include "common.hpp"
using namespace libsnark;
using namespace std;
int main()
{
    //构造原型板
    protoboard<FieldT> pb=build_protoboard(NULL);
    const r1cs_constraint_system<FieldT> constraint_system = pb.get_constraint_system();
    //加载验证密钥
    fstream f_vk("vk.raw",ios_base::in);
    r1cs_gg_ppzksnark_verification_key<libff::default_ec_pp>vk;
    f_vk>>vk;
    f_vk.close();
    //加载生成的证明
    fstream f_proof("proof.raw",ios_base::in);
    r1cs_gg_ppzksnark_proof<libff::default_ec_pp>proof;
    f_proof>>proof;
    f_proof.close();
```

```
    //进行验证
    bool verified = r1cs_gg_ppzksnark_verifier_strong_IC<default_r1cs_gg_ppzksnark_pp>(vk, pb.primary_input(), proof);
    cout<<"验证结果:"<<verified<<endl;
    return 0;
}
```

解决待证明问题的示意图如图 4-16 所示。

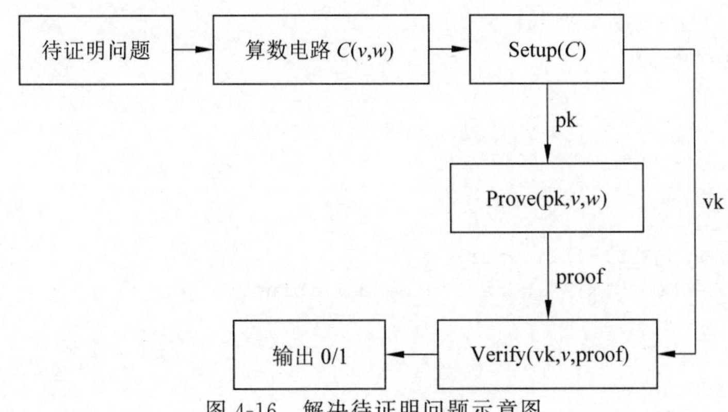

图 4-16　解决待证明问题示意图

3. 编译运行

（1）在～/Libsnark/libsnark_abc-master/src 下打开终端，输入如下命令，创建 common.hpp、mysetup.cpp、myprove.cpp、myverify.cpp 文件。

```
touch common.hpp
touch mysetup.cpp
touch myprove.cpp
touch myverify.cpp
```

（2）分别打开 common.hpp、mysetup.cpp、myprove.cpp、myverify.cpp，将对应代码复制进文件中。

（3）打开～/Libsnark/libsnark_abc-master/src 目录下的 CMakeLists.txt 文件，将如下代码复制到文件末尾。

```
add_executable(
    mysetup
    mysetup.cpp
)
target_link_libraries(
    mysetup
    snark
)
target_include_directories(
    mysetup
```

```
    PUBLIC
    ${DEPENDS_DIR}/libsnark
    ${DEPENDS_DIR}/libsnark/depends/libfqfft
)

add_executable(
    myprove
    myprove.cpp
)
target_link_libraries(
    myprove
    snark
)
target_include_directories(
    myprove
    PUBLIC
    ${DEPENDS_DIR}/libsnark
    ${DEPENDS_DIR}/libsnark/depends/libfqfft
)

add_executable(
    myverify
    myverify.cpp
)
target_link_libraries(
    myverify
    snark
)
target_include_directories(
    myverify
    PUBLIC
    ${DEPENDS_DIR}/libsnark
    ${DEPENDS_DIR}/libsnark/depends/libfqfft
)
```

(4) 在～/Libsnark/libsnark_abc-master/build 下打开终端，执行以下命令。

```
cmake ..
make
cd src
./mysetup
./myprove
./myverify
```

运行结果如图 4-17 所示，验证结果为 1，表示 $x=2$ 在取值范围[0,3]内。

4. 可复用的电路 Gadget

在 libsnark 项目中使用 R1CS 仍然是比较复杂的一件事情。如果能将一些常用的算术电路预置到库中，这将给编程带来很大的方便。gadgetlib1 和 gadgetlib2 就是实现该功能

```
 x1.01] (1678022172.3569s x0.00 from start)
          (enter) Call to alt_bn128_final_exponentiation_last_chunk   [
      ] (1678022172.3569s x0.00 from start)
            (enter) Call to alt_bn128_exp_by_neg_z             [          ](
1678022172.3569s x0.00 from start)
            (leave) Call to alt_bn128_exp_by_neg_z             [0.0008s x1.00](
1678022172.3577s x0.00 from start)
            (enter) Call to alt_bn128_exp_by_neg_z             [          ](
1678022172.3578s x0.00 from start)
            (leave) Call to alt_bn128_exp_by_neg_z             [0.0008s x1.00](
1678022172.3586s x0.00 from start)
            (enter) Call to alt_bn128_exp_by_neg_z             [          ](
1678022172.3586s x0.00 from start)
            (leave) Call to alt_bn128_exp_by_neg_z             [0.0008s x1.00](
1678022172.3595s x0.00 from start)
          (leave) Call to alt_bn128_final_exponentiation_last_chunk   [0.0027s
 x1.00] (1678022172.3596s x0.00 from start)
        (leave) Call to alt_bn128_final_exponentiation         [0.0028s x1.00](
1678022172.3597s x0.00 from start)
      (leave) Check QAP divisibility                     [0.0071s x1.00] (1678022
172.3597s x0.00 from start)
    (leave) Online pairing computations                  [0.0071s x1.00] (1678022
172.3597s x0.00 from start)
   (leave) Call to r1cs_gg_ppzksnark_online_verifier_weak_IC   [0.0072s x1.00](
1678022172.3597s x0.00 from start)
  (leave) Call to r1cs_gg_ppzksnark_online_verifier_strong_IC   [0.0072s x1.00](
1678022172.3598s x0.00 from start)
(leave) Call to r1cs_gg_ppzksnark_verifier_strong_IC    [0.0083s x1.00] (1678022
172.3598s x0.00 from start)
验证结果:1
```

图 4-17　运行结果

的工具包，其中包含了一些基本运算的 R1CS，比如，包括 SHA-256 在内的哈希计算、默克尔树、pairing 等电路实现。在原型板中使用 Gadget 非常简单，这里以一个用来比较大小的 Gadget 为例进行演示。

```
comparison_gadget (protoboard<FieldT>& pb,
    const size_t n,
    const pb_linear_combination<FieldT> &A,
    const pb_linear_combination<FieldT> &B,
    const pb_variable<FieldT> &less,
    const pb_variable<FielaT> &less_or_eq,
    const std::string &annotation_prefix="")
```

该 Gadget 需要传入的参数较多：n 表示参与比较的数的位数，A 和 B 分别为需要比较的两个数，less 和 less_or_eq 用来标记两个数的关系是"小于"还是"小于或等于"。其实现原理简单来讲是把 A 和 B 的比较，转化为 $2\wedge n+B-A$ 按位表示。

如下代码创建了相关变量并将 A 和 B 与原型板相连，把 B 值设为 88，代表数值上限。

```
//为大小比较的 Gadget 进行变量准备的示例：
protoboard<FielT> pb;
pb_variable<FieldT>A,B,less,less_or_eq;
A.allocate(pb,"A");
B.allocate(pb,"B");
pb.val(B)=88;
less.allocate(pb,"less");
less_or_eq.allocate(pb,"les5_or_eq");
```

使用 comparison gadget 创建 cmp，并把前面的参数传入，调用 Gadget 自带的 generate_rlcs _constraints()方法，同时添加一个约束，要求 less 必须为 true。相关示例如下述代码所示。

```
//为大小比较的 Gadget 生成约束的示例:
comparison_gadget<PieldT> cmp(pb,9,A,B,less,le8s_or_eq,"cmp");
cmp.generate_rlcs_constraints ();
pb.add_rlcs_constraint(rlcs_constraint<FieldT>(less,1,FieldT::one()));
```

最后输入秘密值 A，如令 $A=18$，这里还需要调用该 Gadget 的 generate_rlcs_witness 方法。这样就完成了在不泄露秘密数字 A 的前提下，证明数字 A 小于 88。

```
pb,val(A) = 18;                          //secret
cmp.generate_rlcs_witness();
```

总体而言，Gadget 在很大程度上简化了电路的生成。

4.3 秘密共享

4.3.1 基本概念

1. 定义

秘密共享(secret sharing)是一种将秘密分割存储的密码技术，目的是阻止秘密过于集中，以达到分散风险和容忍入侵的目的，是信息安全和数据保密中的重要手段。目前，秘密共享已成为一种重要密码学工具，在诸多多方安全计算协议中被使用，例如，拜占庭协议、多方隐私集合求交协议、阈值密码学等。

秘密共享方案的安全性有很多不同的定义方法，基于 Beimel 和 Chor 在 1993 年提出的定义①，给出如下定义。

定义 4-3 令 D 为秘密值所在域，令 D_1 为秘密份额所在域。令 Shr: $D\rightarrow D_1^n$ 为秘密分配算法(可能是随机性算法)，Rec: $D_1^k\rightarrow D$ 为秘密重构算法，其中：D_1^n 表示 n 个秘密份额；D_1^k 表示 k 个秘密份额。(t,n)秘密共享方案包含一对算法(Shr，Rec)，满足下述两个性质。

(1) **正确性**：令$(s_1,s_2,\cdots,s_n)=\mathrm{Shr}(s)$，则

$$\Pr[\forall k\geqslant t,\mathrm{Rec}(s_{i_1},\cdots,s_{i_k})=s]=1$$

(2) **完美隐私性**：任意包含少于 t 个秘密份额的集合都不会在信息论层面上泄露与秘密值相关的任何信息。

在多数情况下使用的都是(n,n)秘密共享方案，即拥有全部 n 个秘密份额是重建出秘密值的充分必要条件。

① BEIMEL A, CHOR B. Interaction in Key Distribution Schemes[C]//Annual International Cryptology Conference, 1993.

2. 分类

依据秘密分配和运算的形式，可以将秘密共享分为基于位运算的加性秘密共享和基于线性代数的线性秘密共享。

依据秘密重构的条件或者秘密共享的份额数量等，又可以将秘密共享分为如下类别。

(1) 门限秘密共享：任意大于或等于门限值的参与方集合可重构出秘密。

(2) 多重秘密共享：参与方的子秘密可以多次使用，分别恢复多个共享秘密。

(3) 多秘密共享：一次共享，共享多个秘密，且子秘密可以重复使用。

(4) 可验证秘密共享：可通过公共变量验证自己子秘密的正确性。

(5) 动态秘密共享：允许添加或删除参与方，定期或不定期更新参与方的子秘密，还允许在不同的时间恢复不同的秘密。

3. 门限秘密共享

在 1979 年，Shamir 提出了门限秘密共享算法[①]。

设 t 和 n 为两个正整数，且 $t \leqslant n$，n 个需要共享秘密的参与者集合为 $P=\{P_1,\cdots,P_n\}$。一个(t,n)门限秘密共享体制是指：假设 $P_1,\cdots,P_n$ 要共享同一个秘密 s，将 s 称为主秘密，至少 t 个参与者才可以共同恢复主秘密 s。

有一个秘密管理中心 P_0 来负责对 s 进行管理和分配，P_0 掌握有秘密分配算法和秘密重构算法，这两个算法均满足重构要求和安全性要求。

1) 秘密分配

秘密管理中心 P_0 首先通过将主秘密 s 输入秘密分配算法，生成 n 个值，分别为 $s_1,\cdots,s_n$，称 $s_1,\cdots,s_n$ 为子秘密。然后秘密管理中心 P_0 分别将秘密分配算法产生的子秘密 $s_1,\cdots,s_n$ 通过 P_0 与 P_i 之间的安全通信信道秘密地传送给参与者 P_i，参与者 P_i 不得向任何人泄露自己所收到的子秘密 s_i，如图 4-18 所示。

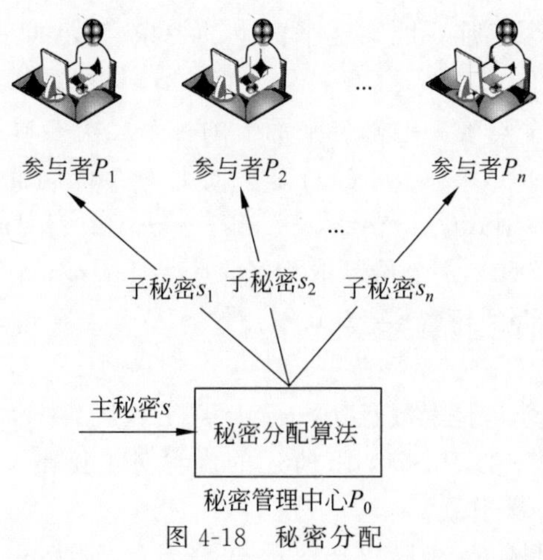

图 4-18　秘密分配

2) 秘密重构

门限值 t 指的是任意大于或等于 t 个参与者，将各自掌握的子秘密进行共享，任意的一

① SHAMIR A. How to share a secret[J]. Communications of the ACM, 1979, 22(11): 612-613.

个参与者 P_i 在获得其余 $t-1$ 个参与者所掌握的子秘密后，都可独立地通过秘密重构算法恢复出主秘密 s。而即使有任意的 $n-t$ 个参与者丢失了各自所掌握的子秘密，剩下的 t 个参与者依旧可以通过将各自掌握的子秘密与其他参与者共享，再使用秘密重构算法来重构出主秘密 s。安全性要求任意攻击者通过收买等手段获取了少于 t 个的子秘密，或者任意少于 t 个参与者串通都无法恢复出主秘密 s，也无法得到主秘密 s 的信息，如图 4-19 所示。

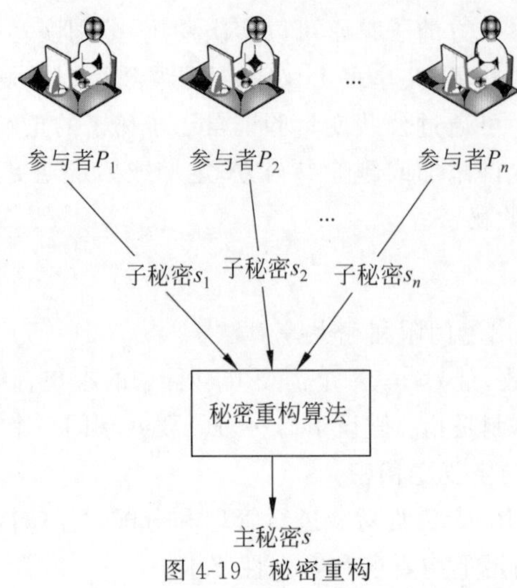

图 4-19　秘密重构

4.3.2　Shamir 方案

1. 基本算法

Shamir 于 1979 年，基于多项式插值算法设计了 Shamir(t,n)门限秘密共享体制[①]，构造思路如下。

(1) 平面上不同的两个点唯一地确定平面上的一条直线，即一次多项式，如图 4-20(a)所示。

(2) 平面上不同的三个点唯一地确定平面上的一个二次多项式，如图 4-20(b)所示。

(3) 一般地，设$\{(x_1,y_1),\cdots,(x_k,y_k)\}$是平面上 k 个不同的点构成的点集，那么在平面上存在唯一的 $k-1$ 次多项式 $f(x)=a_0+a_1x+\cdots+a_{k-1}x^{k-1}$通过这 k 个点。

(4) 若把秘密 s 取为 $f(0)$，n 个份额取为 $f(i)(i=1,\cdots,n)$，那么利用其中任意 k 个份额就可以重构 $f(x)$，从而得到秘密 $s=f(0)$。

1) 秘密分配算法

假设 F_q 为 q 元有限域，q 是素数且 $q>n$。$P=\{P_1,P_2,\cdots,P_n\}$是参与者集合，P 共享主秘密 s，$s\in F_q$，秘密管理中心 P_0 按如下所述的步骤对主秘密 s 进行分配，为了可读性起见，以下公式均略去了模 q 操作。

(1) P_0 秘密地在有限域 F_q 中随机选取 $t-1$ 个元素，记为 $a_1,a_2,\cdots,a_{t-1}$，并取以 x 为变元的多项式 $f(x)=a_{t-1}x^{t-1}+\cdots+a_1x^1+s=s+\sum_{i=1}^{t-1}a_ix^i$。

① SHAMIR A. How to share a secret[J]. Communications of the ACM, 1979, 22(11): 612-613.

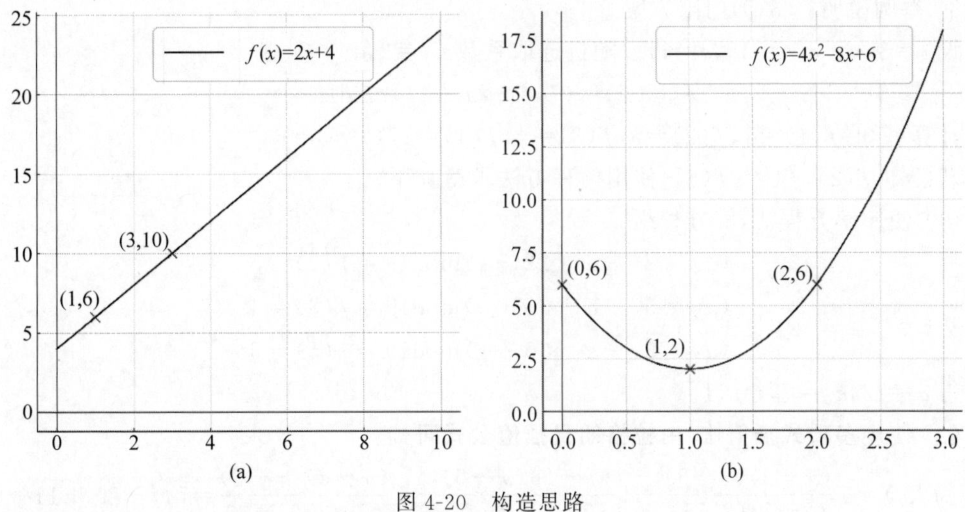

图 4-20　构造思路

(2) 对于 $1 \leqslant i \leqslant n$，$P_0$ 秘密计算 $y_i = f(i)$。

(3) 对于 $1 \leqslant i \leqslant n$，$P_0$ 通过安全信道秘密地将(i, y_i)分配给 P_i。

2) 秘密重构算法

依据(t,n)门限秘密共享体制，秘密重构需要 t 个参与方都将所拥有的秘密共享出来，以便求解。通常有两类方法：解方程法和多项式插值法。

(1) 算法一：解方程法。

解方程法比较通俗，即 t 个方程可以确定 t 个未知数，而这 t 个未知数即为包括主秘密 s 在内的多项式 $f(x)$的各项系数。

如果参与者 $P_1, \cdots, P_t$ 掌握了子秘密 $f(1), \cdots, f(t)$，解方程组

$$
\begin{gathered}
a_{t-1} 1^{t-1} + \cdots + a_1 1^1 + s = f(1) \\
a_{t-1} 2^{t-1} + \cdots + a_1 2^1 + s = f(2) \\
\vdots \\
a_{t-1} n^{t-1} + \cdots + a_1 n^1 + s = f(t)
\end{gathered}
$$

即可求解出系数 $a_{t-1}, \cdots, a_1, s$。

(2) 算法二：多项式插值法。

假设这 t 个子秘密分别为(x_i, y_i)，其中：$y_i = f(x_i)$，$i = 1, 2, \cdots, t$，且 $i \neq j$ 时 $x_i \neq x_j$。参与者 $P_1, \cdots, P_t$ 共同计算

$$
\begin{aligned}
h(x) = {} & y_1 \frac{(x-x_2)(x-x_3)\cdots(x-x_t)}{(x_1-x_2)(x_1-x_3)\cdots(x_1-x_t)} + y_2 \frac{(x-x_1)(x-x_3)\cdots(x-x_t)}{(x_2-x_1)(x_2-x_3)\cdots(x_2-x_t)} + \cdots \\
& + y_t \frac{(x-x_1)(x-x_2)\cdots(x-x_{t-1})}{(x_t-x_1)(x_t-x_2)\cdots(x_t-x_{t-1})}
\end{aligned}
$$

显然，$h(x)$是一个 $t-1$ 次的多项式，且因为 $i \neq j$ 时 $x_i \neq x_j$，每个加式的分母均不为零，因此对于 $i = 1, 2, \cdots, t$，$y_i = h(x_i) = f(x_i)$。

又根据多项式的性质，如果存在两个最高次均为 $t-1$ 次的多项式，这两个多项式在 t 个互不相同的点所取的值均相同，那么这两个多项式相同，即 $h(x) = f(x)$。

因此，参与者 P_i 通过共享各自秘密，共同计算 $h(0) = f(0) = s$，即可恢复主秘密 s。

3）举例说明：(3,5)门限方案

设 $t=3, n=5, q=19, s=11$。随机选取系数 $a_1=2, a_2=7$，则

$$f(x)=(7x^2+2x+11)\bmod 19$$

计算可知，$f(1)=1, f(2)=5, f(3)=4, f(4)=17, f(5)=6$

若已知 $f(2), f(3), f(5)$，使用两种方法求解如下。

(1) 使用解方程法，解方程组

$$(a_2\times 2^2+a_1\times 2+s)\bmod 19=f(2)=5$$
$$(a_2\times 3^2+a_1\times 3+s)\bmod 19=f(3)=4$$
$$(a_2\times 5^2+a_1\times 5+s)\bmod 19=f(5)=6$$

可解得 $a_1=2, a_2=7, s=11$。

(2) 使用多项式插值法，由拉格朗日插值公式可知：

$$f(x)=5\frac{(x-3)(x-5)}{(2-3)(2-5)}+4\frac{(x-2)(x-5)}{(3-2)(3-5)}+6\frac{(x-2)(x-3)}{(5-2)(5-3)}=7x^2+2x+11$$

故 $s=f(0)=11$。

2. 插值原理

定义 4-4（拉格朗日插值） 已知 $f(x)$ 在区间 $[a,b]$ 上一组 $n+1$ 个不同点 $a\leqslant x_0, x_1, x_2, \cdots, x_n\leqslant b$ 上的函数值 $y_i=f(x_i)(i=0,1,2,\cdots,n)$，构造满足插值条件 $\mathrm{L}_n(x_i)=y_i(i=0,1,2,\cdots,n)$ 的次数不超过 n 次的多项式 $\mathrm{L}_n(x)=\sum_{i=0}^{n}\varphi_i(x)f(x_i)\approx f(x)$，其中：$\varphi_i(x)(i=0,1,2,\cdots,n)$ 是次数不超过 n 次的多项式。

1）两点拉格朗日插值

设已知两个不同节点 x_0, x_1 上的函数值 $f(x_0)=y_0, f(x_1)=y_1$，构造满足插值条件 $\mathrm{L}_1(x_i)=y_i(i=0,1)$ 的次数不超过一次的多项式 $\mathrm{L}_1(x)=\varphi_0(x)y_0+\varphi_1(x)y_1$，其中：$\varphi_i(x)(i=0,1)$ 是次数不超过一次的多项式。

实际上就是构造一次的多项式 $\varphi_0(x)$ 和 $\varphi_1(x)$ 并满足

$$\mathrm{L}_1(x_0)=\varphi_0(x_0)y_0+\varphi_1(x_0)y_1=y_0$$
$$\mathrm{L}_1(x_1)=\varphi_0(x_1)y_0+\varphi_1(x_1)y_1=y_1$$

如表 4-1 所示，令 $\varphi_0(x)$ 和 $\varphi_1(x)$ 满足表中条件显然可以使上述两式成立。

表 4-1 两点拉格朗日插值

	x_0	x_1
$\varphi_0(x)$	1	0
$\varphi_1(x)$	0	1

由于 $\varphi_0(x)$ 和 $\varphi_1(x)$ 均为一次多项式，因此可求得

$$\varphi_0(x)=\frac{x-x_1}{x_0-x_1}, \varphi_1(x)=\frac{x-x_0}{x_1-x_0} \tag{4-1}$$

因为是一次多项式，即 $\varphi_0(x)=kx+b$，又因为 $\varphi_0(x_0)=1, \varphi_0(x_1)=0$，因此根据式(4-1)

可得

$$L_1(x)=\varphi_0(x)y_0+\varphi_1(x)y_1=\frac{x-x_1}{x_0-x_1}y_0+\frac{x-x_0}{x_1-x_0}y_1$$

这就是两点拉格朗日插值公式，用它来作为函数 $y=f(x)$ 的近似。显然 $L_1(x)$ 是次数不超过一次的多项式，且满足

$$L_1(x_0)=\varphi_0(x_0)y_0+\varphi_1(x_0)y_1=1\cdot y_0+0\cdot y_1=y_0$$

$$L_1(x_1)=\varphi_0(x_1)y_0+\varphi_1(x_1)y_1=0\cdot y_0+1\cdot y_1=y_1$$

2）多点拉格朗日插值

可以用同样的方法建立多点的拉格朗日插值公式。设已知 $n+1$ 个不同节点 $x_0,x_1,x_2,\cdots,x_n$ 上的函数值 $f(x_0)=y_0,f(x_1)=y_1,f(x_2)=y_2,\cdots,f(x_n)=y_n$，构造满足插值条件 $L_n(x_i)=y_i(i=0,1,2,\cdots,n)$ 的次数不超过 n 次多项式

$$L_n(x)=\varphi_0(x)y_0+\varphi_1(x)y_1+\cdots+\varphi_n(x)y_n$$

其中：$\varphi_i(x)(i=0,1,2,\cdots,n)$ 是次数为 n 的多项式。

同前述方法，如表 4-2 所示，令 $\varphi_0(x),\varphi_1(x),\cdots,\varphi_n(x)$ 满足表中条件。

表 4-2　多点拉格朗日插值

	x_0	x_1	$\cdots$	x_n
$\varphi_0(x)$	1	0	$\cdots$	0
$\varphi_1(x)$	0	1	$\cdots$	0
$\vdots$	$\vdots$	$\vdots$	$\ddots$	$\vdots$
$\varphi_n(x)$	0	0	$\cdots$	1

可求得

$$\varphi_i(x)=\frac{(x-x_0)(x-x_1)\cdots(x-x_{i-1})(x-x_{i+1})\cdots(x-x_n)}{(x_i-x_0)(x_i-x_1)\cdots(x_i-x_{i-1})(x_i-x_{i+1})\cdots(x_i-x_n)}=\prod_{j=0,j\neq i}^{n}\frac{x-x_j}{x_i-x_j}$$

$$L_n(x)=\sum_{i=0}^{n}\varphi_i(x)y_i=\sum_{i=0}^{n}\left(\prod_{j=0,j\neq i}^{n}\frac{x-x_j}{x_i-x_j}\right)y_i$$

这就是 $n+1$ 点拉格朗日插值公式。

3. 同态特性

下面以两个秘密的加乘为例进行讲解。假设输入的秘密 a 和秘密 b 已经通过随机多项式 $f_a(x)$ 和 $f_b(x)$ 利用 Shamir 门限体制共享给了各个参与者，$f_a(x)=m_{t-1}x^{t-1}+\cdots+m_1x^1+a$，$f_b(x)=n_{t-1}x^{t-1}+\cdots+n_1x^1+b$，其中：$m_{t-1},\cdots,m_1,n_{t-1},\cdots,n_1$ 是随机的多项式系数。参与者 P_i 掌握输入 a 的子秘密 a_i 和输入 b 的子秘密 b_i。

1）加法同态

每个参与者 P_i 独立计算 $c_i=a_i+b_i,1\leqslant i\leqslant n$。$c_1,c_2,\cdots,c_n$ 即为 $a+b$ 通过随机多项式共享后的结果，通过多项式插值法或者解方程法即可恢复秘密 s。

子秘密可以直接相加，是因为对于 $c_i=a_i+b_i=f_a(i)+f_b(i)=(m_{t-1}+n_{t-1})i^{t-1}+\cdots+(m_1+n_1)i+a+b$，多项式的次数并没有发生变化，新的多项式 $f_a(x)+f_b(x)$ 的最高次数依旧为 $t-1$。

因此，t 个参与者共享他们计算出来的 c_i，即可根据 t 个方程解 t 个未知数，解出 $a+b$。当然，参与者也可以使用拉格朗日插值法求解出 $a+b$。

注意，这里不需要共享每个参与者掌握的 a_i 和 b_i。

2) 乘法同态

Shamir 秘密共享具有受限的乘法同态性质，其受限来自 2 个 $t-1$ 次多项式相乘，其结果是 $2(t-1)$次多项式，根据拉格朗日插值定理需要 $2(t-1)+1$ 个秘密份额才能恢复出多项式。如果 $2(t-1)+1>n$，那将会没有足够的秘密份额进行插值。

因此，要使 Shamir 秘密共享满足乘法同态的性质，需要增加其他的计算机制。比如，一种实现方式如下。已知离散对数具有如下性质：$\log_g ab=\log_g a+\log_g b$，根据该性质，可以对秘密 a 和秘密 b 的对数 $\log_g a$ 和 $\log_g b$ 进行 Shamir 秘密分享，$f_a(x)=m_{t-1}x^{t-1}+\cdots+m_1x^1+\log_g a$，$f_b(x)=n_{t-1}x^{t-1}+\cdots+n_1x^1+\log_g b$，其中：$m_{t-1},\cdots,m_1,n_{t-1},\cdots,n_1$ 是随机的多项式系数。那么通过加法同态，可以得到秘密 a、秘密 b 的对数 $\log_g a$，$\log_g b$ 的和 $\log_g a+\log_g b=\log_g ab$，即秘密 a 和秘密 b 的乘积的对数，进一步做指数运算就可以得到秘密的积 ab。

其他如除法同态、幂乘同态和比较同态，也可以通过对秘密共享方案的设计而实现，本书不再赘述。

4.3.3 应用实践

1. 多方计算示意

秘密共享的作用远不止允许多个秘密拥有方完成秘密的恢复，多数秘密共享方案都具有同态重构的特性，可以用来构建多方安全计算协议，即参与者在本地拥有的多个秘密份额上进行加法和乘法计算，进而可以通过秘密重构的方法完成运算结果的恢复，就是明文消息加或者乘之后的结果，如图 4-21 所示。

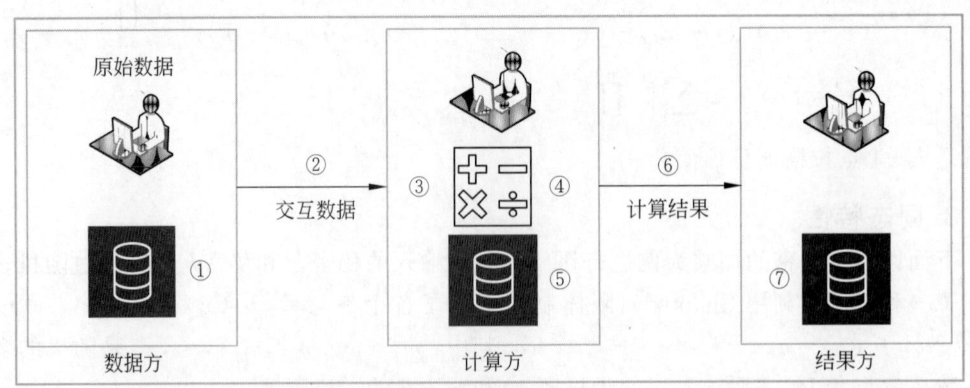

图 4-21　多方计算

在一个安全多方计算场景下，通常有三类角色：数据方、计算方和结果方。其中：数据方拥有隐私的输入数据；计算方提供安全计算的能力，但不能知道数据方的隐私数据，也不能通过计算过程获得有用的信息；结果方允许知道运算的结果，但不能知道隐私的输入信息。

在实际应用中，一些身份允许共有，只要不违背协议的安全要求即可。比如，班级里 n

个同学进行投票，他们的电脑可以作为计算节点，而且一位同学被设定为计票员，也就是该同学既可以投票又可以计票，会同时出现数据方、计算方和结果方的三重身份。

2. 投票统计示例

实验 4-2　假设有三个同学需要对班里的优秀干部 Alice，Bob，Charles，Douglas 进行投票，最后统计各个班干部获得的票数。这个时候就可以利用 Shamir 秘密共享将各个投票方的投票分享出去并进行隐私求和计算。

首先，要基于 Shamir 门限秘密共享体制进行协议设计。

以计算 Alice 的票数为例，三个同学的隐私输入为 0 或 1，0 表示不投票给 Alice，1 表示投票给 Alice。假设三个同学 $Student_1$，$Student_2$ 和 $Student_3$ 分别拥有隐私输入 a，b 和 c，他们将各自的隐私输入通过(2，3)门限的 Shamir 秘密共享体制共享给另外两个同学：$Student_1$ 获得 a，b 和 c 的秘密份额 a_1，b_1 和 c_1；$Student_2$ 获得秘密份额 a_2，b_2 和 c_2；$Student_3$ 获得秘密份额 a_3，b_3 和 c_3。之后，三位同学各自将获得的秘密份额相加，分别得到 $d_1=a_1+b_1+c_1$，$d_2=a_2+b_2+c_2$ 和 $d_3=a_3+b_3+c_3$。一个计票员从三个同学中任选两个，如 $Student_2$ 和 $Student_3$，获得他们拥有的 d_2 和 d_3，就可以重构出 $d=a+b+c$，也就是 Alice 获得的票数总和。具体过程如图 4-22 所示。

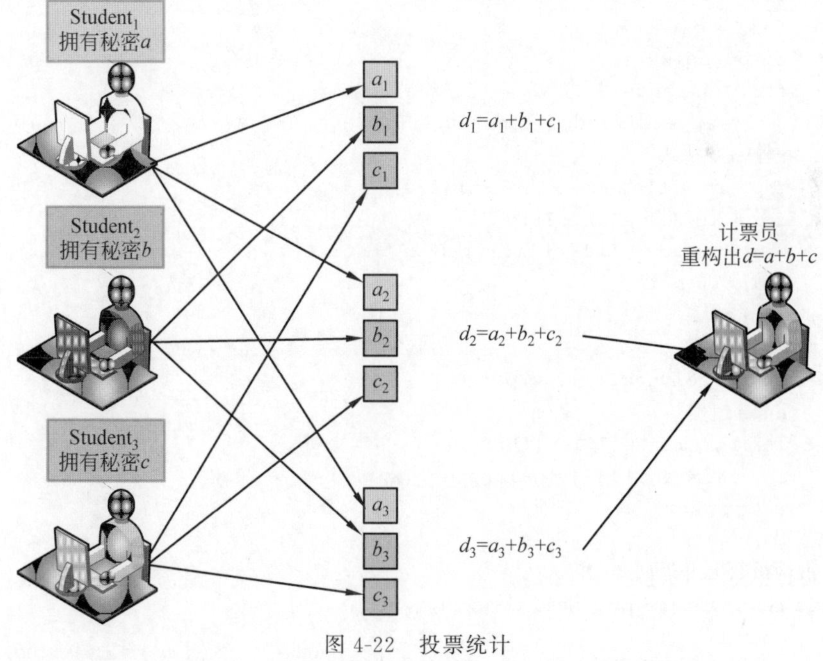

图 4-22　投票统计

进而，给出完整实验代码。

本实验环境为 Ubuntu 操作系统，使用 Python 语言。

(1) 在桌面新建一个文件夹，命名为 vote。在 vote 下打开终端，执行如下命令，建立文件 ss_function.py，ss_student.py，count_student.py 和 vote_counter.py。

```
touch ss_function.py
touch ss_student.py
```

```
touch count_student.py
touch vote_counter.py
```

(2) 将如下代码复制到 ss_function.py 文件，代码中定义了秘密共享过程中三个学生及计票员会用到的函数。

```
import random
#快速幂计算 a^b%p
def quickpower(a,b,p):
    a=a%p
    ans=1
    while b!=0:
        if b&1:
            ans=(ans * a)%p
        b>>=1
        a=(a * a)%p
    return ans

#构建多项式:x0 为常数项系数,T 为最高次项次数,p 为模数,fname 为多项式名
def get_polynomial(x0,T,p,fname):
    f=[]
    f.append(x0)
    for i in range(0,T):
        f.append(random.randrange(0,p))
    #输出多项式
    f_print='f'+fname+'='+str(f[0])
    for i in range(1,T+1):
        f_print+='+'+str(f[i])+'x^'+str(i)
    print(f_print)
    return f
#计算多项式值
def count_polynomial(f,x,p):
    ans=f[0]
    for i in range(1,len(f)):
        ans=(ans+f[i] * quickpower(x,i,p))%p
    return ans

#重构函数 f 并返回 f(0)
def restructure_polynomial(x,fx,t,p):
    ans=0
    #利用多项式插值法计算出 x=0 时多项式的值
    for i in range(0,t):
        fx[i]=fx[i]%p
        fxi=1
        #在模 p 下,(a/b)%p=(a * c)%p,其中:c 为 b 在模 p 下的逆元,c=b^(p-2)%p
        for j in range(0,t):
            if j !=i:
                fxi=(-1 * fxi * x[j] * quickpower(x[i]-x[j],p-2,p))%p
```

```
        fxi=(fxi * fx[i])%p
        ans=(ans+fxi)%p
    return ans
```

(3) 将如下代码复制到 ss_student.py 文件，三个学生分别执行 ss_student.py，将自己的秘密投票值共享给另外两个学生。

```
import ss_function as ss_f
#设置模数 p
p=1000000007
print(f'模数 p:{p}')
#输入参与方 id 及秘密 s
id=int(input("请输入参与方 id:"))
s=int(input(f'请输入 student_{id}的投票值 s:'))

#秘密份额为(shares_x,shares_y)
shares_x=[1,2,3]
shares_y=[]

#计算多项式及秘密份额(t=2,n=3)
print(f'Student_{id}的投票值的多项式及秘密份额:')
f=ss_f.get_polynomial(s,1,p,str(id))
temp=[]
for j in range(0,3):
    temp.append(ss_f.count_polynomial(f,shares_x[j],p))
    print(f'({shares_x[j]},{temp[j]})')
    shares_y.append(temp[j])

#student_id 将自己的投票值的秘密份额共享给另外两个学生
#将三份秘密份额分别保存到 student_id_1.txt,student_id_2.txt,student_id_3.txt
#student_i 获得 student_id_i.txt
for i in range(1,4):
    with open(f'student_{id}_{i}.txt','w') as f:
        f.write(str(shares_y[i-1]))
```

① Student$_1$ 执行如下命令，输入投票值 0。

```
python3 ss_student.py
1
0
```

② Student$_2$ 执行如下命令，输入投票值 1。

```
python3 ss_student.py
2
1
```

③ $Student_3$ 执行如下命令，输入投票值 0。

```
python3 ss_student.py
3
0
```

结果如图 4-23 和图 4-24 所示，在文件夹 vote 下会产生 9 个.txt 格式文件，分别保存三个秘密值的秘密份额。

```
cpz2000@cpz2000-virtual-machine:~/桌面/vote$ python3 ss_student.py
模数p: 1000000007
请输入参与方id:1
请输入student_1的投票值s:0
Student_1的投票值的多项式及秘密份额:
f1=0+955810778x^1
(1,955810778)
(2,911621549)
(3,867432320)
cpz2000@cpz2000-virtual-machine:~/桌面/vote$ python3 ss_student.py
模数p: 1000000007
请输入参与方id:2
请输入student_2的投票值s:1
Student_2的投票值的多项式及秘密份额:
f2=1+651834893x^1
(1,651834894)
(2,303669780)
(3,955504673)
cpz2000@cpz2000-virtual-machine:~/桌面/vote$ python3 ss_student.py
模数p: 1000000007
请输入参与方id:3
请输入student_3的投票值s:0
Student_3的投票值的多项式及秘密份额:
f3=0+983175127x^1
(1,983175127)
(2,966350247)
(3,949525367)
```

图 4-23　实验结果

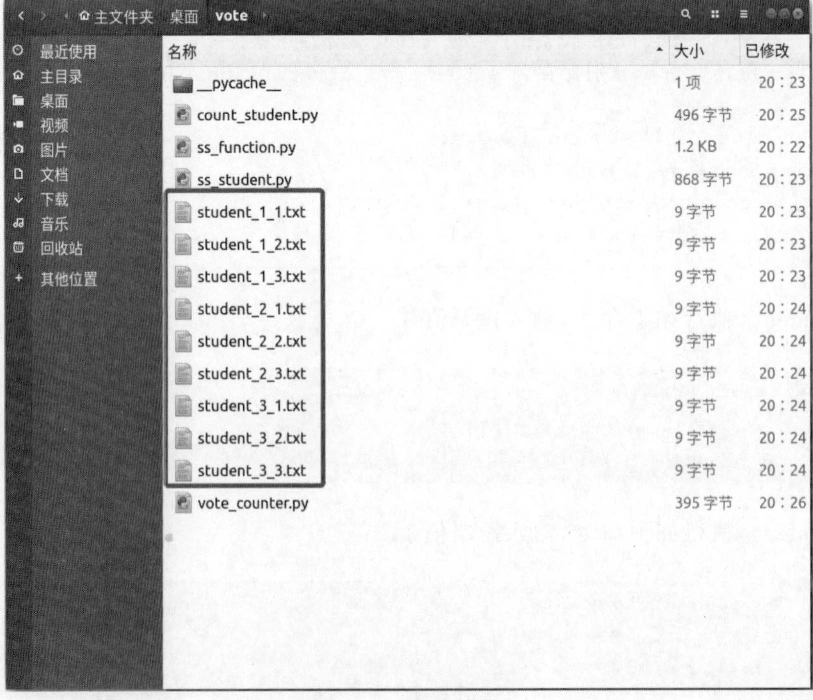

图 4-24　实验结果

(4) 将如下代码复制到 count_student.py 文件，三个学生分别执行 count_student.py，获取另外两个学生的投票值的秘密份额，并将三个投票值的秘密份额相加。

```
p=1000000007
#输入参与方 id
id=int(input("请输入参与方 id:"))
#student_id 读取属于自己的秘密份额 student_1_id.txt, student_2_id.txt, student_3_id.txt
data=[]
for i in range(1,4):
    with open(f'student_{i}_{id}.txt', "r") as f:        #打开文本
        data.append(int(f.read()))                       #读取文本
#计算三个秘密份额的和
d=0
for i in range(0,3):
    d=(d+data[i])%p
#将求和后的秘密份额保存到文件 d_id.txt 内
with open(f'd_{id}.txt','w') as f:
    f.write(str(d))
```

① $Student_1$ 执行如下命令，获得三个投票值的秘密份额相加的结果保存到 d_1.txt 文件。

```
python3 count_student.py
1
```

② $Student_2$ 执行如下命令，获得三个投票值的秘密份额相加的结果保存到 d_2.txt 文件。

```
python3 count_student.py
2
```

③ $Student_3$ 执行如下命令，获得三个投票值的秘密份额相加的结果保存到 d_3.txt 文件。

```
python3 count_student.py
3
```

结果如图 4-25 和图 4-26 所示，在文件夹 vote 下会产生 3 个 TXT 格式文件，分别为 d_1.txt，d_2.txt 和 d_3.txt。

```
cpz2000@cpz2000-virtual-machine:~/桌面/vote$ python3 count_student.py
请输入参与方id:1
cpz2000@cpz2000-virtual-machine:~/桌面/vote$ python3 count_student.py
请输入参与方id:2
cpz2000@cpz2000-virtual-machine:~/桌面/vote$ python3 count_student.py
请输入参与方id:3
```

图 4-25　实验结果

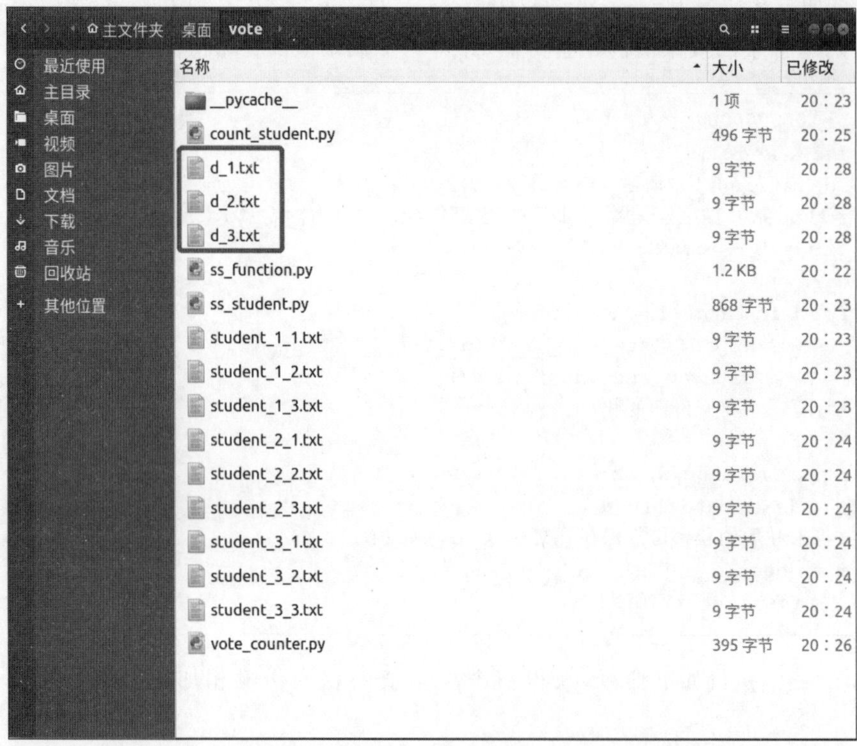

图 4-26　实验结果

（5）将如下代码复制到 vote_counter.py。

```
import ss_function as ss_f
#设置模数 p
p=1000000007
#随机选取两个参与方,如 student2 和 student3,获得 d2,d3,从而恢复出 d=a+b+c
#读取 d2,d3
d_23=[]
for i in range(2,4):
    with open(f'd_{i}.txt', "r") as f:        #打开文本
        d_23.append(int(f.read()))            #读取文本
#加法重构获得 d
d=ss_f.restructure_polynomial([2,3],d_23,2,p)
print(f'得票结果为:{d}')
```

计票员执行如下命令，得到三位同学投票值之和。

```
python3 vote_counter.py
```

结果如图 4-27 所示。

```
cpz2000@cpz2000-virtual-machine:~/桌面/vote$ python3 vote_counter.py
得票结果为: 1
```

图 4-27　实验结果

4.4 茫然传输

4.4.1 基本概念

茫然传输(oblivious transfer,OT)是安全多方计算协议的重要构造模块。2 选 1-OT 的标准定义涉及两个参与方：持有两个秘密值 x_0,x_1 的发送方,持有一个选择位 $b\in\{0,1\}$ 的接收方。OT 允许 R 得到 x_b,但其无法得到与“另一个”秘密值 x_{1-b} 相关的任何信息。与此同时,S 无法得到任何信息。

举例,Alice 有两个产品的折扣码。Bob 想获得其中一个,但又比较注重隐私,不想让 Alice 知道他选择了哪一个。这时候,他们就可以通过 OT 来完成交易。

OT 的形式化定义如下所述。

定义 4-5　2 选 1-OT 是一个密码学协议,它可以安全地实现图 4-28 所示的功能函数 F_{OT}。

参数：
(1) 两个参与方为发送方和接收方；
(2) S 拥有两个秘密值 $x_0,x_1\in\{0,1\}^n$,R 拥有一个选择位 $b\in\{0,1\}$。
功能函数：
(1) R 将 b 发送给 F_{OT},S 将 x_0,x_1 发送给 F_{OT}；
(2) F_{OT} 输出 x_b 给 R,输出⊥给 S。

图 4-28　2 选 1-OT 功能函数 F_{OT}

还有很多 OT 变种协议,一种很容易想到的就是 k 选 1-OT,其中 S 拥有 k 个秘密值,R 拥有$[0,1,\cdots,k-1]$中的一个选择项。

4.4.2 基础构造

1. 基于公钥的 2 选 1-OT 协议

半诚实攻击模型下,基于公钥密码机制很容易构造 2 选 1-OT 协议。

图 4-29 给出了协议的构造方法,图 4-30 给出了协议的具体运行流程。

参数：
(1) 两个参与方为发送方和接收方；
(2) S 的输入为秘密值 $x_0,x_1\in\{0,1\}^n$,R 的输入为选择位 $b\in\{0,1\}$。
协议：
(1) R 拥有一个公私钥对(sk,pk),并从公钥空间中采样得到一个随机公钥 pk′。如果 $b=0$,R 将(pk,pk′)发送给 S。否则(如果 $b=1$),R 将(pk′,pk)发送给 S;
(2) S 接收($\mathrm{pk}_0,\mathrm{pk}_1$)并向 R 发送两个密文$(e_0,e_1)=(\mathrm{Enc}_{\mathrm{pk}_0}(x_0),\mathrm{Enc}_{\mathrm{pk}_1}(x_1))$;
(3) R 接收(e_0,e_1),并用 sk 解密密文 e_b。由于 R 不知道另一个密文所关联的密钥,因此 R 无法解密另一个密文。

图 4-29　基于公钥的半诚实安全 OT 协议

此协议假设存在一个公钥加密方案,可以在不获得对应私钥的条件下采样得到一个随机的公钥。此协议在半诚实攻击模型下是安全的。发送方只能看到由 R 发送的两个公钥，因此 S 无法以超过 1/2 的概率预测出 R 拥有哪个公钥所对应的私钥。因此，仿真者可以直接向 S 发送两个随机选择的公钥，从而仿真出 S 的视角。

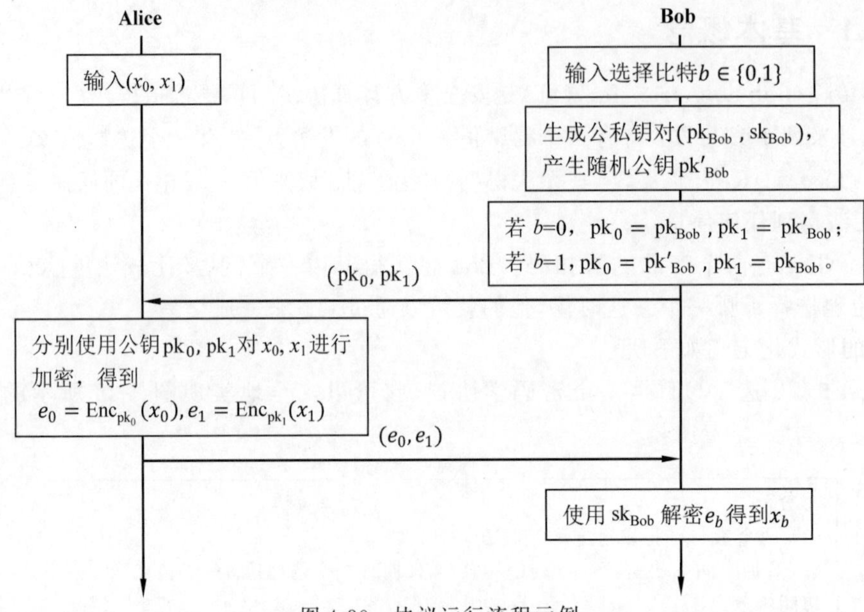

图 4-30 协议运行流程示例

安全性证明 回顾一下理想-现实范式，为了证明一个协议是安全的，在理想世界中的攻击者必须能够生成一个视角，此视角与真实世界中的攻击者视角不可区分：(1)攻击者能在理想世界中生成一个真实世界中的"仿真"攻击者视角，此攻击者称为仿真者，能说明存在这样一个仿真者，就能证明攻击者在现实世界中实现的所有攻击效果都可以在理想世界中实现；(2)如果现实世界中攻陷参与方所拥有的视角和理想世界中攻击者所拥有的视角不可区分，那么协议在半诚实攻击者的攻击下是安全的。具体的证明思路则是：如果任何现实模型攻击者 A 都存在一个理想模型攻击者 S(仿真器)，对于任何输入，在现实模型下运行包含 A 的协议 π 的全局输出，它和在理想模型下运行包含 S 的 F 的全局输出是不可区分的，那么 π 至少和 F 一样安全。

接下来，以这个两方 OT 协议为例，再给出理想-现实范式的安全性证明思路。

定义 OT 协议的 **ideal functionality** F_{OT}的描述如下：Alice 和 Bob 为了完成 2 选 1-OT 协议，Alice 向 F_{OT}发送拥有的两个秘密(x_0, x_1)且 Bob 向 F_{OT}发送选择位 b 之后，F_{OT}输出 x_b 给 Bob、输出$\perp$给 Alice。

这里假定攻击者都是被动的，也就是"诚实且好奇"的攻击者，定义仿真器 S_{OT}的仿真过程如下。

(1) 对于发送方的视角(**根据视角的定义，参与方的视角应包括其私有输入、随机带以及执行协议期间收到的所有消息所构成的消息列表**)，因为仅仅提供两个秘密(私有输入)、接收两个公钥(协议期间收到的消息)，这个很容易仿真。具体地，私有输入不需要仿真，两个公钥可以由仿真器本地随机生成。因为公钥都是随机生成的，仿真器里的公钥的分布和现实世界的分布是相同的，很明显现实世界和理想世界是无法区分的。补充说明：攻击者如果攻陷了发送方，他的目的是猜测两个公钥哪一个是有私钥的公钥，也就是接收方希望得到的消息 b 是哪一个。很明显，理想世界里仿真器随机生成的两个公钥是没有泄露任何信息的。

(2) 对于接收方的视角，他的私有输入是 b，接收两个密文（协议期间收到的消息）。接收方可看到两个密文，其私钥只能用于解密其中一个密文。给定 R 的输入 b 和输出，同样很容易仿真 R 的视角。仿真器将生成公私钥对和一个随机公钥，并将仿真接收密文的仿真过程设置为：①对于收到的秘密值 x_b 在所生成公私钥对下加密得到密文 e_b；②明文 0 在随机公钥下加密得到密文 e_{1-b}。与协议的真实执行过程相比，只有 e_{1-b} 的生成过程有所区别，且根据加密方案的安全性要求，攻击者无法区分 0 和其他明文在同一公钥下加密得到的密文，因此仿真可以成功骗过攻击者，使攻击者无法判断是在真实世界中还是理想世界中，从而证明了协议的安全性。补充说明：攻击者如果攻陷了接收方，他的目的是破解另外一个秘密，而他的猜测能力被仿真器规约到区别是对 0 还是其他明文的加密上。

请注意，此半诚实安全协议无法抵御恶意接收方的攻击。接收方可以简单地生成两个公私钥对 $(\mathrm{sk}_0,\mathrm{pk}_0)$ 和 $(\mathrm{sk}_1,\mathrm{pk}_1)$，并将 $(\mathrm{pk}_0,\mathrm{pk}_1)$ 发送给 S。这样一来，R 可以解密收到的两个密文，同时得到 x_1 和 x_2。

说明：上述两方协议的理想-现实范式证明里，定义了一个仿真器、两个视角。事实上，安全多方计算协议的安全性证明通常使用一个仿真器，但是对于两方协议通常会定义两个仿真器，分别仿真发送方和接收方，具体证明过程与上面的视角的不可区分性相似。

2. 基于公钥的 k 选 1-OT 协议

常见的 2 选 1-OT 常被扩展为 k 选 1-OT。如图 4-31 所示，发送方此时拥有 k 条隐私数据，接收方拥有隐私的索引 $t\in\{0,1,\cdots,k-1\}$。在协议结束后，接收方得到 x_t，与 2 选 1 不经意传输一样，发送方无法得知接收方的隐私索引，接收方也无法得到发送方的其他数据。

根据基于公钥的 2 选 1-OT 协议，容易得到 k 选 1-OT 的实现方法，即将协议中生成 1 个随机公钥改为生成 $k-1$ 个随机公钥。

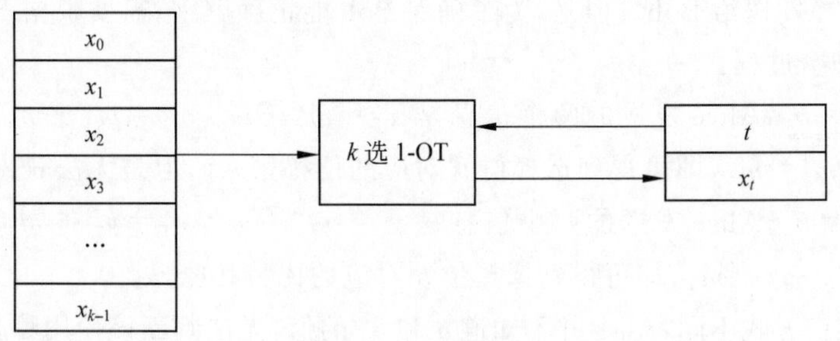

图 4-31　k 选 1-OT

4.4.3　预计算 OT*

在基础 OT 协议中，发送方和接收方对每一个选择位都要执行一系列公钥密码学操作。接收方会先发送一对公钥给发送方，发送方会将两个消息用两个公钥加密，发送给接收方，接收方执行公钥密码学的解密操作，获取选择的消息。

茫然传输的优化策略主要集中在两个点：第一，如何利用对称密码来减少公钥密码学操作数量；第二，如何利用预计算来提升在线时间的计算效率。

Beaver 在 1995 年提出了预计算 OT 的重要思想，首先给出了一个接收者随机的茫然传输 OT(receiver random oblivious transfer，RR-OT)协议①，之后基于 RR-OT 结构，Beaver 设计了预计算OT_2^1 协议②。预计算 OT 的在线阶段会消耗从预计算阶段的 RR-OT 实例获得的输出，整体效果为：将大量的计算放到预计算阶段，在确定了双方真实输入后，协议的线上执行阶段只需要执行少量的操作。

1) RR-OT 协议$(\perp,\perp)\mapsto((r_0,r_1),(b,r_b))$

如图 4-32 所示，在 RR-OT 中，发送方和接收方都没有输入，协议执行结束后，发送方获得两个随机消息，而接收方获得一个随机位 b 和对应的消息 r_b，发送方完全不知道接收方获得哪个消息。实际 RR-OT 协议设计中，发送方的两个随机消息可以自行产生。

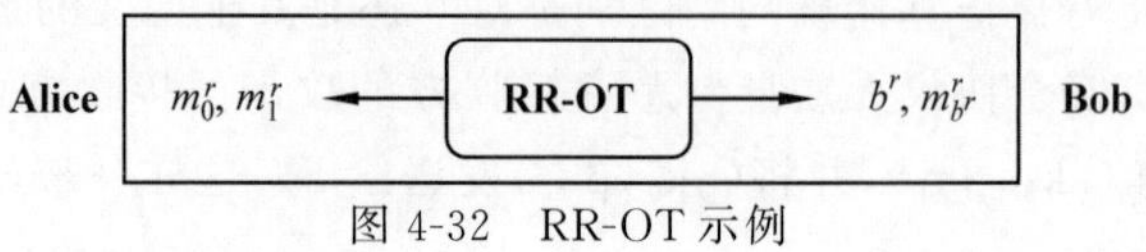

图 4-32　RR-OT 示例

2) 预计算 OT_2^1 协议$((m_0,m_1),b)\mapsto(\perp,m_b)$

与 RR-OT 相比，之前给出的 OT 实例称为 2 选 1 的 OT，记为 OT_2^1。也就是说，发送方提供两个输入，接收方提供一个选择位，发送方没有获得任何输出，但是接收方获取了选择位对应的消息。

假定 RR-OT 为发送方 Alice 输出两个随机信息 m_0^r,m_1^r，为接收方 Bob 输出随机的选择位 b^r 和对应的随机消息 $m_{b^r}^r$，其中 $b^r\in\{0,1\}$，右上角的 r 表示随机选取。则可以设计预计算 OT_2^1 协议如下。

设 Alice 需要发送的信息为 m_0,m_1，Bob 的选择位为 b。假定已经在离线阶段运行 RR-OT，Alice 获得了两个随机信息 m_0^r,m_1^r，接收方 Bob 获得了 $b^r,m_{b^r}^r$。Beaver 去随机化的主要思想是 Alice 使用 RR-OT 的两个信息 m_0^r,m_1^r 一次性加密他要发送的信息 m_0,m_1，并将盲化结果(x_0,x_1)发送给 Bob。但是，为了确保 Bob 能正确解密，需要根据 Bob 拥有的选择位选择合适的加密过程：

(1) 如果 $b=b^r$，Alice 发送的两个信息是 $x_0=m_0^r\oplus m_0$，$x_1=m_1^r\oplus m_1$，Bob 本地计算 $x_b\oplus m_{b^r}^r=x_b\oplus m_b^r=m_b$，即可得到选择位 b 对应的位秘密 m_b，但是无法获得 m_{1-b}；

(2) 如果 $b\neq b^r$，Alice 发送的两个信息是 $x_0=m_1^r\oplus m_0$，$x_1=m_0^r\oplus m_1$，Bob 本地计算 $x_b\oplus m_{b^r}^r=x_b\oplus m_{1\oplus b^r}^r=m_b$，即可得到选择位 b 对应的比特秘密 m_b。

由于两种加密方式不同，Alice 并不知道 b 和 b^r 的值，无法判断该使用哪种加密方式。为了解决这些问题，容易想到的解决方案是让 Bob 告知 Alice 是否有 $b=b^r$，具体如图 4-33 所示。

上述过程就是一个在基本的 2 选 1 的 OT 上使用随机数来实现的过程。其优点是在线

① BEAVER D. Precomputing oblivious transfer[C]//Proceedings of the 15th Annual International Cryptology Conference on Advances in Cryptology, CRYPTO '95, Springer-Verlag, 1995: 97-109.

② BEAVER D. Correlated pseudorandomness and the complexity of private computations[C]//Proceedings of the Twenty-Eighth Annual ACM Symposium on Theory of Computing, 1996: 479-488.

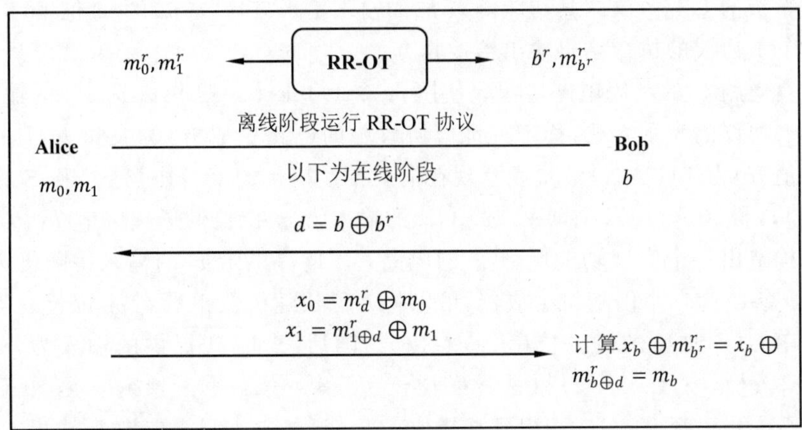

图 4-33　解决方案

阶段只需要异或运算，非常高效，但是缺点也很明显：①其每执行一次 OT 都需要进行离线阶段的随机数生成，这个开销非常昂贵；②一次离线阶段的 RR-OT 只能产生一个 OT 实例，这也给其应用带来困难。Beaver 等在 1996 年，使用了混合加密的方式对 RR-OT 进行了改进[①]，使得其离线阶段效率得到了提高，并且例证了 OT 扩展方案的可行性。

4.4.4　OT-扩展*

茫然传输扩展(OT extension)协议：该协议的目的是通过执行固定次数的不经意协议，实现任意数量的不经意传输。

1. OT 长度扩展

这里思考一个问题，是否可以将 n 位长度的数据用更短的 OT 来完成传递。

假设有一个可以传输短字符串的 OT，通过使用标准的伪随机数生成器，我们能得到可以传输长字符串的 OT。这一技术称为“OT 长度扩展”。

发送方将两个消息分别异或 $G(s_0)$ 或者 $G(s_1)$，将两个消息发送给接收方，接收方对两个种子 s_0 和 s_1 用一个基础 OT 获得即可，如图 4-34 所示。

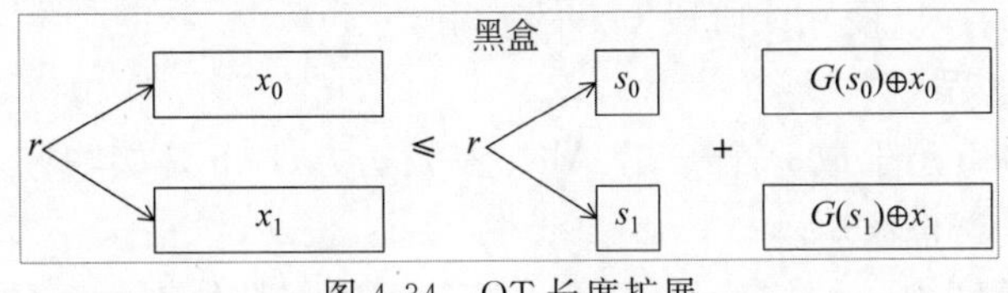

图 4-34　OT 长度扩展

2. Beaver 的非黑盒构造

1996 年，Beaver 提出了一种自举姚氏乱码电路协议[②]，可以用少量公钥密码学操作生

① BEAVER D. Correlated pseudorandomness and the complexity of private computation[C]//Proceedings of the Twenty-Eighth Annual ACM Symposium on Theory of Computing (STOC'96), 1996: 479-488.

② BEAVER D. Correlated pseudorandomness and the complexity of private computations[C]//Proceedings of the Twenty-Eighth Annual ACM Symposium on Theory of Computing (STOC'96), 1996: 479-488.

成多项式数量级的 OT 协议。其功能函数 F 的输入是来自接收方的少量位串,但 F 将多项式数量级的 OT 协议的执行结果输出给接收方。

假设计算电路 C 的乱码电路协议要使用 m 个 OT 协议,其中 m 为 P_2 的输入位数量。我们遵从 OT 协议的表示方法,称 P_1(乱码协议中的电路生成方)为发送方,P_2(乱码电路中的电路求值方)为接收方。令 m 表示现在需要批量执行的 OT 协议数量。S 的输入为 m 对秘密值$(x_1^0,x_1^1),(x_2^0,x_2^1),\cdots,(x_m^0,x_m^1)$,R 的输入为 m 位长的选择位串$(b_1,b_2,\cdots,b_m)$。

现在要构造出一个实现功能函数 F 的电路C。R 提供给 F 的输入是随机选择的λ 位长字符串 r。令 G 为一个伪随机生成器,可以将 λ 位长随机数扩展到 m 位长。R 向 S 发送用随机字符串 $G(r)$加密的输入位串 $b\oplus G(r)$。随后,S 向 F 提供的输入为 m 对秘密值$(x_1^0,x_1^1),(x_2^0,x_2^1),\cdots,(x_m^0,x_m^1)$和一个 m 位长字符串$b\oplus G(r)$。给定 r,函数 F 计算m 位长的扩展值$G(r)$,解密 $b\oplus G(r)$,得到选择位串 b。F 接下来只需要向 R 输出 b_i 所对应的秘密值x_{b_i}。在电路 C 中,R 作为电路求值方只需要向 F 提供λ 位长的输入,因此只需要用 λ 个(即常数个)OT 协议即可实现 m 个 OT 协议。

基于 Beaver 的非黑盒构造可以满足上述 RR-OT 协议,可以让 S 随机生成 m 对秘密值$(x_1^0,x_1^1),(x_2^0,x_2^1),\cdots,(x_m^0,x_m^1)$,R 随机生成 m 位长的选择位串$(b_1,b_2,\cdots,b_m)$即可,然后通过上述构造电路 C 的方式,即可让 S 获得 m 对秘密值、R 获得 m 对随机位和对应的秘密。

3. OT 实例扩展

Beaver 给出的非黑盒构造方法非常简单,可以将执行 m 个 OT 协议所需的非对称密码学操作数量降低为κ 次,其中 κ 为预先设定的安全参数。但是,Beaver 方案在实际中并不高效,因为方案要对一个非常大的乱码电路求值。回想一下,我们的目标是基于少量的λ 个基础 OT 协议,只应用对称密码学操作实现 m 个有效的 OT 协议。下面描述 Ishai 等在 2003 年提出的 OT 扩展 IKNP 协议①。此协议可在半诚实攻击者的攻击下实现 m 个 2 选 1 的 OT 协议,用来安全地传输 m 个随机字符串。

IKNP 是第一个高效的λ 个基础 OT 协议扩展为 $n(\gg\lambda)$个 OT 协议的工具。IKNP 协议和 Beaver 等解决的问题实际上是相同的,都是为了让 Alice 获得消息对(m_0,m_1)和让 Bob 获得对应的(r,m_r)以便在线阶段 OT 的使用。

1) IKNP 具体过程

假设 Alice 和 Bob 想生成 n 个 OT, Alice 是发送方,Bob 是接收方。

(1) 生成两个秘密份额矩阵。

Bob 随机构造长度为 n 的位串 r, 这里 r 的每个位都是每次 OT 的一个选择位。然后将其看为一个 $n\times1$ 的列向量,并对每个位进行按行扩展为 λ 位(重复编码扩展),生成一个 $n\times\lambda$ 维的矩阵$\boldsymbol{R}$。完成后进行秘密分享,生成两个秘密份额矩阵$(\boldsymbol{T},\boldsymbol{T}')$,$\boldsymbol{T}$ 和 $\boldsymbol{T}'$相同的行异或为 1。若矩阵$\boldsymbol{R}$ 的行向量全为 0, 则 $\boldsymbol{T},\boldsymbol{T}'$在该行的元素相同, 反之则不相同,如图 4-35 所示。

① ISHAI Y, KILIAN J, NISSIM K, et al. Extending oblivious transfers efficiently[C]//Annual International Cryptology Conference, 2003.

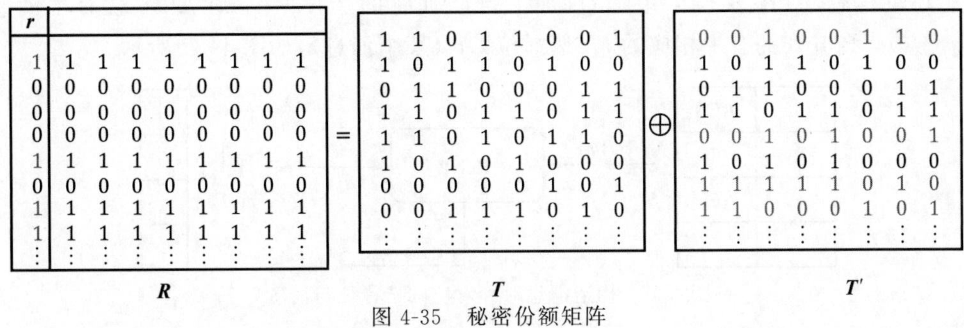

图 4-35　秘密份额矩阵

(2) 将行数据利用列传递降低交互次数。

Alice 随机选取长度为 λ 的位串 s，然后双方交换身份，即 Alice 转变为接收方，Bob 转变为发送方，执行 λ 次基础 OT(次数取决于矩阵的列数)，将两个秘密份额矩阵 $\boldsymbol{T},\boldsymbol{T}'$ 的第 i 列作为输入的两个消息，Alice 作为接收方，以 s_i 为输入来选择两个秘密份额矩阵第 i 列的某一个来构成自己的矩阵 $\boldsymbol{Q}$ 的第 i 列，若 $s_i=0$，则 Alice 获得矩阵 $\boldsymbol{T}$ 的第 i 列，反之则 Alice 获得矩阵 $\boldsymbol{T}'$ 的第 i 列。运行 λ 次后，Alice 获得矩阵 $\boldsymbol{Q}$。

易知，当 $r_i=0$ 时，两个秘密份额矩阵 $\boldsymbol{T},\boldsymbol{T}'$ 对应位置的行向量相等，所以 Alice 所得矩阵 $\boldsymbol{Q}$ 的行向量 $\boldsymbol{q}_i$ 与 Bob 的任意一个份额矩阵该位置对应的行向量 $\boldsymbol{t}_i$ 相同；当 $r_i=1$ 时，Alice 所得矩阵 $\boldsymbol{Q}$ 的行向量 $\boldsymbol{q}_i$ 等于 Bob 的份额矩阵 $\boldsymbol{T}$ 该位置对应的行向量 $\boldsymbol{t}_i$ 与 s 的异或，即

$$\boldsymbol{q}_i=\begin{cases}\boldsymbol{t}_i, & r_i=0\\ \boldsymbol{t}_i\oplus s_i, & r_i=1\end{cases}$$

其中：$\boldsymbol{t}_i$ 是份额矩阵 $\boldsymbol{T}$ 的行向量。上述过程可以进一步抽象为：$\boldsymbol{q}_i=\boldsymbol{t}_i\oplus(r_i\wedge s_i)$。结果如图 4-36 所示。

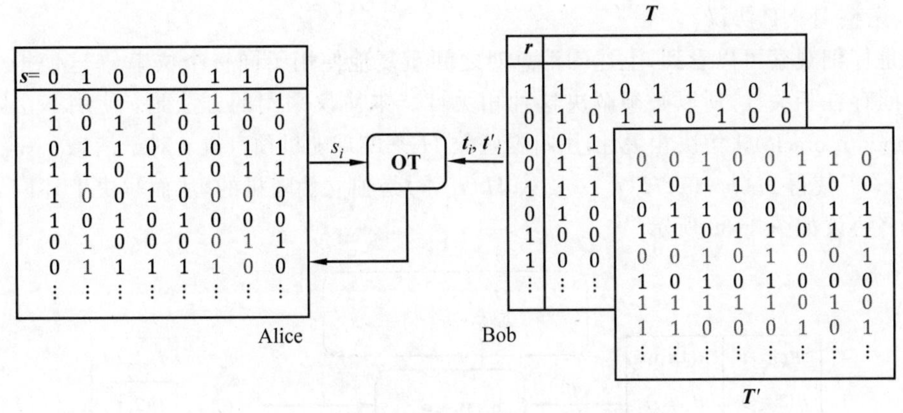

图 4-36　结果

这里思考一个问题，是否可以将 n 位长度的数据用更短的 OT 来完成传递。很容易扩展 OT 协议的消息传输长度，只需要加密并发送两个 n 位长的字符串，再用传输短字符串的 OT 协议发送正确的解密密钥即可。发送方将两个消息分别**异或** $G(s_0)$ 或者 $G(s_1)$，将两个消息发送给接收方，接收方对两个**种子** s_0 和 s_1 用一个基础 OT 获得即可。

(3) 构造随机消息对和对应的选择位与消息。

上述过程后，Alice 获得了矩阵 $\boldsymbol{Q}$，加上自己拥有的选择串 s，则 Alice 就有了消息对 $(\boldsymbol{q}_i, \boldsymbol{q}_i \oplus s)$。Bob 则拥有了相应的 r_i（选择位），$\boldsymbol{t}_i$（某个消息），如图 4-37 所示。

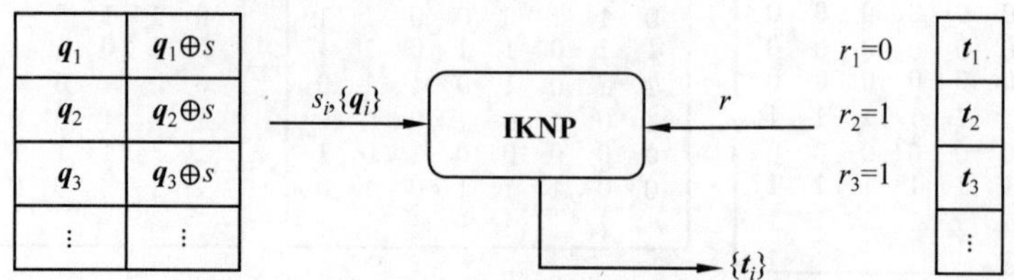

图 4-37　构造消息对和对应的选择位与消息

对于每个 i，Bob 得到 $\boldsymbol{t}_i$，Alice 可以计算 $\boldsymbol{q}_i$ 和 $\boldsymbol{q}_i \oplus s_i$。根据公式 $\boldsymbol{q}_i = \boldsymbol{t}_i \oplus (r_i \wedge s_i)$，可以将 $\boldsymbol{q}_i$ 和 $\boldsymbol{q}_i \oplus s_i$ 根据 r_i 的不同，表示成图 4-38 中 $\boldsymbol{t}_i$ 与 s 的关系的形式。而从 Bob 的视角来看，他所拥有的 $\boldsymbol{t}_i$ 恰好是 Alice 秘密信息 $\boldsymbol{q}_i$ 和 $\boldsymbol{q}_i \oplus s_i$ 中的一个，如图 4-38 所示。

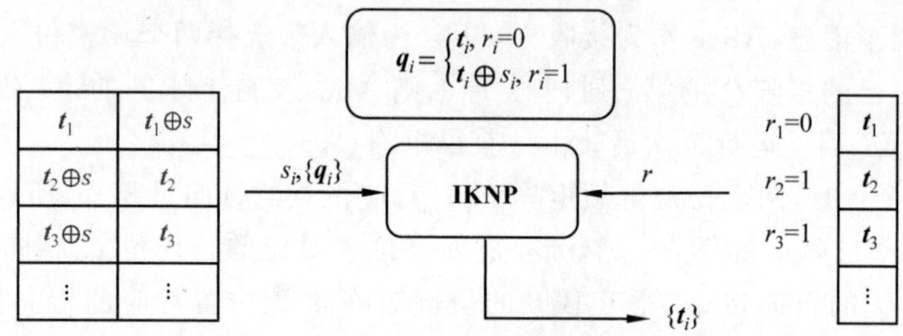

图 4-38　构造消息对和对应的选择位与消息

由此就已经可以明显地看出 Alice 拥有了随机的消息对，并且 Bob 拥有选择位和 Alice 消息对中的其中一个消息。这已解决开始想要解决的问题（两方获得用于在线阶段的消息对等）。效率方面，扩展矩阵是 $n \times \lambda$ 的矩阵，其中 $n \gg \lambda$，而基础-OT 阶段是按照列来进行，所以会进行 λ 次基础-OT，然而传输了 n 位的内容，并且不需要姚氏混淆电路。

2）完整 IKNP 协议

但是仔细观察可以看到，上述的消息对之间重复地使用了同一个位串 s，这使得生成的消息之间存在相关性，所以必须解决这种相关性。本协议采用的方法是：使用一个随机预言机（random oracle）来解决相关性，用哈希函数 H 来实现随机预言机。对于消息 $t_1, t_2, \cdots, t_n$ 和位串 s，H 使得 $H(t_1, s), H(t_2, s), \cdots, H(t_n, s)$ 是独立伪随机的，从而解决上述问题。整个 IKNP 协议如图 4-39 所示。

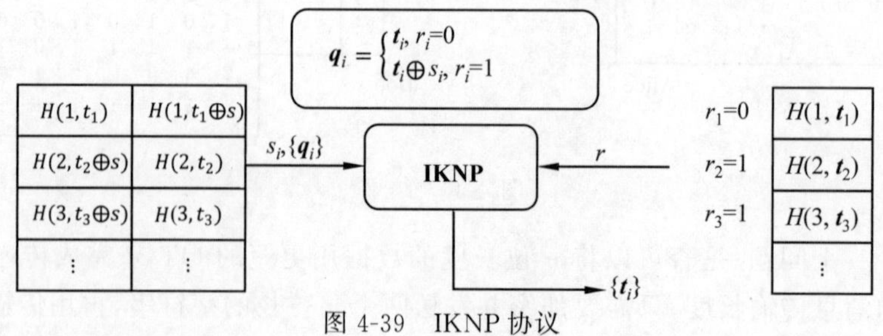

图 4-39　IKNP 协议

3）协议的安全性

安全性方面，IKNP 协议是半诚实安全的。具体而言，Alice 可以是恶意的，但 Bob 只能是半诚实的，下面将介绍如果 Bob 是恶意的，IKNP 协议会存在的问题，如图 4-40 所示。

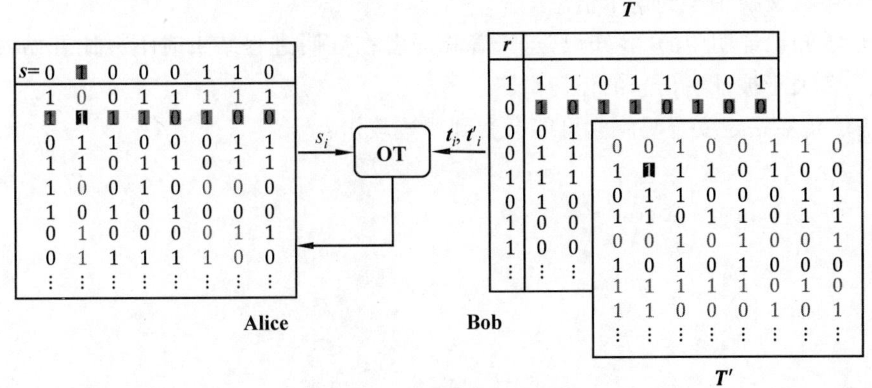

图 4-40　可能存在的问题

若 Bob 在生成的某一个份额矩阵中修改 $r=0$ 对应行向量的某一个位（如 $\boldsymbol{T}'$ 中黑色方块由原来的 0 变为 1），并且同时 Alice 对应的选择比特串 s 对应的位 $s_i=1$（Alice 得到的矩阵中粉色方块位置），那么就会造成 Alice 得到的向量与 Bob 具有的行向量不同（灰色块所示的向量）。在后续协议执行过程中，如哈希等，只要 Bob 检测到 Alice 的结果与自己的不同，就可以推断出该位 $s_i=1$，相同则推断出 $s_i=0$。如此一来，Bob 得到 Alice 选择比特串 s 的一个位值。因此 IKNP 仅仅是半诚实安全。

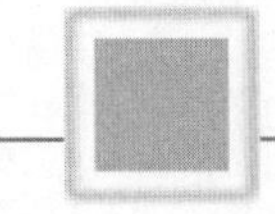

课后习题

1. 假设在一个使用 Shamir 门限秘密共享方案的系统中，一个秘密被分割成 7 份，并分发给 7 位不同的成员。这个系统被设计为至少需要 5 份份额来恢复秘密。某一天，3 位成员决定合作尝试恢复秘密。他们采取了一种策略，先用他们手中的 3 份份额尽可能获取关于秘密的信息，然后利用这些信息尝试猜测剩余的秘密部分。在这种情况下，下列哪项描述是正确的？

A. 3 位成员可以直接恢复出部分秘密，因为他们已经拥有了秘密份额的大部分

B. 即使他们无法直接恢复秘密，3 位成员仍然可以通过他们的份额获取关于秘密的部分信息，进而减少猜测所需的尝试次数

C. 3 位成员无法从他们手中的份额获取任何关于秘密的有效信息，除非他们能够获得至少 2 份额外的份额来达到门限值

D. 如果 3 位成员中的任何一人拥有更高的计算能力，他们可以单独恢复整个秘密，即使没有达到门限值

2. 在零知识证明的背景下，下列哪项陈述是不正确的？

A. 零知识证明允许证明者向验证者证明他们知道某个信息，而不需要透露任何实际的信息内容

B. 零知识证明协议的设计目的是确保即使证明者不诚实，验证者也能通过证明过程确定证明者是否真的知道被证明的信息

C. 在一个有效的零知识证明协议中，即使证明者知道被证明的信息，验证者也能从协议交换中学到这个信息

D. 零知识证明中的“零知识”意味着验证者在证明过程结束时不会比开始时知道更多关于被证明信息的任何事实

3. 茫然传输一定安全吗？它可能会受到哪些攻击？

第5章 隐私保护的数据发布

学习要求：了解交互式和非交互式的数据发布框架；掌握显示标识属性、准标识属性的概念；掌握 k-匿名、l-多样化的概念；理解数据脱敏和数据溯源的概念及有关的实现方法；掌握保留格式加密的定义、基本构造方法，了解保留格式加密的基本模型，了解基于保留格式加密的数据库水印的应用。

课时：2课时

建议授课进度：5.1节～5.2节用1课时，5.3节～5.4节用1课时

5.1 基本概念

人们正生活在一个大数据的时代，越来越多的设备和传感器通过数字网络相连，数据收集者们通过其中的应用程序大量收集个人数据，并将其提供给有需求的数据分析者。分析者可以利用各种工具对获取的数据进行挖掘，以此产生能够支持商业计划、政府决策、科学研究、广告投放等应用的策略，实现商业利益和科研价值，最终使大众受益。

5.1.1 发布框架

在隐私保护数据发布领域中，数据发布者从数据拥有者采集到应用中的数据，例如，医疗数据、金融数据、电信数据、访问数据、社会调查数据等。然后，将数据发送给数据接收者。这个模式中包括将数据公布于众，或者将数据发送给申请的单位、机构或者个人等，使数据用于科学研究或者支持决策，服务于公众，如图5-1所示。

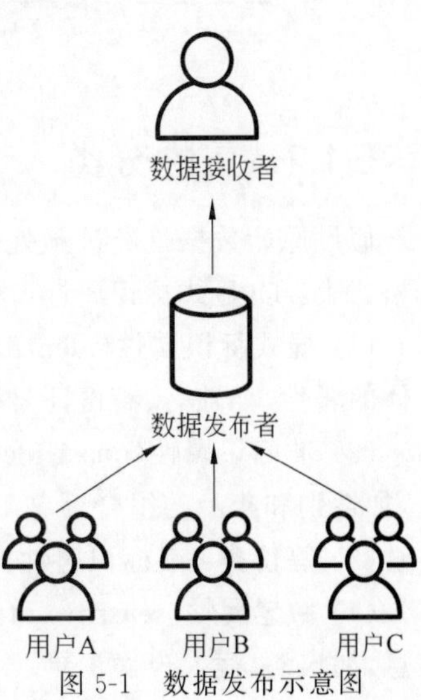

图5-1　数据发布示意图

在数据发布应用的第一个阶段数据收集，假设是诚实的模型，数据所有者将数据发送给诚实的数据发布者。然而，在第二个阶段，数据发布阶段是非诚实模型，数据接收者是不诚实的，数据接收者可能是一个攻击者。例如，某医药公司获得一份某医院的电子医疗信息，但是无法保证所有的员工都是诚实的。会有人员通过发布的数据获取其中的敏感信息，称为攻击者。攻击者设法获取的敏感信

息所对应的个体,称为攻击对象。

隐私保护的数据发布技术(privacy preserving in data publishing,PPDP)是数据发布者将原始数据表进行匿名化操作,然后再对它进行发布,以保护数据中的敏感信息,避免隐私泄露。

数据发布流程框架主要分为两种,即交互式和非交互式数据发布框架。

如图 5-2 所示,交互式数据发布通常表现为数据的在线查询发布,较多出现在政府机关和研究机构的对外数据发布中,供有兴趣的用户查询。例如,美国的联邦经济数据研究网站,能够提供一系列经济数据在不同时间周期内的聚合查询和批量查询。

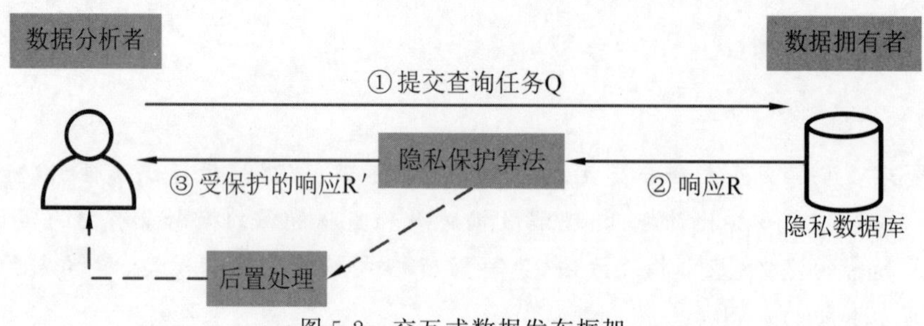

图 5-2　交互式数据发布框架

如图 5-3 所示,非交互式数据发布通常表现为离线发布,例如,数据挖掘竞赛发布的公开测试集,交通管理局发布的周期性的路况信息等。数据拥有者先通过隐私保护算法对需要发布的数据集进行完整的匿名处理,然后数据分析者根据已发布的数据集进行各种需要的查询。在非交互式数据发布中,由于数据拥有者并不知道数据分析者会对匿名数据集进行何种查询,因此,设计隐私保护算法需要同时满足隐私性以及较高的可用性。

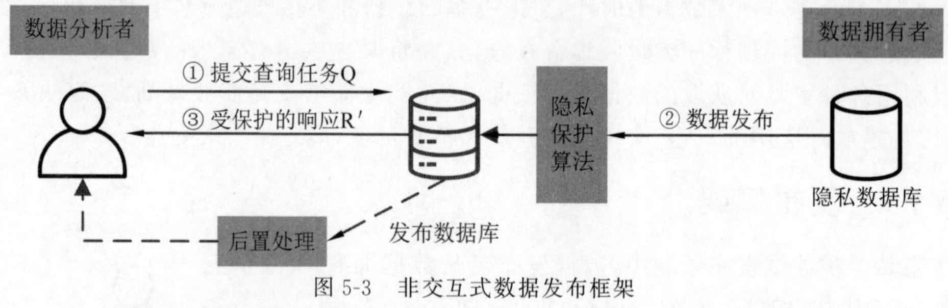

图 5-3　非交互式数据发布框架

5.1.2　属性分类

假设原始数据是经过预处理的结构化数据,在 PPDP 最基本的格式中,数据发布者有一个格式表:D(显式标识属性,准标识属性,非敏感属性,敏感属性)。

(1) **显式标识属性(identifier attribute)**:也称显式标识符或标识符,是能唯一标识单一个体的属性,如姓名、身份证号码。

(2) **准标识属性(quasi-identifier attribute, QI)**:是组合起来能唯一标识单一个体的属性,如性别和年龄的组合等。

(3) **等价类**:准标识属性完全相同的多条记录,称为一个等价类。

(4) **敏感属性(sensitive attribute)**:包含敏感数据的属性,尤其是涉及个体隐私的细节信息,如疾病、病人患病记录、个人薪资、地理位置等。

数据的发布者不能把原始数据直接发布，要避免数据接收者把数据表中的敏感属性与个体链接起来。敏感属性包含个体隐私的信息，是数据接收者进行数据挖掘、数据分析的对象，不能被移除。

5.1.3 背景知识

数据发布隐私保护需要关注的一个重要问题就是攻击者可能拥有的各种背景知识，这些知识可以包括外部数据、常用知识、有关匿名算法的知识和过去发布的数据，这些信息可以通过关联已发布的数据集来推测匿名数据集中的个人敏感属性。

(1) 外部数据。主要包括公开可获得的数据，如选民登记记录，电影评分统计等；攻击者容易获得的关联数据，如目标用户隔壁邻居的年龄和地址等。这些外部数据可能包含除原始数据中敏感属性外的所有类型的信息。通过这些从外部数据获得的额外信息，攻击者可以在匿名数据中推敲目标个体存在的元组，并进一步发现目标个体的敏感值。

(2) 常用知识。这是关于目标个体敏感信息分布的额外信息，可以从许多来源获得。例如，攻击者可能有一个常识：冬天很容易感冒，或者对手可能从他的同事那里听说另一位同事的工资超过一万元。如果目标个体可能患有某些疾病或其工资数目在某一个固定的范围内，那么攻击者就可以利用这些非关联的常识信息排除匿名数据集中的一些个体，从而以更高的概率推断出目标个体。

(3) 基于隐私保护算法的知识。攻击者可能知道当前匿名数据集所使用匿名算法的机制，因为生成匿名数据的算法很可能会在数据发布时公布。在某些情况下，这些算法本身就可能披露敏感信息。

(4) 过时数据。在数据发布的场景中，有些需要数据拥有者在固定时间周期内进行多次发布，以确保数据集的实时性。那么这种方式下攻击者可以获得所有先前发布的数据，并使用这些数据来排除目标个体的可能候选元组或敏感属性值。

5.1.4 相关攻击

很显然，攻击者有了背景知识，如果发布数据表仅仅简单移除了显式标识属性是不够的，隐私信息仍然有可能被准标识属性联合起来定位获得。

Sweeny 等[①]在 2002 年说明了美国公众可以从公开的选民数据集获取姓名、社会保障号、年龄、邮政编码这些人口统计信息。这将导致 87%的美国人遭受“链接攻击(link attack)”。这意味着他们能够被准标识属性联合起来唯一确定。

如图 5-4 所示，公开数据集中包含姓名、家庭住址、政治面貌、注册日期、出生日期、性别、邮政编码。公众可以获得数据集所含个体的这 8 个属性信息。另外一张表，是医院的医疗记录，它仅仅从原始的医疗记录中移除了显式标识属性，公开了诊断结果、就诊日期、处方、出生日期、性别、邮政编码等属性。由于人们可以从公开数据集中获取与医疗记录相重叠的属性出生日期、性别、邮政编码，从而可以唯一确定个体的敏感属性，造成隐私的泄露，即诊断结果、就诊日期等。

---

① LATANYA S. Achieving k-anonymity privacy protection using generalization and suppression[J]. International Journal of Uncertainty, Fuzziness and Knowledge-Based Systems 10.05, 2002: 571-588.

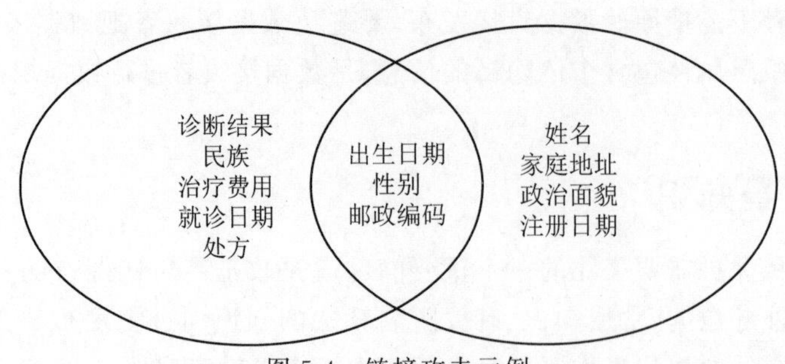

图 5-4　链接攻击示例

总之,如果攻击者有包含背景知识的数据,包含了个体的准标识属性值,通过连接这两张表,能推断出一些敏感属性值,可以细分为以下 3 种类型的攻击。

(1) **记录链接**:当攻击者能够将记录的所有者与发布的数据表中的相应的记录相对应时,称为记录链接。例如,通过准标识符确定一条记录的所有者身份。如图 5-5 所示,Doug 可以通过准标识符<Job, Sex, Age>唯一确定。

(2) **属性链接**:当攻击者能够将记录的所有者与发布的数据表中的敏感属性相对应时,称为属性链接。如图 5-5 所示,Emily 和 Glady 可以通过准标识符<Job, Sex, Age>确定得了 HIV,即泄露她们得了 HIV。

(3) **表格链接**:当攻击者能够将记录的所有者与发布的数据表本身相对应时,称为表格链接。如果能确定所有者出现在了某表中,如疾病表,会泄露该所有者存在疾病这一信息。

Job	Sex	Age	Disease
Engineer	Male	35	Hepatitis
Engineer	Male	38	Hepatitis
Lawyer	Male	38	HIV
Writer	Female	30	Flu
Writer	Female	30	HIV
Dancer	Female	30	HIV
Dancer	Female	30	HIV

(a)

Name	Job	Sex	Age
Alice	Writer	Female	30
Bob	Engineer	Male	35
Cathy	Writer	Female	30
Doug	Lawyer	Male	38
Emily	Dancer	Female	30
Fred	Engineer	Male	38
Gladys	Dancer	Female	30
Henry	Lawyer	Male	39
Irene	Dancer	Female	32

(b)

图 5-5　删除标识符的数据发布示意

(a)病人数据表;(b)扩展数据表

目前,已有的各种隐私保护方法都是为降低某些隐私泄露危险、抵御攻击者的攻击模型而产生的,在数据的发布过程中,数据集可能遭受来自攻击者的隐私威胁,除了链接攻击之外,还有同质性攻击(homogeneous attack)、敏感性攻击(sensitivity attack)、概率攻击(probability attack)等。

5.1.5　匿名化方法

为了完成数据表的隐私保护的安全发布,需要对其数据进行匿名化操作,常用的方法有泛化、抑制、解剖、扰动等。

(1) 泛化是用一个更加泛化的值代替具体的值。对于分类型属性,泛化是用父类级别代替子类级别。对于数值型属性,泛化是用数值所在的区间代替具体的数值。

(2) 抑制是抑制某个数据项,不发布这个数据项。对于分类型属性,抑制是泛化到分类树的根节点这种特殊的情况;对于数值型属性,抑制是泛化到属性值域这个最大的区间的特殊情况。泛化的逆操作称为细化,抑制的逆操作称为公开。

(3) 解剖是指不修改原始数据表中的准标识属性或者敏感属性,而是将数据表分割成两张表发布,一张是准标识属性表,一张是敏感属性表。这两张表中的数据通过等价类的标号链接,两张表中属于同一个等价类的记录具有相同的等价类标号。同一个等价类的敏感属性值如果相同,那么在敏感属性表中只出现一次,也就是敏感属性表中属于同一等价类的数值都是不同的。因而,同一个等价类中的记录链接到类内的敏感属性值的概率是相等的。

(4) 扰动是防止统计泄露中的一种针对数据的操作。它是保持数据的一些统计性质不变的前提下,对数据进行添加噪声,数据交换,或者人工数据合成操作。生成的数据已经不再是真实数据,它不会与真实的数据链接起来,从而保护数据的隐私信息。扰动对于数值型统计查询(如聚合查询)很有用,因为它可以保留原始数据的统计信息。而且基于差分隐私(differential privacy, DP)保护算法的扰动数据集能够达成最理想的隐私保护效果。但在非数值型数据集中,由于准标识符和敏感信息之间的关系失真太多,因此,数据挖掘算法从扰动数据中学习的知识模型可能精度较差。

5.2 *k*-匿名模型

本节以基本的 *k*-匿名模型为例,讲解数据发布过程中的攻防博弈。

5.2.1 k-匿名

如果仅仅是将显示标识属性删除,是不够的。如图 5-4 所示,攻击者很容易通过记录链接等攻击,推断出用户得的疾病情况。

_k_-匿名模型要求在所发布的数据表中,对于每条记录都至少存在其他 _k_−1 条记录,使得它们在全体准标识属性上取值相等,即这个模型要求每个等价类的记录不少于 *k*。

实现 *k*-匿名的方法就是泛化或者抑制。

如图 5-6 所示,对 Age 进行了泛化,用年龄段来代替年龄。这样,就得到了 4 个等价类,即 <Engineer, Male, [35-40)>, <Lawyer, Male, [35-40)>, <Writer, Female, [30-35)>和 <Dancer, Female, [30-35)>,分别满足了 2——匿名、1——匿名、2——匿名和 2——匿名。

注意,为了满足匿名模型,需要使等价类中记录的数量至少为 *k* 条,因此 *k* 越大,隐私保护越好,由此带来的数据损失也就越大。然而,这个匿名模型只针对准标识属性有约束,并没有约束敏感属性。

5.2.2 *l*-多样化

1) 同质性攻击

如果在一个等价类中全部敏感属性的取值相等,那么虽然攻击者不能确定哪条记录属

Job	Sex	Age	Disease
Engineer	Male	[35-40)	Hepatitis
Engineer	Male	[35-40)	Hepatitis
Lawyer	Male	[35-40)	HIV
Writer	Female	[30-35)	Flu
Writer	Female	[30-35)	HIV
Dancer	Female	[30-35)	HIV
Dancer	Female	[30-35)	HIV

(a)

Name	Job	Sex	Age
Alice	Writer	Female	[35-40)
Bob	Engineer	Male	[35-40)
Cathy	Writer	Female	[30-35)
Doug	Lawyer	Male	[35-40)
Emily	Dancer	Female	[30-35)
Fred	Engineer	Male	[35-40)
Gladys	Dancer	Female	[30-35)
Henry	Lawyer	Male	[35-40)
Irene	Dancer	Female	[30-35)

(b)

图 5-6　Age泛化后的结果

(a)病人数据表；(b)扩展数据表

于攻击对象，但是，能以100%的概率确定攻击对象的记录的敏感属性。因此，这个模型仅能够从一定程度上抵御记录链接，不能够抵御属性链接。同质性攻击是等价类中的敏感值都相等，而导致的属性链接。它是由于等价类中的敏感值缺少多样性而造成的。

在图5-6中，仅仅对Age进行泛化还不够，很显然，<Engineer, Male, [35-40)>的2个等价类具有相同的属性、<Dancer, Female, [30-35)> 的2个等价类也具有相同的属性。

2）l-多样化匿名模型

如果数据表中的每个等价类有至少 l 个敏感属性值，那么称数据表是 l-多样化的。

如图5-7所示，继续将Job进行泛化，用高级别的分类来代替，如用Artist来代替Dancer、Writer；用Professional代替Lawyer和Engineering。这样，就得到了2个等价类，分别为3-匿名和4-匿名，均为2-样化，就可以抵御同质性攻击。

Job	Sex	Age	Disease
Professional	Male	[35-40)	Hepatitis
Professional	Male	[35-40)	Hepatitis
Professional	Male	[35-40)	HIV
Artist	Female	[30-35)	Flu
Artist	Female	[30-35)	HIV
Artist	Female	[30-35)	HIV
Artist	Female	[30-35)	HIV

(a)

Name	Job	Sex	Age
Alice	Artist	Female	[35-40)
Bob	Professional	Male	[35-40)
Cathy	Artist	Female	[30-35)
Doug	Professional	Male	[35-40)
Emily	Artist	Female	[30-35)
Fred	Professional	Male	[35-40)
Gladys	Artist	Female	[30-35)
Henry	Professional	Male	[35-40)
Irene	Artist	Female	[30-35)

(b)

图 5-7　l-多样化示意

(a)病人数据表；(b)扩展数据表

虽然 l-多样化和 k-匿名模型在有关防止属性泄露方面上迈出了关键性的一步，但它不足以防止（敏感）属性泄露，因为它容易遭受倾斜攻击和相似性攻击。

以倾斜攻击为例，在满足多样化的一个匿名表中，如果某个敏感属性值在全局出现的频率很低，而在某个等价类中出现的频率远高于全局的频率，那么这个等价类中被攻击者链接为此敏感属性值的概率远高于全局的概率，这就是倾斜攻击。图 5-7 满足了 2-多样化匿名，HIV 在全局出现的概率是 50%，但是在第 2 个等价类中 HIV 出现的概率是 75%，因而使得第 2 个等价类中的记录更容易被链接到 HIV 这种疾病。

总之，当总体分布是偏态分布时，满足 l-多样化并不会阻止属性公开。

5.2.3 t-相近

t-相近模型是一个首次提出敏感属性值的分布的隐私保护方法，它考虑了等价类内敏感属性的分布，要求每个 k-匿名组中敏感属性值的统计分布与该属性在整个数据集中的总体分布“接近”。

一个等价类满足 t-相近模型，则等价类中敏感属性值的分布与在数据表的分布差异不超过 t。如果数据表的每个等价类都满足 t-相近，则称这个数据表满足 t-相近。

t-相近是基于 l-多样化组的匿名化的进一步细化，用于通过降低数据表示的粒度来保护数据集中的隐私。这种减少是一种折中，它会导致数据管理或挖掘算法的一些有效性损失，从而获得一些隐私。因为，满足这个模型的匿名表中，由于每个等价类与全局等价类的分布的差异不大(不超过阈值 t)，使得匿名表丢失了很多准标识属性与敏感属性之间的相关信息，这可能正是数据接收者进行数据挖掘和科学研究所需要的信息。

5.2.4 其他模型

数据发布的过程中，如何保护隐私和确保可用性，总是存在矛盾，而相关研究也是在这个矛盾中逐步前进。

传统的数据发布隐私保护技术通过删除能够唯一识别个体身份的信息(标识符属性)实现匿名发布，典型的解决办法就是 k-匿名模型。如前面所述，虽然 k-匿名隐私模型切断了个体与数据表中某条记录之间的联系，但是却没有切断个体与敏感信息之间的联系，因此 l-多样化模型、t-相近模型等相继提出。

1) 差分隐私模型

基于 k-匿名模型及其改进策略的匿名保护模型大都沿用了属性的泛化操作，对发布数据的可用性造成较大影响。同时，大数据发布环境下的组合攻击、前景知识攻击等新型攻击方式对 k-匿名模型及其改进方法提出了严峻挑战。Dwork 等提出的差分隐私模型借鉴了密码学中语义安全的概念，通过在发布数据或查询结果中添加随机噪声来达到隐私保护的效果。差分隐私模型允许攻击者拥有无穷的计算能力和任何有用的背景知识，而且不需要关心攻击者的具体攻击策略。在最坏的情况下，即使攻击者获得了除某一条记录之外的所有敏感数据，差分隐私模型仍然可以保证攻击者无法从查询输出结果判断该条记录是否在数据集内。由于具备严格的数学特性，差分隐私被认为是一种非常可靠的保护机制，得到了大量研究学者的关注。基于差分隐私模型的数据发布主要针对敏感数据的统计信息进行保护。

2) m-不变性模型

传统的静态数据集隐私保护方法无法直接应用于动态数据集重发布过程中，因此，需要研究适用性较强且能够保护动态数据集隐私安全的数据匿名方法。k-匿名、l-多样化等模型都是面向静态数据集的隐私保护而提出的，无法保证动态数据集的隐私安全。动态数据集的隐私保护问题所面临的挑战是：隐私保护模型不仅要保护数据集的当前快照和以往发布的快照，而且在攻击者将所有发布数据集联合后也能保护数据集的隐私安全。针对动态数据集的重发布的隐私保护问题，m-不变性模型被提了出来。该模型要求数据拥有者每个周期发布的匿名数据表中，每个等价类都包含至少 m 条记录，且他们的敏感值各不相同，且每条记录 t 在其发布周期$[t_1, t_2]$($t_1 \leqslant t_2$)内的归属等价类具有相同的敏感属性值集合。

虽然 m-不变性模型能够维护数据重发布下的隐私安全，但该模型仅关注了数据集对记录的插入和删除两种操作，但在动态更新记录属性值时，m-不变性模型便无法较好地保持数据集的隐私安全；此外，m-不变性匿名模型还要考虑 m 值选取的合理性问题，m 值选取不当便会导致向数据集中添加假数据降低数据的可用性。

5.3 数据脱敏与溯源

5.3.1 数据脱敏

数据脱敏(data masking)是指对某些敏感信息通过脱敏规则进行数据的变形，实现敏感隐私数据的可靠保护。在涉及客户安全数据或者一些商业性敏感数据的情况下，在不违反系统规则条件下，对真实数据进行改造并提供测试使用，如身份证号、手机号、卡号、客户号等个人信息都需要进行数据脱敏。

1989 年，Adam 等[①]就提出数据脱敏的概念，脱敏的方法有替换、遮蔽、加密等，比如，将手机号部分数字通过用 * 号替换实现脱敏等。5.2 节讲述的一些匿名化方法也可以用来脱敏。一些数据脱敏的方法示例如表 5-1 所示。

表 5-1　数据脱敏方法示例

名称	描　　述	示　　例
掩码	利用“*”等符号遮掩部分信息，并且保证数据长度不变，容易识别出原来的信息格式，常用于身份证号、手机号等	12300001234→ 123****1234
替换	一般会有一个字典表，通过查表进行替换	张三→X 李四→Y
混合掩码	将相关的列作为一个组进行屏蔽，以保证这些相关列中被屏蔽的数据保持同样的关系，例如，城市、省、邮编在屏蔽后保持一致	
截断	舍弃某些必要信息保证数据的模糊性	13800001234→13800
加密	利用加密算法对数据进行变化	13800001→IQ5XRW==

数据脱敏按模式可以分成静态数据脱敏和动态数据脱敏。其主要区别在于是否对敏感数据信息采取实时的脱敏操作。

---

① ADAM N, WORTHMANN J C. Security-control methods for statistical databases: a comparative study[J]. ACM Computing Surveys (CSUR) 21.4 (1989): 515-556.

（1）静态数据脱敏是数据存储时脱敏，存储的是脱敏数据。一般用在非生产环境，如开发、测试、外包和数据分析等环境。

（2）动态数据脱敏在数据使用时脱敏，存储的是明文数据。一般用在生产环境，动态脱敏可以实现不同用户拥有不同的脱敏策略。

5.3.2 数据溯源

数据溯源是数据发布后流转过程中发生泄密后的回溯泄密节点的操作。如图 5-8 所示，数据溯源通常通过向数据中加入水印，在数据泄密后，通过提取数据中的水印来完成泄密节点的溯源。很显然，实现数据溯源的关键就是水印不能被攻击者检查出来或者破坏掉，也就是水印的鲁棒性要好。

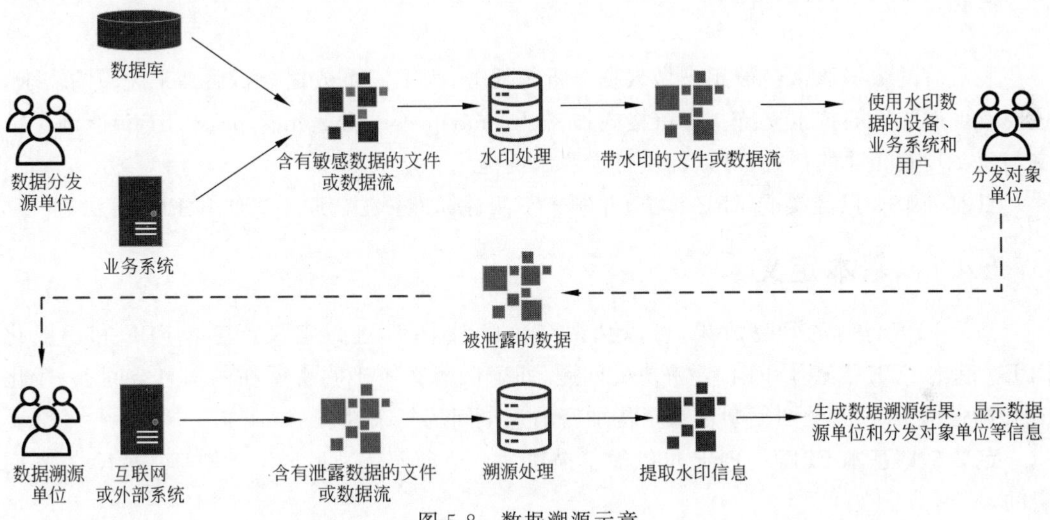

图 5-8 数据溯源示意

1. 基于标注技术的溯源方法

对于文件而言，有很多冗余空间，可以隐秘地写入一些流转过程产生的标注信息。

具体来说，可以按时间序，在每次文件流转或修改的时候增加标注信息，标注信息包含当前文件的哈希值等鉴别信息、时间、源属主等。

根据应用场景选择标注信息嵌入机制：

（1）对于非文本型具有特定格式的文件，可采用信息隐藏技术嵌入文件中，随文件流转。文件无论修改与否均适用；

（2）将标注信息存储到第三方存储系统中，只适用于文件修改的场景。

2. 基于数据库水印的溯源方法

对于数据库存储的数据而言，很难找到冗余空间，添加水印的难度很大，而且鲁棒性不够高，容易被擦除。因为，数据库存储对数据提出了严苛的限制。

即使如此，仍有一些数据库水印算法提出，包括伪行、伪列等，如表 5-2 所示。

表 5-2 数据库水印算法示例

应用场景	算法名称	原理说明	重点突破
对单条数据的查询	伪行算法	增加伪行实现水印嵌入	原始数据规模、数据属性关系、数据仿真度
对数据的统计查询	伪列算法	增加伪列实现水印嵌入	数据重复性、数据仿真度
文本型数据查询	文本属性算法	添加不可见字符实现水印嵌入	规则确定、防擦除
数值数据查询	数值属性可逆算法	替换最低有效位实现水印嵌入	精度失真比例、执行性能

5.4 保留格式加密及应用

脱敏后的数据通常会被用来做数据分析等任务,为了满足数据分析后结果脱敏的需求,需要有可逆脱敏的技术支持。保留格式加密(format-preserving encryption,FPE)能确保密文与明文具有相同的格式,可以提供可逆脱敏的能力。

目前,NIST 已经接受 FPE 算法,并颁布了两种标准算法:FF1 算法和 FF3 算法。

5.4.1 基本定义

基于 FPE 已有的研究成果,可以从两个角度对 FPE 进行定义:基本 FPE 和一般化 FPE。基本 FPE 描述了 FPE 要解决的问题,即确保密文属于明文所在的消息空间;一般化 FPE 则强调 FPE 问题的复杂性在于待加密消息空间的复杂性。

定义 5-1(基本 FPE) FPE 可以简单描述为一个密码 $E: K\times X\rightarrow X$,其中,$K$ 为密钥空间,X 为消息空间。

基本 FPE 强调明文和密文处于相同的消息空间,因此具有相同的格式。以 n 位信用卡号的保留格式加密为例,密文要求和明文一致都是由十进制数字组成的长度为 n 的字符串,即两者均为消息空间$\{0,1,\cdots,9\}^n$ 内的元素。根据基本 FPE 的定义,分组密码也是一种特殊的 FPE,它是由分组长度 n 决定的$\{0,1\}^n$ 字符串集合上的置换。然而,FPE 要处理的消息空间远比分组密码复杂得多,比如,格式为 YYYY-MM-DD 的日期型消息空间,不仅有长度为 10 的字符串长度限制,还需要满足特定位置是字符-、年、月、日在合理范围内等格式要求。

为了更准确地描述 FPE 问题,定义集合 Ω 为格式空间,任意一个格式 $\omega\in\Omega$,可确定消息空间的一个与格式 ω 相关的子空间 X_ω。FPE 与集合$\{X_\omega\}_{\omega\in\Omega}$有关,称 X_ω 为由格式ω 确定的消息空间的一个分片,每个分片都是一个有限集。当给定密钥 k,格式 ω 和调整因子 t 后,FPE 就是一个定义在 X_ω 上的置换 $E_k^{\omega,t}$。

定义 5-2(一般化 FPE) FPE 可以描述为一个密码 $E: K\times\Omega\times T\times X\rightarrow X\cup\{\perp\}$,其中,$K$ 为密钥空间,Ω 为格式空间,T 为调整空间,X 为消息空间。所有空间都非空,且 $\perp\notin X$。

为了有效地研究分析加密模型,可通过算法三元组$\mathcal{E}_{\mathrm{FPE}}=(\mathrm{Gen},\mathrm{Enc},\mathrm{Dec})$来描述一般化 FPE。

(1) 算法 Gen：初始化系统参数 params。

(2) 算法 Enc：输入为调整因子 t 和明文 x，返回在分片 X_ω 内的密文 y 或者⊥。该算法执行 $E_K^{\Omega,T}(X)=E(K,\Omega,T,X)$ 过程，$E_K^{\Omega,T}(\cdot)$ 是 X_Ω 上的一个置换。如果 $x\in X_\omega$，则返回 $y=E_k^{\omega,t}(x)$；否则，返回⊥。

(3) 算法 Dec：输入为调整因子 t 和密文 y，返回相同分片 X_ω 内的明文 x 或者⊥。该算法是算法 Enc 的逆运算，定义如下：如果 $y\in X_\omega$，则返回 $x=D_k^{\omega,t}(y)$；否则，返回⊥。

安全性　保留格式加密是一种特殊的对称密码，基础模块是分组密码和伪随机函数。由于安全性通常可以归约到基础模块的安全性上，因此，保留格式加密的一个重要的安全目标是伪随机性。

2002 年，Black 和 Rogaway 首次描述了保留格式加密的安全性，认为标准的安全目标就是伪随机置换(pseudorandom permutation，PRP)安全。

根据基本 FPE 的定义，对任意 $k\in K$，$E(k,\cdot)=E_k(\cdot)$是消息空间 X 上由对称密钥 k 决定的一种置换。设 $\mathrm{Perm}_k(\cdot)$表示消息空间 X 上所有置换的集合，$P\xleftarrow{\$}\mathrm{Perm}_k(\cdot)$表示从 $\mathrm{Perm}_k(\cdot)$中随机抽取一个置换 P。设 A^f 是一个可以查询预言机 f 的攻击者，f 要么是加密预言机 $E_k(\cdot)$，要么是一个随机置换预言机 $P(\cdot)$。假定攻击者从不执行消息空间之外的查询，而且不重复相同的查询，这样的攻击者 A 可以认为是保留格式加密方案$\mathcal{E}_{\mathrm{FPE}}$的 PRP 攻击者，并且定义其在攻击中可获得的优势为

$$\mathrm{Adv}_{\varepsilon_{\mathrm{FPE}}}^{\mathrm{PRP}}(\mathrm{A})\overset{\mathrm{def}}{=}\left|\Pr[k\xleftarrow{\$}K:\mathrm{A}^{E_k(\cdot)}=1]-\Pr[P\xleftarrow{\$}\mathrm{Perm}_k(\cdot):\mathrm{A}^{P(\cdot)}=1]\right|$$

该式度量了攻击者 A 区分保留格式加密和随机置换的概率优势。

定义 5-3(PRP 安全)　令 $\mathrm{Adv}_{\varepsilon_{\mathrm{FPE}}}^{\mathrm{PRP}}(t,q)\triangleq\max\limits_{\mathrm{A}}\mathrm{Adv}_{\varepsilon_{\mathrm{FPE}}}^{\mathrm{PRP}}(\mathrm{A})$，其中，$t$ 为攻击者执行破解算法的时间，q 为攻击者查询的次数。如果 $\mathrm{Adv}_{\varepsilon_{\mathrm{FPE}}}^{\mathrm{PRP}}(\cdot,\cdot)$是一个可忽略的量，称该保留格式加密方案 $\varepsilon_{\mathrm{FPE}}$为伪随机置换，也就是达到了 PRP 安全。

5.4.2 基本方法

2002 年，Black 和 Rogaway 提出了 3 种 FPE 构建方法①：Prefix、Cycle-Walking 和 Generalized-Feistel。这 3 种方法不仅在一定程度上解决了整数集上的 FPE 问题，而且成为构造 FPE 模型的基本方法。

1. Prefix 方法

Prefix 方法很简单，首先在内存中建立一个随机的置换表，然后基于该置换表对数据进行加解密。这意味着加解密速度非常快，但是在较大消息空间上建立置换表将会耗费更多的时间，因此只适用于小的有限集 $X=\{0,1,\cdots,n-1\}$，$n<10^6$。

将 Prefix 方法记为密码 P_{FPE}，其密钥空间为 K，消息空间为整数集 $X=\{0,1,\cdots,n-1\}$，$n<10^6$。为了建立置换表，采用基础分组密码 E，其对称密钥为 $k\in K$，计算元组：$I=(E_k(0),E_k(1),\cdots,E_k(n-1))$。由于 I 中每个分量 $E_k(i)$，$i\in X$ 是长度为分组长度的不同二进制字符串，可以按照数值关系对其进行排序，由此得到 $E_k(i)$对应的排序值 r_i。进一

① BLACK J, ROGAWAY P. Ciphers with arbitrary finite domains[C]//Topics in Cryptology—CT-RSA 2002: The Cryptographers' Track at the RSA Conference, 2002 Proceedings 2002: 114-130.

步对 I 进行操作，将分量 $E_k(i)$ 换成其对应的排序值并得到元组 $J=(r_0,r_1,\cdots,r_n)$，这样就建立了消息空间 X 上的一个置换表：给定任意明文 $x\in X$，返回元组 J 中相同序号的分量 r_x，就得到了对应的密文。

例 消息空间为 $X=\{0,1,2,3,4\}$，为了建立置换表，选择基础分组密码 E 为 AES，计算 $E_k(0)=166$；$E_k(1)=6$；$E_k(2)=130$；$E_k(3)=201$；$E_k(4)=78$（这里，AES 的加密结果为分组长度的二进制字符串，为方便起见，将其用十进制数表示），得到元组 $I=(166,6,130,201,78)$，将每个分量替换为其对应的排序值得到元组 $J=(3,0,2,4,1)$。从而，假设要加密明文 0，返回元组 J 中序号为 0 的分量为其密文，即 3。

实际应用中，通常会有对密钥进行更新的要求，然而对于 Prefix 方法来说，密钥的更新意味着重新建立置换表，需要消耗较高的代价（重新加密整个消息空间并进行排序和替换）。因此，有必要在特定环境里对密码应用调整因子，可以使其不需要密钥更新而更改加密函数。一种构建可调整密码的方法是：为分组密码 E 引入调整因子 t 来加密明文 x，可执行操作 $y=E_k((E_k(x)+t)\bmod n)$。可见，引入调整因子后的加解密过程执行了 2 次加密，但是对 Prefix 方法而言，加解密是在内存中查表的操作，因此不会影响效率。

Prefix 方法不会降低基础分组密码的安全性，即当 E 是 PRP 安全的时候，Prefix 也能达到相同的安全性。

2. Cycle-Walking 方法

Cycle-Walking 方法为确保密文为消息空间内的元素提供了一种通用的解决思路，其加密的原理是利用基础分组密码（AES 或 3DES 等）对中间输出值不断进行处理，直至其在可接受的输出范围内。

设 $\text{Cycle}_k(x)$ 表示使用 Cycle-Walking 方法对明文 x 加密，密钥为 k，加密过程是：要加密明文 $x\in\{0,1,\cdots,n-1\}$，选用分组密码 E（如 AES），设 $y=E_k(x)$，如果 $y\in\{0,1,\cdots,n-1\}$ 则返回 y；否则，循环执行 $y=E_k(y)$，直到有 $\{0,\cdots,n-1\}$ 范围内的 y 产生为止。Cycle-Walking 可以将不在期望范围内的密文加密到此范围内，但是需要多次调用 E。

例 设 $X=\{0,1,\cdots,10^6-1\}$，首先确定所采用的基础分组密码，由于 $10^6<2^{64}$，选用 64 位的 DES 来处理，可以保证其输出范围始终包含 X。假设现在要加密明文 $x=314159$，计算得到 $c_1=E_k(314159)=1040401$（这里，E 采用 DES 算法，为方便起见，将其 E 的加密输出用十进制数表示），因为 $c_1\notin X$，迭代计算 $c_2=E_k(1040401)=1729$。因为 $c_2\in X$，所以 $\text{Cycle}_k(314159)=1729$。

Cycle-Walking 不会降低传统分组密码的安全性，但是在效率方面，一次加密可能需要多次调用基础分组密码，当明文的二进制位数远小于分组长度时，会因为迭代次数增加而导致性能降低。因此，Cycle-Walking 方法适合大小接近分组长度的整数集。比如，如果采用 DES 算法，适合的范围是 54～64 二进制位的整数集。

3. Generalized-Feistel 方法

Generalized-Feistel 方法要比 Prefix 方法和 Cycle-Walking 方法复杂，可以适用于更广泛的加密范围。由于 Cycle-Walking 方法对于接近分组密码大小的整数集完成保留格式加密时具有较高的性能，因此，Generalized-Feistel 方法的核心思想是基于 Feistel 网络来构建符合整数集大小的分组密码，并结合 Cycle-Walking 方法使最终密文输出在合理范围内。

Generalized-Feistel 方法由 2 部分组成：①由 Feistel 网络构造的分组密码 E，假设消息空间元素个数为 n，则 E 的分组长度要略大于 $\log_2 n$；②Cycle-Walking 方法，确保数据被加密到合理范围内。

Feistel 网络是目前主流的分组密码设计模式之一，基于 Feistel 网络，可以通过自定义的分组大小、密钥长度、轮次数、子密钥生成、轮函数等来构造一个分组密码。如图 5-9 所示，输入长度为 $2m$ 的位串，首先将其等分为长度相等的 2 部分 L 和 R，这里它们的长度 $|L|=|R|=m$，然后在对 R 执行伪随机函数 $F_k(R)$ 后与 L 异或得到 $L'=F_k(R)\oplus L$，最后将 L' 与 R 交换位置后所连接成的新的位串 $R\parallel L'$ 作为下一轮迭代的输入。

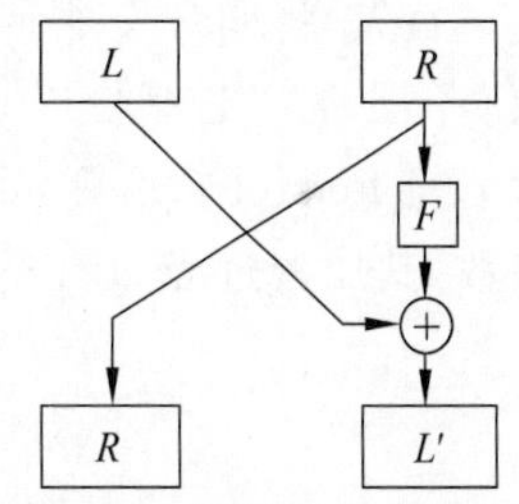

图 5-9　传统 Feistel 网络

为了构建 Generalized-Feistel 密码 $GF_{n,f,r}(x)$，使用一个基本的伪随机函数 f 和 r 轮 Feistel 运算来加密整数集 $X=\{0,1,\cdots,n-1\}$ 内的值 x，首先定义一个基于 Feistel 网络的对称密码 $E_{n,f,r}(x)$，然后执行如下步骤。

(1) 寻找最小的 w 使得 $2^{2w}\geqslant n$，$2w$ 就是需要构建的分组密码的分组长度。

(2) 定义 $f'(x)=\text{trunc}(f(x),w)$ 表示截取 $f(x)$ 的低 w 位数据。

(3) 定义轮运算 $\text{Round}(R,L)=L\,\text{XOR}\,f'(R)$。

(4) 计算 $E_{n,f,r}(\cdot)$：①寻找 R,L，使得 $x=2^wL+R$；②重复 r 次，$\{T=\text{Round}(R,L),L=R,R=T\}$；③输出 2^wL+R。

$GF_{n,f,r}(x)$ 将使用所构建的分组密码 $E_{n,f,r}(x)$ 进行计算：①$y=E_{n,f,r}(x)$；②while $(y\geqslant n)\{y=E_{n,f,r}(y)\}$。很显然，$GF_{n,f,r}(x)$ 使用了 Cycle-Walking 方法，确保数据加密到合理的范围内。由于其构建的分组密码的分组长度与待加密消息空间大小的二进制位数接近，因此具备较好的性能。

5.4.3　基本模型

Generalized-Feistel 模型及其思想成为后来 FPE 模型设计的主要参照，其中包括 FFSEM 模型①、RtE 方法②及 FFX 模型③。这些模型都将基础分组密码作为伪随机函数，基于 Feistel 网络来构造满足要求的对称加密模型，将安全性转移到基础分组密码相关的安全性上，具备可证明的安全性和实用性。

1. FFSEM 模型

FFSEM 是基于 Generalized-Feistel 方法的整数集上的典型 FPE 方案，它由 2 个基本部分组成：①平衡 Feistel 网络，用来产生指定分组长度的分组密码；②Cycle-Walking，用 $2m$ 位的分组密码对大小为 $n(n<2^{2m})$ 的集合进行加解密的普遍方法。

(1) **算法 Gen**：FFESM 初始化阶段主要定义为①FFSEM-PRF，即平衡 Feistel 网络中

① TERENCE S. Feistel finite set encryption mode. NIST Proposed Encryption Mode[OE/OL]. Available online at http://csrc. nist. gov/groups/ST/toolkit/BCM/documents/proposedmodes/ffsem/ffsem-spec. pdf ,2008.

② MIHIR B, RISTENPART T, ROGAWAY P, et al. Format-preserving encryption[C]//Selected Areas in Cryptography: 16th Annual International Workshop, SAC 2009, Revised Selected Papers 16,2009: 295-312.

③ MIHIR B, ROGAWAY P, TERENCE S. The FFX mode of operation for format-preserving encryption[J]. NIST submission 20.19 ,2010: 1-18.

所使用的伪随机函数，FFSEM 使用截断基础分组密码 AES 输出的方式构造了 FFSEM-PRF；②基础分组密码的密钥 k、消息空间的大小 n 和轮次数 r 等。详细的参数信息参阅文献。

(2) **算法 Enc**：输入为明文 x，输出为满足格式要求的密文 y。

首先，将明文 x 编码为 $l=\lfloor \log_2 n \rfloor+1$ 位的二进制数（这里$\lfloor x \rfloor$表示不超过 x 的最大整数），不足的二进制位以 0 填充；然后，执行 Cycle-Walking 过程，每次 Cycle-Walking 都将执行 r 轮 Feistel 轮运算，直到产生合适的密文；最后，对密文进行二进制解码得到对应数值的整数，其加密过程如图 5-10 所示。

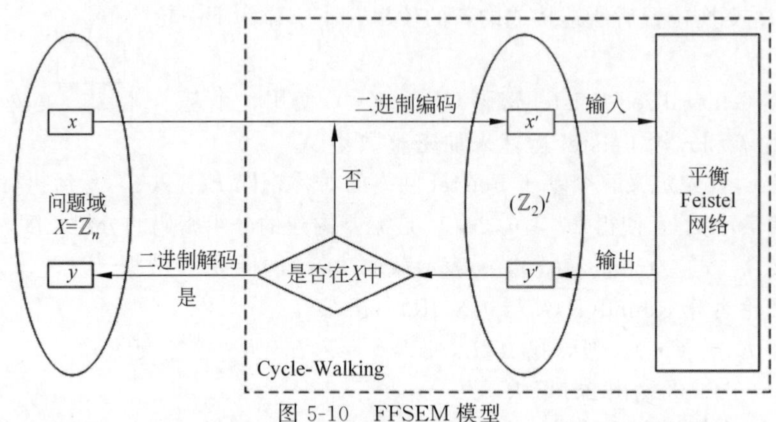

图 5-10　FFSEM 模型

目前，该加密模型已经被 Voltage 公司广泛应用，而且被 NIST 所采纳。然而，FFSEM 仅解决了整数集上的 FPE 问题，并不能成为一种普遍适用的 FPE 模型；而且 Cycle-Walking 过程需要多次调用基础分组密码，存在不确定的性能问题。

2. FFX 模型

Bellare 在消息空间、Feistel 网络和运算等方面对 FFSEM 进行了扩展，提出了扩展机制 FFX 模型，如图 5-11 所示。该模型使用了非平衡 Feistel 网络，通过自定义运算可以解决 n 位字符串所构成的消息空间 chars^n 的 FPE 问题。

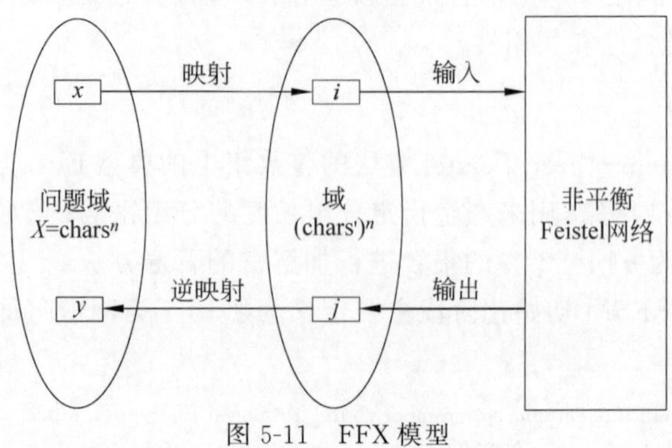

图 5-11　FFX 模型

(1) **算法 Gen**：FFX 模型初始化阶段主要定义如下。

① 字母表 $\text{chars}=\{\text{char}_0,\text{char}_1,\text{char}_2,\cdots,\text{char}_{\text{radix}-1}\}$及其基数 $\text{radix}=|\text{chars}|$。

② 所使用的非平衡 Feistel 网络类型。

③ 消息空间中元素的长度 n。

④ 每轮中所用到的伪随机函数 f、所采用的运算类型、轮次数 r 和调整因子 t 等。

(2) **算法 Enc**：输入为基础分组密码的密钥 k、调整因子 t 和字符串 x，输出为满足格式要求的字符串 y。字符串 x 和 y 都是由字母表 chars = {char_0, char_1, char_2, char_3, …, $\text{char}_{\text{radix}-1}$}中的字符组成的长度为 n 的字符串。

首先，需要将字符串 x 中的所有字符编码替换为数字。建立字母表 chars = {char_0, char_1, char_2, char_3, …, $\text{char}_{\text{radix}-1}$}与 chars′ = {0, 1, 2, 3, …, radix − 1}的一一映射，将每个字符 char_i 编码为对应的第 i 个数字。需要注意的是 chars′中每个数字前面的 0 和其他字符一样计入长度，例如，chars = {a, b, c, …, z}，x = acz，将 x 编码后得到 x = 010326。

然后，执行 r 轮指定非平衡 Feistel 网络的运算。首先，将输入(字符串 x 的编码)分割为左右两部分 L 和 R，$|L| \neq |R|$；然后，执行伪随机函数 f，对 L 和 $f_k(R)$执行选择的类型的运算得到 L'。① $c_i = (a_i + b_i) \bmod \text{radix}$，当 radix = 2 时，该运算就是异或运算；② $\sum c_i \text{radix}^{n-i} = (\sum a_i \text{radix}^{n-i} + \sum b_i \text{radix}^{n-i}) \bmod \text{radix}^n$；最后，连接 L' 与 R 得到输出 $L' \| R$，并将其作为下一轮非平衡 Feistel 网络运算的输入。

可见，FFX 模型通过将非数字字母表与数字集合建立双射，将每个字符映射为对应的数字参与加密运算，实现对消息空间 chars^n 的保留格式加密。与 FFSEM 相比，FFX 适用的范围更广，而且在处理信用卡号、社会保险号等 FPE 问题时避免了 Cycle-Walking，具有较高的效率。

5.4.4 数据库水印应用

保留格式加密可以用于水印的生成，如表 5-3 所示。

表 5-3　保留格式加密的水印生成示例

部门号	部门	电话	门诊地址	住院地址
001	耳鼻咽喉科	022-87529574	门诊楼 A 区 3 层	一号住院楼 7 层
002	产科	022-87529564	门诊楼 C 区 2 层	一号住院楼 2 层
003	皮肤科	022-87529565	门诊楼 B 区 4 层	一号住院楼 11 层
004	普通外科	022-87529598	门诊楼 A 区 2 层	一号住院楼 4 层
005	中医科	022-87529603	门诊楼 B 区 3 层	二号住院楼 3 层
006	心血管科	022-87529597	门诊楼 B 区 2 层	一号住院楼 14 层
007	内分泌科	022-87529562	门诊楼 B 区 4 层	二号住院楼 5 层

表 5-3 中，部门号和部门是松耦合，不同的部门号和部门的对应关系，可以作为一种隐性的水印。在不同的流转环节，产生水印的时候，可以选择一个不同的密钥，用于对部门号的整数进行加密，进而产生不同的序。

添加水印的过程为，基于密钥置换主键部门号列，其余列保持不变，进而按照主键部门号新的序列重新排序，即可产生带有水印的数据。

一旦泄密，因为密码机制的健壮性，只需要少数几条，就可以进行鉴别和溯源。

课后习题

1. 有关隐私保护数据发布，下列说法中不正确的是（　　）。
   A. 非交互式数据发布通常表现为在线发布
   B. 数据库存储的数据冗余度较高，添加水印的难度不大
   C. 保留格式加密能确保密文与明文具有相同的格式，可以提供可逆脱敏的能力
2. 同样是溯源技术，为什么图像水印和视频水印容易添加，且肉眼很难察觉到痕迹？

第6章 差分隐私

学习要求：了解差分攻击，掌握差分隐私的概念、性质，了解差分隐私模型；掌握拉普拉斯机制，了解拉普拉斯机制在统计查询和直方图发布中的应用；理解指数机制的机理和适用场景；掌握随机响应机制；了解差分隐私的新型应用，包括ESA模型、数据合成等。

课时：2课时/4课时

建议授课进度：2课时　6.1节～6.2节用1课时，6.5节用1课时

4课时　6.1节用1课时，6.2节～6.3节用1课时，6.4节用1课时，6.5节用1课时

差分隐私概念最早由Cynthia Dwork等①于2006年提出，区别于以往的k-匿名等隐私保护方案，其主要贡献是给出了对个人隐私泄露的数学定义，可以在最大化查询结果可用性的同时，保证单个用户隐私泄露不超过预先设定值ε。差分隐私并不是要求保证数据集的整体性的隐私，而是对数据集中的每个个体的隐私提供保护。

6.1 基本概念

6.1.1 差分攻击

本书在前序的章节中已经讨论过各类匿名化处理数据的方法，也对数据的脱敏进行了充分的讨论。然而，这些算法虽然能一定程度上保护隐私，但是在某些特定的攻击方法下，其仍然会暴露个体的隐私，差分攻击就是其中的一种。

以一个例子来说明差分攻击是如何获取到个体隐私的。表6-1展示了一个由学生的姓名、性别和成绩三个属性组成的数据表。现在，假设姓名和性别是公开数据，可以响应任意针对其的查询，但需要保护个体成绩的隐私。因此，**要求查询服务器只响应对非个体（如所有女生）的成绩查询请求**。

① Dwork C, McSherry F, Nissim K, et al. Calibrating Noise to Sensitivity in Private Data Analysis[C]. Theory of Cryptography: Third Theory of Cryptography Conference, TCC 2006: 265-284.

表 6-1 学生数据库示例

姓　　名	性　　别	成　　绩
Aisha	F	Fail
Benny	M	Pass
Erica	F	Fail
Fabio	M	Fail
Johan	M	Fail
Ming	M	Pass
Orhan	M	Pass

此时,考虑以下四种情况。

(1) 查询“Ming 的成绩”。显而易见,这是一个对个体成绩的查询,查询服务器不会响应这样的查询。

(2) 查询“有多少学生通过了考试”。这样的查询是符合要求的,查询服务器会忠实响应这个查询。

(3) 查询“有多少女生通过了考试”。看起来该查询与查询情况(2)一样,都是针对一组人而不是一个人的查询,所以查询服务器也会忠实地响应这个查询。但是,这个查询会泄露敏感信息。因为在该例子中,所有女生都没有通过测试,所以该查询会返回 0。由此可以推导出,Aisha 和 Erica 的个体成绩均为 fail,其该属性的个体隐私被暴露了。

如果说查询情况(3)还需要依赖数据本身的性质来暴露个体隐私,那么,现在将 Aisha 的成绩属性置为 pass。此时,查询情况(3)中的隐私泄露不复存在,因为此时查询情况(3)的查询会返回 1,由于女生数量为 2,我们无从知道具体是哪个女生没有通过。

(4) 在这种情况下,可以利用另一种方式来达到获取个体隐私的目的。对于个体 Aisha,首先查询“所有学生中通过考试的人数”,再查询“除了 Aisha 外所有学生通过考试的人数”。以上两个查询均符合不对个体查询的要求,所以都会被查询服务器执行。此时,第一个查询的结果是 4,第二个查询的结果是 3,就可以推导出 Aisha 通过了考试。类似地,如果没有改变 Aisha 的成绩,那么将收到两次一致的查询结果,也可推导出 Aisha 没有通过考试。

综合查询情况(3)和情况(4),可以得到结论,仅靠禁止对个体敏感属性的查询是无法完全解决敏感属性的隐私泄露问题的,查询情况(3)展现了一种需要数据特例来辅助的泄露情况,而查询情况(4)中使用的攻击方法即为**差分攻击**。

差分攻击的核心即通过寻找两个仅相差一条记录的数据集,对其分别做同样的查询,再比较返回结果的差异,从而获取两个集合所相差的记录的敏感信息。

6.1.2 差分隐私的概念

为了抵御差分攻击,最直观的想法是通过对查询结果加入一定的扰动(即反馈的查询结果并非真实的结果),使得查询结果不再精确,攻击者在进行差分攻击时获得的查询结果无法用于区分只差一条记录的两个集合。下面仍然以一个例子来说明这种处理过程。

表 6-2 展示了一组医疗数据，其包括病人的姓名和是否罹患癌症的统计信息。当外部的研究人员想要针对这组数据展开分析研究时，医院需要为其提供统计查询服务，但是不能泄露具体个体是否罹患癌症的信息。假设一个基本的查询函数 $f(i)=\text{count}(i)$，该查询针对给定的查询条件 i 来查询数据集 D 前 i 条数据中罹患癌症的人数。

表 6-2　医疗数据示例

姓　　名	是否罹患癌症
Tom	是
Bob	否
Amy	是
Lily	否
Alice	是

显而易见，如果不对数据做任何处理，当攻击者试图知道 Alice 是否罹患癌症时，只需执行查询 $f(5)$ 和 $f(4)$，此时通过 $f(5)-f(4)$ 即可知晓 Alice 是否罹患癌症，形成了差分攻击。

为了抵御差分攻击，可以在查询结果上增加一个随机数，使得攻击者每次得到的结果都含有一个随机值，以此来扰乱攻击者得到的查询结果。这个随机数即可称为噪声（noise），其一般是遵循某种分布产生的随机数。在添加噪声后，我们可以得到新的 $f'(i)=\text{count}(i)+\text{noise}$。

假设我们产生的 $\text{noise}\in[-1,1]$，结合数据集，此时 $f'(5)\in[2,4]$，$f'(4)\in[1,3]$，且由于添加的噪声是遵循某种分布均匀随机的，因此两次查询得到的结果也是在两个值域上均匀随机的，攻击者将有概率无法再通过两次查询的差值来获取 Alice 是否罹患癌症的隐私信息，达到一定程度上保护隐私的目的，即**能够提供差分隐私**。可以使用差分隐私来量化一个随机化算法提供多强的隐私保护。当随机化算法满足差分隐私的定义时，该算法被称为**差分隐私算法**。

接下来，本节对差分隐私进行形式化定义。

定义 $x\in X$ 为域 X 中的元素，从 X 中抽取 n 个元素集合组成数据集 D，其中属性的个数为维度 d。X^n 表示数据集 D 的集合，即从 X 中抽取 n 个元素组成的数据集的集合。若两个数据集 D 和 D' 具有相同的属性结构，二者之间只有一条记录不同，则称 D 和 D' 为相邻数据集（neighboring datasets）。设算法 M 为一个随机算法，Y 为随机算法的输出域。

定义 6-1（差分隐私）　若随机算法 $M: X^n\to Y$，对于任意子集 $S\subseteq Y$，在任意两个相邻数据集 $D,D'\in X^n$ 上，满足

$$\Pr[M(D)\in S]\leqslant e^{\varepsilon}\Pr[M(D')\in S]+\delta$$

则称随机算法 M 满足 (ε,δ)-差分隐私。

参数 δ 即表示随机算法 M 不满足差分隐私的概率，通常被设置为可忽略的极小值，$\delta\in[0,1)$。当 $\delta=0$ 时，称随机算法满足 ε-差分隐私。ε-差分隐私又称纯差分隐私（pure differential privacy），而 (ε,δ)-差分隐私又称近似差分隐私（approximate differential privacy）。

在 ε-差分隐私中，$e^{-\varepsilon} \leqslant \frac{\Pr[M(D) \in S]}{\Pr[M(D') \in S]} \leqslant e^{\varepsilon}$，这表示算法 M 在两个相邻数据集上输出相同结果的概率比值在 $[e^{-\varepsilon}, e^{\varepsilon}]$ 之间，也就是说，隐私预算 ε 可以用来控制算法 M 在两个相邻数据集上输出分布的差异，体现了差分隐私的保护水平。$\varepsilon \geqslant 0$，ε 越小表示隐私保护水平越高，相反 ε 数值越大表示隐私损失越大。当 $\varepsilon = 0$ 时隐私保护水平达到最高，意味着对于任意相邻数据集，算法将输出两个概率分布完全相同的结果，这样的结果不能揭示任何关于数据集的信息。一般来讲，ε 在小于 1 的情况下能提供比较高的隐私保障。

从另一方面来看，ε 的取值也反映了数据的可用性，在普通情况下，ε 越小，数据可用性越低。ε 越大，隐私保护越弱，但数据可用性越高。在一些场景中，必须在 ε 取值较大的情况下，才能实现有效的数据分析或模型训练任务。因此，隐私预算 ε 的取值需要结合实际场景和需求，在输出结果的隐私性和可用性之间进行权衡。

6.1.3 差分隐私性质

差分隐私保证：如果数据分析者除了数据分析任务之外不能对数据集进行额外查询，就无法增加数据集中每条记录的隐私损失。也就是说，如果使用随机性算法保护了个人的隐私，那么数据分析者就不能仅通过背景知识以及算法的输出来增加隐私损失，无论是在正式定义中，还是在任何直观意义上。形式化来说，与数据集无关的映射 f 与一个满足 (ε, δ)-差分隐私的算法 M 组合起来，仍然满足 (ε, δ)-差分隐私，其被称为后处理（post-processing）不变性。

定理 6-1（后处理不变性） 若随机算法 $M: X^n \rightarrow Z$ 满足 (ε, δ)-差分隐私，对于任意随机映射 $f: Z \rightarrow Z'$，则 $f \circ M: X^n \rightarrow Z'$ 是 (ε, δ)-差分隐私的。

在现实的应用场景中，往往需要多次对数据集进行查询来满足日常的数据分析任务。在这种情况下，差分隐私的串行组合性（sequential composition）和并行组合性（parallel composition）提供了在多次使用随机算法查询数据集时计算隐私损失的方法，如图 6-1 所示。

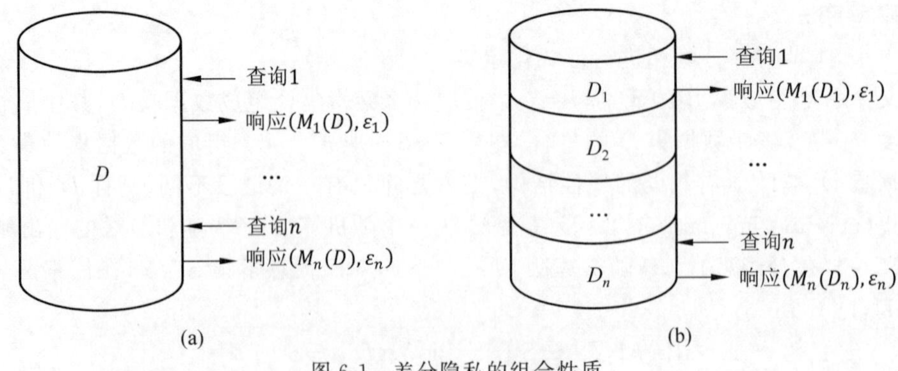

图 6-1 差分隐私的组合性质

(a)串行组合性；(b)并行组合性

定理 6-2（串行组合性） 给定一组差分隐私算法 $M_1, M_2, \cdots, M_n$，每个 M_i 满足 $(\varepsilon_i, \delta_i)$-差分隐私。利用这组机制对相同的数据集 D 进行查询，组合算法 $M(D) = (M_1(D), M_2(D), \cdots, M_n(D))$ 满足 $(\sum \varepsilon_i, \sum \delta_i)$-差分隐私。

串行组合性表明用一组差分隐私算法查询同一个数据集后，数据集中每条记录的隐私损失将不超过全部所有算法导致的隐私损失的总和。然而，将随机算法的隐私损失简单求和的方式往往并不尽如人意，因为这样会导致隐私预算 ε 偏大。

在实际应用中，学界一般更关注约束差分隐私预算 ε 的大小，而 δ 的取值是一个较小的值即可。因此，一些学者研究放宽对参数 δ 的限制，减小 ε 的取值的合成定理。高级合成定理①(advanced composition)考虑了隐私预算 ε 的期望（一阶矩）的上界，moments accountant 方法②则考虑隐私预算 ε 的矩生成函数（所有阶矩）的上界，这些方法都通过对 δ 的略微放大，大幅缩小了隐私预算 ε 的上界。串行组合性在现实场景中应用较广，在一些论文中简称组合定理(composition theorem)。

当一组算法处理彼此不相交的数据集，那么这一组算法序列构成的组合算法的差分隐私保护水平取决于其中保护水平最差者，即隐私损失最大的算法，该性质称为并行组合性，其形式化定义如下。

定理 6-3（并行组合性） 给定一组差分隐私机制 $M_1, M_2, \cdots, M_n$，每个 M_i 提供 $(\varepsilon_i, \delta_i)$-差分隐私保证。若集合 D 包含 n 个不相交的子集 $D = D_1 \cup D_2 \cup \cdots \cup D_n$，将这组算法分别作用在这些子集上，构成的组合算法 $M(D) = (M_1(D_1), M_2(D_2), \cdots, M_n(D_n))$ 会提供 $(\max\varepsilon_i, \max\delta_i)$-差分隐私。

相比于串行组合性，差分隐私的并行组合性更容易理解。由于差分隐私度量的是数据集中每一条记录的隐私损失，当随机算法不查询该数据集时，数据集中每条记录不损失隐私。在并行组合性中，每条记录只有在随机算法查询该数据集时损失隐私，差分隐私又是度量最差情况下隐私损失的定义，因此并行组合性即对应所有算法中隐私损失最差的算法。

6.1.4 差分隐私模型

基于差分隐私保护的数据发布是差分隐私研究中的核心内容，其目的是在不披露任何个人记录的情况下向公众输出汇总信息。

根据对于多次查询的响应方法不同，差分隐私的发布模型分为交互式和非交互式两种，如图 6-2 所示。

在交互式数据发布中，给定数据集 D 和查询集 $F = \{f_1, f_2, \cdots, f_m\}$，需通过一种数据发布机制，使其能够在满足差分隐私保护的条件下，逐个回答查询集 F 中的查询，直到耗尽全部隐私预算。发布机制的性能通常由精确度来衡量。交互式数据发布即要在满足一定精确度的条件下，以给定的隐私保护预算回答尽可能多的查询。交互式数据发布的方法主要考虑事务数据库、直方图、流数据和图数据等发布。

在非交互数据发布中，给定数据集 D 和查询集 $F = \{f_1, f_2, \cdots, f_m\}$，需通过一种数据发布机制，使其能够在满足差分隐私保护的条件下，一次性回答 F 中的所有查询。数据管理者针对所有可能的查询，在满足差分隐私的条件下一次性发布所有查询的结果，或者发布一个原始数据集的净化版本，即带噪声的合成数据集，用户可对合成数据集自行进行所需的

① CYNTHIA D, ROTHBLUM G N, VADHAN S. Boosting and Differential Privacy[C]//IEEE 51st Annual Symposium on Foundations of Computer Science, 2010: 51-60.

② ABADI M, CHU A, GOODFELLOW I J, et al. Deep Learning with Differential Privacy[C]//the 2016 ACM SIGSAC Conference, 2016: 308-318.

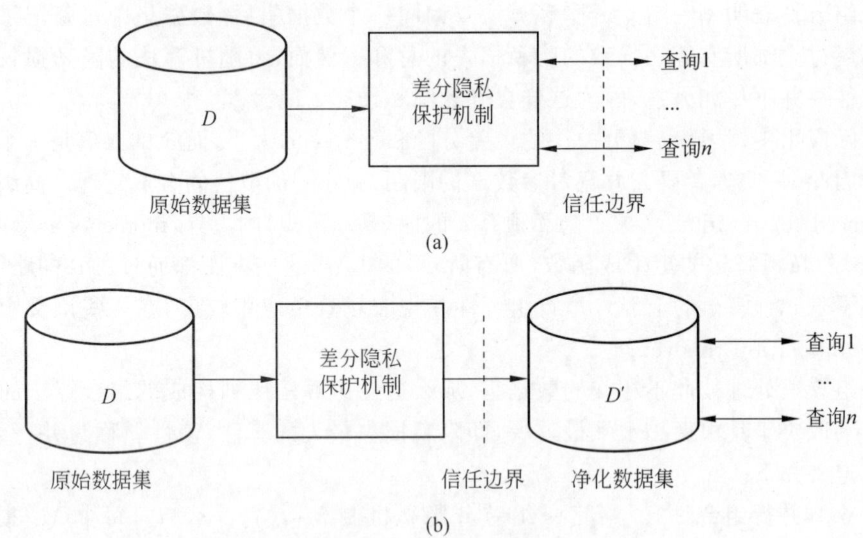

图 6-2 数据发布模型

(a)交互式数据发布方案；(b)非交互式数据发布方案

查询操作。非交互式数据发布方法主要集中在批查询、列联表、基于分组的发布方法以及净化数据集发布。相比于交互式数据发布场景每次查询都要消耗隐私预算，非交互式只需在发布合成数据集时消耗隐私预算，由于差分隐私的**后处理不变性**，对合成数据集的后续查询任务，不会进一步泄露原始数据集的隐私。

6.2 拉普拉斯机制

不同的差分隐私机制适用于不同类型的查询。一般来说，对数据库的查询可分为两种类型，即数值查询和非数值查询。针对这两类查询，分别介绍两种常用的差分隐私机制，即适用于数值查询的拉普拉斯机制和适用于非数值查询的指数机制。除此之外，本章还介绍了一种适合于客户端信息收集的本地化隐私保护机制，即随机响应机制。

6.2.1 基础知识

1. 全局灵敏度

考虑这样的 SQL 查询：

```
select count(*) from d where Sick = "糖尿病"
```

这是一个典型的计数查询，显然会受到差分攻击的影响。对于数值型的查询结果，拉普拉斯机制在输出的数值上直接添加噪声。不过，在加入噪声之前，也要考虑另一个因素的影响。考虑在当前数据集 D 只改动一条数据形成的相邻数据集 D'，对于当前这个查询而言，如果只改动一条数据，那前述的 SQL 查询的结果改动至多为 1。

但是，如果将查询变成这样：

```
select 3*count(*) from d where Sick ="糖尿病"
```

在改动一条数据的情况下，这个查询的结果可能会改变 3 而不是 1 了。为了解决类似的问题，**差分隐私引入了灵敏度的概念，其度量数据集有一条改动的情况下，查询结果的最大改变**。

定义 6-2（全局灵敏度）　设有查询函数 $f: X^n \to R^d$，输入为一个数据集，输出为 d 维实数向量。对于任意相邻数据集 D 和 $D' \in X^n$，则

$$\mathrm{GS}_f = \max_{D,D'} \| f(D) - f(D') \|_p$$

称为函数 f 的全局灵敏度。其中 $\| f(D) - f(D') \|_p$ 是 $f(D)$ 和 $f(D')$ 之间的 p-阶范数距离，记为 l_p 灵敏度。对于不同的机制，灵敏度的范数也不同，拉普拉斯机制使用一阶范数距离（即曼哈顿距离），而高斯机制采用二阶范数（即欧几里得距离），具体取决于对应机制的隐私分析方法。

2. 拉普拉斯分布

拉普拉斯机制通过向查询结果或原始数据加入服从拉普拉斯分布的噪声来实现差分隐私。那么，为什么会选择拉普拉斯分布？

位置参数为 0 的拉普拉斯分布的概率密度函数如图 6-3 所示，其中：横轴表示随机变量 x 的取值；纵轴表示相对应的概率密度；b 是拉普拉斯分布的尺度参数。从图中可以看到，拉普拉斯分布的特点是当 $x=0$ 时，概率密度最大；而在两侧，其概率密度呈指数型下降。特别地，在分布任意一侧中，相同间隔的概率密度比值均相同。

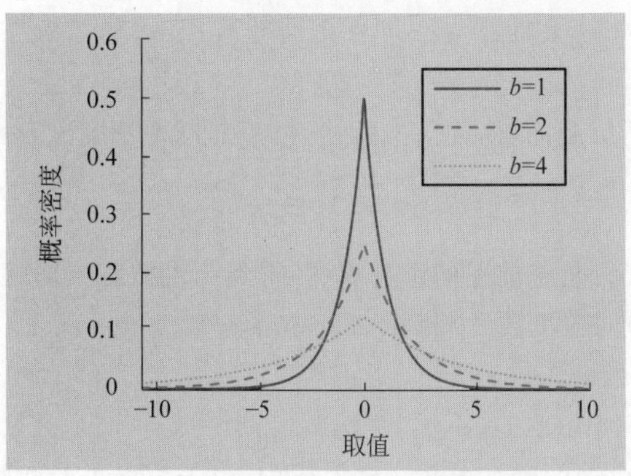

图 6-3　拉普拉斯分布概率密度函数

3. 拉普拉斯机制

使用 Lap(b)来表示位置参数为 0、尺度参数为 b 的拉普拉斯分布，Lap($x|b$)表示在尺度参数为 b 的时候输出结果为 x 的概率，即概率密度函数，表示为

$$\mathrm{Lap}(x|b) = \frac{1}{2b}\exp\left(-\frac{|x|}{b}\right)$$

根据差分隐私的理论，在灵敏度为 1 的时候，加入的噪声参数满足 b 为$\frac{1}{\varepsilon}$，即能满足 ε-差分隐私。下面，我们来形式化地定义拉普拉斯机制。

定理 6-4（拉普拉斯机制）　设函数 $f: X^n \to R^k$，$\Delta f = \max_{D,D'} \| f(D) - f(D') \|_1$ 为关于函数 f 的 l_1 灵敏度。给定数据集 $D \in X^n$，则随机算法

$$M(D)=f(D)+(Y_1,Y_2,\cdots,Y_k),Y_i\sim \mathrm{Lap}(\Delta f/\varepsilon)$$

提供 ε-差分隐私。其中 Y_i 是独立同分布的，服从尺度参数 b 为 $\Delta f/\varepsilon$ 的拉普拉斯分布的随机变量。

从图 6-3 所示的不同参数的拉普拉斯分布中还可以看出，在灵敏度不变时，ε 越小，引入的噪声越大。

接下来，本章给出一个能够生成拉普拉斯噪声，并基于该噪声设计的差分隐私方案。本部分代码由 C 语言实现，并在 Ubuntu 操作系统中进行了测试。

6.2.2 拉普拉斯噪声生成

为了实现拉普拉斯机制的加噪过程，首先，需要能够产生服从于拉普拉斯分布的噪声。具体来说，利用产生随机变量的组合方法来产生这个噪声。该定理可以描述如下：

若随机变量 ζ 服从于离散分布$\{p_i\}$，即 $P(\zeta=i)=p_i$，同时有 z 服从于 $F_\zeta(x)$，取 $z=x$，则有

$$z\sim F(x)=\sum_{i=1}^{K}p_iF_i(x)$$

根据该定理，可以得到一个产生符合特定分布的随机数的组合算法：

(1) 产生一个正随机数 ζ，使得 $P(\zeta=i)=p_i$，$(i=1,2,3,\cdots,K)$；

(2) 在 $\zeta=i$ 时，产生具有分布函数 $F_i(x)$的随机变量 x。

该算法首先以概率 p_i 来选择一个子分布函数 $F_i(x)$，然后取 $F_i(x)$的随机数来作为 $F(x)$的随机数。

而具体到拉普拉斯机制而言，如前文所述，由于其概率密度分布函数为

$$f(x/\beta)=\frac{1}{2\beta}\mathrm{e}^{-\frac{|x|}{\beta}}$$

其均值为 0，方差为 $2\beta^2$。基于前述的组合算法，得到产生拉普拉斯随机数的方法如下：

(1) 产生均匀分布的随机数 u_1 和 u_2，即 $u_1,u_2\sim U(0,1)$；

(2) 计算 $x=\begin{cases}\beta\ln(2u_1)+u_2, & u_1\leqslant 0.5\\ u_2-\beta\ln(2(1-u_1)), & u_1>0.5\end{cases}$

其中，x/β 为拉普拉斯机制的隐私参数。在本例中，由于数据集的敏感度为 1，其值为 $1/\epsilon$。

将该部分的代码放置于文件 laplace.c 中。函数 uniform_data 给出了一个生成服从均匀分布 $U(0,1)$的随机数的算法。该算法利用从主函数中获取的随机数种子 seed 和区间上界 a 及下界 b 作为输入。

首先，算法利用线性同余法来对随机种子进行处理，从而生成一个随机数 t：

```
double t;
*seed = 2045.0 * (*seed) + 1;
*seed = *seed - (*seed / 1048576) * 1048576;
t = (*seed) / 1048576.0;
```

线性同余法的公式为 $X_{n+1}=aX_n+c \bmod m$。此处设定 $a=2045$，$m=1\,048\,576$，$c=1$。其中，2045 和 1 048 576 是线性同余法中使用的常数，选择它们是为了产生高质量的伪随机

数序列。具体来说,2045 是一个较大的素数,它可以确保生成的随机数序列具有较长的周期,即生成的随机数序列不会很快地重复。

进一步地,将 t 映射到区间 (a,b) 上,就完成了一个服从 $U(a,b)$ 的随机数生成。

```
t = a + (b - a) * t;
return t;
```

有了这个算法,就可以利用此前推导的公式来生成服从拉普拉斯分布的随机数了。函数 laplace_data()以隐私预算 β 和随机数种子 seed 作为输入,生成一个服从拉普拉斯分布的随机数。该算法首先调用 uniform_data()函数产生两个服从 $U(0,1)$ 的随机数:

```
double u1,u2, x;
u1 = uniform_data(0.0, 1.0, seed);
u2 = uniform_data(0.0, 1.0, seed);
```

之后,将这两个随机数代入此前的公式中:

```
if (u1 < 0.5)
{
    x = beta * (log(2 * u1) + u2);
}
else
{
    x = u2 - (beta * log(2 * (1-u1)));
}
```

这样,就可以得到一个以隐私参数 β 和随机种子 seed 生成的服从拉普拉斯分布的随机数。

6.2.3 统计查询应用

实验 6-1 对某类数值型数据统计查询的基于拉普拉斯机制的防护方案。

实验内容:对一个数据集(zoo.csv)进行统计查询,该数据集描述了一个动物园喂食的场景,第一列中数据为动物名称,第二列中数据为动物每天消耗的胡萝卜数量。查询定义为"每日进食超过 55 根胡萝卜的动物数量"。请设计相关的隐私保护方案,确保查询过程不泄露隐私信息。

1. 方案一(交互式发布):对查询返回的结果添加噪声

重复攻击是针对差分隐私的攻击方式。因为拉普拉斯机制添加噪声的特点是无偏估计,多次查询后均值为 0,如果攻击者向数据库请求重复执行同一个查询语句,将结果求和平均,就有极大的概率获得真实结果。

事实上,隐私预算 ε 刻画了一类查询任务的总体允许的隐私泄露程度。如果仅仅将 ε 作为生成拉普拉斯噪声的参数的话,如表 6-3 所示,多次查询很容易就实现隐私信息的推断。

表 6-3 交互式发布的概率表

ε	噪声绝对值的数据分布				多次查询添加噪声的平均值落在危险区间内的概率			
	90%	**95%**	**99%**	**99.9%**	**100**	**1000**	**10 000**	**100 000**
1	2.29	2.98	4.50	6.43	100.00	100.00	100.00	100.00
0.1	23.24	29.99	45.51	66.56	25.59	73.75	99.99	100.00
0.01	227.97	296.22	463.48	677.26	2.72	9.12	27.85	73.70

要考虑保护多次查询的话，需要为每次查询进行隐私预算分配：假定隐私预算为 ε，允许的查询次数为 k，则每次查询分配的隐私预算为 ε/k，这样才能达到 ε-差分隐私的目标。

因此，对于统计查询而言，如果在查询结果上进行反馈，则需要定义所能支持的次数，进而，按照上述方式对每次查询进行隐私预算的分配。换句话说，这种添加噪声的方式，会使每次查询都消耗一定的隐私预算，直到隐私预算都被消耗干净，就再也不能起到保护的作用。

2. 方案二(非交互式)：对数据集中的数据添加噪声

该方案不在结果上加噪声，而在数据上加噪声，产生加噪后的数据，以产生的加噪的数据集来响应查询。在这种情况下，对每条记录都根据设定的隐私预算产生并添加相关的拉普拉斯噪声，进而生成合成的数据集。

本部分实现置于 testraw.c 中。为了对 CSV 文件执行操作，首先需要设计一种能够读取 CSV 文件并对其进行分析的算法 csv_analysis，来实现对 CSV 文件的读取和其上属性的处理。该算法在第 19 行完成了对 CSV 数据集的读取后，会进入一个循环体，对数据集内的数据条目进行循环处理和加噪并判断该条数据加噪后是否符合前述查询，并输出该查询的结果：

```
1.  while(original_data[i].name)
2.  {
3.      x = laplace_data(beta, &seed);      //产生拉普拉斯随机数 x 作为噪声
4.      printf("Added noise:%f\t%s %d\t%f\n", x, original_data[i].name,
    original_data[i].carrots+x);           //当投入较少隐私预算时,可能会出现负数
5.      if(original_data[i].carrots+x>=55)
6.      {
7.          sum++;
8.      }
9.      i++;
10. }
11. printf("Animals which carrots cost > 55 (Under DP): %d\n", sum);
                       //输出加噪后的数据集中,每日食用胡萝卜大于 55 的动物个数
```

在主函数中，指定全局敏感度为 1，以 10 和 0.1 作为两个隐私预算，并生成基于时间的随机种子：

```
long int seed;
int sen = 1;                        //对于一个单属性的数据集,其敏感度为 1
double eps[]={10, 0.1};             //指定两个隐私预算,分别代表极大,极小
```

```
srand((unsigned)time( NULL ));        //生成基于时间的随机种子(srand 方法)
int i = 0;
```

为了刻画信息泄露的情况，可以设计一个相邻数据集 zoo_nb.csv（去掉了“Dugong”这一项数据），来进行对比演示加入不同规模的噪声对统计结果的影响。利用这两个隐私预算分别基于原始数据集和相邻数据集生成加噪数据并进行前述查询，以此来对噪声的影响进行展示和比较。

```
while(i<2)
{
    printf("Under privacy budget %f, sanitized original data with animal name and laplace noise:\n",eps[i]);
    double beta = sen / eps[i];
                                //拉普拉斯机制下，实际公式的算子 beta 为敏感度/隐私预算
    seed = rand()%10000+10000;                    //随机种子产生
    csv_analysis("./zoo.csv",beta,seed);          //先调用原始数据集
    printf("====Using neighbour dataset====\n");
    seed = rand()%10000+10000;                    //随机种子更新
    csv_analysis("./zoo_nb.csv",beta,seed);       //再调用相邻数据集
    printf("================================\n");
    i++;
}
```

先输入了较大的隐私预算（10），此时，生成的噪声和加噪后的数据与原始数据的差别如图 6-4(a)所示。可以看到，在投入较大的隐私预算的情形下，添加的噪声均小于 1 或略大于 1。对于特定查询“每日进食大于 55 根胡萝卜的动物个数”，在该隐私预算下，加噪前和加噪后的响应一致，数据可用性好，如图 6-4(b)所示。

```
Under privacy budget 10.000000, sanitized original data with animal name and laplace noise:
Animals which carrots cost > 55 (original): 90
Added noise:0.975233    Aardvark        1.975233
Added noise:0.059110    Albatross       88.059110
Added noise:1.146398    Alligator       36.146398
Added noise:1.003976    Alpaca  100.003976
Added noise:0.168818    Ant     69.168818
Added noise:0.057197    Anteater        14.057197
Added noise:0.922177    Antelope        77.922177
Added noise:-0.012914   Ape     52.987086
Added noise:-0.001565   Armadillo       93.998435
Added noise:0.911597    Baboon  67.911597
Added noise:0.038145    Badger  92.038145
Added noise:0.828769    Barracuda       87.828769
Added noise:-0.077417   Bat     69.922583
Added noise:1.027173    Bear    32.027173
Added noise:-0.049532   Beaver  13.950468
Added noise:0.100204    Bee     14.100204
Added noise:0.060420    Bison   61.060420
Added noise:0.423178    Boar    57.423178
Added noise:0.812943    Buffalo 68.812943
Added noise:0.666850    Butterfly       13.666850
```

(a)

```
Animals which carrots cost > 55 (Under DP): 90
```

(b)

图 6-4 隐私预算为 10 时的输出数据集和查询结果

(a)不使用差分隐私的情况和使用差分隐私的输出；(b)使用差分隐私的查询结果

但是，观察标记后对相邻数据集的处理情况，可以发现，加噪后数据集对该查询的响应仍与数据集的变化一致，均为89，体现出了“Dugong”离开数据集造成的差异，不能有效抵御对该查询的差分攻击。此时的查询结果如图6-5所示。

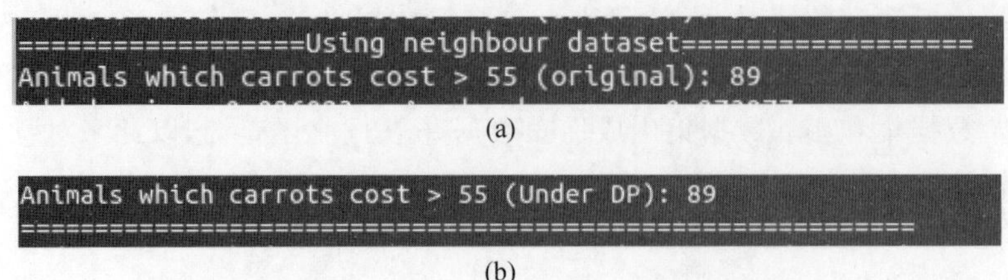

图6-5　隐私预算为10时的对相邻数据集的查询结果

(a)不使用差分隐私的情况；(b)使用差分隐私的情况

此时再输入0.1作为隐私预算。可以看到，在该隐私预算下，产生的拉普拉斯噪声也增大了，这使得加噪后的查询结果也受到了影响，如图6-6所示。

```
Under privacy budget 0.100000, sanitized original data with animal name and laplace noise:
Animals which carrots cost > 55 (original): 90
Added noise:1.093426    Aardvark        2.093426
Added noise:1.553708    Albatross       89.553708
Added noise:-0.301600   Alligator       34.698400
Added noise:2.885617    Alpaca  101.885617
Added noise:2.400248    Ant     71.400248
Added noise:-7.071718   Anteater        6.928282
Added noise:16.816570   Antelope        93.816570
Added noise:0.086264    Ape     53.086264
Added noise:-1.384364   Armadillo       92.615636
Added noise:-0.071994   Baboon  66.928006
Added noise:1.996502    Badger  93.996502
Added noise:0.572451    Barracuda       87.572451
Added noise:-0.678219   Bat     69.321781
Added noise:4.313268    Bear    35.313268
Added noise:3.524837    Beaver  17.524837
Added noise:4.672717    Bee     18.672717
Added noise:5.634807    Bison   66.634807
Added noise:5.257841    Boar    62.257841
Added noise:13.826595   Buffalo 81.826595
Added noise:6.462843    Butterfly       19.462843
Added noise:6.359006    Camel   27.359006
Added noise:0.854275    Caribou 38.854275
Added noise:3.405549    Cat     95.405549
Added noise:-0.548326   Caterpillar     38.451674
```

(a)

```
Animals which carrots cost > 55 (Under DP): 99
```

(b)

图6-6　隐私预算为0.1时的输出数据集和查询结果

(a)不使用差分隐私的情况和使用差分隐私的输出；(b)使用差分隐私的查询结果

同时，观察对相邻数据集进行加噪的结果，可以发现，虽然相邻数据集的直接查询结果受到了“Dugong”项移除的影响，但加噪后的相邻数据集查询结果与加噪前相比变化巨大，不再能反映出“Dugong”项移除的影响，如图6-7所示。

图6-7　隐私预算为0.1时的相邻数据集查询结果

投入较少的隐私预算时，虽然数据的可用性降低了，但是能够更好地抵御差分攻击。这里需要说明的是，由于算法存在一定随机性且较为简单，因此在某些时候可能无法取得图 6-7 所示结果，可以多试几次。

6.2.4　直方图发布应用

实验 6-2　对直方图发布的基于拉普拉斯机制的防护方案。

在探索直方图发布的差分隐私应用场景中，以一个具体的医疗数据集为例，其数据框架建立在一个文件（如 medicaldata.csv）之上，其中首列记录了不同的年龄段，而第二列则统计了在这些年龄段中，患有特定疾病的人数。打算发布的直方图，基于第一列数据作为区间分布的基础，展示了各个年龄段对应的疾病患病率。

在这一过程中，直方图查询的工作机制是将整个数据集细分成若干个互不重叠的部分，每部分对应一个年龄区间，并计算每个区间内的数据点数量。鉴于这些区间之间是完全独立的，即数据集中的任何单一记录的变动仅会影响到一个特定的区间，因此，这类查询的敏感度被定为 1。基于这一特点，在每一区间的查询结果上添加根据隐私预算采样的噪声，就能够确保满足 ε-差分隐私的标准。通过这种方法，既能够保护数据的隐私安全，又能够在一定程度上准确地反映出不同年龄段的疾病分布情况，这对于公共健康研究和政策制定具有重要的参考价值。

在本例中，数据集 medicaldata.csv 和其相邻数据集 md_nb.csv，描述了 md_nb.csv 是在 medicaldata.csv 的基础上，将其中“30～40”区间的统计值减 1 而产生的，模拟了一个场景，即一个患者决定退出医疗数据共享计划。

本部分的代码实现位于 testhist.c。首先，与数值型应用实现类似，定义了一个 csv_analysis 函数来实现对 CSV 文件的读取和其上属性的处理。该算法在文件第 20 行完成了对 CSV 数据集的读取后，会进入一个循环体，对数据集内的数据条目进行循环处理和加噪，并输出该区间数据加噪后的结果：

```
void csv_analysis(char * path, double beta, long int seed)
{
    FILE * original_file = fopen(path,"r+"); //读取指定路径的数据集
    struct Histobuckets * original_data = NULL;
    original_data = hb_csv_parser(original_file);
    int sum=0,i=0;
    double x = 0;
    while(original_data[i].bucket)
                                    //循环为原始数据集内各桶数据生成拉普拉斯噪声并加噪
    {
        x = laplace_data(beta,&seed);          //产生拉普拉斯随机数
        printf("Added noise:%f\t%s\t%f\n",x,original_data[i].bucket,
original_data[i].count+x);                 //当投入较少隐私预算时,可能会出现负数
        i++;
    }
}
```

在主函数中，仍然指定全局敏感度为 10 和 0.1 两个隐私预算，并生成基于时间的随机

种子：

```
long int seed;
int sen = 1;                                   //对于一个单属性的数据集,其敏感度为 1
double x;
srand((unsigned)time( NULL ));                 //生成基于时间的随机种子(srand 方法)
double eps[]={10,0.1};
```

此后，利用这两个隐私预算分别基于原始数据集和相邻数据集来进行加噪的直方图发布，以此来对噪声的影响进行展示和比较。

```
while(i<2)
{
    printf("Under privacy budget %f, sanitized original bucket with laplace
noise:\n",eps[i]);
    double beta = sen / eps[i];
                                //拉普拉斯机制下,实际公式的算子 beta 为敏感度/隐私预算
    seed = rand()%10000+10000;                      //随机种子产生
    csv_analysis("./medicaldata.csv",beta,seed);    //先调用原始数据集
    printf("=======Using neighbour dataset========\n");
    seed = rand()%10000+10000;                      //随机种子更新
    csv_analysis("./md_nb.csv",beta,seed);          //再调用相邻数据集
    printf("========================================\n");
    i++;
}
```

该算法的运行结果如图 6-8 所示。先输入了较大的隐私预算(10)，此时，观察生成的噪声和加噪后的数据与原始数据的差别。

```
Please input laplace epsilon:Under privacy budget 10.000000, sanitized original
bucket with laplace noise:
Added noise:0.646580     20-30   405.646580
Added noise:-0.026983    30-40   435.973017
Added noise:0.079167     40-50   421.079167
Added noise:0.456931     50-60   457.456931
Added noise:0.171980     60-70   463.171980
=================Using neighbour dataset=================
Added noise:0.501617     20-30   405.501617
Added noise:0.911548     30-40   435.911548
Added noise:0.229845     40-50   421.229845
Added noise:-0.146756    50-60   456.853244
Added noise:-0.104379    60-70   462.895621
==========================================================
```

图 6-8　隐私预算为 10 时的输出

可以看到，当隐私预算为 10 时，由于加入噪声量级较小，相邻数据集的变化仍能被体现。将这些数据输入 Excel 中，得到使用隐私预算为 10 的差分隐私算法生成的数据和直方图如图 6-9 所示。

使用 0.1 为隐私预算的实验结果如图 6-10 所示。

随着噪声量的增加，可以观察到一个现象：尽管数据的可用性受到影响，结果却意外地显示出增长，而非减少。这表明，即便数据的准确性下降，依然能够有效隐藏数据集之间的

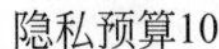

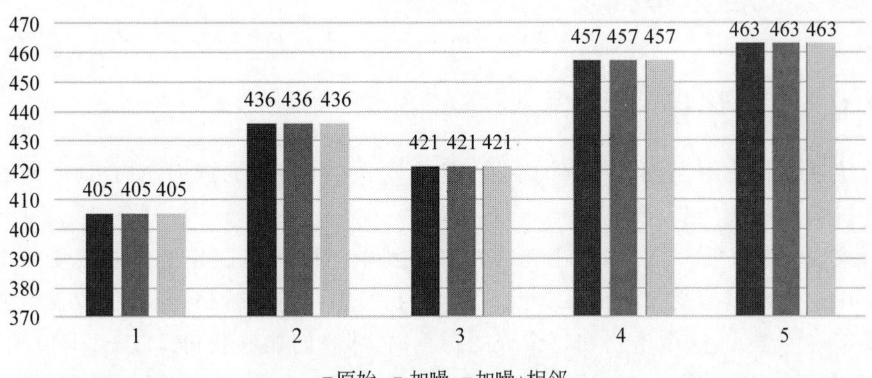

图 6-9　隐私预算为 10 时的直方图

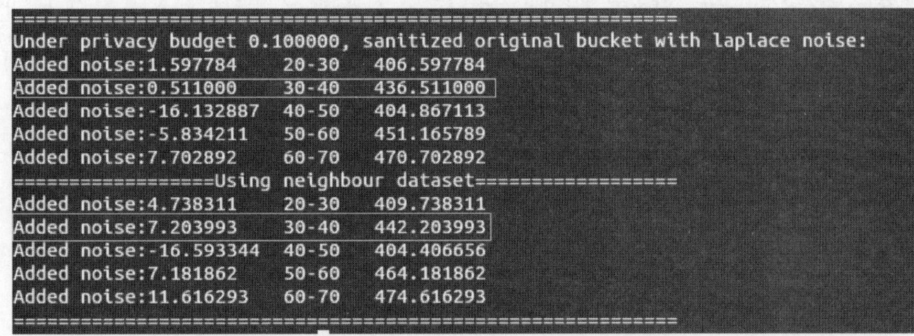

```
=========================================================
Under privacy budget 0.100000, sanitized original bucket with laplace noise:
Added noise:1.597784     20-30   406.597784
Added noise:0.511000     30-40   436.511000
Added noise:-16.132887   40-50   404.867113
Added noise:-5.834211    50-60   451.165789
Added noise:7.702892     60-70   470.702892
==================Using neighbour dataset==================
Added noise:4.738311     20-30   409.738311
Added noise:7.203993     30-40   442.203993
Added noise:-16.593344   40-50   404.406656
Added noise:7.181862     50-60   464.181862
Added noise:11.616293    60-70   474.616293
=========================================================
```

图 6-10　隐私预算为 0.1 时的输出

微小变化，从而防止攻击者利用这些变化进行差分攻击。使用隐私预算 0.1 的差分隐私算法生成的数据和直方图如图 6-11 所示。

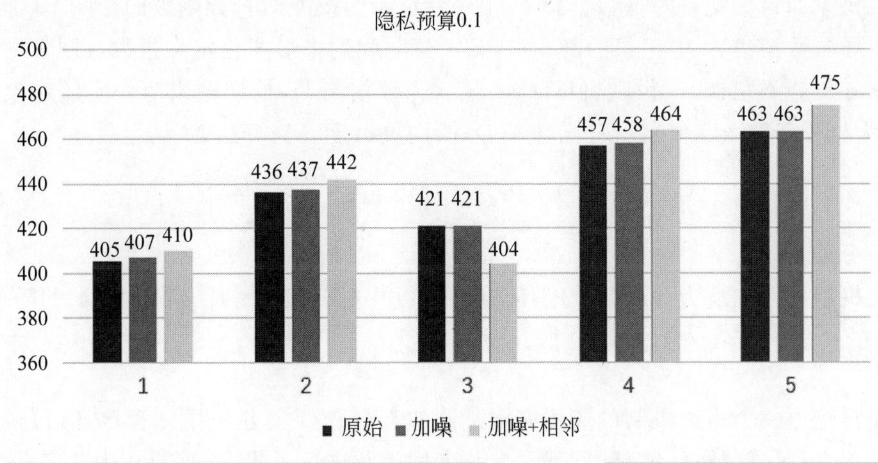

图 6-11　隐私预算为 0.1 时的直方图

6.3 指数机制

6.3.1 适用场景

拉普拉斯机制适用于数值型查询结果，但是对于一些**特别的查询**，对查询返回的结果直接加入随机噪声可能会造成较大的影响。

举例来说：将南瓜卖给 Alice，Bob，Charlie，其中 Alice 和 Bob 最多能接受每个南瓜 1 元，而 Charlie 则可以接受每个南瓜 3 元。此时，我们想要定下价格，让我们收益最大。

如果定价为 1 元，这个价格在每个人的预算内，那我们能够获得 3(1+1+1)元；如果定价 3 元，只有 Charlie 能买得起，那我们也可以获得 3 元的收益。此时可以发现，如果试图为最优定价加价，我们有两个最优定价可选，即 1 元和 3 元。

为了保护定价，可以加入噪声，但是当加入了一个噪声时，即使这个噪声极小，也会大幅度影响收益。当定价为 1.01 元时，只有 Charlie 仍然愿意购买，我们只能收入 1.01 元。而当定价 3.01 元时，Charlie 也不会购买，我们的收益会变成 0 元。

这类查询(从 1 和 3 两个定价中选一个)和非数值查询的特点类似，其查询结果是离散的、不能变动的数据。对于这类查询(查询结果为实体对象，如一种选择或一个方案)，通常使用指数机制[①]来进行处理。

6.3.2 工作原理

指数机制可以理解为对于某一问题的隐私抽样算法：对于一个问题 q，存在一个打分函数 $q(D,r)\to R$，为数据集 D 的输出域 O 中的每一个可能的输出 r 进行打分，指数机制会以打分函数为基础为输出 r 分配概率来对结果进行抽样。

指数机制的目标就是降低数据集 D 中任意记录的改变对打分函数的影响，从而限制函数的输出导致数据集 D 中记录的隐私泄露。下面，我们来形式化定义指数机制。

定理 6-5(**指数机制**) 设随机算法 M 输入为数据集 D，抽样输出为一实体对象 $r\in O$，$q(D,r)$为打分函数，Δq 代表打分函数 $q(D,r)$的灵敏度。当算法 M 满足

$$M(D,q)=\left\{r \mid \Pr[r\in O]\propto \exp\left(\frac{\varepsilon q(D,r)}{2\Delta q}\right)\right\}$$

提供 ε-差分隐私。

指数机制可以理解为，$M(D,q)$是从输出域 O 中抽样输出一个实体对象 r 的随机算法，抽样概率正比于 $\exp\left(\frac{\varepsilon q(D,r)}{2\Delta q}\right)$。

下面再给出一个指数机制的应用实例。假如某学校要举办一场体育比赛，可供选择的项目来自集合{足球，排球，篮球，网球}，参与者们为此进行了投票，现要从中确定一个项目，并保证整个决策过程满足 ε-差分隐私。

① MCSHERRY F，TALWAR K. Mechanism design via differential privacy[C]//48th Annual IEEE Symposium on Foundations of Computer Science，2007：94-103.

对每一个参与者,他的投票选择都是个人隐私,不能泄露他喜欢哪种球类。如前所述,差分攻击者可以通过两次输出的结果,来判断其中一个用户的喜好。指数机制将依据计算得到的抽样概率进行抽样输出,抽样概率使得差分攻击者难以有绝对优势猜测出攻击者到底投了哪一个项目。以得票数量为打分函数,显然 $\Delta q=1$。依据指数机制计算得到抽样概率如表 6-4 所示。

当预算为 0 时,四个项目的概率被均分了,指数机制无论抽样得到哪个输出,差分攻击者都不能获得任何有用的信息。而在 ε 较大时,打分最高的选项被输出的概率被放大,反之当 ε 较小时,各个选项在打分上的差异被平抑,其输出概率随着 ε 的减小而趋于相等。

表 6-4　指数机制应用实例

项　　目	打分函数 $\Delta q=1$	概　　率		
		$\varepsilon=0$	$\varepsilon=0.1$	$\varepsilon=1$
足球	30	0.25	0.424	0.924
排球	25	0.25	0.330	0.075
篮球	8	0.25	0.141	1.5e-05
网球	2	0.25	0.105	7.7e-07

6.4　随机响应机制*

6.4.1　适用场景

前两种机制都属于中心化差分隐私的范畴,即数据收集者是可信的,用户发送给数据收集者的数据一定是真实的,随机性的添加由数据收集者完成。而随机响应机制认为数据收集者并不可信,其随机性的添加在用户发送数据前就完成了,即数据收集者收集到的数据已经是被用户扰动过的。此类在用户本体提供随机性扰动的场景被称为本地化差分隐私,本地化差分隐私可以视为差分隐私中数据集只有一条数据的特例。在现实生活中,各手机厂商或各软件厂商的大数据分析就是类似的场景,我们并不能完全信任收集数据的厂商,所以需要随机响应机制来进行保护。目前,谷歌、苹果、小米等大型厂商已经开始了对随机响应机制的使用。

6.4.2　工作原理

随机响应机制的主要思想是利用对敏感问题响应的不确定性对原始数据进行隐私保护,保证不同的单个记录之间的不可区分性,其随机性存在于用户向数据收集者提交数据之前。

随机响应技术主要包括两个步骤:扰动性统计和校正。

1. 扰动性统计

关于扰动性统计,以询问用户是否患某种病症为例,假设有 n 个用户,其中患病的真实

比例为 π，但数据收集者并不知道。收集者希望对比例 $\hat{\pi}$ 进行统计，于是发起一个敏感问题的询问，即“你是否患病”，每个用户对该问题进行响应，用 1 表示“是”，0 表示“否”，第 i 个用户给出答案 X_i，但出于隐私性考虑，用户不直接响应真实结果，而是通过某种方式来随机决定是否输出这个结果。

这种随机性有多种实现方式。如本节此前所述，一种最简单的实现方式是用户可以丢一枚硬币，并根据一次或者多次投掷，界定这些投掷结果的排列组合对应的输出来实现随机化，如两次投掷时，“正正”输出 1，“正反”输出 0 等。

还有一种类似的例子是采用掷骰子的方式来实现随机化。对于是否输出自己真实的疾病情况的调查，我们要求用户掷一个骰子，若结果为 1 则再掷一次，结果为 2～6 则返回 0。第二次投掷时，若其结果为 1 则返回 1，其他情况返回 0。显而易见，这种二次掷骰方法输出 1 的概率为 $(1/6)\times(1/6)=1/36$。

通过迭代掷骰和设计输出规则，可以实现满足任意概率的输出方式，满足任意 ε 定义。

从更高层次来看，无论是使用多次掷硬币，还是多次掷骰，其均等同于借助一枚非均匀的硬币来给出答案，而其正面向上的概率为 p，反面向上的概率为 $1-p$。抛出该硬币，若正面向上则回答真实答案，反面向上则回答相反的答案。

在扰动性统计过程中，利用上述方法对 n 个用户的回答进行统计，可以得到患者人数的统计值。假设统计结果中，回答“是”的人数为 n_1，则回答“否”的人数为 $n-n_1$。显然按照上述统计，用户回答“是”或“否”的概率分别为

$$\Pr[X_i=1]=\pi p+(1-\pi)(1-p)$$
$$\Pr[X_i=0]=(1-\pi)p+\pi(1-p)$$

2. 校正

显然，由于掷硬币的不均匀性影响，此时获得的统计比例与期望得到的真实统计比例 π 与 $1-\pi$ 并不相等，并非无偏统计。因此，需要对统计结果进行校正。构建以下似然函数：

$$L=(\pi p+(1-\pi)(1-p))^{n_1}((1-\pi)p+\pi(1-p))^{n-n_1}$$

得到 π 的极大似然估计：

$$\hat{\pi}=\frac{p-1}{2p-1}+\frac{n_1}{(2p-1)n}$$

以下关于 $\hat{\pi}$ 的数学期望保证其为真实分布 π 的无偏估计：

$$E(\hat{\pi})=\frac{1}{2p-1}\left(p-1+\frac{1}{n}\sum_{i=1}^{n}X_i\right)=\frac{1}{2p-1}(p-1+\pi p+(1-\pi)(1-p))=\pi$$

由此可以得到校正后的统计值，患病人数估计值为 $N=\hat{\pi}n=\frac{p-1}{2p-1}n+\frac{n_1}{2p-1}$。

综上，根据总人数 n、回答患病的人数 n_1 和扰动概率，即可得到真实患病人数的统计值。

3. 实例

以性别的频数统计为例，验证一下上面的推导。

原始数据如下。

男：16，女：4

概率如下。

0.8 的概率上报真实性别，0.2 概率上报假的性别

统计结果如下。

男：14，女：6

校正后的结果如下。

男：[20×(0.8−1)+14]/(0.8×2−1)≈16.7，女：[20×(0.8−1)+6]/(0.8×2−1)≈3.3

从统计学上，校正后的频数统计结果和真实值是相近的。

4. 随机响应机制

接下来，给出随机响应机制的定理如下。

定理 6-6((二值)随机响应机制)　设随机算法 M 输入为记录 $x\in\{0,1\}$，输出为 $y\in\{0,1\}$，随机算法 M 会输出一个伯努利随机变量 $M(x)$，其中：

$$\Pr[M(x)=x]=\frac{e^{\varepsilon}}{e^{\varepsilon}+1}$$

$$\Pr[M(x)=1-x]=\frac{1}{e^{\varepsilon}+1}$$

则该算法满足 ε-本地化差分隐私。

因为 $\frac{\Pr[M(x)=x]}{\Pr[M(x)=1-x]}=e^{\varepsilon}$，并且 $\Pr[M(x)=x]+\Pr[M(x)=1-x]=1$，为满足 ε-本地化差分隐私，$\varepsilon=\ln\frac{p}{1-p}$。因此，在确定隐私预算 ε 之后，就可以确定 p 的取值，进而可以明确随机响应执行的过程。

上述为基本的二值随机响应技术，对于输入域更大的情况有直接编码(direct encoding)、直方图编码(histogram encoding)、一元编码(unary encoding)等方法。而在真实使用场景中，为了达到更好的隐私保护效果不直接使用这些技术，例如谷歌提出的随机聚合隐私保护顺序响应算法①(randomized aggregatable privacy-preserving ordinal response，RAPPOR)，结合布隆过滤器进行两次随机响应；还有苹果的 private count mean sketch (CMS)方法结合了 sketch 技术与随机响应。由于本地化差分隐私在实际场景中更容易被用户所接受，因此近年来对于本地化差分隐私技术的研究和应用的热度保持在较高的水平。

6.5 差分隐私应用*

6.5.1 谷歌 RAPPOR 模型

RAPPOR 是谷歌于 2014 年提出的本地化差分隐私算法。谷歌考虑数据收集者会重复收集用户数据的场景，如果不断通过随机响应上传随机值，用户的隐私将会不断地损失。为了缓解此问题，谷歌提出了两阶段随机响应算法，具体的本地随机化方案如图 6-12 所示。

① ERLINGSSON Ú, PIHUR V, KOROLOVA A. Rappor: Randomized aggregatable privacy-preserving ordinal response. 2014 ACM SIGSAC Conference on Computer and Communications Security, 2014: 1054-1067.

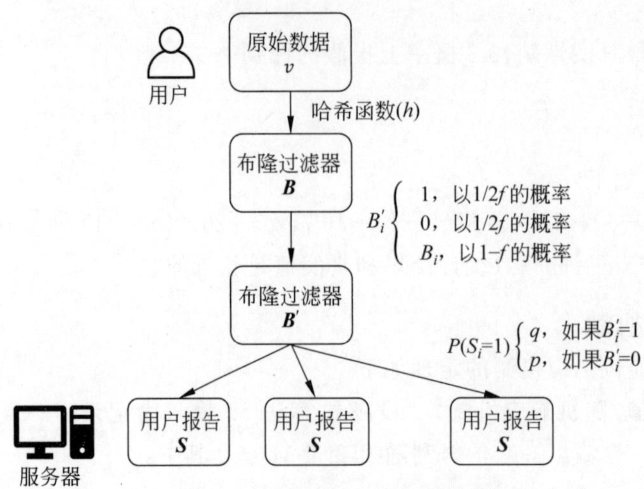

图 6-12　RAPPOR 机制的随机扰动流程

(1) 用户将它们的真实值 v 通过 h 个哈希函数，映射到 k 维布隆过滤器之中，作为真实值的对应向量 $\boldsymbol{B}$。

(2) 在得到向量 $\boldsymbol{B}$ 之后，用户会对向量 $\boldsymbol{B}$ 中的每一位进行一次永久的随机响应(每一位以 $1-1/2f$ 的概率保持不变)，得到伪向量 $\boldsymbol{B}'$。随后，用户会永久保存伪向量 $\boldsymbol{B}'$，作为真实值 v 的映射来使用。

(3) 在服务器收集用户本地数据时，用户将会对伪向量 $\boldsymbol{B}'$中的每一位进行随机响应(如果 $B'_i=1$，则随机响应后为 1 的概率为 q；如果 $B'_i=0$，则随机响应后为 1 的概率为 p)，并将随机响应后的向量 $\boldsymbol{S}$ 发送至服务器。

与一般的随机响应机制相比，RAPPOR 机制的隐私性更强。考虑服务器多次收集用户的数据时，随机响应算法会不断地通过真实值来生成随机值，每次上传随机结果都会消耗隐私。而对于 RAPPOR 机制来讲，上传的向量 $\boldsymbol{S}$ 是由伪向量 $\boldsymbol{B}'$来决定的。从差分隐私的后处理不变性来理解，服务器得到的输出，都是来自伪向量 $\boldsymbol{B}'$的，即使它收集到了足够的信息，也只能将 $\boldsymbol{B}'$恢复出来，而无法恢复真实值 v 对应的向量 $\boldsymbol{B}$。因此，在 RAPPOR 中，用户得到的隐私保护更为稳定，不会面临隐私耗尽的风险。

6.5.2　谷歌 ESA 模型

分布式的数据收集场景，在实际中应用尤为广泛。如苹果及谷歌公司所使用的差分隐私技术都是在分布式场景下，使用本地化差分隐私技术，在用户本地进行数据扰动而后进行数据收集和分析。本地化差分隐私不需要可信的数据收集者，用户上传的数据已经满足差分隐私保护，这种信任假设和隐私保护方式能够更好地被用户所接受，可以提高用户参与数据统计分析活动的积极性。然而，对于数据分析者来说，数据的可用性也尤为重要。通过本地化差分隐私技术，每一个用户都向数据添加了噪声，而大量用户的数据扰动行为会导致数据最终的误差变大。以计数查询为例，与中心化差分隐私算法相比，为了达到相同的隐私保护水平，本地化差分隐私的误差为中心化算法的 $O(\sqrt{n})$ 倍。谷歌在对其本地算法的后续研究中发现，本地化差分隐私机制需要海量的数据才能提供较为准确的信息，并且噪声往往是非常大的——10 亿用户数据中，百万量级的信号都有可能会被淹没。

为了在分布式数据收集场景且数据收集者不可信的情况下，提高数据的可用性，谷歌在本地化差分隐私机制的基础上提出了 ESA[①](encode-shuffle-analyze)模型，简称洗牌模型(shuffle model)。相较于本地模型，洗牌模型在用户和不可信的数据收集者之间引入了一个洗牌器(shuffler)，如图 6-13 所示。在洗牌模型中，洗牌器将用户扰动后的数据进行混洗，以打乱用户与数据之间的对应关系。对于数据收集者来说，洗牌器的工作提供了额外的随机性，使得本地模型中用户的输出与用户本身的联系不复存在。学者发现，这种随机性可以有效提高差分隐私机制的保护效果，即洗牌器提供了隐私放大(privacy amplification)作用。简单来讲，即用户在客户端使用了满足 ε-本地化差分隐私机制，并将输出的密文发送给洗牌器，洗牌器经过随机洗牌后，算法将提供(ε',δ')-差分隐私，且 $\varepsilon'<\varepsilon$。这种隐私放大作用带来的最直接的好处就是能够提高数据的可用性，即达到几乎相同的隐私保护水平时，该机制添加了更少的噪声。

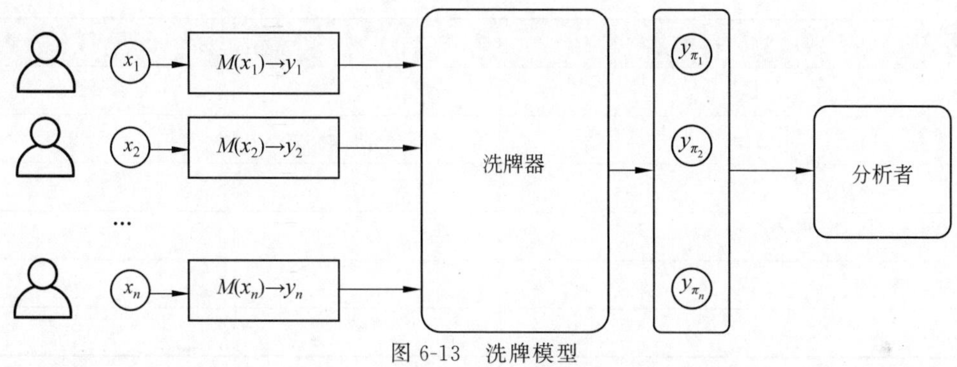

图 6-13　洗牌模型

洗牌模型不仅能减少差分隐私机制的噪声，还具有容易拓展的优点，原有的本地差分隐私机制，均能通过将输入发送至洗牌器而获得隐私放大的效果，从而降低因隐私保护而添加的噪声。这使得洗牌模型可以简单地部署到现有的数据收集场景中。

6.5.3　基于图模型的数据合成

数据合成是一种非交互式差分隐私模型，它旨在合成与原始数据相似但不完全相同的合成数据集，使得其在保护原始数据的隐私的同时，能够支持理论无限次地查询而不会产生额外的隐私泄露累积问题，且对同一个查询能产生完全一致的查询结果。该方法常用于需要对数据进行大量查询，且对查询结果的一致性有较高要求的场景，例如敏感领域大数据分析(如医疗、金融、人口信息等)、数据分析外包多方共用数据分析等场景下的保护隐私的数据分析服务。

1. 原始数据集和合成数据集

合成数据生成算法的输入是一个原始数据集，其输出是与原始数据集“形状”一致(即列数和行数相同)的合成数据集。在此基础上，希望合成数据集的数据与原始数据集的对应数据满足相同的性质，即响应相同查询时能够输出相似的结果。例如，如果选择某个人口普查

① BITTAU A, ERLINGSSON Ú, MANIATIS P, et al. Prochlo: strong privacy for analytics in the crowd[J]. 26th Symposium on Operating Systems Principles, 2017: 441-459.

数据集作为原始数据集,希望合成产生的数据集与原始数据集在年龄分布上具有相似的人群表现,且列之间的相关性能够得到保留(如年龄和从事职业的相关性)。

为了保证合成的数据集具有与原始数据集类似的"统计特征"(即对同样的查询能返回相近的结果),一般来说,要生成合成数据集,需要先确定原始数据集上各属性值的概率分布情况,而分布情况的确定主要是通过对原始数据集执行属性查询的方式来进行的,如"查询两种性别的占比情况"。此外,由于直接学习原始数据集的真实分布仍然会遭受差分攻击的影响,为了保证差分隐私,一种较为常用的技术是在合成数据算法对原始数据集进行查询时,利用部分隐私预算对查询结果进行扰动。

下面使用一个单列的数据集来演示合成数据集的产生过程。以一个拥有单属性"年龄"的"初中学生信息"数据表为例,如表 6-5 所示。

表 6-5　初中学生数据表

记　录	年　龄
1	12
2	13
3	15
4	13
5	15
6	12

要生成一个合成数据集,首先可以对 12～15 岁间的年龄的计数值定义为一个直方图查询,并计算每个年龄段的人数。此后,向得到的计数查询结果添加拉普拉斯噪声,并对加噪后的结果进行归一化,使得所有计数的和为 1。进而,这些归一化的结果可以被视为每个属性值在原始数据表中出现的概率。此时,可以使用这些概率进行采样,根据各属性值对应的概率值来产生随机的属性值。一个可能的合成数据表如表 6-6 所示。

表 6-6　合成的数据表

记　录	年　龄
1	13
2	15
3	12
4	15
5	12
6	13

本例中所展示的合成数据算法较为简单,且仅对一列数据执行了数据合成。而实际的合成数据算法中会对所有列的统计特征进行扰动,噪声的添加方法也会更加精密,会根据选中查询的属性域的大小及用户定义的特定查询的重要性(即权重)等指标调整加入不同属性

分布的隐私预算。有些算法还会在多个不同的步骤中使用隐私预算添加噪声。

2. 数据集的图模型化表示

接下来，对生成合成数据集的具体算法进行介绍。当前的数据合成算法中较为常用的方法主要有两类，一类是基于机器学习的算法，另一类是基于图模型的算法。其中，基于机器学习的算法虽然能有效分析和学习数据集中各属性的分布，但是往往需要大量性能开销和复杂的超参数选择过程。因此，目前基于图模型的合成算法是数据合成算法的主流。

根据具体算法不同，图模型算法会使用不同的图模型来表示和推理数据集中的属性关联性，以一种基于贝叶斯网络的图模型方案来举例，如图 6-14 所示。该方案以年龄作为初始属性，构建了一张有向无环图（directed acyclic graph，DAG）。在该图中，每个图节点均是一种属性，并使用有向边对图中属性域中属性的条件独立性进行建模。

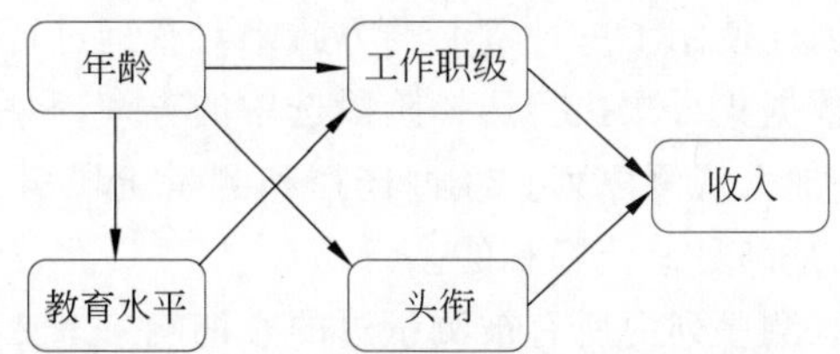

图 6-14　基于贝叶斯网络的数据集图化表示

显然，对于数据合成而言，想要获得原始数据集的概率分布时，直接查询并计算得出整个数据集的联合分布最为准确。但在实际算法执行过程中属性个数较多时，其属性域的大小将呈指数级增长，计算这类高维度分布的开销极高，不具备实用性。而将数据集上的各属性间的关联构建成一个图模型可使得通过度量图模型中部分低维属性的联合分布后，即可利用信念传播等数学工具来推理出未被度量的属性分布，为合成数据集提供参考。

3. 从图模型到合成数据

那么，如何选择合适的低维联合分布查询来构建图模型估计原始数据集的分布，并最终生成合成数据呢？当前，基于图模型的合成数据算法主要分为两类，一类是批处理式算法，另一类是迭代式算法。这里针对迭代式算法来进行详细讲解。该算法主要分为两个主要阶段，即分布迭代优化阶段和基于分布的合成数据生成阶段。

1）分布迭代优化阶段

该阶段以原始数据集 D 和工作负载 W 作为输入。其中，工作负载 W 是由全体候选查询组成的集合，而候选查询通常由用户指定或根据特定规则生成。如当想要使用数据集上各属性间的二维分布来度量数据集的整体分布时，可以枚举出所有可能的属性间二维组合，生成对这些属性组合的联合分布的查询，由这些查询组成该场景下的候选查询集合。从图模型的角度来看，这也就是将该数据集上所有属性作为图模型的顶点时，所有该模型中可能出现的二维边缘。该阶段算法会在这些二维边缘上抽样部分边缘，利用原始数据集来计算这些边缘的分布。此后，使用这些边缘来推理出其他未抽样的边缘，最终估计出一个完整的属性分布并进行迭代优化。

具体来说，该阶段首先产生一个初始化的属性分布 $\hat{D}_0$，此后利用“选择—测量—估计”三个步骤来迭代优化这个分布。算法的迭代阶段使用了指数机制和高斯机制来为生成的分布合入噪声，最终产生对 D 的一个含噪估计分布 $\hat{D}$ 来用于数据合成。

2）数据合成阶段

该阶段利用前一阶段所估计出的含噪分布 $\hat{D}$ 内各属性值的概率来随机地生成一个合成数据集。由于在估计分布的过程中已经使用了基于差分隐私的算法，数据生成阶段无须再进行加噪处理。

接下来对"选择—测量—估计"三个步骤进行具体介绍。在每轮迭代的选择阶段，算法使用原始数据集和前一轮迭代所估计出的属性分布来对 W 中的查询进行响应，根据响应结果，使用部分隐私预算，利用指数机制来选择一个查询。该指数机制使用的打分函数常根据相同查询的两个响应的"差距"来打分，并倾向于输出本轮分布估计响应最差的查询，作为本轮的选择结果。选择每轮最差查询的原因是，由于执行的轮次有限，算法期望每轮都能尽可能多地对分布进行优化，因此使用了一种贪心的方式来对查询进行选择。

在测量阶段，算法对数据集再次执行选择阶段选中的查询，利用高斯机制或拉普拉斯机制在其响应结果上加噪并加入观测序列。经过选择和测量阶段引入的差分隐私机制，算法在估计阶段产生的分布也是满足差分隐私的。

最后，估计阶段利用观测序列内所有被测量过的查询响应来更新分布中的对应边，使用镜像梯度下降算法找寻一个能最为匹配已观测的结果的分布，并通过信念传播算法来推理图模型中各边缘的概率分布。每轮估计产生的分布将作为下轮选择阶段的选择依据，以迭代式地寻找当前估计分布响应较差的查询。具体迭代轮数常与数据集的属性个数相关，依具体算法而定。

基于图模型的数据合成算法能够在观测较少的属性间边缘分布的基础上对数据集进行图模型化并估计其总体分布，实现了合成数据精度和开销的权衡，使其能广泛应用于各类需要使用数据合成算法的场景之中。

课后习题

1. 有关差分隐私，下列说法中正确的是（　　）。

   A. 交互式差分隐私方案理论上可以支持无限次查询，隐私预算不会随着查询而耗尽

   B. 数据合成一般对应非交互式的差分隐私模型

   C. 在为具体数据集设计差分隐私算法时，无须考虑一条数据的改动对查询结果会造成多大的改变

2. 虽然差分隐私技术对于保护用户隐私具有良好效果，但现有大规模商用的差分隐私方案并不能很好地保护用户隐私。请尝试调研谷歌、苹果的差分隐私实现，来谈谈为什么会这样，以及如何解决这些问题？

第7章 密文查询

学习要求：了解可搜索加密基本概念，掌握对称可搜索加密的两种基本构造，理解存在的模式泄露以及前向安全的安全目标；掌握非对称可搜索加密的基本方案，了解关键词猜测攻击；掌握保留顺序加密、顺序保留编码、顺序揭示加密的概念，了解典型构造；了解频率隐藏保序加密，掌握用户自定义函数，了解 FH-OPE 方案中编码树的概念；掌握 CryptDB 中 SQL 解释的实现、洋葱加密的概念。

课时：2 课时/4 课时

建议授课进度：2 课时［7.1 节～7.2 节］、［7.3 节～7.4 节］

4 课时［7.1 节］、［7.2 节］、［7.3 节］、［7.4 节］

7.1 可搜索加密

7.1.1 基本概念

关键词检索是一种常见的操作，例如数据库全文检索、邮件按关键词检索、在 Windows 操作系统里查找一个文件等。可搜索加密（searchable encryption，SE）则是一种密码原语，它允许数据加密后仍能对密文数据进行关键词检索，允许不可信服务器无须解密就可以完成对是否包含某关键词的判断。

可搜索加密可分为 4 个子过程（图 7-1）。

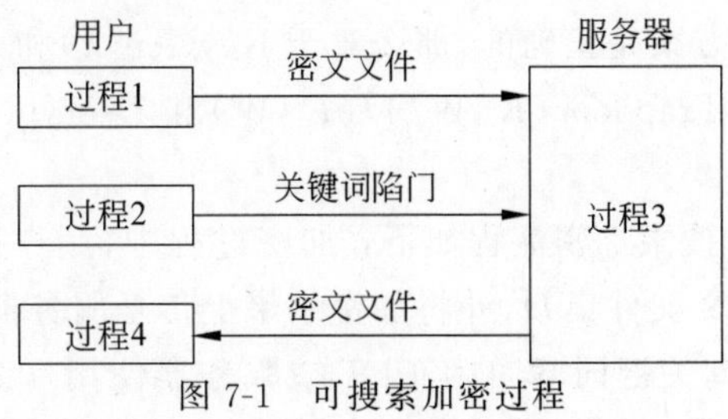

图 7-1 可搜索加密过程

（1）加密过程：用户使用密钥在本地对明文文件进行加密并将其上传至服务器。

（2）陷门生成过程：具备检索能力的用户使用密钥生成待查询关键词的陷门（也称令牌），要求陷门不能泄露关键词的任何信息。

(3) 检索过程：服务器以关键词陷门为输入，执行检索算法，返回所有包含该陷门对应关键词的密文文件，要求服务器除了能知道密文文件是否包含某个特定关键词外，无法获得更多信息。

(4) 解密过程：用户使用密钥解密服务器返回的密文文件，获得查询结果。

可搜索加密可以分为对称可搜索加密(symmetric searchable encryption, SSE)和非对称可搜索加密(public key encryption with keyword search, PEKS)，分别基于对称密码和非对称密码来构建。

(1) 对称可搜索加密在加解密过程中采用相同的密钥，陷门生成也需要密钥的参与，通常适用于单用户模型，具有计算开销小、算法简单、速度快的特点。

(2) 非对称可搜索加密在加解密过程中采用公钥对明文信息进行加密以及对目标密文进行检索，私钥用于生成关键词陷门和解密密文信息。非对称可搜索加密算法通常较为复杂，加解密速度较慢，其公私钥相互分离的特点，非常适用于邮件转发系统等多发送方的应用场景。

动态可搜索加密(dynamic searchable encryption, DSE)则指用户可以动态地对存储在服务器上的密文文档进行更新(update)。更新操作包括两种：添加(add)和删除(delete)。

7.1.2 对称可搜索加密

1. 基本定义

定义 7-1 在字典 $\Delta=\{W_1,W_2,\cdots,W_d\}$ 上的对称可搜索加密算法可描述为五元组：

$$\text{SSE}=(\text{KeyGen},\text{Encrypt},\text{Trapdoor},\text{Search},\text{Decrypt})$$

其中，

(1) $K=\text{KeyGen}(\lambda)$：输入安全参数 λ，输出随机产生的密钥 K。

(2) $(I,C)=\text{Encrypt}(K,D)$：输入对称密钥 K 和明文文件集 $D=(D_1,D_2,\cdots,D_n)$，输出索引 I 和密文文件集 $C=(C_1,C_2,\cdots,C_n)$。对于无须构造索引的对称可搜索加密方案，$I=\varnothing$。

(3) $T_W=\text{Trapdoor}(K,W)$：输入对称密钥 K 和关键词 W，输出关键词陷门 T_W。

(4) $D(W)=\text{Search}(I,T_W)$：输入索引 I 和陷门 T_W，输出包含 W 的文件标识符构成的集合 $D(W)$。

(5) $D_i=\text{Decrypt}(K,C_i)$：输入对称密钥 K 和密文文件 C_i，输出相应明文文件 D_i。

如果对称可搜索加密方案是正确的，那么对于 $\text{KeyGen}(\lambda)$ 和 $\text{Encrypt}(K,D)$ 输出的 K 和 (I,C)，都有 $\text{Search}(I,\text{Trapdoor}(K,W))=D(W)$ 和 $\text{Decrypt}(K,C_i)=D_i$ 成立，这里 $C_i\in C,i=1,2,\cdots,n$。

基于定义 7-1，对称可搜索加密流程如下：加密过程中，用户执行 KeyGen 算法生成对称密钥 K，使用 K 加密明文文件集 D，并将加密结果上传至服务器。检索过程中，用户执行 Trapdoor 算法，生成待查询关键词 W 的陷门 T_W；服务器使用 T_W 检索到文件标识符集合 $D(W)$，并根据 $D(W)$ 中文件标识符提取密文文件以返回用户；用户最终使用 K 解密所有返回文件，得到目标文件。

2. 基本构造

1）基于正向索引

基本构造思路是：将文件进行分词，提取所存储的关键词后，对每个关键词进行加密处理；在搜索的时候，提交密文关键词或者可以匹配密文关键词的中间项作为陷门，进而得到一个包含待查找关键词的密文文件。

因为是按照“文档标识 ID：关键词 1，关键词 2，关键词 3，…，关键词 n”的方式组织文档与关键词的关系，这种方式称为正向索引（和后面倒排索引进行区分）。

2000 年，Dawn Song 所提出的 SWP 方案[①]，就采用了这种方式，如图 7-2 所示。

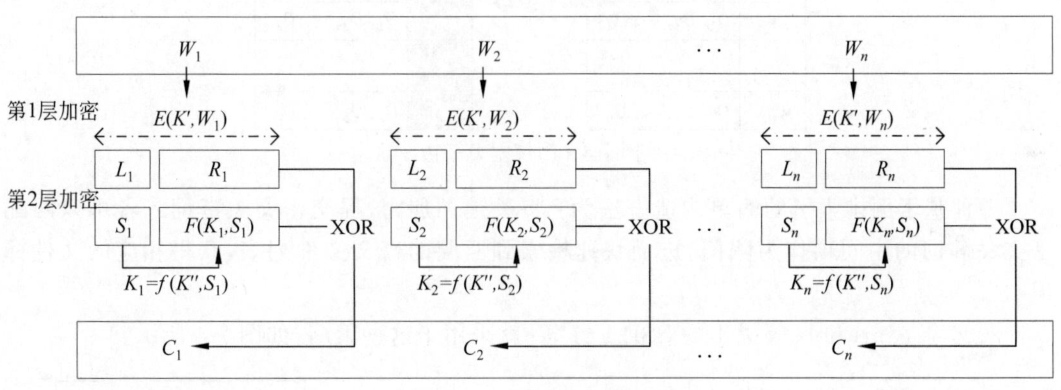

图 7-2 SWP 方案

SWP 方案在预处理过程中根据文件长度产生伪随机流 $S_1, S_2, \cdots, S_n$（n 为待加密文件中“单词”个数），然后采用两个层次加密，在第 1 层，使用分组密码 E 逐个加密明文文件单词，在第 2 层，对分组密码输出 $E(K', W_i)$ 进行处理：①将密文等分为 L_i 和 R_i 两部分；②基于 L_i 生成二进制字符串 $S_i \parallel F(K_i, S_i)$，这里，$K_i = f(K'', L_i)$，$\parallel$ 为符号串连接，F 和 f 为伪随机函数；③异或 $E(K', W_i)$ 和 $S_i \parallel F(K_i, S_i)$ 以形成 W_i 的密文单词。

查询文件 D 中是否包含关键词 W，只需发送陷门 $T_W = (E(K', W), K = f(K'', L))$ 至服务器（L 为 $E(K', W)$ 的左部），服务器顺序遍历密文文件的所有单词 C，计算 $C \text{XOR} E(K', W) = S \parallel T$，判断 $F(K, S)$ 是否等于 T：如果相等，C 即为 W 在 D 中的密文；否则，继续计算下一个密文单词。

SWP 方案通过植入“单词”位置信息，能够支持受控检索（检索关键词的同时，识别其在文件中出现的位置）。例如，将所有“单词”以 $W \parallel \alpha$ 形式表示，α 为 W 在文件中出现的位置，仍按图 7-2 所示加密，但查询时可增加对关键词出现位置的约束。

SWP 方案存在一些缺陷：①效率较低，单个单词的查询需要扫描整个文件，占用大量服务器计算资源；②在安全性方面存在统计攻击的威胁。例如，攻击者可通过统计关键词在文件中出现的次数来猜测该关键词是否为某些常用词汇。

---

① SONG D，WAGNER D，PERRIG A. Practical techniques for searches on encrypted data[C]//Proceeding 2002 IEEE Symposium on Security and Privacy，2002：44-55.

2）基于倒排索引

对称可搜索加密多数基于索引结构来提升检索的效率，如倒排索引。

倒排索引(inverted index)，也称反向索引、置入档案或反向档案，是一种索引方法，被用来存储在全文搜索下某个单词在一个文档或者一组文档中的存储位置的映射。它是文档检索系统中最常用的数据结构。通过倒排索引，可以根据单词快速获取包含这个单词的文档列表。如图 7-3 所示，关键词 w_1 索引了一个列表，列表中存储了所有关联的文档标识 ID。

Key	Value
w_1	$D_1, D_4, \cdots, D_{15}$
w_2	$D_1, D_3, \cdots, D_{22}$
⋮	⋮
w_m	$D_2, D_3, \cdots, D_n$

⇨

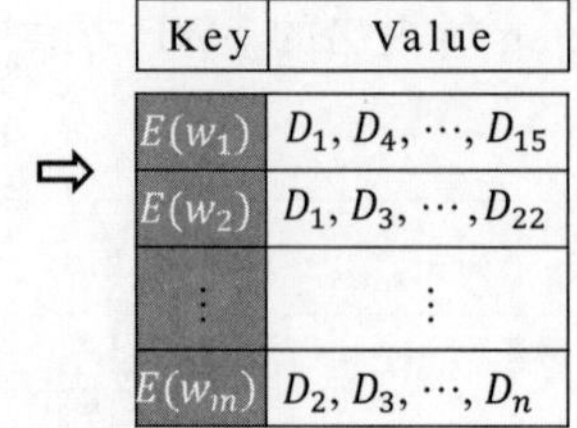

图 7-3　倒排索引结构

一种基于倒排索引的简单构造方法为：将关键词加密，提交密文关键词或者可以匹配密文关键词的中间项作为陷门，进而快速检索到匹配的密文文件列表，获得相应的文件标识 ID。

2006 年，Curtmola 等提出的 SSE-1 方案①就采用了这种策略，如图 7-4 所示。

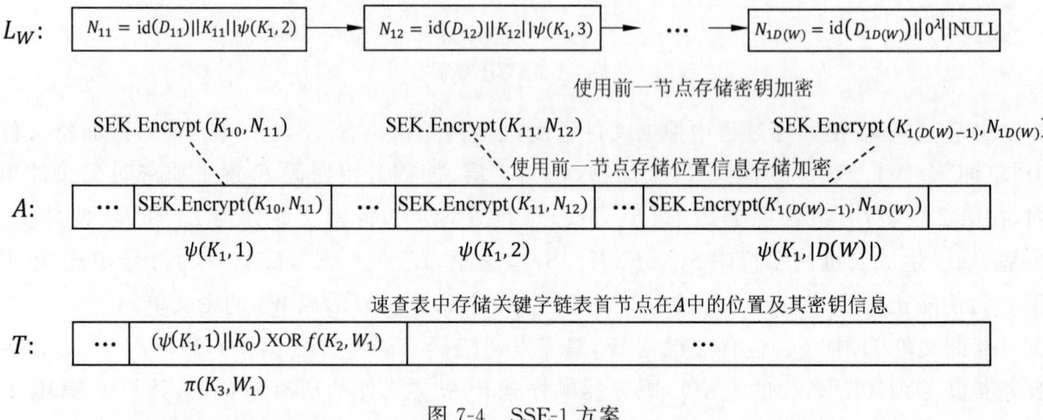

图 7-4　SSE-1 方案

SSE-1 为支持高效检索，引入了额外的数据结构，对任意关键词 $W \in \Delta$：①数组 A 存储 $D(W)$的加密结果；②速查表 T 存储 W 的相关信息，以高效定位相应关键词信息在 A 中的位置。

SSE-1 构建索引过程如图 7-4 所示(图 7-4 描述了一个采用 SSE-1 方案构建仅包含一个关键词索引的实例，其中，SEK 为使用的底层对称加密算法)：

(1) 构建数组 A。

初始化全局计数器 ctr＝1，并扫描明文文件集 D，对于 $W_i \in \Delta$，生成文件标识符集合 D

① CURTMOLA R, GARAY J, KAMARA S, et al. Searchable symmetric encryption: improved definitions and efficient constructions[C]//Proc. ACM Conf. Comput. Commun. Secur., 2006: 79-88.

(W_i)，记 $\mathrm{id}(D_{ij})$ 为 $D(W_i)$ 中字典序下第 j 个文件标识符，随机选取 SEK 的密钥 $K_{i0}\in\{0,1\}^\lambda$（这里，λ 为安全参数），然后按照如下方式构建并加密由 $D(W_i)$ 中各文件标识符形成的链表：L_{W_i}：$1\leqslant j\leqslant|D(W_i)|-1$，随机选取 SEK 密钥 $K_{ij}\in\{0,1\}^\lambda$，并按照"文件标识符 ‖ 下一个节点解密密钥 ‖ 下一个节点在数组 A 的存放位置"这一形式创建链表 L_{W_i} 的第 j 个节点。

$$N_{ij}=\mathrm{id}(D_{ij})\parallel K_{ij}\parallel\psi(K_1,\mathrm{ctr}+1)$$

其中：K_1 为 SSE-1 的一个子密钥；$\psi(\cdot)$ 为伪随机函数。使用对称密钥 $K_{i(j-1)}$ 加密 N_{ij} 并存储至数组 A 的相应位置，即 $A[\psi(K_1,\mathrm{ctr})]=\mathrm{SKE.Encrypt}(K_{i(j-1)},N_{ij})$；而对于 $j=|D(W_i)|$，创建其链表节点 $N_{i|D(W_i)|}=\mathrm{id}(D_{i|D(W_i)|})\parallel 0^\lambda\parallel\mathrm{NULL}$ 并加密存储至数组 A，$A[\psi(K_1,\mathrm{ctr})]=\mathrm{SKE.Encrypt}(K_{i(|D(W_i)|-1)},N_{i|D(W_i)|})$；最后，置 $\mathrm{ctr}=\mathrm{ctr}+1$。

(2) 构建速查表 T。

对于所有关键词 $W_i\in\Delta$，构建速查表 T 以加密存储关键词链表 L_{W_i} 的首节点的位置及密钥信息，即

$$T[\pi(K_3,W_i)]=(\mathrm{addr}_A(N_{i1})\parallel K_{i0})\mathrm{XOR}f(K_2,W_i)$$

其中：K_2 和 K_3 为 SSE-1 的子密钥；$f(\cdot)$ 为伪随机函数；$\pi(\cdot)$ 为伪随机置换；$\mathrm{addr}_A(\cdot)$ 表示链表节点在数组 A 中的地址。

检索所有包含 W 的文件，只需提交陷门 $T_w=(\pi_{K_3}(W),f_{K_2}(W))$ 至服务器，服务器使用 $\pi_{K_3}(W)$ 在 T 中找到 W 相关链表首节点的间接地址 $\theta=T[\pi_{K_3}(W)]$，执行 $\theta\mathrm{XOR}f_{K_2}(W)=\alpha\parallel K'$，$\alpha$ 为 L_W 首节点在 A 中的地址，K' 为首节点加密使用的对称密钥。由于在 L_W 中，除尾节点外所有节点都存储下一节点的对称密钥及其在 A 中的地址，服务器获得首节点的地址和密钥后，即可遍历链表所有节点，以获得包含 W 的文件标识符。

SSE-1 避免了关键词查询过程中逐个文件进行检索的缺陷，具备较高的效率。然而，由于 SSE-1 需构建关键词相关链表，并将其节点加密后存储至数组 A，意味着现有文件的更新、删除或新文件的添加需重新构建索引，造成较大开销。因此，SSE-1 更适用于文件集合稳定，具有较少文件添加和删除操作的情况。

3. 模式泄露

三种信息的泄露，如图 7-5 所示。

图 7-5　模式泄露

(1) 查询模式(search pattern)泄露：泄露是否是相同关键词的查询。

(2) 访问模式(access pattern)泄露：泄露了文件的访问行为，进而可以鉴别是否是相同关键词的查询、相同文件被访问了多少次等。

(3) 大小模式(size pattern)泄露：泄露了查询的结果大小、更新操作影响的文件多少或者文件包含的关键词个数等。

4. 前向安全

1) 文件注入攻击[①]

(1) 二分查找攻击。

查询模式的泄露可以引发相应的攻击，通过注入一定数量的文件，关键文件插入某关键词所关联的文件列表，就可以实现对该加密关键词的破解，这就是文件注入攻击。

典型的攻击场景：在邮件应用中，假定邮件服务器是好奇的，它试图猜测 Alice 的加密邮件的内容。邮件服务器可以伪造加密邮件(用 Alice 公钥加密邮件内容)给 Alice。由于 Alice 希望将邮件存储到邮件服务器，因此，她会将邮件分词后基于倒排索引的对称可搜索加密机制加密，然后发送到服务器。也就意味着邮件服务器对 Alice 进行了文件注入攻击，试图猜测每个加密的关键词是什么。

图 7-6 说明了这种攻击办法，例子中 $|K|=8$。攻击首先让服务器生成一组要注入的 $\log_2|K|$(即 3 个)个文件 F，每个文件包含 $K/2$ 个关键词：

									搜索结果
File1:	k_0	k_1	k_2	k_3	k_4	k_5	k_6	k_7	0
File2:	k_0	k_1	k_2	k_3	k_4	k_5	k_6	k_7	1
File3:	k_0	k_1	k_2	k_3	k_4	k_5	k_6	k_7	0

图 7-6 二分查找攻击实例

① 如果文件 File1 插入了某关键词对应的文件列表中，意味着所对应的加密关键词是 k_4；

② 如果文件 File2 和 File3 插入了某关键词对应的文件列表中，意味着所对应的加密关键词是 k_3；

③ 如果文件 File2 插入了某关键词对应的文件列表中，意味着所对应的加密关键词是 k_2。

对于这种攻击，文件是非自适应生成的，与陷门无关。一旦这些文件被注入，服务器可以恢复与客户端发送的任何未来陷门对应的关键字。这种攻击所需注入的文件数量是相当少的，假设有 10 000 个关键字，以加密邮件系统为例，每天只向客户端发送一封恶意的电子邮件到邮件服务器，就可以在短短 2 周内注入必要的文件。

(2) 层次搜索攻击。

为进一步降低每次注入的文件的长度，可以采用层次搜索攻击。这种攻击首先将关键字集划分为 $\lceil |K|/T \rceil$ 个子集，每个子集包含 T 个关键字。服务器注入包含每个子集中的关键字的文件，以了解客户端关键字位于哪个子集。此外，可以对这些子集的相邻对进行二进制搜索攻击，以准确地确定关键字，总计需要注入 $\lceil |K|/2T \rceil(\lceil \log 2T \rceil+1)-1$ 个文件。

当关键字集合的大小为 $|K|=5\,000$，门限值为 $T=200$ 时，服务器只需要注入 129 个文

① ZHANG Y, KATZ J, PAPAMANTHOU C. All your queries are belong to us: the power of file-injection attacks on searchable encryption[C]//Proceedings of the 25th USENIX Conference on Security Symposium, 2016: 707-720.

件，且注入文件的数量随关键字集合的大小呈线性增长。再次强调，相同的注入文件可以用来恢复对应于任意数量的陷门的关键字；也就是说，一旦这些文件被注入，服务器就可以恢复客户端的任何未来搜索的关键字。

2）前向安全的定义

前向安全意味着更新操作不会泄露任何关于已更新关键字的信息。特别是，服务器无法得知更新的文档与之前查询的关键字的匹配关系，可以保护更新操作的查询模式。前面的文件注入攻击就是利用了查询模式的泄露。

下面给出前向安全的定义。

定义 7-2（前向安全）　一个自适应安全的可搜索加密方案是前向安全的，当且仅当其更新操作的泄露函数可以写成

$$L^{\mathrm{Updt}}(\mathrm{op},\mathrm{in})=L'(\mathrm{op},\{(\mathrm{ind}_i,\mu_i)\})$$

其中，$\{(\mathrm{ind}_i,\mu_i)\}$是更新的文档与其包含的关键词的合集，$\mathrm{ind}_i$ 文档更新了 μ_i 个关键词。

3）基本构造

2016 年，第一个前向安全的可搜索加密方案提出，即 $\Sigma o\varphi o\varsigma$ 方案[①]，如图 7-7 所示。在倒排索引方案 $\Sigma o\varphi o\varsigma$ 中，每个关键字对应一个匹配文档的索引列表$(\mathrm{ind}_0,\mathrm{ind}_1,\cdots,\mathrm{ind}_{n_w})$。然后，该列表中的每个元素 ind_c 都被加密并存储在派生自 w 和 c 的（逻辑）位置，此位置称为 $UT_c(w)$。

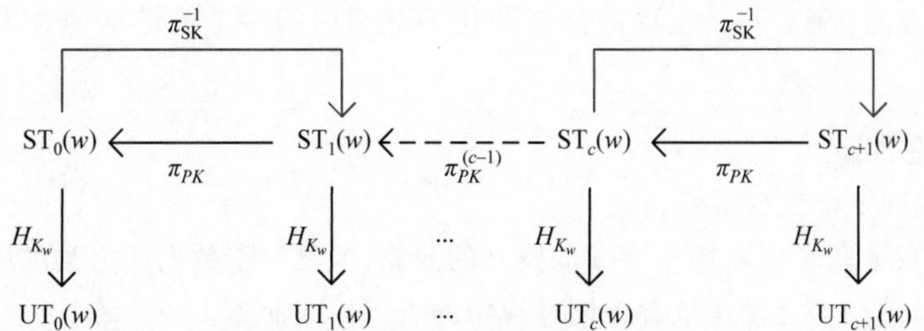

图 7-7　前向安全的 $\Sigma o\varphi o\varsigma$ 方案，其中红色表示客户端使用私钥 SK 进行的操作

当客户端想要添加一个匹配 w 的文档时，其计算一个新的位置 $\mathrm{UT}_{n_w+1}(w)$，将文档索引加密为 e，并发送$(\mathrm{UT}_{n_w+1}(w),e)$到服务器。当客户端对 w 执行搜索查询时，其发出一个搜索陷门 $\mathrm{ST}_{c+1}(w)$，允许服务器重新计算进而得到所有之前插入的包含 w 的索引块的位置。

在 $\Sigma o\varphi o\varsigma$ 方案中，作者采用了一种基于陷门置换的解决方案。所谓的陷门置换是指一个置换函数 $\pi(x)\rightarrow y$，$\pi(x)$满足单向性，即通过 y 很难反算出 x；但是如果拥有陷门 t，就能实现逆计算 $\pi_t^{-1}(y)\rightarrow x$。公钥密码体制就是一个典型的陷门置换，这里的陷门 t 就是私钥。使用公钥加密就是一个单向置换的过程，使用私钥解密就是求逆的过程。

$\Sigma o\varphi o\varsigma$ 方案具体实现过程如下。

（1）客户端维护状态信息表 W，W 将每个插入的关键字 w 映射到其当前搜索陷门 $\mathrm{ST}_c(w)$ 和计数器 $c=n_w-1$。

① BOST R. Σoφos：Forward secure searchable encryption[C]//Proceedings of the 2016 ACM SIGSAC Conference on Computer and Communications Security，2016.

(2) 添加操作：每当插入一个匹配 w 的新文档时，客户端生成新的搜索陷门 $\mathrm{ST}_{c+1}(w)=\pi^{-1}(\mathrm{ST}_c(w))$ 并将其更新到 W 中，计数 c 也会相应增加。如果 w 不匹配任何文档，则随机选择一个新的 $\mathrm{ST}_0(w)$ 并放入 W 中。进而，客户端计算索引块位置，即对搜索陷门进行哈希处理来得到索引块的位置 $\mathrm{UT}_{c+1}(w)$，并将该位置和相关信息发送到服务器进行存储。

(3) 查询操作：客户端得到要查询的关键词的搜索陷门 $\mathrm{ST}_c(w)$，发送到服务器。在服务器，可以通过单向置换函数 π 逐一计算出对应的下一个搜索陷门，进而通过哈希运算得到索引块的存储位置。

图 7-7 给出了陷门之间的关系，并形式化了陷门生成的思想。$\mathrm{ST}_{i+1}(w)$ 由 $\mathrm{ST}_i(w)$ 通过应用单向陷门函数 π 的逆生成，只有客户端(拥有私钥)能够执行此操作，图中以红色示意。而服务器，给定公钥 PK 将执行相反的操作，即从搜索陷门 $\mathrm{ST}_c(w)$ 计算 $0\leqslant i<c$ 的所有陷门 $\mathrm{ST}_i(w)$。最后，使用键散列函数，由更新陷门派生搜索陷门。

4) 应用方式

具有前向安全的对称可搜索加密在密态数据库中具有广泛应用前景。

(1) 全文检索 & 模糊查询：直接适用数据库长文本的全文检索 & 短文本的模糊查询问题(关键词组合)。

(2) 语义安全的相等查询和连接查询：语义安全要求相同明文生成多个密文，前向安全性与语义安全要求相匹配。

(3) 范围查询：通过将待查询的范围转化为范围内的多个关键词的查询，可以实现范围查询。

5. 前向查询安全*

1) 前向查询安全的基本概念

前向安全仅能阻止更新操作中查询模式的泄露，但是对于数据库之类的应用而言，查询是常见的操作，前向安全无法抵御查询过程中的查询模式泄露。

在现有的可搜索加密方案中，搜索陷门会泄露大量的信息。这由泄露函数 $L^{\mathrm{Search}}(w)=L'(\mathrm{TimeDB}(w))$ 所表示，其中 L' 是无状态的。前向查询安全是在前向安全基础上定义的。它进一步阻止服务器知道对新更新文档的搜索是否与先前搜索的关键字匹配。下面首先介绍强前向查询安全的概念。

可搜索加密方案在搜索陷门不泄露信息的情况下满足强前向查询安全。将其定义如下。

定义 7-3(**强前向查询安全**)　一个自适应安全的可搜索加密方案是强前向查询安全的，当且仅当其泄露函数 L^{Search} 可以表示成如下形式：

$$L^{\mathrm{Search}}(w)=L'(\perp)$$

其中：L' 是无状态的。

这是一个非常强的概念，意味着搜索操作是完全无关的，除非使用茫然随机存取模型(oblivious random access machine，ORAM)或 PIR(私有信息检索)等昂贵的协议，否则无法实现。

出于实用性考虑，还定义了一个较弱的前向搜索隐私概念，该概念泄露了部分模式。

定义 7-4(**弱前向查询安全**)　$S_w=\{w_1,\cdots,w_x\}$ 表示关键词 w 的所有子关键词的集合，其中 x 是一个常数。一个自适应安全的可搜索加密方案是弱前向查询安全的，当且仅当其泄露函数 L^{Search} 可以表示成如下形式：

$$L^{\text{Search}}(w_i)=L'(\text{TimeDB}(w_i))$$

其中：L' 是无状态的；$|\text{TimeDB}(w_i)|=a_w$，a_w 是一个常数。

弱前向查询安全是非常实用的安全目标，例如邮件系统查询的时候，仅仅返回第一页有关的邮件信息；数据库查询的时候，也可以分页展示，未展示的其他页内的内容完全没必要泄露查询模式。

2）基本构造

(1) 分区技术。

在可搜索加密方案中，索引结构被广泛应用。在本方案①的构造中，倒排索引用于以(key,value)对的形式进行搜索查询，其中 key 是关键字，value 是包含该关键字的文档标识符列表。给定一个关键字，可以有效地检索包含该关键字的所有文档。

我们将倒排索引划分为互不相连的分区，并为每个分区生成一个子关键字，以减少可搜索加密方案中的信息泄露。通过这种方式，一个关键字的搜索陷门将变成多个搜索陷门，每个搜索陷门对应一个不同的分区。具体来说，在添加包含关键字 w 的文档时，使用派生自 w 的子关键字作为键，将文档的标识符添加到分区。当执行搜索查询时，允许客户端提交子关键字的搜索陷门，以搜索该分区中的文档子集。如果只为一个关键字设置一个分区，它将是传统的倒排索引。

(2) 隐藏指针技术(hidden pointer technique，HPT)。

要在可搜索加密方案中使用分区技术，需要构建加密列表，以便能够安全地在服务器上存储所有索引。

首先定义数据结构，数据块是一个四元组(id，data，key，ptr)，其中 id 是块标识符，data 是一条数据，key 和 ptr 是另一个块(后续索引块)的加密密钥和标识符。如果一个索引块没有后续索引块，则 key 设置为$\perp$。在数据块中，data，ptr 和 key 字段需要加密。将 b.id 表示为索引块 b 的 id，将 b.value 表示为 b 的所有其他内容，包括 b.data，b.key 和 b.ptr。

如图 7-8 所示，图中共有四个数据块，其标识符和密钥分别为(id_1，key_1)，(id_2，key_2)，(id_3，key_3)，(id_4，key_4)，头块的标识符为 id_1，该数据块的解密密钥由客户端掌握。id_2 是中间块，其解密密钥存储在标识符为 id_1 的前缀块中，尾块的标识符为 id_4，其解密密钥存储在标识符为 id_2 的数据块中，并且尾块的指针为空。设 L 为数据块列表。假设头块是 L 中添加的最新块，尾块是 L 中最老的块。客户端存储一个 L 列表的头块标识和密钥。因为每个块之间的链接关系通过将标识加密隐藏掉了，因此称为隐藏指针技术。

可以用以下算法描述 HPT 的工作原理。

① AddHead(L，id，value，1^λ)：添加一个新的索引块做 L 的头块，分为四个步骤：首先生成一个数据块 b=(id，data，L.head.key，L.head.id)；其次生成一个随机密钥 $k\xleftarrow{\$}\{0,1\}^\lambda$；然后，使用密钥 k 加密 b.value；最后，将数据块 b 添加到 L。

② RetrieveABlock(L，id，k)：从 L 中检索一个数据块，分为三个步骤：首先，根据标识

① LI J，HUANG Y，WEI Y，et al. Searchable symmetric encryption with forward search privacy[J]. IEEE Transactions on Dependable and Secure Computing，2019：460-474.

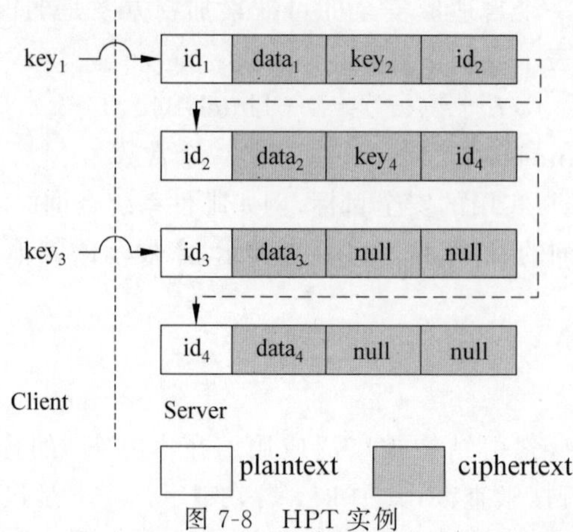

图 7-8　HPT 实例

符 id 获得相应数据块；然后用密钥 k 解密 b.value；最后，返回数据块 b。

③ RetrieveList(L,id,k)：返回 L 的子列表中的所有数据块。重复 RetrieveABlock(L,id,k)直到访问到尾块(b.key$=\perp$)。

我们可以用 HPT 技术来建立安全索引。例如，构建一个倒排索引(w,L_w)，其中 L_w 是一个使用 HPT 构建的列表。客户端保留列表的头并将 L_w 存储在服务器上。其通过添加一个新的块来更新列表 L_w，并通过向服务器透露头块的 id 和加密密钥来搜索索引。

HPT 的一个优点是可以拥有多个列表，并以任意顺序存储它们的块，但是仍然可以通过列表头块的 id 和加密密钥正确检索每个单独的列表。另一个优点是，如果服务器存储了多个列表，并且有一个新的块进来，服务器将无法告诉这个块属于哪个列表，这一特性有助于前向安全的实现。

(3) 存储结构。

服务器将数据块存储在字典 D 中，其中 D[id]存储标识为 id 的数据块。从每个关键字 w 中，派生出一组子关键字 $S_w=\{w_i \mid E_{K_s}(w,i),1\leqslant i\leqslant x\}$，其中 K_s 为加密密钥。对于每个子关键字 w_i，为单个分区查询构建一个列表 L_{w_i}，将其视为倒排索引。

为了支持完整的搜索查询，对于每个关键字 w，我们对列表的尾块做了一些更改。在单分区搜索中，搜索仅限于一个分区，因为服务器只知道该列表(分区)的头块 id 和加密密钥。当到达列表的尾块时，搜索必须停止，因为没有指向下一个块的指针。现在，在列表 L_{w_i} 中，我们存储 $L_{w_{i-1}}$ 的头块 id 和加密密钥，两者都是加密的。具体来说，加密的头块 id 存储在数据字段中，加密的加密密钥存储在密钥字段中。对这两段信息进行加密可以确保服务器在没有用户许可的情况下不能进行完整的搜索。但加密带来了一个问题，那就是密钥存储在哪里。为了解决这个问题，我们还构建了另一个列表 L_w。每个 L_{w_i} 都有一个块，用于存储密钥，以解密存储在 L_{w_i} 尾块中的数据。

为了支持立即删除，对于每个文档 ind，都有一个列表 L_{ind}，它起着前向索引的作用。

客户端存储密钥 K_s 和表 M_b,M_b^*,M_f。K_s 是用户的密钥，用于生成一次性加密数据的密钥。此外，表 M_b,M_b^* 存储每个关键字和子关键字的状态。表 M_f 存储每个文档的状态。对于每个关键字 w，定义 $M_b[w]$存储(num$_p$,cnt$_p$,key,flag)，其初始值为(1,0,$\perp$,false)，其中 num$_p$ 是分区总数，cnt$_p$,key$_w$ 是最新的第 num$_p$ 分区中的块数和尾块的加密密钥，flag 表示是否访问最新的第 num_p 分区。注意，一个分区最多只能容纳 P 个块。对于每个子关键字 w_i，$M_b^*[w_i]=(\text{id},\text{key},\text{cnt},\text{flag})$，初始值为$(\perp,\perp,0,\text{false})$，其中 id，key 为 L_{w_i} 中头块的标识和加密密钥，cnt 为该分区中与 w_i 相关的块数，flag 表示该分区(关键字 w_i)是否被访问。对于每个文档 ind，我们采用 $M_f[\text{ind}]=(\text{id},\text{key})$，即列表 L_{ind} 头块的指针信息。存储结构的详细情况如图 7-9 所示。

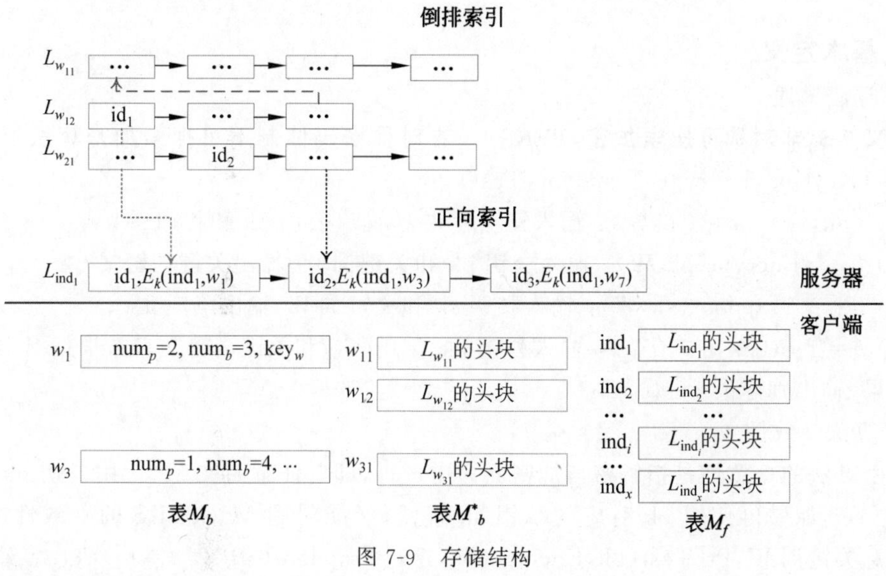

图 7-9　存储结构

(4) Khons 方案构造。

① 初始化：客户端随机生成 K_s 作为用户密钥，并初始化表 M_b，M_b^*，M_f，用于维护每个关键字和文档的指针信息。服务器初始化字典 D 来存储数据块。

② 添加操作：要添加一个与 w 匹配的文档(带有标识符 ind)，有三个步骤。首先将值为(ind,w)的块 b 插入列表 L_{ind} 中。然后获取存储在 $M_b[w]$的关键字状态，并获得最新分区的子关键字 w_i。注意，如果最新的分区已经被访问或已满(P 是分区中最大文档数)，则必须通过为 w 添加新的子关键字 w_i 来创建新的分区。如果最新分区中的元素数量小于 P，则必须用虚拟块填充，直到该分区中的元素数量达到 P。最后，值为 b.id 的块将被倒排到列表 L_{w_i} 中。

此处将详细解释如何添加第一个块到列表 L_{w_i}。为了构建列表 L_w，首先在列表 L_{w_i} 中添加一个特殊的尾块 B_{tail}。块 B_{tail} 存储列表 $L_{w_{i-1}}$ 的头块的标识符和加密密钥，以及列表 $L_{w_{i-1}}$ 的尾部块的加密密钥。列表 L_{w_i} 中 B_{tail} 的前缀块只存储 B_{tail} 的标识符，不存储 B_{tail} 的加密密钥。

① 删除操作：要删除带有标识符 ind 的文档，客户端从表 M_f 中获取与其关联的列表指针信息，即$(\text{id},\text{key})\leftarrow(M_f[\text{ind}].\text{id},M_f[\text{ind}].\text{key})$，并将它们发送给服务器。然后，服务器重复获取列表 L_{ind} 中的所有块，删除它们(将它们标记为不可访问)，并将它们的标识符返回给客户端以供将来重用。注意，删除操作只影响 L_{ind} 中的块。标识符 ind 不直接存储在 L_w 或 L_{w_i} 中，只存储在 L_{ind} 中。因为 L_w 和 L_{w_i} 只存储指向 L_{ind} 的指针信息，删除 L_{ind} 将使搜索失去意义。

② 搜索操作：使用相同的搜索陷门 $t=(\text{id},\text{key},\text{key}_w)$ 可以支持两种查询。对于单个分区查询，例如第 i 个分区，客户端发出 token=$(M_b^*[w_i].\text{id},M_b^*[w_i].\text{key})$。分区中的查询将导致其子关键字状态的更新，目的是实现前向查询安全。注意，由于更新操作中的假块填充，每个查询将返回固定数量的元素。每一个被访问的块在查询后都会被删除。

7.1.3 非对称可搜索加密

1. 基本定义

1）算法描述

定义 7-5（非对称可搜索加密，PEKS） 非对称密码体制下可搜索加密算法可描述为 PEKS=(KeyGen,Encrypt,Trapdoor,Test)。

(1) $(\text{pk},\text{sk})=\text{KeyGen}(\lambda)$：输入安全参数 λ，输出公钥 pk 和私钥 sk。

(2) $C_W=\text{Encrypt}(\text{pk},W)$：输入公钥 pk 和关键词 W，输出关键词密文 C_W。

(3) $T_W=\text{Trapdoor}(\text{sk},W)$：输入私钥 sk 和关键词 W，输出陷门 T_W。

(4) $b=\text{Test}(\text{pk},C_W,T_{W'})$：输入公钥 pk、陷门 $T_{W'}$ 和关键词密文 C_W，根据 W 与 W' 的匹配结果，输出判定值 $b\in\{0,1\}$。

2）算法一致性

加密算法的一致性是指解密与加密互为逆过程，即对任意明文 M，使用公钥 pk 加密后得到密文 C，如果再使用 pk 对应的私钥 sk 解密，必能得到 M。PEKS 的一致性应满足：①对任意关键词 W，$\Pr[\text{Test}(\text{pk},\text{Encrypt}(\text{pk},W),\text{Trapdoor}(\text{sk},W))=1]=1$；②对任意关键词 W_1,W_2 且 $W_1\neq W_2$，$\Pr[\text{Test}(\text{pk},\text{Encrypt}(\text{pk},W_1),\text{Trapdoor}(\text{sk},W_2))=1]=0$。鉴于此，Abdalla 等[①]对如上所述的完美一致性进行扩展，定义了针对 PEKS 的计算一致性和统计一致性。

计算一致性和统计一致性的定义都基于实验 $\text{Exp}^{\text{consist}}$。攻击者 A 已知公钥 pk，其目标是通过一定次数访问随机预言机 $O_H(\cdot)$ 后（$O_H(\cdot)$ 以 ASE 中使用的哈希函数 $H(\cdot)$ 响应 A 的查询），输出关键词对 (W_1,W_2)，满足 $W_1\neq W_2$ 且 $\text{Test}(\text{pk},\text{Encrypt}(\text{pk},W_1),\text{Trapdoor}(\text{sk},W_2))=1$。攻击者 A 具有攻击优势 $\text{Adv}_{\text{PEKS},O_H}^{\text{consist}}(\text{A})=\Pr[\text{Exp}_{\text{PEKS},O_H}^{\text{consist}}(\text{A})\Rightarrow \text{true}]$：

(1) 如果 A 为任意攻击者且 $\text{Adv}_{\text{PEKS},O_H}^{\text{consist}}<\varepsilon$，则该 ASE 方案达到统计一致性；

(2) 如果 A 为任意多项式时间攻击者且 $\text{Adv}_{\text{PEKS},O_H}^{\text{consist}}<\varepsilon$，则该 PEKS 方案达到计算一致性。

3）典型应用

基于上述定义，Boneh 等提出不可信赖邮件服务器路由问题的解决思路：用户 Alice 掌握着私钥，并将相对应的公钥公开，为了让电子邮件网关分拣接收到的邮件，Alice 会事先将一些特定关键字的陷门 T_W 发送给电子邮件网关，使得它能够通过判断邮件中是否包含关键字 W 来选择接收设备。与此同时，电子邮件网关在判断的过程中无法获得关于关键字和邮件内容的有效信息。

---

① ABDALLA M, BELLARE M, CATALANO D, et al. Searchable encryption revisited: consistency properties, relation to anonymous IBE, and extensions[J]. JCryptol 21, 2008: 350-391.

比如，Bob使用Alice的公钥pk加密邮件和相关关键词，并将形如(PKE.Encrypt(pk, MSG), PEKS.Encrypt(pk, W_1), …, PEKS.Encrypt(pk, W_n))的密文发送至邮件服务器。这里，PKE.Encrypt为公钥加密算法，MSG为邮件内容，$W_1,\cdots,W_n$ 为与MSG关联的关键词。Alice将 $T_{\text{"urgent"}}$ 或 $T_{\text{"lunch"}}$ 长驻服务器，新邮件到来时，服务器自动对其关联的关键词执行与 $T_{\text{"urgent"}}$ 或 $T_{\text{"lunch"}}$ 相关的Test算法，如果输出1，便将该邮件转发至Alice的手机或个人电脑。

2. 基本方案

2004年，Boneh提出了第一个非对称的可搜索加密方案①，具体构造如下：

令 $e: G_1 \times G_1 \rightarrow G_2$ 为双线性对，函数 $H_1: \{0,1\}^* \rightarrow G_1$ 和 $H_2: G_2 \rightarrow \{0,1\}^{\log p}$ 为哈希函数。

(1) KeyGen：输入安全参数，该安全参数决定群 G_1 和 G_2 的阶 p，随机挑选 $\alpha \leftarrow Z_p^*$ 和 G_1 的生成元 g，输出 $\text{pk}:=(g, h=g^{\alpha})$ 和 $\text{sk}:=\alpha$。

(2) Encrypt：输入公钥和关键词，随机选择 $r \leftarrow Z_p^*$，计算 $t:=e(H_1(w), h^r)$，输出 $c:=(g^r, H_2(t))$。

(3) Trapdoor：输入私钥和关键词，输出 $td:=H_1(w)^{\alpha}$。

(4) Test：输入陷门和密文，记密文为 $c=(c_1, c_2)$，若 $H_2(e(td, c_1))=c_2$，输出1，否则输出0。

正确性验证如下：

$$e(\text{td}, c_1)=e(H_1(w)^{\alpha}, g^r)=e(H_1(w), g^{\alpha r})=e(H_1(w), h^r),$$
$$H_2(e(\text{td}, c_1))=c_2$$

3. 关键词猜测攻击

PEKS本身定义存在严重的安全隐患：关键词猜测攻击(keyword guessing attack, KGA)。关键词猜测攻击是由于关键词空间远小于密钥空间，而且用户通常使用常用关键词进行检索，这就给攻击者提供了只需采用字典攻击就能达到目的的“捷径”。

导致关键词猜测攻击的原因可归结为：①关键词空间较小，且用户集中于使用常用词汇，给攻击者提供了遍历关键词空间的可能；②PEKS算法一致性约束，使攻击者拥有对本次攻击是否成功的预先判定，执行Test算法，返回1说明本次攻击成功，否则可以再继续猜测。

为抵御关键词猜测攻击，很多方案提出，可以在服务器进行模糊陷门测试，过滤大部分不相关邮件，最后在本地精确匹配，得到检索结果。这种方法通过引入模糊陷门，一定程度降低了接收者外部PEKS算法一致性，使其能够抵御关键词猜测攻击，但增加了客户服务器通信量和用户端计算量。

4. 应用实践

实验7-1 实现Boneh的第一个PEKS方案，并思考如何抵御关键词猜测攻击。

密码工具库：PEKSBoneh2004方案用到双线性对，这里推荐一个实用的Python密码

① BONEH D, CRESCENZO G, OSTROVSKY R, et al. Public key encryption with keyword search[C]// Advances in Cryptology, 2004: 506-522.

工具库 charm-crypto，该工具库由约翰斯·霍普金斯大学科研人员开发。

项目地址：http://charm-crypto.io/。

PEKSBoneh2004 方案代码实现如下：

```
#coding=utf-8

from charm.toolbox.pairinggroup import PairingGroup, ZR, G1, G2, GT, pair
import hashlib

Hash1pre = hashlib.md5
def Hash1(w):
    #先对关键词 w 进行 md5 哈希
    hv = Hash1pre(str(w).encode('utf8')).hexdigest()
    print(hv)
    #再对 md5 值进行 group.hash 哈希,生成对应密文
    #完整的 Hash1 由 md5 和 group.hash 组成
    hv = group.hash(hv, type=G1)
    return hv

Hash2 = hashlib.sha256

def Setup(param_id='SS512'):
    #代码符号 G1 x G2 →  GT
    group = PairingGroup(param_id)
    #方案选用的是对称双线性对,故 G2 = G1
    g = group.random(G1)
    alpha = group.random(ZR)
    #生成私钥与公钥并进行序列化
    #Serialize a pairing object into bytes
    sk = group.serialize(alpha)
    pk = [group.serialize(g), group.serialize(g ** alpha)]
    return [sk, pk]

def Enc(pk, w, param_id='SS512'):
    group = PairingGroup(param_id)
    #进行反序列化
    g, h = group.deserialize(pk[0]), group.deserialize(pk[1])
    r = group.random(ZR)
    t = pair(Hash1(w), h ** r)
    c1 = g ** r
    c2 = t
    #对密文进行序列化
    print(group.serialize(c2))
    return [group.serialize(c1), Hash2(group.serialize(c2)).hexdigest()]

def TdGen(sk, w, param_id='SS512'):
    group = PairingGroup(param_id)
    sk = group.deserialize(sk)
    td = Hash1(w) ** sk
```

```
    #对陷门进行序列化
    return group.serialize(td)

def Test(td, c, param_id='SS512'):
    group = PairingGroup(param_id)
    c1 = group.deserialize(c[0])
    c2 = c[1]
    print(c2)
    td = group.deserialize(td)
    return Hash2(group.serialize(pair(td, c1))).hexdigest() == c2

if __name__ == '__main__':
    #'SS512'是对称双线性对
    param_id = 'SS512'
    [sk, pk] = Setup(param_id)

    group = PairingGroup(param_id)

    c = Enc(pk, "yes")
    td = TdGen(sk, "yes")
    assert(Test(td, c))
    td = TdGen(sk, "no")
    assert(not Test(td, c))
    c = Enc(pk, "Su*re")
    assert(not Test(td, c))
    c = Enc(pk, "no")
    assert(Test(td, c))

    c = Enc(pk, 9 ** 100)
    td = TdGen(sk, 9 ** 100)
    assert(Test(td, c))
    td = TdGen(sk, 9 ** 100 + 1)
    assert(not Test(td, c))
```

7.2 保留顺序加密

保留顺序加密技术的提出是为了解决纯密码学方案的密态数据库无法支持范围查询操作的问题。保留顺序加密技术在 2004 年被 Agrawal 等①提出。

保留顺序加密方案是指密文保留原有明文顺序的加密方案。当用户进行范围查询时，仅需将范围区间的端点密文发送给云端数据库即可得到所有属于该范围的密文数据，随后，客户端对密文数据进行解密即可得到最终结果。

① AGRAWAL R，KIERNAN J，SRIKANT R，et al. Order preserving encryption for numeric data[C]// Proceedings of the 2004 ACM SIGMOD International Conference on Management of Data，2004.

7.2.1 基本概念

1. 基本定义

保留顺序加密是指密文保留明文的序或者密文可比较的加密技术，即如果明文 a 和 b 满足 $a<b$，那么经过加密后的密文 $\text{Enc}(a)$ 和 $\text{Enc}(b)$ 也满足 $\text{Enc}(a)<\text{Enc}(b)$。

举例说明如下。

明文： 1　4　4　5　5　7

密文： 13　16　16　19　19　21

密文有序，无须额外操作，可以直接支持密文上的 max，min，order by 等 SQL 操作。比如，对于明文 SQL：select * from T where C>5 and C<10 可以改写为 select * from T where C>Enc(5) and C<Enc(10)即可在密文上执行范围查询。

2. 安全性

保留顺序加密方案泄露了密文的序，因此无法达到 IND-CPA 安全，Boldyreva 等[①]提出了适合于保留顺序加密方案的泄露密文序的语义安全性定义，即 IND-OCPA（indistinguishability under ordered chosen-plaintext attack），也称保留顺序加密方案的理想安全性。

IND-OCPA 安全游戏　在明文域为 D 和密文域为 R 上实现的保留顺序加密方案 OPE，其安全参数是 λ，在挑战者 C 和敌手 A 之间的安全游戏过程如下。

(1) 挑战者 C 生成密钥 $\text{sk}\leftarrow\text{KeyGen}(\lambda)$并且选择一个随机位 b。

(2) 挑战者 C 和敌手 A 进行多次交互，在第 i 轮交互过程中：

① 敌手 A 将两个值 $v_i^0, v_i^1\in D$ 发送给挑战者 C；

② 挑战者 C 与服务器进行交互并使用密钥 sk 加密 v_i^b，敌手 A 可以观察到服务器的所有状态信息。

(3) 敌手 A 输出它对 b 的猜测 b'。

定义 7-6（IND-OCPA）　对于保留顺序加密方案 OPE，当且仅当对于所有的敌手 A，其在上述安全游戏中所获得的攻击优势

$$\Pr[\text{win}^{\mathrm{A},\lambda}]\leqslant\frac{1}{2}+\text{negl}(\lambda)$$

时，认为这个保留顺序加密方案满足 IND-OCPA 安全性。

保留顺序加密方案想要达到 IND-OCPA 安全性必须满足如下之一条件。

(1) **密文可变**：假设当前明文 m 所对应的密文是 c，在一段时间后，这个明文所对应的密文会变成 c'，$c'\neq c$。如果明文所对应的密文一直保持不变，这种情况下会带来除顺序外的额外信息的泄露。

(2) **密文空间是明文空间的指数倍**：该条件为服务器存储带来巨大挑战，满足该条件的方案无法成为一个实用的方案。

3. 典型方案

Boldyreva 等的方案 BCLO 是第一个可证明安全性的保留顺序加密方案。在该方案

① BOLDYREVA A，CHENETTE N，LEE Y，et al. Order-Preserving symmetric encryption[C]//Advances in Cryptology-EUROCRYPT，2009：224-241.

中，应用超几何分布和负超几何分布来构造保留顺序加密函数 $f: X \to Y$，即如果 $x_1 < x_2$，则 $f(x_1) < f(x_2)$。超几何分布是统计学上一种离散概率分布。它描述了从有限 N 个物件（其中包含 M 个指定种类的物件）中抽出 n 个物件，成功抽出该指定种类的物件的次数（不放回）。称为超几何分布，是因为其形式与“超几何函数”的级数展式的系数有关。基于保留顺序函数和超几何分布之间的天然联系提出了 BCLO 方案。假设明文域为 D，明文范围为$[0,M]$，密文域为 R，密文范围为$[0,N]$，仅考虑整型数据。如图 7-10 所示，在加密明文 m 的时候，首先将明文 m 与当前明文域的中点 x 相比。若 m 不等于明文域中点，则明文域范围缩小。当 m 大于 x 时，当前明文域范围变为$[x,\max(D)]$；当 m 小于 x 时，当前明文域范围变为$[\min(D),x]$。其次，根据负超几何分布的要求，在当前密文域上选择一个 $f(x)$作为明文 x 所对应的密文。由于确定性种子的应用，使得每一个明密文对之间存在确定性关系。在当前明文域上继续重复上述步骤，直至明文 m 是当前明文域的中点或者当前明文域仅包含 m 时停止，这时候即得到所对应的密文。

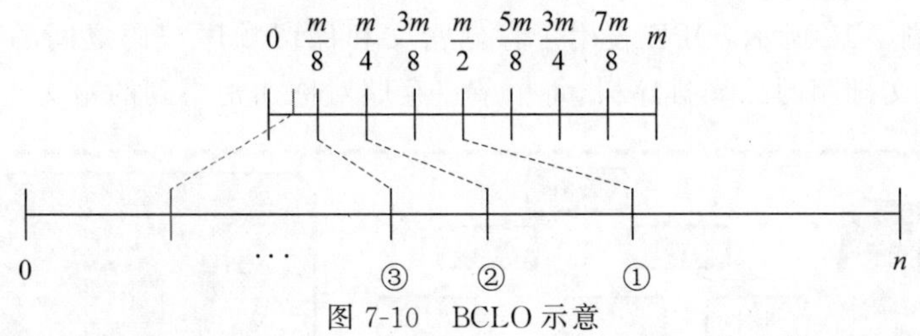

图 7-10　BCLO 示意

BCLO 方案不能够达到 IND-OCPA 安全性，并且该方案面临密文扩充的昂贵代价。2012 年，Xiao 等①指出，当密文域是明文域的平方倍和立方倍的时候，该方案将泄露高位的一半明文位。因此对于实际应用 BCLO 方案来讲，安全性和效率难以兼得。

7.2.2　顺序保留编码

1. 基本概念

顺序保留编码与顺序保留加密相对比，其密文不要求有顺序和可比较，由服务器维护密文及其对应编码，并且服务器还会额外维护索引树结构。顺序保留编码的一般构造如图 7-11 所示。

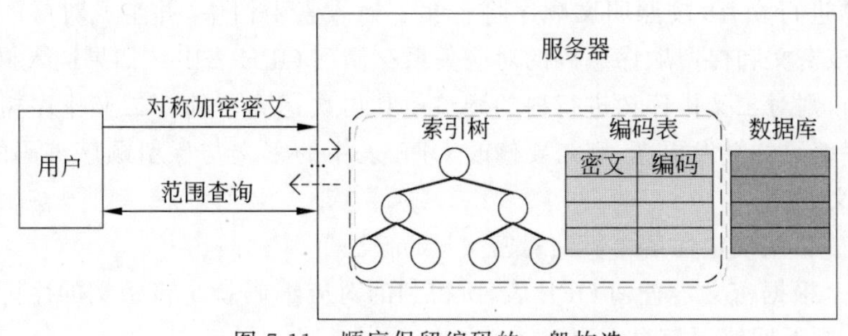

图 7-11　顺序保留编码的一般构造

① XIAO L, YEN I. Security analysis for order preserving encryption schemes[C]//46th Annual Conference on Information Sciences and Systems, 2012.

顺序保留编码通常具有较理想的安全性，可以达到 IND-OCPA 安全性。但是，顺序保留编码的客户端和服务器存在交互。在插入操作过程中，客户端与服务器多次交互遍历索引树生成密文编码，更新编码表并将编码插入数据库。在查询操作过程中，客户端与服务器进行交互得到基于编码表的密文对应编码，然后再进行范围查询。

2. 典型构造

Popa 等[①]是第一个实现 IND-OCPA 安全性的保留顺序加密方案（mOPE）。不同于一般的加密方案，Popa 等将其定位为保留顺序编码方案。简单来讲，就是每一个明文对应一个保留顺序编码而不是一个保留顺序密文。在该方案中，采用语义安全的对称加密方式对明文进行加密，并将密文存储在客户端的二叉排序树中。通过客户端与服务器的多次交互，按照明文对二叉树中的节点进行排列。在此基础上，应用类似于霍夫曼编码的技术，对每个二叉树中的节点进行编码，其路径即为明文的保留顺序编码（左子树为 0，右子树为 1）。

(1) 初始化：生成用于确定性加密的密钥 sk，同时需要初始化存储在服务器的 OPE 表和 OPE 树。如图 7-12 所示，OPE 表用于存储密文和保留顺序编码之间的对应关系，OPE 树是一棵按照明文排序的二叉排序树，每个节点存储对称加密得到的密文。

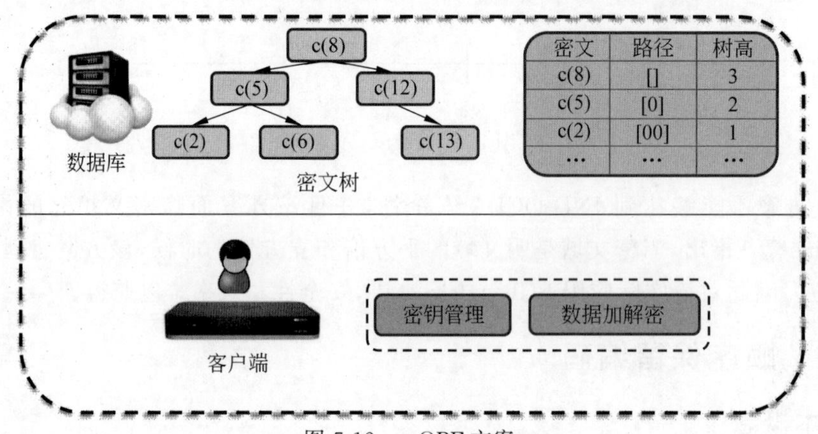

图 7-12　mOPE 方案

(2) 加密：客户端采用确定性加密，将明文 m 加密成密文 c，并将密文 c 发送给服务器。服务器查询 OPE 表中是否已经存储了密文 c 及其编码，如果存在，则返回密文 c。否则，客户端与服务器进行交互，按照明文顺序将密文 c 插入索引树中，并生成对应的保留顺序编码。然后，将该密文和保留顺序编码的对应关系存储到 OPE 表中。如果插入操作使得二叉排序树不平衡，则对二叉排序树进行树的调整使其再次达到平衡。二叉排序树的调整将会带来保留顺序编码的继发更新，则需要修改 OPE 表中的密文与保留顺序编码的对应关系。最后，返回密文 c。

(3) 解密：采用确定性解密算法对密文进行解密。

(4) 排序：根据密文 c 查询 OPE 表，所得到的对应编码就是该密文的序。如果密文不在 OPE 表中，则返回错误信息。

---

① POPA R, LI F, ZELDOVICH N. An ideal-security protocol for order-preserving encoding [C]//IEEE Symposium on Security and Privacy, 2013: 463-477.

7.2.3　顺序揭示加密

1. 基本概念

2015年，Boneh等[①]提出了顺序揭示加密（order-revealing encryption，ORE）的概念。在ORE方案中，通过特殊的比较函数，能够对密文进行比较。

ORE方案可以描述为一个三元组，即Π=（Setup，Encrypt，Compare），其定义域为D。

（1）Setup(λ)→sk：输入安全参数λ，输出加密密钥sk。

（2）Encrypt(sk，m)→c：输入密钥sk和明文$m \in D$，输出密文c。

（3）Compare(c_1，c_2)→b：输入两个密文c_1和c_2，输出一个位$b \in \{0,1\}$，当$b=1$时，$m_1 < m_2$；反之，$m_1 \geqslant m_2$。

OPE事实上可以算作一种特殊类型ORE，其中OPE密文是数字的，因此Compare函数很简单（密文的数字顺序是与底层明文相同）。ORE方案以一定泄露为代价来达到理想安全性，这些泄露往往是一些非重要信息。

在数据库实际应用中，可以直接存储ORE密文，但是这样在范围查询时需要对所有密文进行线性扫描；也可以融合保留顺序编码用于构建密文索引树，采用类似mOPE方式用于建立索引树，通过ORE来替代客户端与服务器的交互。

2. 典型构造

CLWW方案[②]将明文按位进行分块，然后按分块进行加密得到块密文。将块密文拼接起来即得到了原明文对应的密文。在实际应用中，需要将方案转换为保留顺序加密的方案之后才能够应用。

如图7-13所示，CLWW方案将明文m表示成d进制形式，即$m=b_1 b_2 \cdots b_n$，然后按位对明文进行分块，之后对每一位进行加密。当对第i位进行加密的时候，根据前$i-1$位生成一个伪随机数，将第i位与该伪随机数相加之后模$M(M=2d-1)$得到该位的密文u_i。将位密文拼接起来就得到了明文所对应的密文c。

如图7-14所示，CLWW方案提供了密文比较算法，在进行大小比较的时候，服务器从高位向低位逐位进行大小比较即可，服务器将返回第一个不相等比特以及大小关系。因此该方案支持密文比较和范围查询操作。

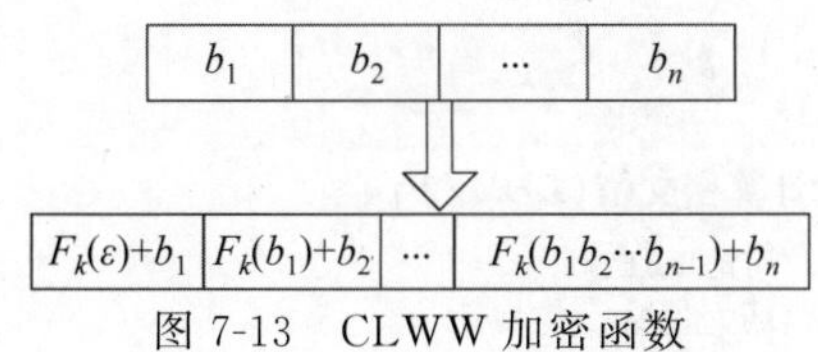

图7-13　CLWW加密函数

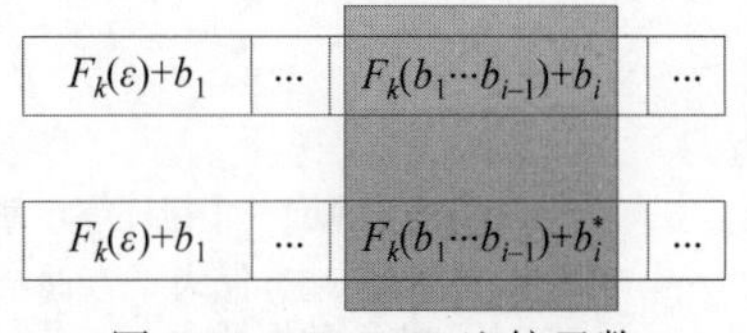

图7-14　CLWW比较函数

① BONEH D, LEWI K, RAYKOVA M. Semantically secure order-revealing encryption: multi-input functional encryption without obfuscation[C]. In EUROCRYPT, 2015.

② CHENETTE N, LEWI K, WEIS S, et al. Practical order-revealing encryption with limited leakage[C]//FSE, 2016.

7.3 频率隐藏保序加密

7.3.1 典型构造方案

1. 基本概念

频率隐藏保序加密(frequency-hiding order-preserving encryption,FH-OPE),要求相同的明文多次加密得到的密文不同,但密文中的顺序与明文仍然保持一致。其与确定性保序加密的不同之处在于:给定密文 Enc(a)和 Enc(b),如果满足 Enc(a)<Enc(b)则$a \leqslant b$。

举例说明如下。

明文: 1 4 4 5 5 7

密文: 13 14 16 17 19 21

或密文:13 16 14 19 17 21

2. 典型构造

1) 有交互的 FH-OPE 方案[①]

2015 年,Kerschbaum 对现有的保留顺序编码方案进行了改进,提出了频率隐藏的保留顺序编码方案,进一步提高了安全性。该方案隐藏相同明文出现的频率,在一定程度上提升了方案的安全性,并抵御了一部分利用明文频率发起的攻击。该方案在客户端维护一个二叉排序树,将明文插入二叉排序树中。通过参数的设定来减少排序树的调整。但是排序树一旦发生调整,将带来巨大的性能消耗。不仅如此,客户端的大存储,也使得该方案不实用,如图 7-15 所示。

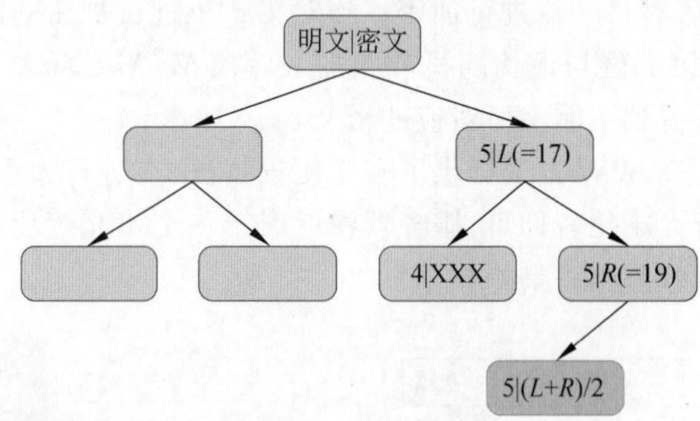

客户端维护一个排序树,给定明文计算密文值(L+R)/2

☐ **客户端存储大:** 存储全部明文及对应的密文

☐ **更新数据量大:** 排序树平衡调整或无值会产生更新,一旦更新,将对全树的密文值更新

图 7-15 客户端无交互的 FH-OPE

设 λ 表示安全参数和密文的扩展因子,n 是所有的明文数量,N 是去掉重复值的明文数量,编码的位长度 $k=\lceil \log_2 N \rceil$。密文域的最小值是 min,最大值是 max。客户端的存储

① Kerschbaum F, Frequency-Hiding Order-Preserving Encryption[C] In Proceedings of the 22nd ACM SIGSAC Conference on Computer and Communications Security (CCS, 2015).

结构是一棵二叉排序树，并且初始化二叉排序树为空。当对明文 m 进行加密时，从根节点开始遍历，依次与当前节点 t 中存储的明文进行比较，如果当前节点 t 的明文等于插入的明文 m，则生成随机数 coin，否则继续向下层遍历。

当解密密文的时候，从根节点开始对索引树进行遍历，直到当前节点 t 的保留顺序编码等于密文，则该节点的明文就是密文对应的明文。如果索引树进行重新调整，需要先将明文进行升序排列，然后将索引树组织成一个二叉平衡搜索树。在这个过程中，保证索引树的升序遍历结果与明文的升序排列相同。

2）无交互的 FH-OPE 方案

2021 年 Li 等[①]提出了一个小客户端存储且无额外交互的 FH-OPE 方案，如图 7-16 所示，该方案主要针对易受频率攻击的字段提供了频率隐藏安全性，即来自小明文域中的大量数据记录。该方案同时为了降低编码更新的频率，提出了一个带有编码策略的 B+树。

为了在无额外交互下运行算法，该方案设置了一个本地表作为客户端存储，记录明文以及出现次数。每当新的明文 pt 被加密时，在本地表的帮助下，可以找出有多少现有的明文值小于或等于 pt 的。因此，很容易确定相应该明文在 B+树中的随机顺序。

该方案改进了 B+树，提出了编码树的概念，该树的每个中间节点不再存储关键词，而是存储节点后代中包含的密文的数量，从而实现快速根据插入的位置定位叶子节点，实现在 1 次交互下将密文插入 B+树中。同时，提供了相应的编码策略，产生密文对应的保留顺序的编码。

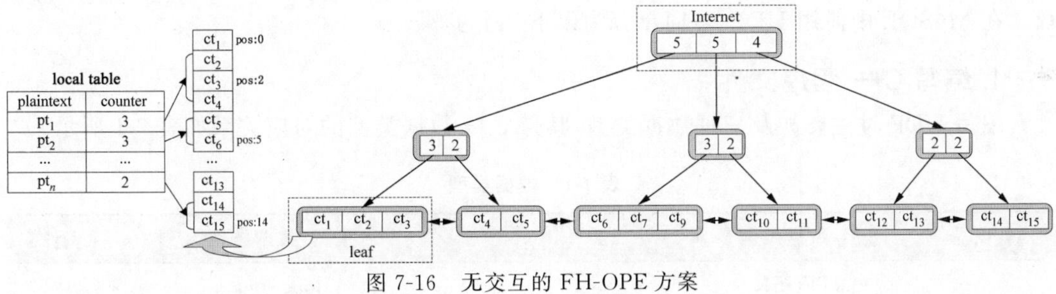

图 7-16　无交互的 FH-OPE 方案

当树需重新平衡时，密文的路径编码即保序编码将被更新。如果更新涉及的密文很多，会严重降低 OPE 方案的性能。对于服务端树，为减少密文重新编码的频率，需要在调整树时不更新保序编码。该方案采用区域编码策略，每个叶节点值区间为$(a,b]$，默认新节点编码策略为$(L+R)/2$，其中 L 为左邻居的编码，R 为右邻居的编码。节点内编码更新策略：区间为$(a,b]$，密文个数为 c，更新后$[1\cdot(a+(b-a)/c),\cdots,c\cdot(a+(b-a)/c)]$。在这种情况下，树的平衡调整不会引起编码的更新，插入可能引发节点内数据密文编码更新，但是其他节点不发生更新。

利用二进制明文域进行加密作为示例，有两种可能的明文值：0 和 1。构建一个 3 阶的编码树，并设置根的编码区间为(0, 16]。一共有 8 个明文{0, 1, 0, 1, 0, 1, 0, 1}，以下序列{0, 1, 0, 1, 0, 1,0}已经插入编码树中，其中 $E(\cdot)$代表随机加密。接下来展示了客户

① LI D, LV S, HUANG Y, et al. Frequency-Hiding order-preserving encryption with small client storage[J]. Proceeding of the VLDB Endowment, 2021: 3295-3307.

端执行加密明文 1 的操作。客户端分配密文插入 B+树的随机顺序为 6 并将其与 $E(1)$一起提交给服务器，服务器将密文插入第 3 个叶子并为其分配一个编码 5。整体数据加密和编码树调节重新平衡后的情况如图 7-17 所示，从图中可以看到任何编码都没有更新。

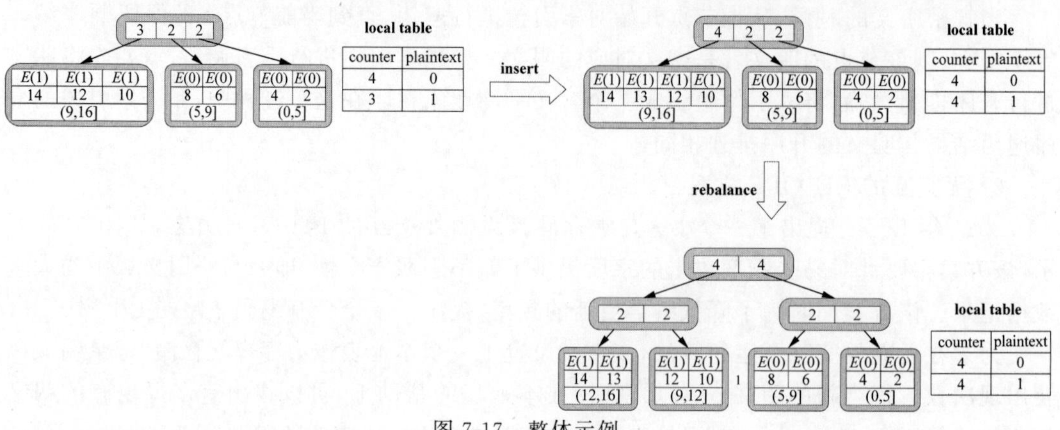

图 7-17　整体示例

7.3.2 UDF 示例

用户自定义函数(user-defined function，UDF)是 MySQL 提供给开发者的扩展接口，使开发者不局限于数据库提供的功能，可以根据自身需求，利用 UDF 定制不同的功能函数。在 MySQL 中使用 UDF，可简单分为以下几个步骤。

1. 编写 C++ 程序文件

编写 UDF 时主要涉及三种数据类型，其与 C++ 数据类型的对应关系如表 7-1 所示。

表 7-1　数据类型

SQL 数据类型	C++ 数据类型
INTEGER	long long
STRING	char *
REAL	double

MySQL 为 UDF 提供了多种接口，其中至少需要实现主函数和初始化函数才可以运行。以下是部分常见函数的介绍。

1）主函数

该函数为 UDF 的主体部分，不同的返回类型具有不同的函数结构，函数结构如下。

```
long long <函数名>(UDF_INIT * initid, UDF_ARGS * args, char * is_null, char * error)
char * <函数名>(UDF_INIT * initid, UDF_ARGS * args, char * result, char * length, char * is_null, char * error)
double <函数名>(UDF_INIT * initid, UDF_ARGS * args, char * is_null, char * error)
```

(1) UDF_INIT 为结构体,用于函数间的信息交流,其成员如表 7-2 所示。

表 7-2　UDF_INIT 结构体说明

成　　员	含　　义
bool maybe_null	如果主函数可以返回 NULL,则应该初始化函数中设置为 1
unsigned int decimals	小数位数
unsigned int max_length	结果的最大长度
char * ptr	可根据需求自由定义。例如,可以在初始化函数中利用其申请动态资源,并在析构函数中释放
bool const_item	如果主函数总是返回相同的值,则应在初始化函数中设置为 1,否则设置为 0

(2) UDF_ARGS 为结构体,用户传递参数,其成员如表 7-3 所示。

表 7-3　UDF_ARGS 结构体说明

成　　员	含　　义
unsigned int arg_count	参数数量
enum Item_result * arg_type	包含每个参数的数据类型。数据类型包括 STRING_RESULT, INT_RESULT, REAL_RESULT, DECIMAL_RESULT
char * * args	参数内容
unsigned long * lengths	对于初始化函数,表示每个参数的最大长度;对于主函数的每次调用,包含当前参数的实际长度
char * maybe_null	对于初始化函数,该数组表示每个参数的值是否可能为空(0 表示不为空,1 表示为空)
char * * attributes	传递有关函数参数名称的信息
unsigned long * attribute_lengths	提供每个参数名称的长度

(3) is_null 指定返回值是否为 NULL,如果是则设置为 1。

(4) result 和 length 指针指向结果及其长度。

(5) error 为错误信息。

2) 初始化函数

该函数在主体函数执行前由数据库自动调用,执行初始化工作,返回 0 表示正常,可在 message 中给出错误信息。

```
bool <函数名>_init(UDF_INIT * initid, UDF_ARGS * args, char * message)
```

该函数返回值在 MySQL8 前为 my_bool,MySQL8 后删除 my_bool 并改为使用 bool。

3) 析构函数

该函数在主函数执行后调用,可在此释放资源。

```
void <函数名>_deinit(UDF_INIT * initid)
```

以下为两数相加的 UDF 示例。需要强调的是,C ++ 中需要将函数封装于 extern "C"中。

```
#include "mysql/mysql.h"
extern "C"
{
    bool myadd_init(UDF_INIT * initid, UDF_ARGS * args, char * message);
    long long myadd(UDF_INIT * initid, UDF_ARGS * args, char * is_null, char * error);
}

bool myadd_init(UDF_INIT * initid, UDF_ARGS * args, char * message)
{
   return 0;
}

long long myadd(UDF_INIT * initid, UDF_ARGS * args, char * is_null, char * error)
{
   int * x = (int * )args->args[0];
   int * y = (int * )args->args[1];
   return * x + * y;
}
```

2. 编译生成动态链接库

使用编译器编译的 so 文件,需要复制或链接到 MySQL 的 plugin 文件夹中。一般而言,Ubuntu 下的默认地址为/usr/lib/mysql/plugin/。

以上步创建的 myadd()函数为例,假设代码文件为 udf.cpp,编译输出文件名设定为 udf.so。

```
g++ -shared -fPIC udf.cpp -o udf.so
[sudo] cp udf.so /usr/lib/mysql/plugin/
```

3. 在数据库中创建函数

创建函数的命令为:

```
create function <函数名> returns <返回值类型> soname <动态链接库文件名>
```

以 myadd()函数为例,创建函数命令为:

```
create function myadd returns integer soname 'udf.so';
```

需要注意的是,创建函数时需要确保已经进入某一数据库当中。使用如下命令可以创建数据库:

```
create database <数据库名>
```

使用如下命令可以进入数据库：

```
use <数据库名>
```

4. 调用函数

创建完成后，即可在 SQL 语句中调用该函数，例如，可以直接通过 select 查询函数结果。

```
select myadd(1,2);
```

7.3.3　FH-OPE 实现

实验 7-2　实现 FH-OPE 方案。

1. 环境准备

1）MySQL 数据库的安装与配置

（1）Ubuntu 操作系统安装 MySQL 数据库。

实验中需要通过 UDF 将其植入 MySQL 中，因此需要安装 MySQL 数据库以及开发组件，命令如下：

```
[sudo] apt install mysql-server libmysqlclient-dev
```

（2）创建用户。

首先通过如下命令以 root 身份登录数据库，如图 7-18 所示。

```
[sudo] mysql
```

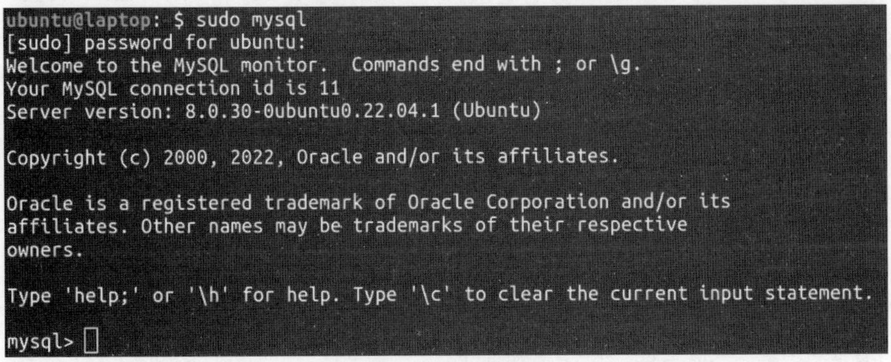

```
ubuntu@laptop: $ sudo mysql
[sudo] password for ubuntu:
Welcome to the MySQL monitor.  Commands end with ; or \g.
Your MySQL connection id is 11
Server version: 8.0.30-0ubuntu0.22.04.1 (Ubuntu)

Copyright (c) 2000, 2022, Oracle and/or its affiliates.

Oracle is a registered trademark of Oracle Corporation and/or its
affiliates. Other names may be trademarks of their respective
owners.

Type 'help;' or '\h' for help. Type '\c' to clear the current input statement.

mysql> 
```

图 7-18　登录数据库

接下来可以通过 create user 命令创建用户，结构如下：

```
create user 'username'@'host' identified by 'password';
```

创建完成后，可以通过 grant 命令授予用户不同的权限。例如，创建一个用户名为 user，不限制 host，密码为 123456 的账户，并将所有数据库上的所有权限授予用户 user，如

图 7-19 所示。

```
mysql> create user 'user'@'%' identified by '123456';
Query OK, 0 rows affected (0.04 sec)

mysql> grant all on *.* to 'user'@'%';
Query OK, 0 rows affected (0.03 sec)
```

图 7-19　创建用户

(3) 创建数据库。

使用如下命令创建数据库：

```
create database <name>;
```

例如，创建一个名为 test_db 的数据库，如图 7-20 所示。

```
mysql> create database test_db;
Query OK, 1 row affected (0.00 sec)
```

图 7-20　创建数据库

2) Python3 环境

(1) Ubuntu 操作系统安装 Python3 环境。

使用 APT 包管理即可方便地安装 Python3 环境：

```
[sudo] apt install python3
```

需要注意的是，Ubuntu16.04 之后已经默认包含 Python3 环境，无须额外安装。

(2) 安装 pip 工具并安装所需包。

Ubuntu 初始环境仅包含 Python 工具，并没有 pip 工具，所以需要通过如下命令安装：

```
[sudo] apt install python3-pip
```

本实验在实现时，在 Client 端需要用到 pycryptodome 中的加密函数，以及使用 pymysql 连接数据库，安装命令如下：

```
pip3 install pycryptodome pymsql
```

如果下载速度较慢，也可通过-i 使用第三方源，例如使用清华源：

```
pip3 install -i https://pypi.tuna.tsinghua.edu.cn/simple pycryptodome pymsql
```

2. 编写 Server 端程序

(1) 根据 FH-OPE 描述，编写 Node.h 文件。

```
#pragma once
#include <vector>
#include <map>
```

```
#include <string>
using namespace std;

class Node
{
public:
    int type;                                  //用来区分 InternalNode 和 LeafNode
    int parent_index;                          //记录当前节点是父节点的第几个孩子
    Node * parent = NULL;
    virtual void rebalance() {};
    virtual long long insert(int pos, string cipher) { return 0; };
                                               //插入新的密文
    virtual long long search(int pos) { return 0; };      //查找 pos 对应的 code
};

class InternalNode : public Node
{
public:
    std::vector<int> child_num;                         //子节点具有的加密值个数
    std::vector<Node * > child;                         //子节点指针

    InternalNode();
    void rebalance() override;
    long long insert(int pos, string cipher) override;
    long long search(int pos) override;
    void insert_node(int index, Node * new_node); //插入新的 Node
};

class LeafNode : public Node
{
public:
    std::vector<std::string> cipher;                    //密文
    std::vector<long long> encoding;                    //编码
    LeafNode * left_bro = NULL;                         //左兄弟节点
    LeafNode * right_bro = NULL;                        //右兄弟节点
    long long lower = -1;
    long long upper = -1;

    LeafNode();
    long long Encode(int pos);
    void rebalance() override;
    long long insert(int pos, string cipher) override;
    long long search(int pos) override;
};

const int M = 128;
extern Node * root;
extern long long start_update;                          //更新区间的左端点
extern long long end_update;                            //更新区间的右端点
```

```
extern std::map<string, long long> update;

void root_initial();                        //初始化
long long get_update(string cipher);        //根据密文获取对应的更新后的 code
```

在同文件夹下编写对应的 Node.cpp 文件。

```
#include "Node.h"
#include <array>
#include <math.h>
#include <assert.h>
#include <vector>
#include <map>
#include <fstream>

Node * root = nullptr;
long long start_update = -1;
long long end_update = -1;
std::map<string, long long> update;

InternalNode::InternalNode()
{
    this->type = 2;
    this->parent_index = -1;
    this->parent = NULL;
}

void InternalNode::insert_node(int index, Node * new_node)
{
    this->child.insert(this->child.begin() + index, new_node);
    if (new_node->type == 1)
    {
        //如果新节点是 LeafNode
        this->child_num.insert(this->child_num.begin() + index, ((LeafNode * )new_node)->cipher.size());
        ((LeafNode * )new_node)->parent = this;
    }
    else
    {
        //如果是 InternalNode
        int res = 0;
        for (size_t i = 0; i < ((InternalNode * )new_node)->child_num.size(); i++)
        {
            res += ((InternalNode * )new_node)->child_num.at(i);
        }
        this->child_num.insert(this->child_num.begin() + index, res);
        ((InternalNode * )new_node)->parent = this;
```

```
    }

    //插入的新 node 改变了原有 node 位置,因此需要重新记录 parent_index 和 //child_num
    for (int i = 0; i < this->child.size(); i++)
    {
        this->child.at(i)->parent_index = i;
        if (this->child.at(i)->type == 1)
        {
            LeafNode *tmp = (LeafNode *)this->child.at(i);
            this->child_num.at(i) = tmp->cipher.size();
        }
    }
    if (this->child.size() >= M)
    {
        this->rebalance();
    }
}

void InternalNode::rebalance()
{
    InternalNode *new_node = new InternalNode();
    //将当前节点的后半部分数据存入 new_node
    int middle = floor(this->child.size() * 0.5);
    while (middle > 0)
    {
        new_node->child.insert(new_node->child.begin(), this->child.at(this->child.size() - 1));
        new_node->child_num.insert(new_node->child_num.begin(), this->child_num.at(this->child_num.size() - 1));
        this->child.pop_back();
        this->child_num.pop_back();
        middle--;
    }
    for (int i = 0; i < new_node->child.size(); i++)
    {
        new_node->child.at(i)->parent_index = i;
        new_node->child.at(i)->parent = new_node;
    }

    if (!this->parent)
    {
        //如果当前节点是 root 节点
        InternalNode *new_root = new InternalNode();
        new_root->insert_node(0, this);
        new_root->insert_node(1, new_node);
        root = new_root;
    }
    else
```

```
    {
        int res = 0;
        for (size_t i = 0; i < this->child_num.size(); i++)
        {
            res += this->child_num.at(i);
        }
        ((InternalNode *)this->parent)->child_num.at(this->parent_index) = res;
        ((InternalNode *)this->parent)->insert_node(this->parent_index + 1, new_node);
    }
}

long long InternalNode::insert(int pos, string cipher)
{
    for (int i = 0; i < this->child.size(); i++)
    {
        if (pos > this->child_num.at(i))
        {
            pos = pos - this->child_num.at(i);
        }
        else
        {
            this->child_num.at(i)++;
            return this->child.at(i)->insert(pos, cipher);
        }
    }
    //如果没有符合的,则放到最后一个
    this->child_num.back() = this->child_num.back()++;
    return this->child.back()->insert(pos, cipher);
}

long long InternalNode::search(int pos)
{
    int i = 0;
    for (; i < this->child.size(); i++)
    {
        if (pos < this->child_num.at(i))
        {
            return this->child.at(i)->search(pos);
        }
        else
        {
            pos = pos - this->child_num.at(i);
        }
    }
    return 0;
}
```

```
LeafNode::LeafNode()
{
    this->type = 1;
    this->parent_index = -1;
    this->parent = NULL;
}

void Recode(vector<LeafNode * > node_list)
{
    long long left_bound = node_list.at(0)->lower;
    long long right_bound = node_list.back()->upper;
    int total_cipher_num = 0;

    for (size_t i = 0; i < node_list.size(); i++)
    {
        total_cipher_num += node_list.at(i)->cipher.size();
    }

    if ((right_bound - left_bound) > total_cipher_num)
    {
        //如果当前的更新区间,足以包含待放的 pos
        start_update = left_bound;
        end_update = right_bound;
        //计算间隔量,使 code 均匀分布
        long long frag = floor((right_bound - left_bound) / total_cipher_num);
        assert(frag >= 1);
        long long cd = left_bound;
        for (size_t i = 0; i < node_list.size(); i++)
        {
            node_list.at(i)->lower = cd;
            for (int j = 0; j < node_list.at(i)->encoding.size(); j++)
            {
                node_list.at(i)->encoding.at(j) = cd;
                update.insert(make_pair(node_list.at(i)->cipher.at(j), cd));
                cd = cd + frag;
            }
            node_list.at(i)->upper = cd;
        }
        node_list.back()->upper = right_bound;
    }
    else
    {
        //若不足以包含,则继续向左兄弟节点和右兄弟节点扩展更新区间
        if (node_list.at(0)->left_bro)
        {
            //如果左兄弟存在,则加入更新列表
            node_list.insert(node_list.begin(), node_list.at(0)->left_bro);
```

```
        }

        if (node_list.back()->right_bro)
        {
            //如果右兄弟存在,则加入更新列表
            node_list.push_back(node_list.back()->right_bro);
        }
        else
        {
            //扩展最后一个节点的大小
            node_list.back()->upper = node_list.back()->upper * 2;
            if (node_list.back()->upper >= pow(2, 60))
                node_list.back()->upper = pow(2, 60);
        }
        Recode(node_list);
    }
}

long long LeafNode::Encode(int pos)
{
    long long left = this->lower;
    long long right = this->upper;

    if (pos > 0)
    {
        left = this->encoding.at(pos - 1);
    }
    if (pos < this->encoding.size() - 1)
    {
        right = this->encoding.at(pos + 1);
    }
    if (floor(right - left) < 2)
    {
        //如果该区间已经没有位置,则需要 recode
        std::vector<LeafNode * > node_list;
        node_list.push_back(this);
        Recode(node_list);
        //返回特殊值 0,标志已经调整,需要更新数据库
        return 0;
    }
    else
    {
        //否则直接以 left 和 right 的平均值向上取整作为新的 code
        unsigned long long re = right;
        long long frag = (right - left) / 2;
        re = re - frag;
        this->encoding.at(pos) = re;
        return this->encoding.at(pos);
    }
```

```
}

void LeafNode::rebalance()
{
    LeafNode * new_node = new LeafNode();
    //将本节点后半部分数据放到 new_node
    int middle = floor(this->cipher.size() * 0.5);
    while (middle > 0)
    {
        new_node->cipher.insert(new_node->cipher.begin(), this->cipher.back());
        new_node->encoding.insert(new_node->encoding.begin(), this->encoding.back());
        this->encoding.pop_back();
        this->cipher.pop_back();
        middle--;
    }
    //将新节点连接在 this 节点右边
    new_node->lower = new_node->encoding.at(0);
    new_node->upper = this->upper;
    this->upper = new_node->encoding.at(0);
    if (this->right_bro)
    {
        this->right_bro->left_bro = new_node;
    }
    new_node->right_bro = this->right_bro;
    this->right_bro = new_node;
    new_node->left_bro = this;

    if (!this->parent)
    {
        //如果 this 是 root 节点,则创建一个新的 root
        InternalNode * new_root = new InternalNode();
        new_root->insert_node(0, this);
        new_root->insert_node(1, new_node);
        root = new_root;
    }
    else
    {
        ((InternalNode *)this->parent)->child_num.at(this->parent_index) = this->cipher.size();
        ((InternalNode *)this->parent)->insert_node(this->parent_index + 1, new_node);
    }
}

long long LeafNode::insert(int pos, string cipher)
{
    //将密文插入对应的 pos
```

```
    this->cipher.insert(this->cipher.begin() + pos, cipher);
    this->encoding.insert(this->encoding.begin() + pos, -1);
    long long cd = this->Encode(pos);
    if (this->cipher.size() >= M)
    {
        this->rebalance();
    }
    return cd;
}

long long LeafNode::search(int pos)
{
    return this->encoding.at(pos);
}

void root_initial()
{
    root = new LeafNode();
    ((LeafNode *)root)->lower = 0;
    ((LeafNode *)root)->upper = pow(2, 62);
    update.clear();
    start_update = -1;
    end_update = -1;
};

long long get_update(string cipher)
{
    if (update.count(cipher) > 0)
    {
        return update[cipher];
    }
    return 0;
}
```

（2）为能够在 MySQL 中使用，在 UDF.cpp 文件中编写 UDF。

```
#include "Node.h"
#include "mysql/mysql.h"
#include <string.h>

extern "C"
{
    //插入
    bool FHInsert_init(UDF_INIT * initid, UDF_ARGS * args, char * message);
    long long FHInsert(UDF_INIT * initid, UDF_ARGS * args, char * is_null, char * error);
    //搜索
    bool FHSearch_init(UDF_INIT * const initid, UDF_ARGS * const args, char * const message);
```

```
    long long FHSearch(UDF_INIT * const initid, UDF_ARGS * const args, char * const result, unsigned long * const length, char * const is_null, char * const error);

    //更新
    bool FHUpdate_init(UDF_INIT * initid, UDF_ARGS * args, char * message);
    long long FHUpdate(UDF_INIT * initid, UDF_ARGS * args, char * is_null, char * error);
    //更新范围
    bool FHStart_init(UDF_INIT * initid, UDF_ARGS * args, char * message);
    long long FHStart(UDF_INIT * initid, UDF_ARGS * args, char * is_null, char * error);
    bool FHEnd_init(UDF_INIT * initid, UDF_ARGS * args, char * message);
    long long FHEnd(UDF_INIT * initid, UDF_ARGS * args, char * is_null, char * error);
}

static char * getba(UDF_ARGS * const args, int i, double &len)
{
    len = args->lengths[i];
    return args->args[i];
}

/* 插入 */
long long FHInsert(UDF_INIT * initid, UDF_ARGS * args, char * is_null, char * error)
{
    int pos = * (int * )(args->args[0]);
    double keyLen;
    char * const keyBytes = getba(args, 1, keyLen);
    const std::string cipher = std::string(keyBytes, keyLen);
    long long start_update = -1;
    long long end_update = -1;
    update.clear();
    long long re = root->insert(pos, cipher);
    return re;
}

bool FHInsert_init(UDF_INIT * initid, UDF_ARGS * args, char * message)
{
    start_update = -1;
    end_update = -1;
    update.clear();
    if (root == nullptr)
    {
        root_initial();
    }
    return 0;
}
```

```
/*搜索*/
long long FHSearch(UDF_INIT * const initid, UDF_ARGS * const args, char * const result, unsigned long * const length, char * const is_null, char * const error)
{
    int pos = *(int *)(args->args[0]);
    if (pos < 0)
        return 0;
    return root->search(pos);
}
bool FHSearch_init(UDF_INIT * const initid, UDF_ARGS * const args, char * const message)
{
    return 0;
}
long long FHUpdate(UDF_INIT *initid, UDF_ARGS *args, char *is_null, char *error)
{
    double keyLen;
    char * const keyBytes = getba(args, 0, keyLen);
    const std::string cipher = std::string(keyBytes, keyLen);
    long long update_code = get_update(cipher);
    return update_code;
}
bool FHUpdate_init(UDF_INIT *initid, UDF_ARGS *args, char *message)
{
    return 0;
}
long long FHStart(UDF_INIT *initid, UDF_ARGS *args, char *is_null, char *error)
{
    return start_update;
}
bool FHStart_init(UDF_INIT *initid, UDF_ARGS *args, char *message)
{
    return 0;
}
long long FHEnd(UDF_INIT *initid, UDF_ARGS *args, char *is_null, char *error)
{
    return end_update;
}
```

```
bool FHEnd_init(UDF_INIT * initid, UDF_ARGS * args, char * message)
{
    return 0;
}
```

3. 编译生成动态链接库

(1) 使用如下命令编译生成动态链接库 libope.so。

```
g++ -shared -fPIC UDF.cpp FH-OPE.cpp -lcrypto -o libope.so
```

(2) 将其复制到 MySQL 的文件夹。

```
sudo cp libope.so /usr/lib/mysql/plugin/
```

4. 导入 MySQL

(1) 编写 SQL 文件。

```
-- 如果原来有同名表,则删除
drop table if exists example;
-- 创建名为 example 的表
create table example
(
    encoding  bigint,
    ciphertext varchar(512)
);

-- 删除已有的函数
drop function if exists FHInsert;
drop function if exists FHSearch;
drop function if exists FHUpdate;
drop function if exists FHStart;
drop function if exists FHEnd;

-- 创建函数
create function FHInsert RETURNS INTEGER SONAME 'libfhope.so';
create function FHSearch RETURNS INTEGER SONAME 'libfhope.so';
create function FHUpdate RETURNS INTEGER SONAME 'libfhope.so';
create function FHStart RETURNS INTEGER SONAME 'libfhope.so';
create function FHEnd RETURNS INTEGER SONAME 'libfhope.so';

-- 创建插入数据的存储过程
drop procedure if exists pro_insert;
delimiter $$
create procedure pro_insert(IN pos int, IN ct varchar(512))
BEGIN
    DECLARE i BIGINT default 0;
    SET i = FHInsert(pos, ct);
```

```
    insert into example values (i, ct);
    if i = 0 then
        -- 树结构中更新了编码,同步更新数据库中的信息
        update example
        set encoding = FHUpdate(ciphertext)
        where (encoding >= FHStart() and encoding < FHEnd())
          or (encoding = 0);
    end if;
END $$
delimiter ;
```

(2) 登录。

```
mysql -u<用户名> -p<密码>
```

例如,登录用户 user,密码为 123456,如图 7-21 所示。

```
ubuntu@laptop:~$ mysql -uuser -p123456
mysql: [Warning] Using a password on the command line interface can be insecure.
Welcome to the MySQL monitor.  Commands end with ; or \g.
Your MySQL connection id is 14
Server version: 8.0.30-0ubuntu0.22.04.1 (Ubuntu)

Copyright (c) 2000, 2022, Oracle and/or its affiliates.

Oracle is a registered trademark of Oracle Corporation and/or its
affiliates. Other names may be trademarks of their respective
owners.

Type 'help;' or '\h' for help. Type '\c' to clear the current input statement.

mysql> 
```

图 7-21　登录

(3) 切换数据库。

```
use <数据库名>
```

切换到 test_db 数据库,如图 7-22 所示:

```
mysql> use test_db
Database changed
```

图 7-22　切换数据库

(4) 导入 SQL 文件。

```
source <文件地址>
```

文件地址应为 SQL 文件的绝对地址,如图 7-23 所示。

5. 编写客户端程序并测试

(1) 编写客户端部分代码,存入 client.py 文件中。

```
mysql> source /home/ubuntu/OPEUDF/load.sql
Query OK, 0 rows affected, 1 warning (0.01 sec)

Query OK, 0 rows affected (0.09 sec)

Query OK, 0 rows affected, 1 warning (0.00 sec)

Query OK, 0 rows affected, 1 warning (0.01 sec)

Query OK, 0 rows affected, 1 warning (0.01 sec)

Query OK, 0 rows affected, 1 warning (0.00 sec)

Query OK, 0 rows affected, 1 warning (0.01 sec)

Query OK, 0 rows affected (0.01 sec)

Query OK, 0 rows affected (0.02 sec)

Query OK, 0 rows affected (0.01 sec)

Query OK, 0 rows affected (0.01 sec)

Query OK, 0 rows affected (0.02 sec)

Query OK, 0 rows affected, 1 warning (0.01 sec)

Query OK, 0 rows affected (0.02 sec)
```

图 7-23　导入 SQL 文件

```python
import pymysql
import random
from Crypto.Cipher import AES
from Crypto.Random import get_random_bytes
from Crypto.Util.Padding import pad, unpad
import base64

local_table = {}
key = get_random_bytes(16)
base_iv = get_random_bytes(16)

def AES_ENC(plaintext, iv):
    #AES 加密
    aes = AES.new(key, AES.MODE_CBC, iv=iv)
    padded_data = pad(plaintext, AES.block_size, style='pkcs7')
    ciphertext = aes.encrypt(padded_data)
    return ciphertext

def AES_DEC(ciphertext, iv):
    #AES 解密
    aes = AES.new(key, AES.MODE_CBC, iv=iv)
    padded_data = aes.decrypt(ciphertext)
    plaintext = unpad(padded_data, AES.block_size, style='pkcs7')
    return plaintext

def Random_Encrypt(plaintext):
```

```
    #随机生成 iv 来保证加密结果的随机性
    iv = get_random_bytes(16)
    ciphertext = AES_ENC(iv + AES_ENC(plaintext.encode('utf-8'), iv), base_iv)
    ciphertext = base64.b64encode(ciphertext)
    return ciphertext.decode('utf-8')

def Random_Decrypt(ciphertext):
    plaintext = AES_DEC(base64.b64decode(ciphertext.encode('utf-8')), base_iv)
    plaintext = AES_DEC(plaintext[16:],plaintext[:16])
    return plaintext.decode('utf-8')

def CalPos(plaintext):
    #插入 plaintext,返回对应的 Pos
    presum = sum([v for k, v in local_table.items() if k < plaintext])
    if plaintext in local_table:
        local_table[plaintext] += 1
        return random.randint(presum, presum + local_table[plaintext] - 1)
    else:
        local_table[plaintext] = 1
        return presum

def GetLeftPos(plaintext):
    return sum([v for k, v in local_table.items() if k < plaintext])

def GetRightPos(plaintext):
    return sum([v for k, v in local_table.items() if k <= plaintext])

def Insert(plaintext):
    ciphertext = Random_Encrypt(plaintext)
    #连接数据库
    conn = pymysql.connect(host='localhost', user='user', passwd='123456', database='test_db')
    cur = conn.cursor()
    cur.execute(f"call pro_insert({CalPos(plaintext)},'{ciphertext}')")
    conn.commit()
    conn.close()

def Search(left, right):
    #搜索[left,right]中的信息
    left_pos = GetLeftPos(left)
    right_pos = GetRightPos(right)
    #连接数据库
    conn = pymysql.connect(host='localhost', user='user', passwd='123456', database='test_db')
    cur = conn.cursor()
    cur.execute(
        f"select ciphertext from example where encoding >= FHSearch({left_pos}) and encoding < FHSearch({right_pos})")
```

```
    rest = cur.fetchall()
    for x in rest:
        print(f"ciphtertext: {x[0]} plaintext: {Random_Decrypt(x[0])}")

if __name__ == '__main__':
    #插入明文,同时设置了一部分重复的内容
    for ciphertext in ['apple', 'pear', 'banana', 'orange', 'cherry', 'apple', 'cherry', 'orange']:
        Insert(ciphertext)

    #假设搜索 b 和 p 之间的数据
    Search('b', 'p')
```

(2) 运行。

通过 python3 命令可直接执行 client.py 文件,如图 7-24 所示,实验结果打印了密文及解密后的明文。

```
python3 client.py
```

```
ubuntu@laptop:~/OPEUDF$ python3 client.py
ciphtertext: cIbvZj5cu/o99NDyZ0KjLzft0fmWX5lL6vLXsgUuLEtaOjRsAvmpPRBexg/LI+a/ plaintext: banana
ciphtertext: v0ZHEERstzm3LuJg+3qGViixrYvUX5PKmwi2y/jrfGI+yxvxH29cEjwi2S26B8Wu plaintext: orange
ciphtertext: OdNCr/SpXjMzQaZ/iFa2V/7Rn6NqWU786IemFM0x0gtytEA4Y09lBIQXMm60Xf9O plaintext: cherry
ciphtertext: yLajfw+f5FrccGS4pHKnNXSFJvn7C8YY03efMfrW/sfySS4yD6YC0a/06FPq7K7S plaintext: cherry
ciphtertext: 99sfLbVSSGQBA3ppHtjIA20XM6YUGFwbbR4YhvyOJnkpSwRvrgW/cF+dGarqRFQ4 plaintext: orange
```

图 7-24　运行 client.py 文件

7.4　密态数据库

7.4.1　基本概念

1. 定义

密态数据库是指存储和管理密态数据的数据库管理系统,数据以加密形态存储在数据库中,其中数据存储、计算、检索、管理均在密文形态下完成,而与数据库管理相关的语法解析、事务等能力均集成了传统数据库能力。密态数据库是数据库系统与加密技术及数学算法深度结合的产物。密态数据库的核心任务是保护数据全生命周期的安全,并支持密态数据的检索和计算。

密态数据库能够为数据提供全生命周期安全保障,有效保护数据机密性和数据完整性,全生命周期数据安全技术可让企业具备技术领先优势和市场竞争优势。当前,包括微软、华为等在内的传统数据库服务提供商,以及 Crypteron 等新兴厂商纷纷推出了自己的密态数据库产品,而学术界也在保持对密态数据库(如 TrustedDB、CryptDB 等)研究的热度。2016 年,微软首次在商业数据库中提出全程加密(always encrypted)技术,该技术可支持密态等值查询,其在 2020 年进一步提出基于可信硬件方案的密态数据库方案并迁移至 Azure。同年华为在 HC 大会发布全密态数据库解决方案,并于 2021 年在 OpenGauss 社区开源全密态数据库第一阶段技术方案,实现了首个应用迁移透明的密态数据库方案。同时华为也公布了其基于 GaussDB 的软硬融合全密态数据库计算架构,结合密码算法(即软件模式)和可信执行环境(即硬件模式)的优点,不仅保证了密文数据操作的安全性,也保证了查询执行的效率。

2. 分类

现有的密态数据存储系统实现方案包括基于纯密码学和基于可信执行环境的方案。

1) 服务器磁盘加密模式

如图 7-25 所示,服务器磁盘加密模式的密态数据库是最早的实现方式,通过在数据库服务器采用加密卡等实现文件级的加密,但是,由于其在内存和用户交互过程中仍然是全明文状态,安全性低。

图 7-25　磁盘加密模式

2) 加密代理模式

2011 年,以 CryptDB 为典型的基于代理模式的密态数据库诞生。如图 7-26 所示,此类型数据库通过在用户和服务器设置代理服务器,用于接受用户的 SQL 请求,将明文 SQL 转换为密文 SQL 语句后,发送给服务器。服务器基于 UDF 或者其他方式更新升级后,具有密文处理的能力,在接收到密文 SQL 后,将结果返回给代理服务器。代理服务器将密文结果处理后,返回给用户侧继续如以前一样使用。

图 7-26　加密代理模式

3) 服务器可信执行环境模式

如图 7-27 所示,服务器可信执行环境模式,也是目前商用产品的主流模式。客户端预置用户密钥,经由 Intel SGX 等服务器可信执行环境完成加密数据的处理后,实现密态数据库。

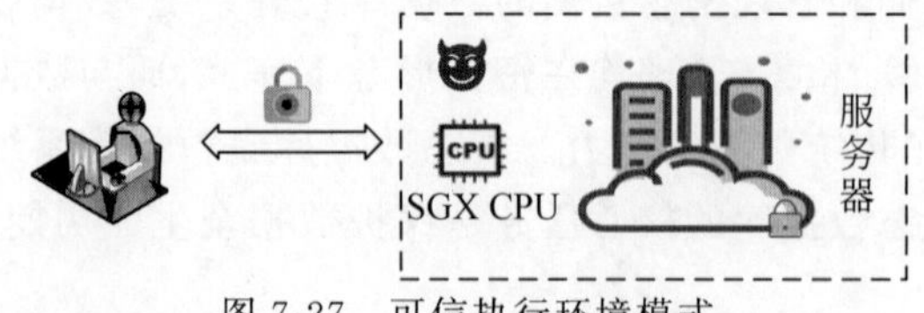

图 7-27　可信执行环境模式

此类模型存在以下两类缺点。

(1) 性能约束:可信执行环境内存有限(SGX Enclave 128MB),状态切换开销大。

(2) 安全约束:可信执行环境是暴露面,攻击面大,容易遭受侧信道攻击、服务器同驻攻击等,安全性难以量化。同时,访问行为模式泄露已被证明可以用来完成敏感信息的推理,可信执行环境的访问行为模式容易形成新的泄露利用攻击。数据茫然(隐藏访问的数据)和程序茫然(隐藏执行分支)成为安全性基本要求,但是会带来额外的性能开销。

3. 密码原语

密态数据库主要依赖加密和查询的相关密码原语，下面逐一介绍每种算法。

1）确定性加密算法（DET）

确定性加密算法确定地为相同的明文生成相同的密文。

密码学术语中，确定性加密算法应该是伪随机置换。比如，对于 64 位和 128 位值，可以使用具有匹配块大小的 Blowfish 和 AES。

确定性加密算法是密态数据库中最基本的加密机制。虽然确定性加密会泄露相同明文的频率，难以抵御频率攻击，但是该加密类型很实用，它允许服务器执行相等检查，这意味着它可以使用相等谓词、相等连接、分组依据、计数等执行选择。

2）随机加密算法（RND）

随机加密是指将两个相等的值加密为不同的密文。

随机加密的一种有效构造是为每个相同的数据引入不同的随机数。比如，在分组密码 CBC 模式下使用随机初始化向量（IV）。

随机加密不会泄露相同明文的频率，可以抵御离线攻击者的频率攻击。但是，随机加密会让相等谓词、相等连接、分组依据、计数等变得困难。

3）保序加密算法（OPE）

OPE 的安全性要低于 DET，OPE 的加密特点是明文数据项在加密后仍然保留着加密前的排序关系。举例而言：对于明文 X,Y，如果 $X<Y$，那么对 X,Y 进行 OPE 加密后有 $\mathrm{OPE}_K(X)<\mathrm{OPE}_K(Y)$，其中 K 为密钥。因此，如果对数据库中的某列数据进行 OPE 加密后，此列密文可以支持范围查询，大小比较等操作。当用户需要执行表示范围从 c_1 至 c_2 的范围查询时，可以向数据库发送$[\mathrm{OPE}_K(c_1),\mathrm{OPE}_K(c_2)]$两个边界密文。

4）同态加密算法（HOM）

具有 IND-CPA 安全性，可以直接对密文进行计算。为了支持求和运算（sum），Paillier 加法同态体制经常被选用，对于该算法，将两个值的加密相乘等于对两个值和的加密，即对于明文 X,Y，$\mathrm{HOM}_K(X)\mathrm{HOM}_K(Y)=\mathrm{HOM}_K(X+Y)$。

5）可搜索加密算法（SSE）

加密后仍能对密文文件、长文本密文数据进行关键词检索，允许不可信服务器无须解密就可以完成是否包含某关键词的判断。

7.4.2 CryptDB 数据库

1. 系统架构

CryptDB 的体系结构由两部分组成：数据库代理和未修改的 DBMS。CryptDB 使用 UDF 在 DBMS 中执行加密操作，如图 7-28 所示。

矩形框和圆形框分别表示流程和数据。着色表示 CryptDB 添加的组件。虚线表示用户计算机、应用服务器、运行 CryptDB 数据库代理的服务器（通常与应用服务器相同）和 DBMS 服务器之间的分隔。

1）工作原理

CryptDB 的工作原理是拦截数据库代理中的所有 SQL 查询，该代理将重写查询以在加

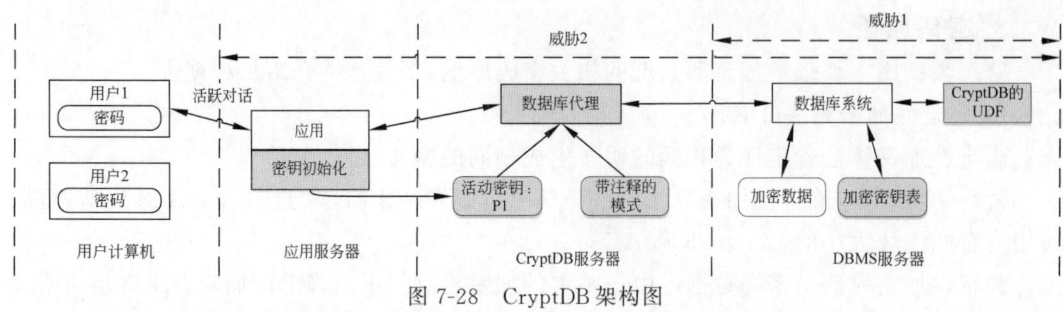

图 7-28　CryptDB 架构图

密数据上执行(CryptDB 假定所有查询都通过代理)。代理对所有数据进行加密和解密,并更改一些查询运算符,同时保留查询的语义。

DBMS 服务器从未收到明文的解密密钥,因此它从未看到敏感数据,从而确保好奇的 DBA 无法访问私人信息(威胁 1)。为了防止应用程序、代理和 DBMS 服务器泄露(威胁 2),开发人员对其 SQL 模式进行注释,以定义不同的主体,其密钥将允许解密数据库的不同部分。他们还对其应用程序进行了一些小的更改,以向代理提供加密密钥。代理决定数据库的哪些部分应该用什么密钥加密。结果是 CryptDB 保证了属于在泄露期间未登录的用户(如图 7-28 中的用户 2)的数据的机密性,这些用户在管理员检测到并修复泄露之前不会登录。尽管 CryptDB 保护数据机密性,但它不能确保返回到应用程序的结果的完整性、新鲜性或完整性。危害应用程序、代理或 DBMS 服务器或恶意 DBA 的敌手可以删除数据库中存储的任何或所有数据。

2) 数据查询流程

CryptDB 使 DBMS 服务器能够对加密数据执行 SQL 查询,就像对明文数据执行相同的查询一样。现有的应用程序不需要更改。对于加密查询,DBMS 的查询计划通常与原始查询相同,只是组成查询的运算符(如选择、投影、连接、聚合和排序)在密文上执行,并且在某些情况下使用修改的运算符。

CryptDB 的代理存储秘密主密钥 MK、数据库模式和所有列的当前加密层。DBMS 服务器看到一个匿名模式(其中表和列名由不透明标识符替换)、加密的用户数据以及 CryptDB 使用的一些辅助表。CryptDB 还为服务器配备了 CryptDB 特定的 UDF,使服务器能够为某些操作计算密文。

在 CryptDB 中处理查询涉及以下四个步骤。

(1) 应用程序发出一个查询,代理截取并重写该查询:它匿名化每个表和列名,并使用主密钥 MK,使用最适合所需操作的加密方案加密查询中的每个常量。

(2) 代理检查是否应在执行查询之前向 DBMS 服务器提供调整加密层的密钥,如果是,则在 DBMS 服务器上发出更新查询,该查询调用 UDF 以调整相应列的加密层。

(3) 代理将加密查询转发给 DBMS 服务器,该服务器使用标准 SQL 执行查询(偶尔调用 UDF 进行聚合或关键字搜索)。

(4) DBMS 服务器返回(加密的)查询结果,由代理解密并返回给应用程序。

2. 加密策略

CryptDB 的加密策略分为六种,每种加密算法支持不同类型的查询功能,具有不同的安全性。下面逐一介绍每种算法。

1）随机加密算法（RND）

RND 在 CryptDB 提供了最大的安全性-自适应选择明文攻击下的不可区分性（IND-CPA）；该方案是概率的，这意味着两个相等的值以压倒性的概率映射到不同的密文。另一方面，RND 不允许对密文有效地执行任何计算。

2）确定性加密算法（DET）

DET 的保证稍弱，但它仍然提供了很强的安全性：它只泄露与相同数据值对应的加密值，方法是确定地为相同的明文生成相同的密文。此加密层允许服务器执行相等检查，这意味着它可以使用相等谓词、相等连接、分组依据、计数等执行选择。

3）保序加密算法（OPE）

OPE 的安全性要低于 DET，OPE 的加密特点是明文数据项在加密后仍然保留着加密前的排序关系。CryptDB 使用的 OPE 方案是 BCLO。

4）同态加密算法（HOM）

CryptDB 采用了 Paillier 加法同态体制支持求和运算（sum）。当用户需要对用 HOM 加密的列执行求和时，系统会调用执行 Paillier 乘法的 UDF。

5）连接加密算法（JOIN 和 OPE-JOIN）

CryptDB 中包括两种 JOIN 操作，分别是 JOIN 和 OPE-JOIN。JOIN 允许两列之间的等式连接，OPE-JOIN 则通过顺序关系启用比较连接。在 JOIN 操作中，两个数据表为了完成 JOIN，应该对两列数据进行等值连接，JOIN 还应该支持 DET 和 SEARCH 所允许的所有操作，并且还允许服务器检测两列之间的重复值。但是，在加密数据库中，这种方法的安全性不高。CryptDB 中使用了一种新的加密模型 JOIN-ADJ，这是一种可调节的 JOIN 模型，即数据库服务器能在运行时对每列数据的密钥进行动态调整。JOIN-ADJ 也是一种确定性的模型，即对于一样的明文加密后的密文也是一样的。

6）搜索加密算法（SEARCH）

SEARCH 用于对加密文本执行搜索。CryptDB 实现了 Song 等的可搜索加密协议。对于每个需要搜索的列，CryptDB 使用标准分隔符（或使用模式开发人员指定的特殊关键字提取函数）将文本拆分为关键字，然后删除这些中的重复单词，随机排列单词的位置，最后使用 Song 等的方案加密每个单词，将每个单词填充到相同的大小。该算法几乎和 RND 一样安全：加密不会向 DBMS 服务器显示某个单词是否在多行中重复，但会泄露使用搜索加密的关键字数量；对手可能能够估计不同或重复单词的数量（如通过比较相同数据的搜索大小和 RND 密文）。

注意：搜索只允许 CryptDB 执行全词关键字搜索；它不支持任意正则表达式。

3. SQL 解释

如图 7-29 所示，CryptDB 让用户在建立表格的时候指定列的加密策略，会根据不同策略**原始表结构\用户定义的加密策略存储在代理服务器**。

Employees

ID	Name
23	Alice

Table1

C1-IV	C1-Eq	C1-Ord	C1-Add	C2-IV	C2-Eq	C2-Ord	C2-Search
x27c3	x2b82	xcb94	xc214	x8a13	xd1e3	x7eb1	x29b0

图 7-29　指定加密策略

1）表结构匿名化

（1）表匿名化：Employees→Table1

（2）字段匿名化：

ID→C1　Name→C2

根据用户对于字段加密的需求，分别产生对应的列，其中：

C1 列要求同时支持相等查询、范围查询和加法运算；

C2 列要求通知支持相等查询、范围查询和关键词检索。

2）SQL 解释

（1）insert into Employees(ID, Name) values(24, 'Bob')；

解释为：

insert into Table1(C1-IV,C1-Eq,C1-Ord,C1-Add,…)

values(RND(24), DET(24),OPE(24),HOM(24),…)；

（2）select * from Employees where ID＞24；

解释为：

select * from Table1 where C1-Ord ＞ OPE(24)；

4. 洋葱加密

CryptDB 采用了六种加密方案：DET 加密算法可以支持数值相等的比较，OPE 加密算法可以支持范围查询，JOIN 加密算法支持表之间的连接操作，HOM 加密算法支持加法操作。安全性上，OPE＜DET＜RND。

1）四种洋葱

为了取得更高的安全性和支持更多的操作，比如，RND 很难支持连接查询，而 DET 很容易支持连接查询。CryptDB 设计了洋葱加密，使得默认工作在最安全层，一旦需要不能支持的操作的时候，可以剥掉洋葱，加入下一层，进而牺牲安全性，换来更多操作的支持。洋葱由内到外，安全性越来越强，通常内部的洋葱提供功能性，最外层的洋葱则提供了最高级的安全性。

CryptDB 设计了四种加密洋葱，等值洋葱、范围查询洋葱、加法洋葱、搜索洋葱，分别支持等值查询、范围查询、同态加与模糊搜索功能，如图 7-30 所示。洋葱外层一般用安全性较高的 RND 和 HOM 能够保证安全性，内层的 DET 和 JOIN 安全性较弱，但能提供功能性的计算。

RND：不支持任何功能
OPE：范围查询
OPE-JOIN：范围查询
明文数据
范围查询洋葱

SEARCH
明文数据
搜索洋葱

HOM：加法
明文数据
加法洋葱

图 7-30　洋葱层

2）动态调整策略

每个洋葱一开始都使用最安全的加密方案进行加密。当代理从应用程序接收 SQL 查询时，它决定是否需要删除加密层。CryptDB 使用在 DBMS 服务器上运行的 UDF 实现洋葱层解密。

3）索引

DBMS 以与明文相同的方式为加密数据建立索引。当前，如果应用程序请求列上的索引，则代理将要求 DBMS 服务器在该列的 DET，JOIN，OPE 或 OPE-JOIN 洋葱层（如果已公开）上构建索引，但不针对 RND，HOM 或 SEARCH。可以研究更有效的索引选择算法。

4）问题

由于要剥掉洋葱，因此，剥掉洋葱后就会降低安全性。此外，为了安全性，必须重新将洋葱加上去来保证安全性，这又带来了极大的性能损失。

5. 连接查询

CryptDB 支持两种类型的连接：等值连接（其中连接谓词基于相等）和范围连接（涉及顺序检查）。要对两个加密列执行等值连接，应使用相同的密钥对这些列进行加密，以便服务器可以看到两个列之间的匹配值。同时，为了提供更好的隐私，DBMS 服务器不应该连接应用程序未请求连接的列，因此从未连接的列不应该使用相同的密钥加密。

如果可以发出的查询或可以连接的列对是先验的，那么等值很容易支持：CryptDB 可以对连接在一起的每组列使用具有相同密钥的 DET 加密方案。然而，具有挑战性的情况是，代理不知道要先验地连接的列集，因此不知道应该使用匹配密钥对哪些列进行加密。为了解决这个问题，CryptDB 引入了一个新的加密原语 JOIN-ADJ（可调连接），它允许 DBMS 服务器在运行时调整每列的密钥。

直观地说，JOIN-ADJ 可以被认为是一种密钥加密散列，其附加属性是可以调整散列以更改其密钥，而无须访问明文。JOIN-ADJ 是其输入的确定函数，这意味着如果两个明文相等，则相应的 JOIN-ADJ 值也相等。JOIN-ADJ 是抗冲突的，并且具有足够长的输出长度（192 位），允许我们假设在实践中不会发生冲突。

JOIN-ADJ 是不可逆的，因此将 JOIN 加密方案定义为 JOIN(v)＝JOIN-ADJ(v)‖DET(v)，其中‖表示连接。这种构造允许代理通过解密 DET 组件来解密 JOIN(v)列以获得 v，并允许 DBMS 服务器通过比较 JOIN-ADJ 组件来检查两个连接值是否相等。

每个列最初在连接层使用不同的密钥进行加密，从而防止列之间的任何连接。当查询请求连接时，代理向 DBMS 服务器提供一个洋葱密钥，以调整两列中的一列的 JOIN-ADJ 密钥，使其与另一列（表示连接基列）的 JOIN-ADJ 密钥匹配。调整后，列共享相同的 JOIN-ADJ 密钥，允许 DBMS 服务器将它们连接起来以实现相等。JOIN 的 DET 组件仍然使用不同的密钥进行加密。注意，可调整连接是可传递的：如果用户连接 A 列然后连接 B 列和 C 列，服务器可以连接 A 列和 C 列。但是，服务器无法连接不同"传递性组"中的列。例如，如果 D 列和 E 列连接在一起，DBMS 服务器将无法单独连接 A 列和 D 列。在初始连接查询之后，JOIN-ADJ 值仍然使用相同的密钥进行转换，因此在相同的两列之间的后续连接查询不需要重新调整。一个例外是，如果应用程序发出另一个查询，将其中一个调整后的列与第三个列连接起来，这会导致代理将该列重新调整到另一个连接基。为了避免振荡并收敛到传递性组中的所有列共享相同的连接基的状态，CryptDB 选择表和列名上按字典顺序排列的第一列作为连接基。对于 n 列，连接转换的总最大数量为 $n(n-1)/2$。

对于范围连接，由于 OPE 方案缺乏结构，很难构造类似的动态重新调整方案。因此，CryptDB 要求应用程序提前声明将参与此类连接的列对，以便将匹配的键用于这些列的层 OPE-JOIN；否则，相同的键将用于 OPE-JOIN 层的所有列。幸运的是，范围连接很少。

JOIN-ADJ 结构 使用椭圆曲线密码(ECC)。$\text{JOIN-ADJ}_K(v)$计算为

$$\text{JOIN-ADJ}_K(v) := P^{K \cdot \text{PRF}_{K_0}(v)}$$

其中：K 是该表、列、洋葱和层的初始键；P 是椭圆曲线上的一个点(作为公共参数)；PRF_{K_0} 是将值映射到伪随机数的伪随机函数；K_0 是一个密钥，它对所有列都是相同的，并且是从 MK 派生的。实际上，“指数化”是椭圆曲线点的重复几何加法，它比 RSA 指数运算快得多。

当查询连接列 c 和 c' 时，每个列都有键 K 和 K' 作为连接层，代理将计算 $\Delta K = K/K'$(在适当的组中)并将其发送到服务器。然后，给定 $\text{JOIN-ADJ}_{K'}(v)$(c 列中的 JOIN-ADJ 值)和 ΔK，DBMS 服务器使用 UDF 在 c' 计算中调整密钥：

$$(\text{JOIN-ADJ}_{K'}(v))^{\Delta K} = P^{K' \cdot \text{PRF}_{K_0}(v) \frac{K}{K'}} = P^{K \cdot \text{PRF}_{K_0}(v)} = \text{JOIN-ADJ}_K(v)$$

现在，c 列和 c' 列共享相同的 JOIN-ADJ 键，DBMS 服务器可以通过使用 JOIN 洋葱密文的 JOIN-ADJ 组件对 c 列和 c' 列执行等值连接。

在较高级别上，该方案的安全性在于服务器无法推断合法连接查询未请求的列组之间的连接关系，并且该方案不会显示明文。基于标准椭圆曲线决策 Diffie-Hellman 硬度假设证明了该方案的安全性，并使用 NIST 批准的椭圆曲线实现了该方案。

7.4.3 openGauss 数据库

实验 7-3 安装并使用 openGauss 数据库。

1. 下载安装

1) openGauss 的编译与配置

(1) 编译前准备。

① openGauss 支持的操作系统(Linux 64 位)。

- CentOS 7.6(x86_64 架构)
- openEuler 20.03 LTS(aarch64 架构)
- openEuler 20.03 LTS(x86_64 架构)
- openEuler 22.03 LTS(aarch64 架构)
- openEuler 22.03 LTS(x86_64 架构)
- Kylin V10(aarch64 架构)
- Asianux 7.6(x86_64 架构)
- Asianux 7.5(aarch64 架构)
- FusionOS 22 (aarch64 架构)
- FusionOS 22 (x86 架构)

② 磁盘容量需要 40GB 以上，本地安装并配置 git 和 git-lfs。

(2) 代码下载。

执行如下命令下载代码并下载开源第三方软件编译构建：

```
[user@localhost~]$git clone https://gitee.com/opengauss/openGauss-
server.git openGauss-server -b branchname #openGauss 的代码仓库
[user@linux sda]$ #mkdir binarylibs 关于此注释步骤,请阅读说明
```

命令说明如下：

① branchname：代码分支名称，默认可不填，如需编译 openGauss 2.0.0 的代码，可加上-b 2.0.0 的参数。

② binarylibs：存放编译构建好的开源第三方软件的文件夹，用户可通过开源软件编译构建获取，在 https://gitee.com/opengauss/openGauss-third_party 网站中，选择相应版本下载完毕后执行如下命令解压并重命名。

```
[user@localhost ~]$ tar -zxvf openGauss-third_party_binarylibs.tar.gz
[user@localhost ~]$ mv openGauss-third_party_binarylibs binarylibs
```

(3) 软件安装编译。

① 执行如下命令，进入软件代码编译脚本目录：

```
[user@localhost ~]$ cd /home/user/openGauss-server
```

② 执行如下命令，编译安装 openGauss：

```
[user@localhost openGauss-server]$ sh build.sh -m debug -3rd
/home/user/binarylibs #编译安装 debug 版本的 openGauss
```

显示 make compile successfully!，表示编译成功。

编译后软件安装路径为/home/user/openGauss-server/mppdb_temp_install。

编译后的二进制放置路径为/home/user/openGauss-server/mppdb_temp_install/bin。

编译日志为./build/script/makemppdb_pkg.log。

③ 导入环境变量，即可进行初始化和启动数据库：

```
export CODE_BASE=________ #openGauss-server 的路径
export GAUSSHOME=$CODE_BASE/mppdb_temp_install/
export LD_LIBRARY_PATH=$GAUSSHOME/lib::$LD_LIBRARY_PATH
export PATH=$GAUSSHOME/bin:$PATH
```

(4) 启动数据库。

① 使用 vim 在～/.bashrc 中增加以下环境变量：

```
export GAUSSHOME=/root/openGauss-server/dest/#编译结果的路径,可根据实际情况修改
export LD_LIBRARY_PATH=$GAUSSHOME/lib:$LD_LIBRARY_PATH
export PATH=$GAUSSHOME/bin:$PATH
```

② 使环境变量生效：

```
[user@localhost openGauss-server]$ source ~/.bashrc
```

③ 初始化数据库：

```
[user@localhost openGauss-server]$ gs_initdb -D /home/user/data -
nodename=db1
```

④ 启动数据库：

```
[user@localhost openGauss-server]$ gs_ctl start -D /home/user/data -Z single_
node -l logfile
```

2）openGauss 常用命令

（1）启动与登录。

① 启动数据库实例：

```
gs_ctl start -D $GAUSSHOME/data/single_node -Z single_node
```

② 停止数据库实例：

```
gs_ctl stop -D $GAUSSHOME/data/single_node -Z single_node
```

③ 重启数据库实例：

```
gs_ctl restart -D $GAUSSHOME/data/single_node -Z single_node
```

④ 以初始化安装用户登录数据库：

```
gsql -d postgres -p 5432
```

（2）数据库元命令。数据库部分元命令如表 7-4 所示。

表 7-4　数据库元命令

元命令	作　用	元命令	作　用
\l	列出数据库集簇中所有数据库的名称、所有者、字符集编码以及使用权限等	\d	列出当前 search_path 中模式下所有的表、视图和序列
\db	列出所有可用的表空间	\dn	列出所有的模式(名称空间)
\du	列出所有数据库角色	\dt	列出数据库中的表
\di	列出所有的索引	\dv	列出所有的视图
\ds	列出所有的序列	\dp	列出权限信息
\d[Tablename]	列出表的详细信息	\d[Indexname]	列出索引的详细信息
\df	列出所有的函数	\sf	列出函数的定义

续表

元命令	作　用	元命令	作　用
\timing	显示每条 SQL 语句的执行时间(以毫秒为单位)	\echo [string]	把字符串写到标准输出
\i[file.sql]	从文件 file 中读取内容,并将其当作输入,执行查询	\![os_command]	执行操作系统命令
\?	查看 gsql 的帮助命令	\h	查看 SQL 语法帮助
\conninfo	查询当前连接的数据库的信息	\c	更换连接的数据库和用户
\o[file_name]	把所有的查询结果发送到文件里	\q	退出 gsql

2. 密钥管理

全密态数据库有两种密钥,即客户端主密钥 CMK 和列数据加密密钥 CEK。CMK 用于加密 CEK,CEK 用于加密用户表中列数据。密钥创建的顺序和依赖依次为:创建 CMK > 创建 CEK。密钥创建成功后,系统密钥表和目录 xxx/openGauss-server/dest/etc/localkms 中将更新密钥信息。

① 执行以下命令开启密态开关,连接密态数据库:

```
gsql -d postgres -p 5432 -C
```

② 创建客户端主密钥 CMK:

```
create client master key cmk_test with (KEY_STORE = localkms, KEY_PATH = "key_path_value1", ALGORITHM = RSA_2048);
```

③ 创建客户端列加密密钥 CEK:

```
create column encryption key CEK_test with values (CLIENT_MASTER_KEY = CMK_test, ALGORITHM = AEAD_AES_256_CBC_HMAC_SHA256);
```

④ 可执行如下命令查询存储密钥信息的系统表:

```
select * from gs_client_global_keys;
```

查询主密钥和列密钥信息系统表结果如图 7-31(a)和图 7-31(b)所示。

```
postgres=# select * from gs_client_global_keys;
 global_key_name | key_namespace | key_owner | key_acl |         create_date
-----------------+---------------+-----------+---------+----------------------------
 cmk_test        |          2200 |        10 |         | 2024-04-05 16:51:51.299428
(1 row)
```

(a)

```
postgres=# select column_key_name, column_key_distributed_id ,global_key_id, key_owner from gs_column_keys;
 column_key_name | column_key_distributed_id | global_key_id | key_owner
-----------------+---------------------------+---------------+-----------
 cek_test        |                1551398662 |         41009 |        10
(1 row)
```

(b)

图 7-31　密钥信息系统表结果

(a)主密钥信息系统表;(b)列密钥信息系统表

openGauss 密钥文件如图 7-32 所示。

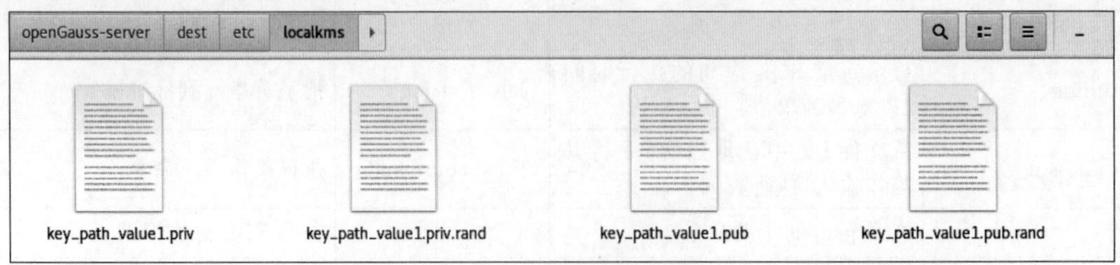

图 7-32　密钥文件

⑤ 使用如下命令建立加密表：

```
create table creditcard_info (id_number    int, credit_card  varchar(19) encrypted
with (column_encryption_key = CEK_test, encryption_type = DETERMINISTIC));
```

查询加密表的详细信息如图 7-33 所示，Modifiers 值为 encrypted 则表示该列是加密列。

```
postgres=# \d creditcard_info
       Table "public.creditcard_info"
  Column     |       Type        | Modifiers
-------------+-------------------+-----------
 id_number   | integer           |
 credit_card | character varying |  encrypted
```

图 7-33　加密表信息

向加密表中插入数据并进行等值查询进行测试，测试样例如图 7-34(a)所示，如果使用非密态客户端执行查询，加密列返回的数据将是密文，如图 7-34(b)所示。

```
postgres=# insert into creditcard_info values (1,'6217986500001288393');
INSERT 0 1
postgres=# insert into creditcard_info values (2,'6219985678349800033');
INSERT 0 1
postgres=# select * from creditcard_info;
 id_number |     credit_card
-----------+---------------------
         1 | 6217986500001288393
         2 | 6219985678349800033
(2 rows)
```

(a)

```
postgres=# select * from creditcard_info;
 id_number |                                                                credit_card
-----------+--------------------------------------------------------------------------------------------
         1 | \x010677785cf69d91891bb862fe550abefa0252f4af9df3dbe7383467983add3da7aa15040b310000001e0267f4ff524c2bf4
35c5f356443d55ce7e40f89e35d7f9917a012011f1754dd75b53e22737432aaaccc3f3d66b788c
         2 | \x010677785c421869592bdf7388f11865fbac2b05fc46d1112d1a9a1f1bc722f1b90ba4d8be31000005b03e0d0e1c0970ff7
4d78f14ab3a32233f97419be6175b668ed04c0148f86c200c88cb9d55018299d4cab10961aede8
(2 rows)
```

(b)

图 7-34　加密表功能测试

(a)密态客户端插入、查询；(b)非密态客户端查询

3. 相关密文支持情况

本小节初步探究和验证 openGauss 密态情况对于常见的数据库查询功能的支持情况，测试的算法包括等值查询、范围查询、聚合查询和连接查询。

1）查询数据表说明

查询涉及两张数据表，第一张表为员工姓名表，如图 7-35(a)所示，属性包括员工编号和姓名，其中员工姓名为加密列；第二张表为员工工资表，如图 7-35(b)所示，属性包括员工编号和工资，其中工资为加密列。

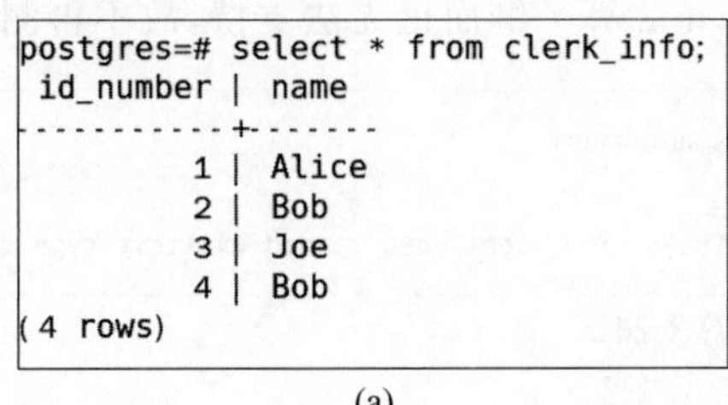

```
postgres=# select * from clerk_info;
 id_number | name
-----------+-------
         1 | Alice
         2 | Bob
         3 | Joe
         4 | Bob
(4 rows)
```

(a)

```
postgres=# select * from salary_info;
 id_number | salary
-----------+--------
         1 | 23000
         2 | 18000
         3 | 19000
         4 | 21000
(4 rows)
```

(b)

图 7-35　测试数据表

(a)员工姓名表；(b)员工工资表

2）等值查询

等值查询在密态情况下可以正常执行，验证情况如图 7-36 所示。

```
postgres=# select * from clerk_info where name='Bob';
 id_number | name
-----------+------
         2 | Bob
         4 | Bob
(2 rows)
```

图 7-36　等值查询

3）范围查询

范围查询在密态情况下不支持，验证情况如图 7-37 所示。

```
postgres=# select * from salary_info where salary>19000;
ERROR(CLIENT): operator is not allowed on datatype of this column
```

图 7-37　范围查询

4）连接查询

连接查询无论连接条件是否涉及加密列，多张表都可以正常连接。验证结果如图 7-38 所示，其中图 7-38(a)中连接的两表的 id_number 属性列为明文列；图 7-38(b)中连接的两表的 id_number 属性列为加密列，查询结果均正常返回。

```
postgres=# select * from clerk_info, salary_info where clerk_info.id_number=salary_info.id_number and name='Bob';
 id_number | name | id_number | salary
-----------+------+-----------+--------
         2 | Bob  |         2 | 18000
         4 | Bob  |         4 | 21000
(2 rows)
```

(a)

```
postgres=# select * from clerk_info2, salary_info2 where clerk_info2.id_number=salary_info2.id_number and name='Bob';
 id_number | name | id_number | salary
-----------+------+-----------+--------
         2 | Bob  |         2 | 18000
         4 | Bob  |         4 | 21000
(2 rows)
```

(b)

图 7-38　连接查询

(a)明文列连接查询；(b)密文列连接查询

5）聚合查询

聚合查询测试的算子有 max，min，sum，average，count，group by。

（1）max 和 min 算子测试。

对工资表进行查询，查找最高工资为多少，测试结果如图 7-39 所示，密态功能下时不支持对密文列执行该算子。由于 max 算子不支持，min 算子继而也无法支持，故不再测试。

```
postgres=# select max(salary) as max from salary_info;
ERROR:   function max(byteawithoutorderwithequalcol) does not exist
LINE 1: select max(salary) as max from salary_info;
               ^
HINT:  No function matches the given name and argument types. You might need to add explicit type casts.
CONTEXT:   referenced column: max
```

图 7-39　max 算子测试

（2）sum 和 average 算子测试。

对工资表进行查询，查找工资总和为多少，测试结果如图 7-40 所示，密态功能不支持对密文列执行该算子，由于 sum 算子不支持，average 算子继而也无法支持，故不再测试。

```
postgres=# select sum(salary) as sum from salary_info;
ERROR:   function sum(byteawithoutorderwithequalcol) does not exist
LINE 1: select sum(salary) as sum from salary_info;
               ^
HINT:  No function matches the given name and argument types. You might need to add explicit type casts.
CONTEXT:   referenced column: sum
```

图 7-40　sum 算子测试

（3）count 算子测试。

对员工表姓名列进行查询，count 算子分为两种情况，当对员工表查询总人数时（不去重查询），该算子可以对密文列正常执行；当对员工表查询不同名人数时（去重查询），该算子不可以对密文列正常执行。测试结果如图 7-41 所示。

```
postgres=# select count(name) from clerk_info;
 count
-------
     4
(1 row)
```

(a)

```
postgres=# select count (distinct name) from clerk_info;
ERROR:   could not identify an ordering operator for type byteawithoutorderwithequalcol
LINE 1: select count(distinct name) from clerk_info;
                               ^
DETAIL:  Aggregates with distinct must be able to sort their inputs.
CONTEXT:   referenced column: count
```

(b)

图 7-41　count 算子测试

(a)不去重情况；(b)去重情况

（4）group by 算子测试。

已经知道 count 算子不去重时可以对密文列执行，所以可以结合 count 算子对员工表姓名列执行 group by 算子进行测试，以获得各个名字分别有多少人同名，测试结果如图 7-42 所示，该算子可以对密文列正常执行。

```
postgres=# select count(*),name from clerk_info group by name;
 count | name
-------+------
     2 | Bob
     1 | Alice
     1 | Joe
(3 rows)
```

图 7-42　group by 算子测试

课后习题

1. 文件注入攻击利用了可搜索加密的哪种模式泄露？

   A. 大小模式　　B. 访问模式　　C. 查询模式　　D. 以上都不是

2. 总结现有密态数据库，并判断能否将其进行分类，如果能请指明分类标准。

3. 复现 Dawn Song 在 2010 年所提出的 SWP 方案。

第8章 密文集合运算

学习要求：了解密文集合运算的概念，重点掌握隐私集合求交、隐私交集求势问题的基本概念，了解隐私集合求并等概念；学习可交换加密、布隆过滤器、不经意伪随机函数等底层技术和密码原语；了解基于朴素哈希的PSI方案不安全的原因，掌握基于可交换加密的方案构造；掌握基于布隆过滤器进行通信优化的思想；掌握基于不经意伪随机函数的方案构造，了解布谷鸟哈希的概念和特征；完成应用实践部分的任务，复现所学方案；完成课后习题。

课时：2课时

建议授课进度：8.1节～8.2.2节用1课时，8.2.3节～8.3节用1课时

8.1 基本概念

8.1.1 定义及分类

1. 密文集合交集运算

隐私集合求交(private set intersection，PSI)允许持有各自集合的两方进行两个集合的交集计算，协议最后的结果是一方或是两方得到正确的交集内容，并且保证不会得到交集以外另一方集合中的任何信息。

PSI问题可以描述为：S拥有一个集合$A=\{a_1,a_2,\cdots,a_m\}$，R拥有一个集合$B=\{b_1,b_2,\cdots,b_n\}$，两方计算交集$I=\{x;x\in A\cap B\}$的元素，Alice不能获得集合$B-(A\cap B)$的元素，Bob也不能获得集合$A-(A\cap B)$的元素。PSI分为两类场景：平衡PSI和非平衡PSI。其中，平衡PSI中两方集合数量大体相等，非平衡PSI中两方集合元素个数差异很大。

隐私交集求势(private set intersection cardinality，PSI-CA)允许两方求得交集集合元素的个数。

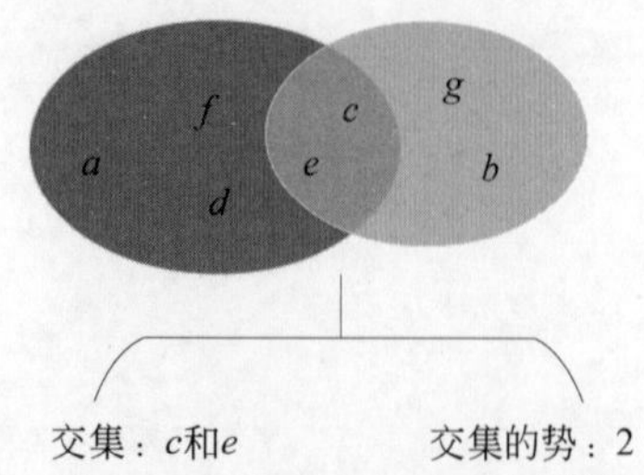

图8-1 PSI和PSI-CA示意图

如图8-1所示，PSI的结果为$\{c,e\}$，PSI-CA的结果为2。

2. 其他密文集合运算

隐私集合求并(private set union，PSU)允许在不泄露任何信息的情况下，求解多方集合所有不相等元素的

集合。

隐私集合求并的势(private set union cardinality,PSU-CA)允许在不泄露任何信息的情况下,多方集合所有不相等元素的个数,即并集的势。

8.1.2　可交换加密

1. 定义

可交换加密是一种特殊的加密系统,不同的用户可以使用各自的加密密钥对数据进行多次加密,而解密时私钥的使用顺序可以和加密时公钥的使用顺序不同,即加密和解密的顺序不影响最终的运算结果。

定义 8-1(可交换加密)　M 表示明文域,K 表示密钥域。可交换加密可用式(8-1)表示

$$f: M \times K \to M \tag{8-1}$$

其中 f 表示一组双射。可交换加密性质可以用式(8-2)表示

$$f_a(f_b(m)) = f_b(f_a(m)) \tag{8-2}$$

其中 m 属于明文域 M,$m \in M$,a,b 属于密钥域 K,$a,b \in K$。

2. 典型算法

一个常见的可交换加密算法为 Pohlig-Hellman 加密算法①。下面对 Pohlig-Hellman 加密算法的原理进行具体介绍。

对于一个素数 p,根据费马小定理(Fermat's little theorem),有

$$z^{p-1} \equiv 1 \bmod p \quad 1 \leqslant z \leqslant p-1$$

因而,对于所有的整数 x,有

$$z^x \equiv z^{x(\bmod p-1)} (\bmod p)$$

根据上述等式,可以构建一个密码系统。令 M、K 和 C 表示明文信息、密钥和密文信息,其中

$$1 \leqslant M \leqslant p-1$$
$$1 \leqslant C \leqslant p-1$$
$$1 \leqslant K \leqslant p-2$$
$$\mathrm{GCD}(K, p-1) = 1$$

在实际应用中,明文 M 通常会被定义为 l 位的整数

$$l = \log_2(p-1)$$

因而保证了一定存在解密密钥 D 满足

$$D = K^{-1} (\bmod p-1)$$

其中 D 满足

$$1 \leqslant D \leqslant p-2$$

在该加密算法中,加密运算为

$$C \equiv M^K (\bmod p)$$

解密运算为

---

① POHLIG S, HELLMAN M. An improved algorithm for computing logarithms over and its cryptographic significance (corresp.)[J]. IEEE Transactions on Information Theory, 1978, 24(1): 106-110.

$$M \equiv C^D (\bmod p)$$

至此，完成了Pohlig-Hellman密码系统的构建。根据上述密码算法的定义，该算法显然满足可交换加密的性质。对于两个不同的密钥 K_1 和 K_2，满足

$$\mathrm{Enc}_{K_1}(\mathrm{Enc}_{K_2}(M)) = M^{K_1 K_2} (\bmod p) = \mathrm{Enc}_{K_2}(\mathrm{Enc}_{K_1}(M))$$

即加密的顺序不影响最终的结果。由于解密与加密使用的是同样的运算，因此解密操作同样不受加密顺序的影响，即

$$\mathrm{Enc}_{D_1}(\mathrm{Enc}_{K_1}(\mathrm{Enc}_{K_2}(M))) = M^{K_1 K_2 K_1^{-1}} (\bmod p) = \mathrm{Enc}_{K_2}(M)$$

加密运算和解密运算都只涉及幂指数运算，可以在不超过 $\log_2 p$ 次乘法取模运算后计算出结果。通过加密密钥 K 计算出解密密钥 D 的运算只需执行一次并且可以离线执行。具体的运算需要执行 $\log_2 p$ 扩展欧几里得算法。

一个需要注意的问题是，在通常的密码体系中，密钥 K 为只需为 $1 \sim p-1$ 中的任意整数即可，但在该算法中，K 还应满足

$$\mathrm{GCD}(K, p-1) = 1$$

根据欧拉函数

$$\varphi(p-1) = (p-1) \prod_{i=1}^{n} \left(1 - \frac{1}{p_i}\right)$$

其中 $\{p_i\}$ 为 $p-1$ 所有素因子的集合，当取

$$p = 2p' + 1$$

其中 p' 仍是一个素数，此时 p 满足

$$\mathrm{GCD}(K, p-1) = \mathrm{GCD}(K, 2p') = 1$$

而当 p 很大时，根据欧拉函数，满足此条件的 p 的比例为

$$\frac{\varphi(p-1)}{(p-1)}$$

另一方面，

$$\varphi(p-1) = \varphi(2p') = \varphi(2)\varphi(p') = p' - 1$$

从而可以得出，当 p 很大时，满足条件的 p 的比例约为1/2。因此一个满足上述限制条件的 p 并不难选取。

8.1.3 布隆过滤器

布隆过滤器①(Bloom filter)是一个基于概率的用于元素包含检测的压缩数据结构。布隆过滤器使用一个包含 m 位的数组来表示最多包含 n 个元素的集合 S。布隆过滤器包含 k 个相互独立的哈希函数 $h_0, h_1, h_2, \cdots, h_{k-1}$，每个哈希函数 h_i 均将集合中的元素均匀地映射到 $0 \sim m-1$ 的下标中。布隆过滤器中包含4个参数 m, n, k 和 H，下面，使用 $\mathrm{BF}(X, m, n, k, H)$ 来表示一个数组长度为 m 位，拥有 k 个哈希函数，包含 n 个元素的集合 X 的布隆过滤器。

在初始状态，布隆过滤器数组中的所有位的值均被置为0。在向布隆过滤器中插入集

① BLOOM B H. Space/time trade-offs in hash coding with allowable errors[J]. Communications of the ACM, 1970, 13(7): 422-426.

合 S 中的一个元素 x 时，首先使用 k 个哈希函数对 x 进行哈希，得到 k 个下标。然后将数组中与 k 个下标对应的 k 位的值全部置为 1。如图 8-2 所示，向布隆过滤器中插入 A 和 B 两个元素，分别将和每个元素对应的 3 位的值置为 1。

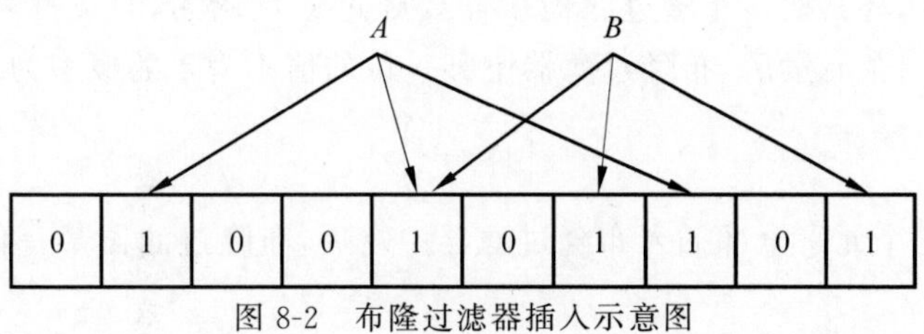

图 8-2　布隆过滤器插入示意图

要检验一个元素 y 是否属于集合 S 时，同样先使用 k 个哈希函数对 y 进行哈希，计算出 y 所对应的 k 个下标，然后检查数组中相应的 k 位的值。如果 k 位中任意一位的值为 0，则 y 一定不属于集合 S，否则 y 可能属于集合 S。如图 8-3 所示，对于元素 A，对应的 3 位的值均为 1，因此可以认为 A 在集合中；而对于元素 C，由于其对应的 3 位中有一个不为 1，所以 C 不在集合中。

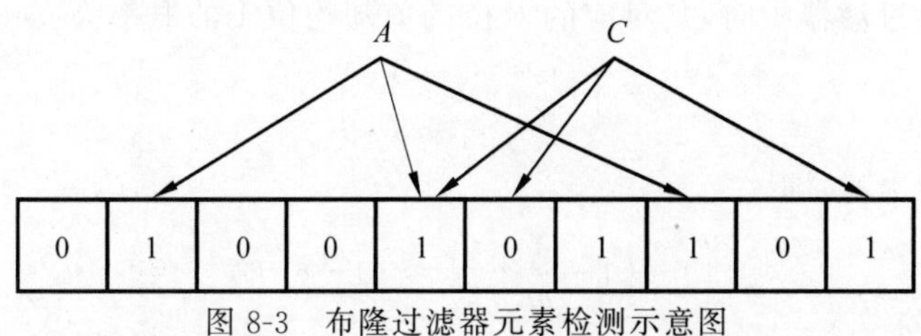

图 8-3　布隆过滤器元素检测示意图

由于布隆过滤器的哈希函数是确定的，如果元素 y 被插入布隆过滤器中，则对应的 k 位的值必然都为 1，因此布隆过滤器不会出现假阴性。然而，假阳性在布隆过滤器中是可能出现的，即一个元素可能在某布隆过滤器所代表的集合中，但在此布隆过滤器中，该元素对应的 k 位的值每一位都为 1。如图 8-4 所示，虽然元素 C 不在集合中，但由于其对应的位都被元素 A 和元素 B 置为了 1，因此 C 会被误判为在集合中。

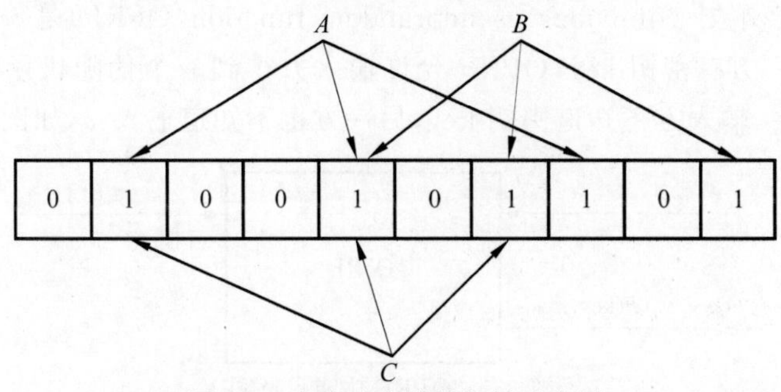

图 8-4　布隆过滤器假阳性示意图

由于布隆过滤器中存在假阳性，因此在选取布隆过滤器参数时，通常首先确定可以接受的假阳率的上界，而后据此选择布隆过滤器的位数 m 与哈希函数个数 k。下面将给出布隆过滤器的假阳率与参数的关系。

由于布隆过滤器中每一个哈希函数都将元素均匀地映射到 $0 \sim m-1$ 中的某一个位中，

因此在一次哈希后，布隆过滤器中某一位的值不为 1 的概率为

$$1-\frac{1}{m}$$

对于一个元素，将其插入布隆过滤器中需要经过 k 次哈希，且 k 个哈希函数是相互独立的，因此在插入一个元素后，布隆过滤器中某一位的值不为 1 的概率为

$$\left(1-\frac{1}{m}\right)^{k}$$

在将集合中 n 个元素全部插入布隆过滤器中之后，布隆过滤器某一位的值仍不为 1 的概率为

$$\left(1-\frac{1}{m}\right)^{kn}$$

那么某一位的值为 1 的概率则为

$$1-\left(1-\frac{1}{m}\right)^{kn}$$

在对某个元素是否在集合中进行检测时，需要验证其对应的 k 位的值是否均为 1。当这一元素不在布隆过滤器中时，其对应的 k 位的值却均位 1 的概率为

$$\left(1-\left(1-\frac{1}{m}\right)^{kn}\right)^{k}$$

当数据规模很大时，即

$$\left(1-\left(1-\frac{1}{m}\right)^{kn}\right)^{k}\approx\left(1-\mathrm{e}^{-\frac{kn}{m}}\right)^{k}$$

可以看出，布隆过滤器的假阳率随着布隆过滤器的位数 m 的增大而降低。通过对 k 求导并使导数等于 0，可以求出最优的哈希函数个数为

$$k_{\text{opt}}=\frac{m}{n}\ln 2$$

8.1.4 不经意伪随机函数(OPRF)

不经意伪随机函数①(oblivious pseudorandom function，OPRF)是一种密码学原语，假设一方有输入 x，一方有密钥 key，OPRF 允许输入方得到一个伪随机函数的输出 $F(\text{key}, x)$。在这个过程中，输入方不知道密钥 key，另一方也不知道输入 x，如图 8-5 所示。

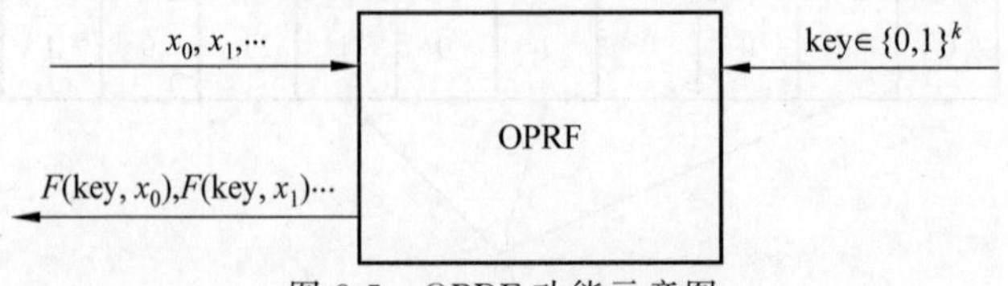

图 8-5 OPRF 功能示意图

通常来说，OPRF 的底层实现一般为不经意传输 OT 技术，每个 OPRF 实例的摊销成

① FREEDMAN M, ISHAI Y, PINKAS B. Keyword search and oblivious pseudorandom functions[C]//Theory of Cryptography: Second Theory of Cryptography Conference, 2005: 303-324.

本大约需要 500 位的通信开销和一些对称密钥操作。

8.2 隐私集合求交运算

PSI 作为应用广泛的特殊安全多方计算技术，近年来得到了长足的研究和发展，存在利用不同技术在不同场景和假设下实现的 PSI 协议，例如，基于朴素哈希的 PSI、基于公钥密码的 PSI、基于同态加密的 PSI、基于混淆电路的 PSI 等。

8.2.1 基于朴素哈希的 PSI

基于朴素哈希的 PSI 协议是在现实场景中有部署实例的，其优点在于简洁、高效，但缺点在于安全性不足。

利用哈希函数构造的 PSI 协议可以描述如下。发送方拥有集合 X，接收方拥有集合 Y。他们分别对 X 中的元素求哈希，对 Y 中的元素求哈希。接收方随后将哈希值发送给发送方。发送方对比两个集合的哈希值，并输出哈希值相等的元素，即交集元素，如图 8-6 所示。

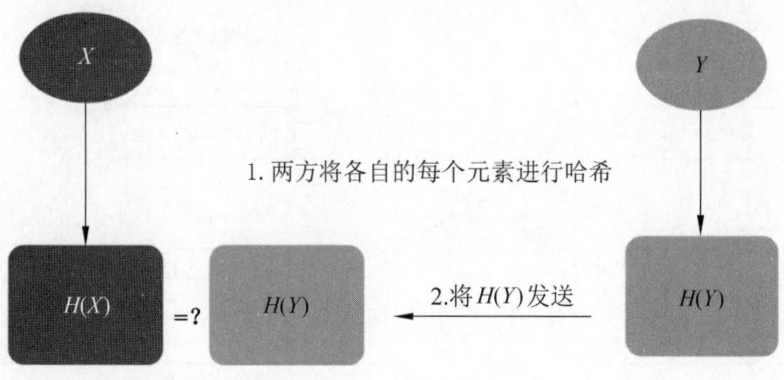

图 8-6　基于朴素哈希的 PSI 示意图

这个协议具有线性的计算性能和通信性能，因为协议只涉及哈希值的计算，通信也只需发送严格线性数量的哈希值。但不幸的是，这个协议是不安全的，因为会泄露一方输入集合的隐私。为什么？如果 X 属于比较小的域（如 X 为电话号码，只包含 11 个数字），发送方可以在离线阶段预先计算所有电话号码的哈希值，并将结果与从接收方收到的结果对比。这样，发送方就可以知道接收方的输入了。这也是此协议被称为朴素哈希的根本原因。因此，这是一个不安全的 PSI 协议。

8.2.2 基于可交换加密的 PSI

本节介绍基于可交换加密的 PSI 算法。发送方与接收方分别持有数据集合 X 与 Y。双方希望计算出双方集合交集而不泄露双方集合的具体元素。基于可交换加密的 PSI 算法主要包括以下 3 个步骤：

（1）设置阶段；

（2）数据加密和置换；

(3) 交集计算。

接下来，分别介绍算法中的各个步骤。令 Enc_{pks}，H_S 分别表示发送方的可交换加密函数和哈希函数。同样，使用 Enc_{pkr}，H_R 分别表示接收方的可交换加密函数和哈希函数。算法的流程如图 8-7 所示。

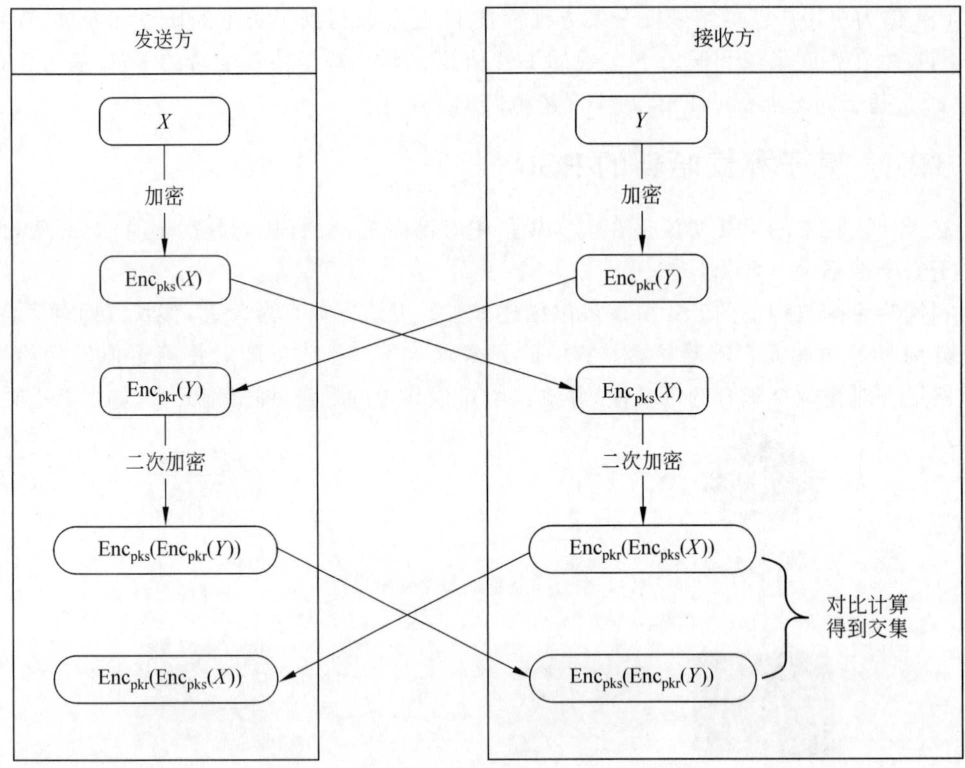

图 8-7　基于可交换加密的 PSI 算法流程图

1）设置阶段

在设置阶段，发送方和接收方确定双方的密钥长度，并共同选取一个大素数 P。而后，发送方与接收方分别生成各自的加密密钥 pks 与 pkr。

2）数据加密

在该阶段，发送方和接收方分别加密各自的集合 X 和 Y，而后，发送方和接收方分别将加密过的集合发送给对方，即发送方将 $\text{Enc}_{\text{pks}}(X)$发送给接收方，而接收方将 $\text{Enc}_{\text{pkr}}(Y)$发送给发送方。

随后，发送方和接收方分别将接收到的集合进行二次加密。对于发送方，在接收到发送方传输来的集合 $\text{Enc}_{\text{pkr}}(Y)$后，使用发送方的加密密钥 pks 对该集合再次进行加密，最终得到集合 $\text{Enc}_{\text{pks}}(\text{Enc}_{\text{pkr}}(Y))$。与之相对的，对于接收方，在其接收到发送方传输来的集合 $\text{Enc}_{\text{pks}}(X)$后，使用接收方的加密密钥 pkr 对 $\text{Enc}_{\text{pks}}(X)$再次进行加密，得到结果 $\text{Enc}_{\text{pkr}}(\text{Enc}_{\text{pks}}(X))$。

3）交集计算

由于加密算法是可交换的，即

$$\text{Enc}_{K_1}(\text{Enc}_{K_2}(\text{M}))=\text{Enc}_{K_2}(\text{Enc}_{K_1}(M))$$

因此对于任何一个处于两方集合交集中的元素，其经过两次不同顺序的可交换加密后的结果是一样的。因此，两个经过两次加密的集合中相同的元素即为发送方集合 X 与接收方集合 Y 交集中的元素。接收方通过对比两个经过两次加密后的集合，统计其中相同元素的个数，即可计算出双方交集的大小。而由于两个集合中的元素均被发送方加密过，而接收方并不知道发送方的加密密钥 pks，因此接收方只能计算出双方集合交集的大小，而无法计算出交集中具体元素的值。

扩展为 PSI-CA 算法，可以在数据交换之前，进行随机的置乱，将不会暴露元素对应的明文。在上述算法里，因为顺序没有置乱过，所以，交集里相等的元素可以通过位置得到具体的明文数据。

8.2.3　低通信非平衡 PSI

1. 非平衡 PSI-CA 算法

在本节中，将针对发送方集合大小与接收方集合大小非平衡的条件，对 8.2.2 节中所述的算法进行改进，以期降低 8.2.2 节中所述算法的通信复杂度与计算复杂度。考虑到协议的双方集合大小是非平衡的，发送方的集合大小远大于接收方的集合大小，因此，应尽可能地将发送方的集合 X 的传输与计算转换为传输接收方的集合 Y 的传输与计算，从而减少方案的通信时间与计算时间。同 8.2.2 节相同，改进过的算法仍分为以下 3 个阶段：

(1) 设置阶段；

(2) 数据加密和置换；

(3) 交集大小计算。

算法的流程如图 8-8 所示。

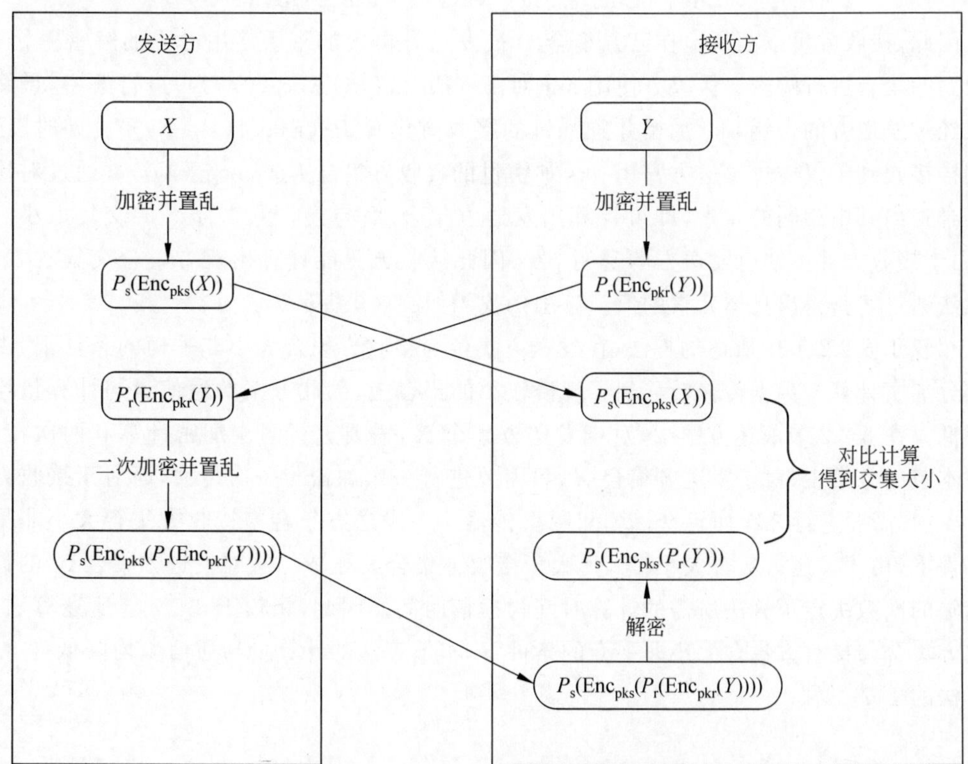

图 8-8　基于可交换加密的 PSI-CA 算法流程图

1）设置阶段

与 8.2.2 节中相同，发送方和接收方首先选取一个安全系数，确定双方的密钥长度，并共同选取一个大素数 P。而后，发送方与接收方分别生成各自的加密密钥 pks 与 pkr。与 8.2.2 节中不同的是，接收方需要计算出与其加密密钥 pkr 相对应的解密密钥 skr。

2）数据加密和置乱

在该阶段中，发送方和接收方分别使用各自的加密密钥 pks 与 pkr 加密各自的集合 X 和 Y，并对加密后的集合进行置乱。而后，发送方与接收方分别将各自加密并置乱过的集合发送给对方，即发送方将集合 $P_s(\mathrm{Enc}_{pks}(X))$ 发送给接收方，而接收方将集合 $P_r(\mathrm{Enc}_{pkr}(Y))$ 发送给发送方。

在发送方接收到接收方发送来的集合后，与 8.2.2 节中相同，使用发送方的加密密钥 pks 对接收到的集合再次进行加密，即在其接收到发送方传输来的数据 $P_r(\mathrm{Enc}_{pkr}(Y))$ 后，用发送方的加密密钥 pks 对其再次进行加密并置乱，得到集合 $P_s(\mathrm{Enc}_{pks}(P_r(\mathrm{Enc}_{pkr}(Y))))$，然后将该集合发还给接收方。而与 8.2.2 节不同的是，在这一步中，接收方无须进行任何操作。

3）交集大小计算

接收方在接收到发送方第二次发送来的集合后，通过设置阶段中计算出的解密密钥对该集合进行解密。由于使用的加密算法是可交换的，即

$$\mathrm{Enc}_{K_1}(\mathrm{Enc}_{K_2}(M))=\mathrm{Enc}_{K_2}(\mathrm{Enc}_{K_1}(M))$$

加密的顺序不影响数据加密的最终结果，加密的顺序同样不影响解密，即

$$\mathrm{Enc}_{D_2}(\mathrm{Enc}_{K_1}(\mathrm{Enc}_{K_2}(M)))=\mathrm{Enc}_{K_1}(M)$$

因此，接收方可以顺利地在己方集合 Y 被发送方再次加密后使用己方的解密密钥 skr 对收到的集合进行解密。接收方使用 skr 对 $P_s(\mathrm{Enc}_{pks}(P_r(\mathrm{Enc}_{pkr}(Y))))$ 进行解密，最终得到仅经过发送方的密钥 pks 加密并置乱过的接收方集合 $P_s(\mathrm{Enc}_{pks}(P_r(Y)))$。同时，接收方同样接收到了仅经过发送方密钥 pks 加密过的接收方集合 $P_s(\mathrm{Enc}_{pks}(X))$。通过对比两个集合找出其中相同的元素，即可计算出发送方集合 X 与接收方集合 Y 的交集大小。同时，由于接收方并不知道发送方的密钥 pks，因此接收方只能计算出双方集合交集的大小，而无法通过解密得出具体元素的值。算法伪代码如图 8-9 所示。

相较于 8.2.2 节中所述的算法，在发送方集合与接收方集合大小非平衡的条件下，由于将部分加密计算与数据传输转移到了规模较小的集合上，因此方案的通信量与计算量均有所降低。在 8.2.2 节所述方案中，对于发送方集合 X，需要进行两次加密计算和两次传输。而在本节的方案中，对于发送方集合 X，只需要进行一次加密与一次传输，而对于接收方的集合 Y，共需要进行 3 次加解密计算和两次传输。在发送方集合与接收方集合大小非平衡的条件下，由于发送方集合大小 $|X|$ 远大于接收方集合大小 $|Y|$，故对发送方集合 X 的计算与传输的次数决定了算法所需的计算时间与通信时间。因此，相较于 8.2.2 节所述算法，在发送方集合与接收方集合大小非平衡的条件下，本节算法的计算量与通信量均降低为 8.2.2 节算法的 1/2。

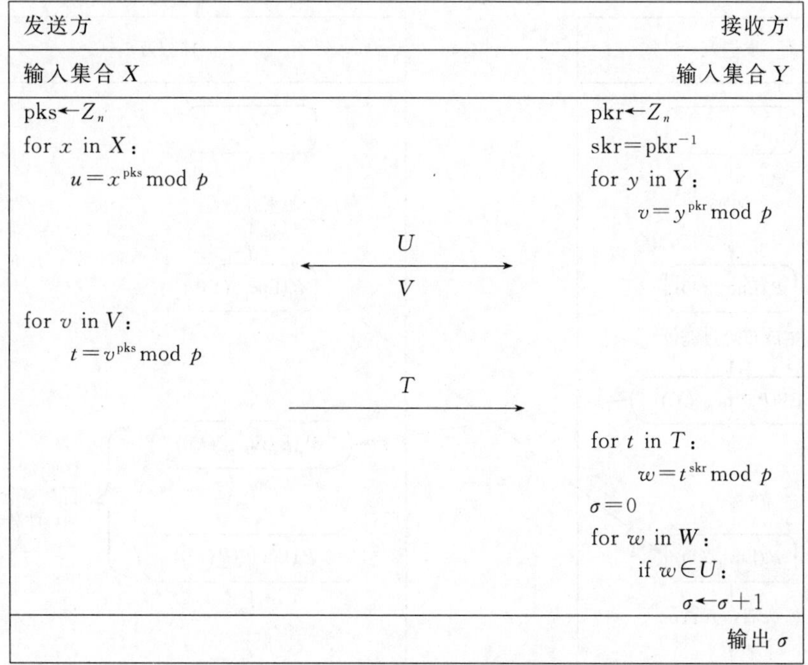

发送方		接收方
输入集合 X		输入集合 Y
pks $\leftarrow Z_n$ for x in X： $u = x^{\text{pks}} \bmod p$		pkr $\leftarrow Z_n$ skr = pkr^{-1} for y in Y： $v = y^{\text{pkr}} \bmod p$
	U ⟷ V	
for v in V： $t = v^{\text{pks}} \bmod p$		
	T →	
		for t in T： $w = t^{\text{skr}} \bmod p$ $\sigma = 0$ for w in W： if $w \in U$： $\sigma \leftarrow \sigma + 1$
		输出 σ

图 8-9　非平衡 PSI-CA 算法伪代码

2. 通信优化的 PSI-CA 算法

如果考虑到发送方集合与接收方集合规模是非平衡的，发送方的集合 X 大小远大于接收方的集合 Y 大小，因而利用可交换加密的性质，将发送方集合 X 的加密计算与传输转换为接收方集合 Y 的计算与传输，从而使得方案的计算量与通信量降为原先的 1/2。然而，对于一个规模较大的集合，一次传输的代价仍然很大。为了进一步提高协议的通信效率，引入布隆过滤器来降低通信开销。

协议的参与者包括发送方和接收方。同样，算法仍分为以下 3 个阶段：

(1) 设置阶段；

(2) 数据加密和置换；

(3) 交集大小计算。

算法的流程图如图 8-10 所示。

1) 设置阶段

与 8.2.2 节相同，发送方和接收方首先选取一个安全系数，确定双方的密钥长度，并共同选取一个大素数 P。而后，发送方与接收方分别生成各自的加密密钥 pks 与 pkr。而后接收方计算出与接收方加密密钥 pkr 相对应的接收方解密密钥 skr。除此之外，本节的算法中将会使用到布隆过滤器，因此发送方与接收方还需对布隆过滤器的参数进行约定，确定布隆过滤器的位数 m 与哈希函数个数 k，并共同选取 k 个哈希函数 $h_0, h_1, h_2, \cdots, h_{k-1}$。

2) 数据加密和置换

在该阶段，接收方同之前一样，使用接收方的加密密钥 pkr 加密接收方的集合 Y，并对加密过后的集合进行置乱，而后将其传输给发送方。即接收方将 $P_r(\text{Enc}_{\text{pkr}}(Y))$ 发送给发送方，发送方则使用发送方的加密密钥 pks 加密发送方的集合 X。而与之前方案中不同的

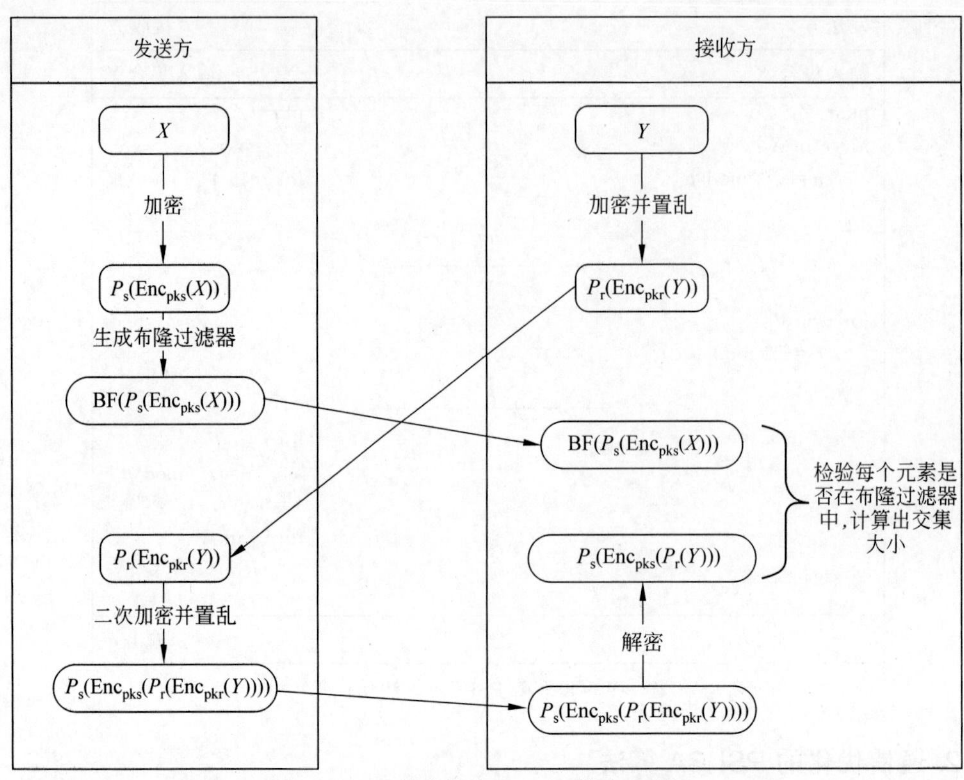

图 8-10　通信优化的 PSI-CA 算法流程图

是,在对其集合 X 进行加密后,不直接将加密并置乱的结果 $P_s(\mathrm{Enc}_{pks}(X))$ 发送给接收方,而是根据加密结果 $\mathrm{Enc}_{pks}(X)$ 构造布隆过滤器。对于集合 $\mathrm{Enc}_{pks}(X)$ 中的每一个元素 $\mathrm{Enc}_{pks}(x_i)$,发送方计算该元素的 k 个哈希,并将布隆过滤器中与 k 个哈希结果对应的位的值置为 1。最后,发送方将构造好的布隆过滤器 $\mathrm{BF}(\mathrm{Enc}_{pks}(X), m, |X|, k, H)$ 发送给接收方。

在发送方接收到接收方发送来的集合后,与 8.2.2 节中相同,使用发送方的加密密钥 pks 对接收到的集合再次进行加密,即在其接收到发送方传输来的数据 $P_r(\mathrm{Enc}_{pkr}(Y))$ 后,用发送方的加密密钥 pks 对其再次进行加密。而后发送方对加密结果进行置乱,得到集合 $P_s(\mathrm{Enc}_{pks}(P_r(\mathrm{Enc}_{pkr}(Y))))$,再将该集合发还给接收方。同样,在这一步中,接收方无须进行任何操作。

3）交集大小计算

接收方在接收到发送方发来的二次加密的集合后,通过设置阶段计算出的解密密钥对二次加密后的集合进行解密。由于加密算法是可交换的,即

$$\mathrm{Enc}_{K_1}(\mathrm{Enc}_{K_2}(M)) = \mathrm{Enc}_{K_2}(\mathrm{Enc}_{K_1}(M))$$

加密的顺序不影响数据加密的最终结果,加密的顺序同样不影响解密,即

$$\mathrm{Enc}_{D_2}(\mathrm{Enc}_{K_1}(\mathrm{Enc}_{K_2}(M))) = \mathrm{Enc}_{K_1}(M)$$

因此,接收方可以顺利地在己方集合 Y 被发送方再次加密后使用己方的解密密钥 skr 对收到的集合进行解密。接收方使用 skr 对 $P_s(\mathrm{Enc}_{pks}(P_r(\mathrm{Enc}_{pkr}(Y))))$ 进行解密,最终得到仅经过发送方的密钥 pks 加密并置乱过的接收方集合 $P_s(\mathrm{Enc}_{pks}(P_r(Y)))$。同时,在之前步骤中,接收方还接收到了由发送方使用发送方密钥加密过的发送方集合构造的布隆过

滤器 BF($\mathrm{Enc_{pks}}(X)$，m，$|X|$，k，H)。由于 BF($\mathrm{Enc_{pks}}(X)$，m，$|X|$，k，H)是由发送方集合 X 经发送方密钥 pks 加密后结果 $\mathrm{Enc_{pks}}(X)$构造的，显然，如果接收方集合 Y 经发送方密钥 pks 加密后的集合中的某一个元素在该布隆过滤器中，该元素就在发送方集合 X 与接收方集合 Y 的交集中。接收方通过检验由发送方加密的接收方数据中的每个元素是否在该布隆过滤器中，即可计算出发送方集合 X 与接收方集合 Y 的交集大小。

对于 $P_s(\mathrm{Enc_{pks}}(\mathrm{P_r}(Y)))$中的每一个元素，接收方分别计算经过 k 个哈希函数后结果，并检验布隆过滤器中与哈希结果对应的 k 位的值是否均为 1。若布隆过滤器中与 k 个哈希结果对应的位的值均为 1，那么可以认为该元素在双方的交集中。相反，若布隆过滤器中与哈希结果对应的 k 位的值至少有一个不为 1，则该元素一定不双方集合的交集中。最终，经该集合中在布隆过滤器中的元素个数，就是发送方集合 X 与接收方集合 Y 的交集大小。算法的伪代码如图 8-11 所示。

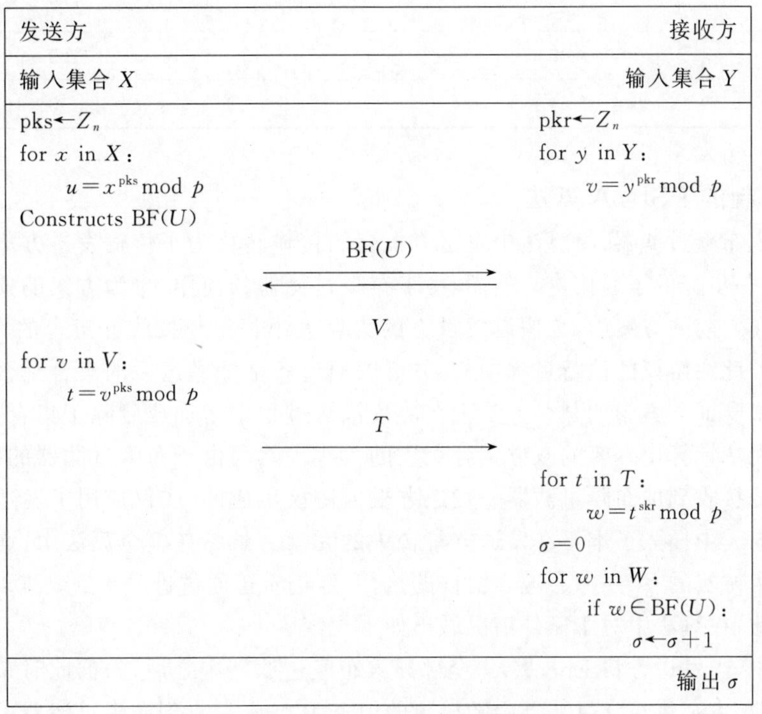

图 8-11　通信优化的 PSI-CA 算法伪代码

相较于 8.2.2 节中所述的算法，在本节中，发送方不再发送其集合的加密结果，取而代之的，发送由其集合的加密结果构造的布隆过滤器，从而达到进一步降低算法通信量的目的。相对地，算法增加了通过发送方集合 X 的加密结果构造的布隆过滤器的步骤。在该步骤中，需要对发送方集合 X 的加密结果中的每个元素进行 k 次哈希。因此，在计算量方面，与 8.2.2 节中的算法相比，本节的算法计算量有所增多。但相较于可交换加密算法，哈希算法的计算速度要远远快于可交换加密算法。对于算法的计算时间起决定性影响的，仍是可交换加密算法的计算次数。因此在计算复杂度上，仍可认为，该方案的计算复杂度为最初方案的 1/2。

在通信复杂度方面，本节的方案不再传输发送方集合 X 的加密结果，取而代之的是，传

输由发送方集合 X 的加密结果构造的布隆过滤器，因此通信量的大小与布隆过滤器的位数 m 有关。而布隆过滤器的位数 m 则取决于所期望的布隆过滤器中假阳率的上界。布隆过滤器的假阳率与布隆过滤器位数 m 及布隆过滤器中集合大小的关系如表 8-1 所示。在通常 P 选取 2048 位素数的情况下，根据所选用的布隆过滤器位数不同，本节中所述方案的通信量为 8.2.2 节方案的十～几十分之一不等。

表 8-1　布隆过滤器假阳率与位数的关系

布隆过滤器位数 m 与集合大小 $\|X\|$ 的比值	假　阳　率
16	4.59×10^{-4}
20	6.71×10^{-5}
24	9.87×10^{-6}
32	2.10×10^{-7}
48	9.65×10^{-11}
64	4.43×10^{-14}

3. 带限制的 PSI-CA 算法

通过引入布隆过滤器，将算法中发送方集合的传输转化为了传输发送方集合的布隆过滤器，算法进一步降低了通信量。然而，由于布隆过滤器的使用，也为方案的安全性带来了新的问题。在之前的方案中，均假设发送方的集合大小 $|X|$ 与接收方集合的大小 $|Y|$ 为公开的信息。因此在协议的执行过程中，双方可以通过验证加密过后的集合是否与最初的集合大小相等来验证方案中的某一方是否在协议执行过程中增加或删除了集合中的元素，从而使得最终无法计算出真实的双方集合交集的大小。然而由于布隆过滤器的使用，接收方无法直接验证接收到的布隆过滤器是发送方根据协议生成的，或仅使用了发送方集合中的部分元素或向其中插入了本不在发送方集合中的元素。虽然在整个算法中，均假设发送方与接收方为半诚实的参与者，会遵守协议的执行，但仍希望通过进一步的改进以弥补带来的新问题。因此，在算法中对于额外情况做出如下规定。

在算法中，当发送方将 $\mathrm{Enc}_{\mathrm{pks}}(X)$ 全部插入布隆过滤器中之后，根据此时布隆过滤器中值为 1 的位数，决定将布隆过滤器中随机位的值置为 0 或 1，直到布隆过滤器中值为 1 的位数 N 满足

$$N=\bar{N}$$

其中 $\bar{N}$ 为布隆过滤器中值为 1 的位数的期望。在布隆过滤器中，某一位的值为 1 的概率为

$$1-\left(1-\frac{1}{m}\right)^{k|X|}$$

因而布隆过滤器中值为 1 的位数的期望 $\bar{N}$ 为

$$\bar{N}=m\left(1-\left(1-\frac{1}{m}\right)^{k|X|}\right)$$

通过限制布隆过滤器中值为 1 的位数 N 与向布隆过滤器中插入发送方集合规模的元

素后值为 1 的位数的期望 $\bar{N}$ 相等，使得发送方很难向布隆过滤器中插入更多的元素以改变算法的结果。然而很显然，这也会对最终结果造成一定的误差。下面将对上述规定引起的误差进行分析。

首先，考虑由发送方集合加密结果构造的布隆过滤器中值为 1 的位数大于 $\bar{N}$ 的情况。在发送方将集合中的所有的元素映射到布隆过滤器中后，若布隆过滤器中值为 1 的位数大于 $\bar{N}$，则需要发送方将随机的位置为 0 直至布隆过滤器中值为 1 的位数 N 等于 $\bar{N}$。如 2.2 节中所述，在布隆过滤器中，每个位为 1 的概率是相互独立的，因此值为 1 的位数 N 服从二项分布

$$N \sim B\left(m, 1-\left(1-\frac{1}{m}\right)^{k|X|}\right)$$

当 N 很大时，可以近似为一个正态分布

$$N \sim N\left(\bar{N}, m\left(1-\left(1-\frac{1}{m}\right)^{k|X|}\right)\left(1-\frac{1}{m}\right)^{k|X|}\right)$$

将其转化为一个标准正态分布

$$\frac{N-\bar{N}}{\sqrt{m\left(1-\left(1-\frac{1}{m}\right)^{k|X|}\right)\left(1-\frac{1}{m}\right)^{k|X|}}} \sim N(0,1)$$

因此，发送方需要将值从 1 转化为 0 的位数上限为

$$\Phi^{-1}(p)\sqrt{m\left(1-\left(1-\frac{1}{m}\right)^{k|X|}\right)\left(1-\frac{1}{m}\right)^{k|X|}}$$

其中 Φ 为标准正态分布的累积分布函数，p 为置信水平。

下面考虑将这些位从 1 变为 0 后，将会对计算出的发送方集合 X 与接收方集合 Y 的大小带来多大影响。此时，布隆过滤器中值为 1 的位数为

$$\bar{N}+\Phi^{-1}(p)\sqrt{m\left(1-\left(1-\frac{1}{m}\right)^{k|X|}\right)\left(1-\frac{1}{m}\right)^{k|X|}}$$

同时，布隆过滤器中共包含发送方集合大小 $|X|$ 个元素，因此平均每位与之相关的元素个数是

$$\frac{|X|}{\bar{N}+\Phi^{-1}(p)\sqrt{m\left(1-\left(1-\frac{1}{m}\right)^{k|X|}\right)\left(1-\frac{1}{m}\right)^{k|X|}}}$$

因此，在将布隆过滤器中随机的位置为 0 直至布隆过滤器中值为 1 的位数 N 等于 $\bar{N}$ 的过程中，可以近似地认为从布隆过滤器中删除的元素个数为

$$\frac{|X|\Phi^{-1}(p)\sqrt{m\left(1-\left(1-\frac{1}{m}\right)^{k|X|}\right)\left(1-\frac{1}{m}\right)^{k|X|}}}{\bar{N}+\Phi^{-1}(p)\sqrt{m\left(1-\left(1-\frac{1}{m}\right)^{k|X|}\right)\left(1-\frac{1}{m}\right)^{k|X|}}}$$

而这些元素落在发送方集合 X 与接收方集合 Y 的交集中的概率是

$$\frac{r|Y|}{|X|}$$

最终，这些删去的元素占接收方集合$|Y|$的比例为

$$\frac{\Phi^{-1}(p)r\sqrt{m\left(1-\left(1-\frac{1}{m}\right)^{k|X|}\right)\left(1-\frac{1}{m}\right)^{k|X|}}}{\bar{N}+\Phi^{-1}(p)\sqrt{m\left(1-\left(1-\frac{1}{m}\right)^{k|X|}\right)\left(1-\frac{1}{m}\right)^{k|X|}}}$$

从以上式中可以看出，在该情境下，协议的误差主要取决于发送方集合大小$|X|$、双方交集占接收方集合比例 r 和布隆过滤器位数 m。取置信水平 p 为 0.98，协议的误差率如表 8-2～表 8-4 所示。

从表 8-2 中可以看出，当发送方集合规模增大时，协议的误差率减小。当发送方的集合规模很大时，误差将减小到一个可接受的范围。

表 8-2　不同发送方集合大小下协议的误差率 1

发送方集合大小$\|X\|$	误差率/‰
	$r=0.6, m=20$
500 000	0.8542
1 000 000	0.6042
2 000 000	0.3823
5 000 000	0.2704
10 000 000	0.1912
20 000 000	0.1210

从表 8-3 中可以看出，双方交集占接收方集合比例与协议的误差率成正比。当双方交集的比例随着发送方集合与接收方集合的交集占接收方集合比例增大时，协议的误差率增大。

表 8-3　不同双方交集占接收方集合比例下协议的误差率 1

双方交集占接收方集合比例 r	误差率/‰
	$\|X\|=10\ 000\ 000, m=20$
0.2	0.0403
0.3	0.0604
0.4	0.0806
0.5	0.1008
0.6	0.1210
0.7	0.1410
0.8	0.1612
0.9	0.1814

在表 8-4 中，随着布隆过滤器位数与发送方集合大小比值的增大，则占接收方集合比例

增大，而协议的误差率减小，即使用的布隆过滤器越大，算法的误差率越小，但与此同时，通信复杂度与使用的内存也会增大。

表 8-4　不同布隆过滤器位数下协议的误差率 1

布隆过滤器位数 m	误差率/‰
	$\|X\|=10\ 000\ 000, r=0.6$
160 000 000	0.1369
200 000 000	0.1210
240 000 000	0.1142
320 000 000	0.0968
480 000 000	0.0791
640 000 000	0.0685

与之相对的，考虑发送方元素在布隆过滤器中所需位数小于 $\bar{N}$ 的情况。在发送方将集合中的所有的元素映射到布隆过滤器中后，若布隆过滤器中值为 1 的位数小于 $\bar{N}$，则需将随机的位置为 1，直至布隆过滤器中值为 1 的位数 N 等于 $\bar{N}$。与 $N>\bar{N}$ 时相同，此时，发送方需要将值从 0 转化为 1 的位数上限仍然为

$$\Phi^{-1}(p)\sqrt{m\left(1-\left(1-\frac{1}{m}\right)^{k|X|}\right)\left(1-\frac{1}{m}\right)^{k|X|}}$$

考虑这些位从 1 变为 0 将会对计算出的发送方集合 X 与接收方集合 Y 的大小带来多大影响。此时，布隆过滤器中值为 1 的位数为

$$\bar{N}-\Phi^{-1}(p)\sqrt{m\left(1-\left(1-\frac{1}{m}\right)^{k|X|}\right)\left(1-\frac{1}{m}\right)^{k|X|}}$$

同时布隆过滤器中共包含发送方集合大小 $|X|$ 个元素，因此平均每位与之相关的元素个数是

$$\frac{\Phi^{-1}(p)r\sqrt{m\left(1-\left(1-\frac{1}{m}\right)^{k|X|}\right)\left(1-\frac{1}{m}\right)^{k|X|}}}{\bar{N}-\Phi^{-1}(p)\sqrt{m\left(1-\left(1-\frac{1}{m}\right)^{k|X|}\right)\left(1-\frac{1}{m}\right)^{k|X|}}}$$

因此，将布隆过滤器中随机的位置为 1 直至布隆过滤器中值为 1 的位数 N 等于 $\bar{N}$ 的过程中，可以近似地认为从布隆过滤器中新增的元素个数是

$$\frac{|X|\Phi^{-1}(p)r\sqrt{m\left(1-\left(1-\frac{1}{m}\right)^{k|X|}\right)\left(1-\frac{1}{m}\right)^{k|X|}}}{\bar{N}-\Phi^{-1}(p)\sqrt{m\left(1-\left(1-\frac{1}{m}\right)^{k|X|}\right)\left(1-\frac{1}{m}\right)^{k|X|}}}$$

这些元素落在发送方集合 X 与接收方集合 Y 的交集中的概率是

$$\frac{(1-r)|Y|}{|U|-|X|}$$

最终，这些删去的元素占接收方集合$|Y|$的比例为

$$\frac{(1-r)|Y|}{|U|-|X|}\times\frac{\Phi^{-1}(p)r\sqrt{m\left(1-\left(1-\frac{1}{m}\right)^{k|X|}\right)\left(1-\frac{1}{m}\right)^{k|X|}}}{\bar{N}-\Phi^{-1}(p)\sqrt{m\left(1-\left(1-\frac{1}{m}\right)^{k|X|}\right)\left(1-\frac{1}{m}\right)^{k|X|}}}$$

从以上式中可以看出，在该情境下，协议的误差率主要取决于发送方集合大小$|X|$、双方交集占接收方集合比例r和布隆过滤器位数m。取置信水平p为0.98，不同情况下的误差率如表8-5～表8-7所示。

从表8-5中可以看出，与$N<\bar{N}$时的情况相反。随着发送方集合大小$|X|$增大，协议的误差率增大。

表 8-5　不同发送方集合大小下协议的误差率 2

发送方集合大小$\|X\|$	误差率/‰ $r=0.6, m=20, U=10^{10}$
500 000	0.000 34
1 000 000	0.000 49
2 000 000	0.000 77
5 000 000	0.001 09
10 000 000	0.001 56
20 000 000	0.002 55

从表8-6中可以看出，当双方交集的比例随着发送方集合与接收方集合的交集占接收方集合比例增大时，协议的误差率的变化。

表 8-6　不同双方交集占接收方集合比例下协议的误差率 2

双方交集占接收方集合比例r	误差率/‰ $\|X\|=10\ 000\ 000, m=20, U=10^{10}$
0.2	0.001 70
0.3	0.002 23
0.4	0.002 55
0.5	0.002 65
0.6	0.002 55
0.7	0.002 23
0.8	0.001 70
0.9	0.000 96

在表8-7中，随着所选用的布隆过滤器位数与发送方集合大小比值的增大，协议的误差率随之减小，即使用的布隆过滤器越大，算法的误差率越小，但与此同时，算法的通信复杂度

与使用的内存也会增大。

表 8-7　不同布隆过滤器位数下协议的误差率

布隆过滤器位数 m	误差率/‰
	$\|X\|=10\ 000\ 000, r=0.6, U=10^{10}$
160 000 000	0.002 88
200 000 000	0.002 55
240 000 000	0.002 40
320 000 000	0.002 04
480 000 000	0.001 66
640 000 000	0.001 44

比较 $N<\bar{N}$ 与 $N>\bar{N}$ 两种情况下的误差率，可以看出 $N<\bar{N}$ 情况下的误差率要远小于 $N>\bar{N}$ 情况下的误差率。这是因为，在实际的场景中，发送方集合 X 与接收方集合 Y 中元素的取值范围 U 通常要远远大于发送方集合 X 与接收方集合 Y 的大小，所以额外插入的值为 1 的位落入接收方集合 Y 中的概率很低。因此，在这种情况下，在根据协议的误差率上限来选取参数时，往往只需要考虑 $N>\bar{N}$ 时的误差率即可。

8.2.4　基于 OPRF 的构造

现在已经有了很多种不同的方法来实现 PSI，如基于 Diffie-Hellman 密钥交换的方法、基于不经意传输的方法等。而截至目前，最快速的 PSI 算法是基于不经意传输的。下面介绍如何使用不经意传输来实现一个 PSI 算法。

1. 从隐私比较到 OPRF

假设有两个数据方(P_1 和 P_2)。P_1 拥有字符串 $x=$“001”，P_2 拥有字符串 $y=$“011”，在不泄露各自输入的前提下，比较 x 是否等于 y。

基于 OT 的两方字符串比较算法如图 8-12 所示，它可以分为以下几个核心步骤。

(1) P_2 生成 $2l$ 长度为 λ 位串，即 l 个字符串对，每个字符串对包括两个 λ 位串，分别对应 0 和 1 两位。这里的 l 指的是双方待比较的字符串的长度，在图 8-12 的例子中，$l=3$。λ 是一个超参数，它的长度越大，该算法的安全性及正确性也就越高。

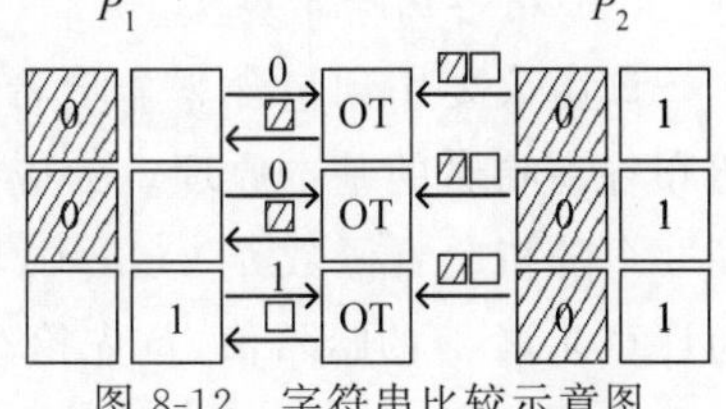

图 8-12　字符串比较示意图

(2) P_1 对其待比较字符串(x)的每一位，P_1 和 P_2 使用 OT，使得 P_1 能够获取 P_2 每个字符串对中的一个 λ 位串。具体而言，P_1 作为 OT 的接收者，P_2 作为 OT 的发送者；P_2 拥有两个长度为 λ 的位串，P_1 输入 0 或 1，返回 P_2 该位字符(0 或 1)所对应的位串。在这个过程中，由于采用 OT，P_1 不知道 P_2 另外一个位串是什么；同时，P_2 不知道 P_1 请求的是哪一个位串。重复待比较字符串的每一位，P_1 便得到了 1 个长度为 λ 的位串。然后 P_1 对这 l 个位串做异或，得到一个字符串(记为 S_1)。

(3) P_2 对其待比较字符串(y)的每一位,选择每个字符串对相应的位串,这样 P_2 也得到了 1 个长度为 2 的位串。然后 P_2 对这 1 个位串做异或,得到一个字符串(记为 S_2),并将 S_2 发送给 P_1。

(4) P_1 比较 S_1 和 S_2,如果相等,就说明 P_1 和 P_2 的两个原待比较字符串也相等,反之说明它们不相等。

发送方 P_2 持有一组位串,可以将这些位串整体当作一个随机种子 k,由 P_2 方持有。从 P_1 方的角度来看,隐私比较的过程,就是 P_1 方输入数据 x,得到一个随机位 $F(k,x)$,这个位串由 P_2 方持有的随机种子 k 与输入 x 来决定,同时 P_2 方无法得知 P_1 方的输入 x。这一过程,就可以看作是使用了 OPRF 构建了一个隐私比较算法。

下面更进一步,介绍如何使用 OPRF 来构建 PSI 算法。

2. 基于 OPRF 的 PSI

1) 基础构造

假设 P_1 持有一组输入 X,P_2 持有一组输入 Y,$|X|=|Y|=n$。通过 OPRF,可以构造出一个非常朴素的 PSI 算法。

(1) P_1 构造 n 个 OPRF 的种子 $k_i, i\in\{0,1,2,\cdots,n-1\}$。

(2) P_2 为 Y 中的每一个元素 y,执行一个对应 OPRF,得到集合 $H_B=\{F(k_i,y_i)\mid y_i\in Y\}$。

(3) P_1 为 X 中的每一个元素 x,执行伪随机函数,得到集合 $H_A=\{F(k_i,x)\mid x\in X\}$。

(4) P_1 将集合 H_A 发送给 P_2,P_2 求交集 $H_A\cap H_B$,再将交集映射回 Y,即可得到 X 与 Y 的交集。

简单来讲,这种方法就是 P_2 将 Y 中的每一个元素都与 P_1 的 X 中的每一个元素通过 OPRF 进行隐私比较,进而得到 X 与 Y 的交集。

如果直接用以上基于 OT 的字符串比较方法来做 PSI,假设双方各有 n 个元素,那么求交集过程中,通信量是 $O(n^2)$,因为 H_A 的大小是 $O(n^2)$。对不同的 y 对应的密钥 k_i,要对 X 中每个元素都提供密文,才能保证整个比较过程是正确的。

2) 优化方案

(1) 布谷鸟哈希算法。

该协议要用到包含 3 个哈希函数的布谷鸟哈希[①](cuckoo hashing)算法。现在简要介绍布谷鸟哈希的基本原理。为应用布谷鸟哈希算法,将 n 个元素分配到 b 个箱子中,首先选择 3 个随机哈希函数 $h_1(),h_2(),h_3():\{0,1\}^*\rightarrow[b]$,并初始化 b 个空箱子 $B[1,2,\cdots,b]$。为计算元素 x 的哈希值,首先检查 $B[h_1(x)]$,$B[h_2(x)]$,$B[h_3(x)]$这三个箱子中是否有一个是空箱子。如果至少有一个箱子是空的,则将 x 放置在其中一个空箱子内,并终止算法。否则,随机选择 $i\in\{1,2,3\}$,将 $B[h_i(x)]$中的当前元素驱逐出箱子,将 x 放置在此箱子中,并向其他箱子迭代插入被驱逐的元素。如果经过一定次数的迭代之后算法仍未终止,则将最后被驱逐出的元素放置在一个名为暂存区(stash)的特殊箱子中。

---

① PAGH R, RODLER F F. Cuckoo hashing[J]. Journal of Algorithms, 2004, 51(2): 122-144.

布谷鸟的学名为大杜鹃，本书采用了音译。布谷鸟的特点是把蛋下到别的鸟巢里。布谷鸟的幼鸟一般比别的鸟早出生，幼鸟出生后会把未出生的其他鸟蛋挤出鸟巢。布谷鸟哈希处理哈希碰撞的方法是驱逐出原来占用位置的元素，与布谷鸟的行为类似。因此，学者用布谷鸟的生物学典故借喻布谷鸟哈希的碰撞处理方法。

(2) 应用布谷鸟哈希算法的 PSI。

首先，两个参与方为 3-布谷鸟哈希算法选择 3 个随机哈希函数 h_1,h_2,h_3。假设 P_1 的输入集合为 X，P_2 的输入集合为 Y，且满足 $|X|=|Y|=n$。P_2 应用布谷鸟哈希将集合 Y 中的元素放置在 $1.2n$ 个箱子和大小为 s 的暂存区中。此时，P_2 的每个箱子中最多含有 1 个元素，暂存区中最多含有 s 个元素。P_2 用虚拟元素填充箱子和暂存区，使每个箱子均包含 1 个元素，暂存区中包含 s 个元素。

两个参与方随后执行 $1.2n+s$ 个 OPRF，P_2 作为 OPRF 的接收方，分别将 $1.2n+s$ 个元素作为 OPRF 的输入。令 $F(k_i,\cdot)$表示第 i 个 OPRF 所对应的 PRF。如果 P_2 通过布谷鸟哈希将元素 y 放置在第 i 个箱子中，则 P_2 得到 $F(k_i,y)$；如果 P_2 将元素 y 放置在暂存区中，则 P_2 得到 $F(k_{1.2n+j},y)$。

另一方面，P_1 可以对任意 i 计算 $F(k_i,\cdot)$。因此，P_1 计算得到下述两个候选 PRF 的输出集合

$$H=\{F(k_{h_i(x)},x)\mid x\in X,j\in\{1,2,3\}\}$$
$$S=\{F(k_{1.2n+j},x)\mid x\in X,j\in\{1,2,\cdots,s\}\}$$

P_1 随机打乱集合 H 和 S 中元素的位置，并发送给 P_2。P_2 可按下述方法计算得到 X 和 Y 的交集：如果 P_2 有一个被映射到暂存区中的元素 y，则 P_2 验证 S 中是否含有 y 所对应的 OPRF 输出；如果 P_2 有一个被映射到哈希箱子中的元素 y，则 P_2 验证 H 中是否含有 y 所对应的 OPRF 输出。

通过计算可以发现，集合 H 的大小为 $3n$，集合 S 的大小为 s，s 是一个常数，因此 P_1 需要传输的数据量为$(s+3)n$，时间复杂度是 $O(n)$。通过结合布谷鸟哈希算法，减少了算法所需要传输的数据量，加快了算法的执行速度。

直观上看，此算法可以抵御半诚实 P_2 的攻击。这是因为元素 $x\in X\backslash Y$ 所对应的 PRF 输出 $F(k_i,y)$满足伪随机性。类似地，如果密钥具有关联性，但 PRF 的输出仍然满足伪随机性，则用 OPRF 实现关联密钥 PRF 也可以保证方案的安全性。

只要 PRF 的输出不发生碰撞(即对于 $x\neq x'$，$F(k_i,x)=F(k_i,x')$)，此算法的计算结果就是正确的。必须谨慎设置算法的参数，避免 PRF 的输出发生碰撞。

8.3 应用实践

实验 8-1 基于公钥加密的原理，实现一个两方半诚实安全的 PSI 协议。其中使用的哈希单向函数选择布隆过滤器 BF，判断出某个元素肯定不在或者可能在集合中，即不会漏报但可能会误报，通常应用在一些需要快速判断某个元素是否属于集合，但不严格要求正确的场合。

8.3.1 协议流程

(1) 客户端和服务器约定使用的 RSA 算法的模 n、公钥 e、位数 m 及布隆过滤器函数 BF,服务器数据集为$\{q_1,q_2,\cdots,q_y\}$,客户端数据集为$\{p_1,p_2,\cdots,p_x\}$;服务器生成私钥 d。

(2) 客户端离线准备,生成随机数(盲因子)$r_i \bmod n$,并对自己的数据进行盲化处理,得到 $p_i(r_i)^e \bmod n$,并计算盲化因子对应的逆元 r_i^{-1}。

(3) 服务器计算 $\mathrm{BF}((q_i)^d \bmod n)$。

(4) 客户端发送盲化后的数据 $p_i(r_i)^e \bmod n$。

(5) 服务器对客户端的数据进行盲签名,发送盲签名后得到的$(p_i)^d r_i \bmod n$ 及第(3)步中计算所得数据 $\mathrm{BF}((q_i)^d \bmod n)$。

(6) 客户端计算 $\mathrm{BF}((p_i)^d r_i r_i^{-1} \bmod n)$获得 $\mathrm{BF}((p_i)^d \bmod n)$,并与从服务器接收到的数据 $\mathrm{BF}((q_i)^d \bmod n)$进行比较匹配获得最终结果。

8.3.2 实现方案

基于 Python 语言实现方案。为了简化,通过 range()函数取 range(0,1024)作为服务器的数据集合,取 range(0,1024,249)(即 0,249,498,747,996)作为客户端的数据集合。

基于 gmpy2 库实现 RSA 算法,主要使用其中的 invert()函数进行乘法逆元的计算,使用 powmod()函数进行公钥加密和私钥签名;基于 pycryptodome 库生成密钥。哈希单向函数使用的 BF 基于 pybloom_live 库实现。

1) 搭建运行环境

```
pip install gmpy2
pip install bitarray==1.7.1
pip install pycryptodome
pip install pybloom_live
```

2) 编写程序实现

```
import secrets
import gmpy2
import pybloom_live
from Crypto.PublicKey import RSA

#设置 RSA 的密钥长度和指数
RSA_BITS = 1024
RSA_EXPONENT = 65537
RT_COUNT = 0
#生成公私钥对
def generate_private_key(bits=RSA_BITS, e=RSA_EXPONENT):
    private_key = RSA.generate(bits=bits, e=e)
    public_key = private_key.publickey()
    return private_key

```

```
#计算盲因子及其逆元,将数据序列化到本地文件,以便后续步骤读取使用
def generate_random_factors(public_key):
    random_factors = []
    rff = open('randomfactors.raw','w')
    for _ in range(RF_COUNT):
        r = secrets.randbelow(public_key.n)                     #生成随机数
        r_inv = gmpy2.invert(r, public_key.n)                   #求盲因子 r 的逆元
        r_encrypted = gmpy2.powmod(r, public_key.e, public_key.n)
                                                                #对 r 进行公钥加密
        random_factors.append((r_inv, r_encrypted))
        rff.writelines(f"{r_inv.digits()}\n")

        rff.writelines(f"{r_encrypted.digits()}\n")
    rff.close()
    return random_factors

#对数据进行盲化处理
def blind_data(my_data_set, random_factors, n):
    A = []
    bdf = open('blinddata.raw','w')
    for p, rf in zip(my_data_set, random_factors):
        r_encrypted = rf[1]
        blind_result = (p * r_encrypted) % n                    #盲化
        A.append(blind_result)
        bdf.writelines(f"{blind_result.digits()}\n")
    bdf.close()
    return A

#对数据使用私钥签名后添加到 BF
def setup_bloom_filter(private_key, data_set):
    mode = pybloom_live.ScalableBloomFilter.SMALL_SET_GROWTH
    bf = pybloom_live.ScalableBloomFilter(mode=mode)
    for q in data_set:
        sign = gmpy2.powmod(q, private_key.d, private_key.n)    #签名
        bf.add(sign)                                #将签名加入布隆过滤器 BF
    bff = open('bloomfilter.raw','wb')
    bf.tofile(bff)
    bff.close()
    return bf

#使用私钥进行盲签名
def sign_blind_data(private_key, A):
    B = []
    sbdf = open('signedblinddata.raw','w')
    for a in A:
        sign = gmpy2.powmod(a, private_key.d, private_key.n)    #盲签名
        B.append(sign)
        sbdf.writelines(f"{sign.digits()}\n")
    sbdf.close()
```

```
    return B

#判断交集
def intersect(my_data_set, signed_blind_data, random_factors, bloom_filter, public_key):
    n = public_key.n
    result = []
    for p, b, rf in zip(my_data_set, signed_blind_data, random_factors):
        r_inv = rf[0]                          #获取盲因子的逆元
        to_check = (b * r_inv) % n
        if to_check in bloom_filter:           #检查所得结果是否在 BF 中
            result.append(p)
    return result

if __name__ == '__main__':
    #输入
    client_data_set = list(range(0, 1024, 249))
    server_data_set = list(range(0, 1024))
    RF_COUNT = len(client_data_set)

    #服务器生成密钥
    private_key = generate_private_key()
    public_key = private_key.public_key()

    #客户端生成盲因子、对自己的数据进行盲化处理
    random_factors = generate_random_factors(public_key)
    A = blind_data(client_data_set, random_factors, public_key.n)

    #服务器使用私钥对拥有的数据进行签名并添加到 BF
    bf = setup_bloom_filter(private_key, server_data_set)

    #客户端将自己生成的盲化数据发送给服务器;在实际应用中通过网络传输实现通信,
    #但由于并非本书重点,通信相关的实现就不做介绍了

    #服务器接收客户端盲化数据 A 并使用私钥进行盲签名,然后将盲签名后的数据 B 及
    #bf 发送给客户端
    B = sign_blind_data(private_key, A)

    #客户端将服务器盲签名后的数据 B 与盲因子逆元相乘,若所得结果在 BF 中,则该元素
    #在交集中,为两方共有数据
    result = intersect(client_data_set, B, random_factors, bf, public_key)
    print(result)
```

3）运行

```
python main.py
```

课后习题

1. 针对 PSI 和 PSI-CA 协议，下列说法错误的是（　　）。
   A. PSI 协议的输出结果是交集
   B. PSI-CA 协议的输出结果是交集和势
   C. 基于可交换加密的协议构造，其通信量和计算量是线性的
   D. 基于布隆过滤器的协议，过滤器长度越长，出现假阳性的概率越低
2. 尝试基于可交换加密的两方 PSI-CA 协议，结合其他密码学原语构造两方 PSU 协议。

第9章 安全多方计算

学习要求：掌握姚氏百万富翁问题的概念及其解决方案；掌握混淆电路的构造思想，能够生成并求解混淆电路；理解姚氏乱码电路协议的基本原理；掌握电路优化技术，包括行约减、FreeXOR技术和半门技术；掌握ABY框架及其在安全双方计算中的应用，理解数值比较算子的实现；了解安全多方计算的发展历史、现状和研究进展。

课时：2课时

建议授课进度：[9.1节～9.2节]、[9.3节～9.4节]

9.1 布尔电路

9.1.1 姚氏百万富翁问题

姚期智是中国第一个也是目前为止唯一的图灵奖获得者。他为现代密码学打开了一道新的大门。其中一项重要贡献，就是安全多方计算。他提出了著名的姚氏百万富翁问题：假如有两个百万富翁Alice和Bob各有钱i和j，他们想知道谁的钱多，但是又不想把自己的钱数量告诉对方，怎么样才能比大小呢？

下面介绍姚期智先生的解。

(1) 先把问题简化，假如i和j是1～10的数。

(2) 首先Bob挑选一个大整数x，然后用Alice的公钥加密得到$k=\mathrm{Enc}(x)$，然后把数$k-j+1$发给Alice。

(3) Alice拿到这个数之后，计算以下这些数：

$$\mathrm{Dec}(k-j+1),\mathrm{Dec}(k-j+2),\cdots,\mathrm{Dec}(k-j+10)$$

然后除以一个素数p取余得到

$$z_1=\mathrm{Dec}(k-j+1)(\mathrm{mod}p),z_2,z_3,\cdots,z_{10}$$

因为Alice的钱是i，那么Alice进行以下操作：

$$z_1,z_2,z_3,\cdots,z_{i-1},z_i=z_{i+1},z_{i+1}=z_{i+1+1},\cdots$$

也就是将第i及后面的数都加1，然后把这一串数字发给Bob。

(4) Bob只需要看第j个数字，如果等于$x(\mathrm{mod}p)$，说明第j个数字没有改动过，处于左侧，即$i>j$；否则，说明$i\leqslant j$。然后，Bob把结果返给Alice。

看着很复杂,实际上这个协议很简单。重点要去理解姚期智是怎么思考的。

Bob 选择了一个非常大的数 x,然后加密得到 k。然后把 $k-j+1$ 发给了 Alice。这时候 Bob 的信息已经藏在这个数据里面了,但是因为 x 很大,所以 Alice 没办法从 $k-j+1$ 之中推导出 j,对 Alice 来说就是个随机数。

然后,Alice 计算了 10 个数,$\mathrm{Dec}(k-j+\{1,2,3,\cdots,10\})$。对 Alice 来说 $k-j+\{1,2,3,\cdots,10\}$ 都是没有意义的随机数。但是,其中一个数是有意义的,那就是 $\mathrm{Dec}(k-j+j)$,为什么?因为 $k-j+j=k$,而 k 是什么?$k=\mathrm{Enc}(x)$,那么理所当然 $\mathrm{Dec}(k)=x$。所以说这 10 个数对 Alice 没有意义,但是对 Bob 是有意义的,因为他知道第 j 个数就是 x。

接下来,Alice 在这 10 个数从第 i 个数开始都加 1。再给 Bob,会发生什么?因为 Bob 知道第 j 个数是 x,如果 Bob 收到的是 x,说明在没有改动过的左侧区域,所以 $i>j$。

Alice 实际上巧妙地把自己的数 i 的信息放进这 10 个数当中,但是这 10 个数除非是第 j 个数,否则其他的数对 Bob 没有任何意义。因此,Alice 不用担心自己的数 i 泄露(Dec 操作也是随机操作),但是又可以比较大小。这就是这个协议的中心思想。

9.1.2 混淆电路构造思想

姚氏百万富翁求解的协议仅限于比较大小,而其他的运算还没有支持。当然后来一个在此基础上更加伟大的密码学技术被提出,那就姚氏乱码电路(garbled circuit,GC),也叫姚氏混淆电路,是最著名、最广为人知的多方计算(multi-party computation,MPC)协议。

混淆电路的思想很简单,它源于一个事实:可以通过设计电路来对目标问题进行求解。电路可以通过与或非门实现任意一个函数,而多方计算的目标就是在保护各方输入信息的情况下进行目标函数的计算。

对参与运算的双方,从参与者的视角可以分为电路产生者(circuit generator)与电路执行者(circuit evaluator)。混淆电路有以下 2 个阶段。

(1) 电路产生阶段:电路产生者将待计算的函数转化为电路。参与运算的双方先就需要安全计算的目的依靠专有编程语言(domain-specific language,DSL)或相关编程语言扩展等进行编程,然后针对实现计算的程序进行编译,生成电路文件。

(2) 电路执行阶段:电路执行者安全地计算电路。利用 OT、加密等密码学原语执行电路,在不泄露电路的输入和中间结果的前提下,完成电路的计算。

1. 基于查找表的构造思想

回顾一下,为了求解函数 $F(x,y)$的值,参与方 P_1 持有 $x\in X$,参与方 P_2 持有 $y\in Y$。这里的 X 和 Y 分别为 P_1 和 P_2 的输入域。

1) 将函数表示为查找表

首先考虑一个输入域很小的函数 F。由于 F 的输入域很小,可以很快地枚举出所有可能的输入对(x,y)。可以把函数 F 表示为一个包含$|X|\cdot|Y|$行的**查找表** T,每行的条目为 $T_{x,y}=\langle F(x,y)\rangle$,即该表只有 1 列,共有$|X|\cdot|Y|$行。只要能定位 $T_{x,y}$,就可以获得 $F(x,y)$的输出。

可以按照下述方式生成查找表,如图 9-1 所示。

(1) P_1 通过为每一个可能的输入 x 和 y 随机指定一个强密钥来加密 T。也就是说,对于每一个 $x\in X$ 和每一个 $y\in Y$,P_1 将选择 $k_x\in_R\{0,1\}^\kappa$ 和 $k_y\in_R\{0,1\}^\kappa$;

建立查找表		产生随机密钥		使用随机密钥加密	随机转换
1 1	$f(1,1)$	A_1 B_1	$f(1,1)$	$E_{A_1,B_1}(f(1,1))$	$E_{A_3,B_4}(f(3,4))$
1 2	$f(1,2)$	A_1 B_2	$f(1,2)$	$E_{A_1,B_2}(f(1,2))$	$E_{A_4,B_3}(f(4,3))$
1 3	$f(1,3)$	A_1 B_3	$f(1,3)$	$E_{A_1,B_3}(f(1,3))$	$E_{A_3,B_3}(f(3,3))$
1 4	$f(1,4)$	A_1 B_4	$f(1,4)$	$E_{A_1,B_4}(f(1,4))$	$E_{A_2,B_3}(f(2,3))$
2 1	$f(2,1)$	A_2 B_1	$f(2,1)$	$E_{A_2,B_1}(f(2,1))$	$E_{A_4,B_2}(f(4,2))$
2 2	$f(2,2)$	A_1 B_2	$f(2,2)$	$E_{A_2,B_2}(f(2,2))$	$E_{A_2,B_4}(f(2,4))$
2 3	$f(2,3)$	A_2 B_3	$f(2,3)$	$E_{A_2,B_3}(f(2,3))$	$E_{A_4,B_4}(f(4,4))$
2 4	$f(2,4)$	A_2 B_4	$f(2,4)$	$E_{A_2,B_4}(f(2,4))$	$E_{A_1,B_4}(f(1,4))$
3 1	$f(3,1)$	A_3 B_1	$f(3,1)$	$E_{A_3,B_1}(f(3,1))$	$E_{A_2,B_2}(f(2,2))$
3 2	$f(3,2)$	A_1 B_2	$f(1,2)$	$E_{A_3,B_2}(f(3,2))$	$E_{A_1,B_2}(f(1,2))$
3 3	$f(3,3)$	A_1 B_3	$f(1,3)$	$E_{A_3,B_3}(f(3,3))$	$E_{A_2,B_1}(f(2,1))$
3 4	$f(3,4)$	A_1 B_4	$f(1,4)$	$E_{A_3,B_4}(f(3,4))$	$E_{A_1,B_3}(f(1,3))$
4 1	$f(4,1)$	A_2 B_1	$f(2,1)$	$E_{A_4,B_1}(f(4,1))$	$E_{A_4,B_1}(f(4,1))$
4 2	$f(4,2)$	A_1 B_2	$f(2,2)$	$E_{A_4,B_2}(f(4,2))$	$E_{A_3,B_1}(f(3,1))$
4 3	$f(4,3)$	A_2 B_3	$f(2,3)$	$E_{A_4,B_3}(f(4,3))$	$E_{A_1,B_1}(f(1,1))$
4 4	$f(4,4)$	A_2 B_4	$f(2,4)$	$E_{A_4,B_4}(f(4,4))$	$E_{A_3,B_2}(f(3,2))$

图 9-1　生成查找表的过程

(2) P_1 同时使用两个密钥 k_x，k_y 加密 T 中相应的数据项 $T_{x,y}$；

(3) 将加密且经过随机置换的查找表 $<Enc_{x,y}(T_{x,y})>$ 发送给 P_2。

2) 利用随机传输隐藏行内访问的元素

现在的任务是让 P_2(只能)解密与参与方输入相关联的数据项 $T_{x,y}$。具体实现方式是让 P_1 向 P_2(随机的)发送密钥 k_x 和 k_y：

(1) P_1 已知自己的输入 x，因此 P_1 只需要将密钥 k_x 直接发送给 P_2 即可(因为只是发送了一次性选的密钥，这个过程不会泄露 x)；

(2) P_2 已知自己的输入 y，它可以使用 $|Y|$ 选 1-OT 协议从 P_1 获得 k_y。

一旦收到 k_x 和 k_y，P_2 就可以使用这些密钥解密 $T_{x,y}$，得到输出 $F(x,y)$。

最重要的是，P_2 在此过程中无法获得任何其他信息，因为 P_2 只拥有一对密钥，只能打开(解密)查找表中的一个数据项。需要特别强调的是，单独使用 k_x 或 k_y 都不允许部分解密密文，甚至不能单独使用 k_x 或 k_y 判断某个密文是否是用 k_x 或 k_y 加密得到的。

3) 安全求解函数 $F(x,y)$

由于置换表 T 是随机置换后发送给 P_2，P_2 仅仅得到了解密密钥，那么 P_2 如何知道 (x,y) 对应的数据项？

解决这个问题最简单的方法是在 T 的加密条目中编码一些附加信息。例如，P_1 可以在 T 的每一行字符串的末尾附加 σ 个 0。如果解密了错误的行，则解密结果的末尾仅有很小的概率 $\left(p=\frac{1}{2^{\sigma}}\right)$ 包含 σ 个 0，这样 P_2 即可判断解密结果有误。虽然这个方法是可行的，但是它对于 P_2 来说效率很低，因为 P_2 平均要解密查找表 T 中至少 1/2 的条目。

4) 利用标识置换实现行的定位

1990 年，Beaver 等提出了标识置换(point-and-permute)技术[①]，可以确定特定输入对应

① BEAVER D. Correlated pseudorandomness and the complexity of private computations[J]. the Proceedings of the twenty-second annual ACM symposium on Theory of computing, 1990: 479-488.

的密文数据项在置乱后的查找表中的位置。此方法的基本思想是将密钥的一部分(即第1个密钥的后$\lceil \log|X| \rceil$二进制位和第2个密钥的后$\lceil \log|Y| \rceil$二进制位)作为查找表T的置换标识,标识密钥将加密哪行(或者哪个位置)密文,并根据置换标识对加密后的查找表进行置换。在具体协议中,可以设计为先确定查找表的置换标识,然后根据这个置换标识完成置换。

为了避免查找表的各行在分配过程中产生冲突,P_1必须保证置换标识不会在k_x的密钥空间和k_y的密钥空间中出现冲突,可以通过多种方式实现这一点。严格来说,密钥长度必须要达到相应的安全等级。因此,参与方并不会直接把密钥中的一部分作为置换标识,而是将置换标识附加在密钥之后,使密钥满足所需的长度要求。在后续讨论中,假定求值方已知要解密查找表中的哪一行。在描述协议时,则会根据上下文决定是否有必要明确指出把标识置换技术作为协议的一个组成部分。

5)降低查找表的大小

显然,上述方案的效率较低,因为查找表的大小与函数$F()$的定义域大小呈线性关系。但是,对于布尔电路门这样的小型函数,其定义域的大小仅为4,用查找表表示此类小型函数是比较高效的。

因此,可以进一步将函数$F()$表示为布尔电路C,并用定义域大小为4的查找表求解每一个门的输出,如图9-2所示。对于布尔电路而言,电路实现与或非即可实现完备,可以模拟任意的函数。

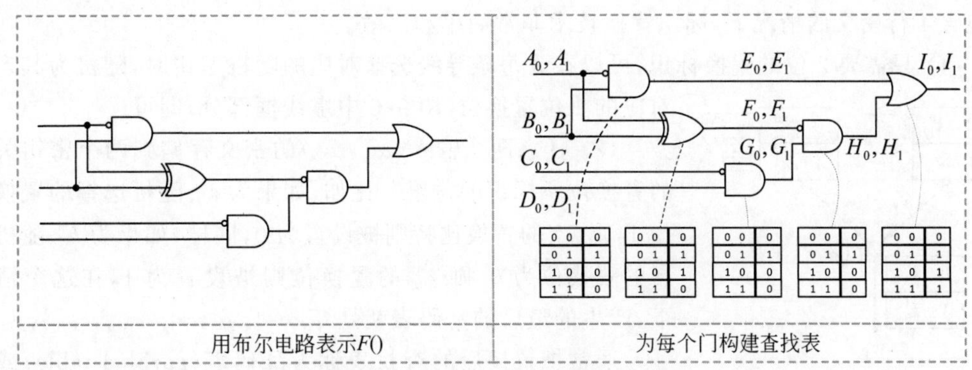

图9-2　基于布尔电路的求解示意

2. 混淆电路的生成与求解

混淆电路基础结构如图9-3所示,门g可以是与门、或门等,它接收两个输入,输出一个结果。

1)生成混淆电路

首先以与门为例,一个常见的与门及其**真值表**(**truth table**)如图9-4所示,将该与门的输入线记为w_1,w_2,输出线记为w_3。

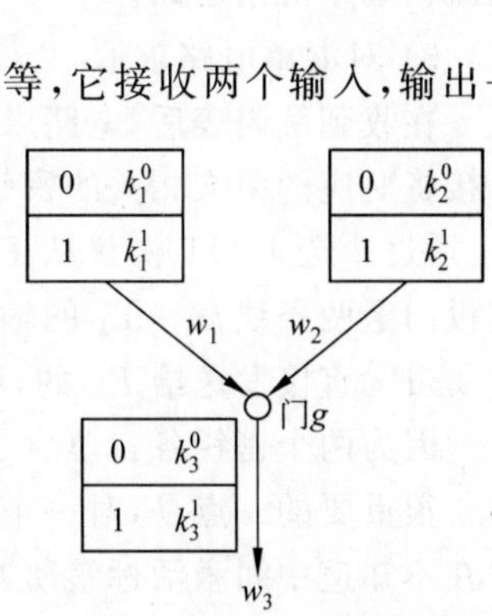

随机生成6个密钥k_1^0,k_1^1,k_2^0,k_2^1,k_3^0,k_3^1,分别表示w_1,w_2,w_3这三条线为0和1时的两种情况。如k_1^0,k_1^1分别代表w_1为0和w_1为1,k_3^0,k_3^1分别代表w_3为0和w_3为1。这些

图9-3　混淆电路基础结构

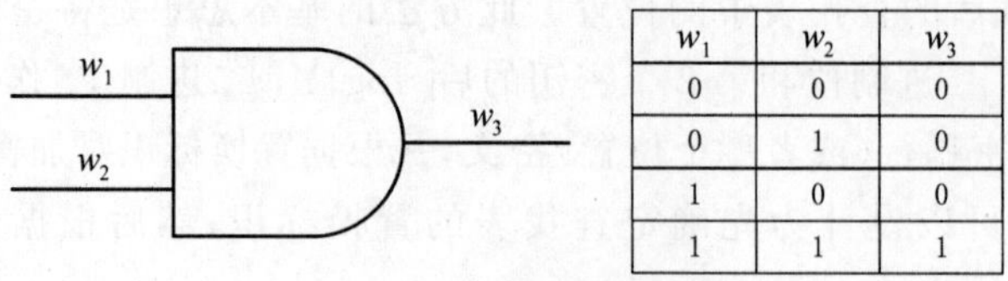

w_1	w_2	w_3
0	0	0
0	1	0
1	0	0
1	1	1

图 9-4　与门电路真值表

密钥称为**导线标签**(wire label)，称导线的明文值为**导线值**(wire value)。

接着该门利用对称加密算法 Enc()函数生成 4 个密文 $c_{0,0}, c_{0,1}, c_{1,0}, c_{1,1}$。$\mathrm{Enc}_{a,b}(c)$表示用 a,b 作为加密密钥、使用加密算法 Enc()函数来加密 c，即 $c_{a,b}=\mathrm{Enc}_{a,b}(c)=\mathrm{Enc}_a(\mathrm{Enc}_b(c))$。查找表加密过程如图 9-5 所示。

w_1	w_2	w_3
0	0	0
0	1	0
1	0	0
1	1	1

w_1	w_2	w_3
k_1^0	k_2^0	$\mathrm{Enc}_{k_1^0,k_2^0}(k_3^0)$
k_1^0	k_2^1	$\mathrm{Enc}_{k_1^0,k_2^0}(k_3^0)$
k_1^1	k_2^0	$\mathrm{Enc}_{k_1^0,k_2^0}(k_3^0)$
k_1^1	k_2^0	$\mathrm{Enc}_{k_1^0,k_2^0}(k_3^1)$

图 9-5　查找表加密过程

2）随机置换查找表

$T_G=\{c_{0,0}, c_{0,1}, c_{1,0}, c_{1,1}\}$就是 P_1 构建的**初始查找表**，查找表中的每一行条目都是门输出值所对应导线标签的密文。考虑安全性，需要对查找表的元素进行随机置乱。在查找表只包含 4 行密文的情况下，标识置换技术非常简单和高效。

（1）只需要 2 位的置换标识，可以在为每条导线选择对应的随机密钥时，随机为其产生对应的 1 位置换位(图 9-6 中虚线框部分)即可。

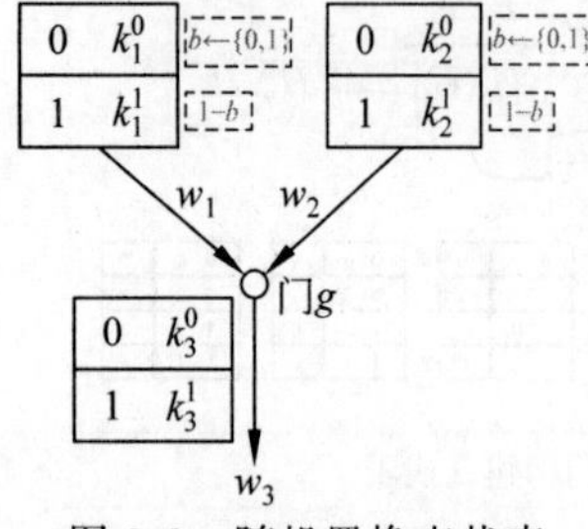

图 9-6　随机置换查找表

（2）任意两个输入(w_1, w_2)的密文存储到两个密钥关联的置换位所标识的位置。比如，如果为 k_1^0 随机选择的置换位为 1，则 k_1^1 的置换比特则被设置为 0，同样，如果为 k_2^0 随机选择的置换位为 0，则 k_2^1 的置换位则被设置为 1，在这个情况下，产生的最后的乱码表就是 $T_G=\{c_{1,0}, c_{1,1}, c_{0,0}, c_{0,1}\}$。

通常把置换后的查找表称为**乱码表**(garbled table)或乱码门(garbled gate)，并将所有乱码表发送给 P_2。**所有的乱码门就构成了混淆电路**。

3）对混淆电路求值

在收到乱码表后，电路求值方 P_2 开始对电路求值。对于 F 中属于 P_1 的输入导线，P_1 直接将对应的明文相关的密钥(又称**激活标签**)发送给 P_2。对于 F 中属于 P_2 的输入导线，P_2 通过 2 选 1-OT 协议从 P_1 得到对应的激活标签。激活标签对应的明文值称为激活值。假设门上两条线 w_1, w_2 的输入的值对为(0,1)，那么输入线对应的电路计算值为(k_1^0, k_2^1)。k_1^0 是 P_1 直接发送给 P_2 的，而 k_2^1 是通过 2 选 1-OT 协议获得的。

因为两个密钥各自蕴含了置换位，所以，可以找到对应的要计算的密文 $c_{0,1}$。

很重要的一点是，对一个乱码门的求解，允许求值方 P_2 得到输出 w_3 对应的激活标签，并在不知道中间激活标签所对应的激活值的条件下，利用中间激活标签继续做下一个电路门的输入，直到完成 F 的安全求值。

最终，P_2 完成乱码电路的求值，并得到与电路输出导线关联的密钥。P_2 把得到的密钥发送给 P_1 解密，即可完成 F 的安全求值。一个混淆电路的求值过程如图 9-7 所示。

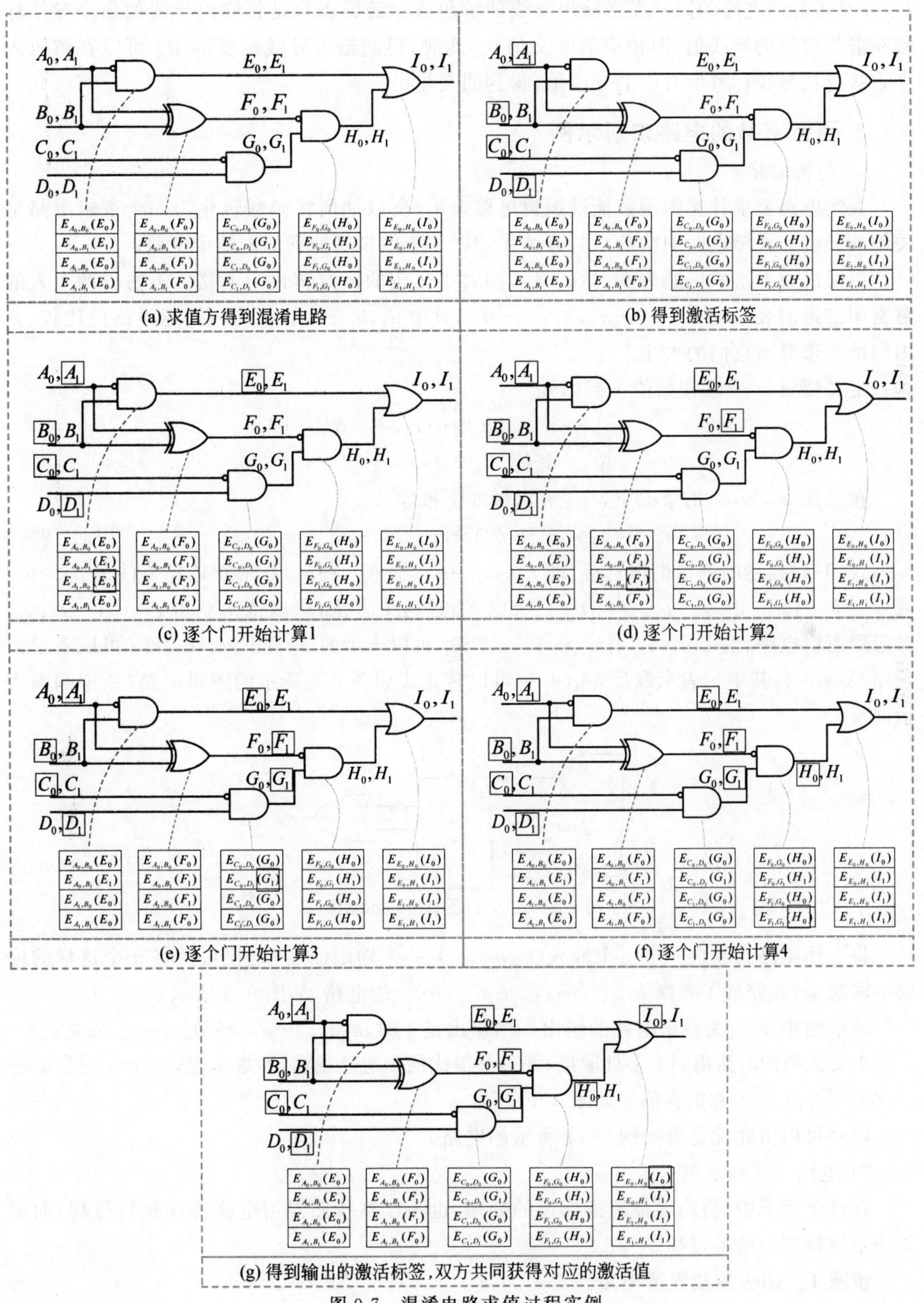

图 9-7　混淆电路求值过程实例

4）解码表

P_2 可以不用将导线标签发送给 P_1 解密，这样可以节省一轮通信过程。具体方法是让 P_1 在发送乱码电路的同时发送输出导线的解码表。解码表只是将输出导线的每个导线标签映射为对应的导线值（即相应的明文值）。此时，得到输出导线标签的 P_2 可以在解码表中直接查找导线标签所对应的导线值，得到明文输出。

3. 百万富翁的电路求解示例

1）逻辑电路

混淆电路要求计算的函数能被逻辑电路表示，所以如何将函数转化为一个逻辑电路是关键的一步。混淆电路的构造从门开始先加密一个门再延伸到加密整个电路。

以姚氏百万富翁问题为例，尝试将这一大小比较的函数转化为电路。不妨将两个人的财富用二进制表示为 $a_n a_{n-1} \cdots a_1, b_n b_{n-1} \cdots b_1$，其中 $a_i, b_i \in \{0,1\}$。然后，通过逐位比较，并用归纳法来判断它们的大小。

定义变量 c_i 及其初始值 $c_1 = 0$，则

$$c_i := \begin{cases} 1, & \text{if } a_{i-1}a_{i-2}\cdots a_1 > b_{i-1}b_{i-2}\cdots b_1 \\ 0, & \text{其他} \end{cases}$$

在已知 a_i, b_i, c_i 的情况下，c_{i+1} 可以做如下推导。

$$c_{i+1} = 1 \Leftrightarrow (a_i > b_i) \text{or} (a_i = b_i \text{ and } c_i = 1) \tag{9-1}$$

式(9-1)描述的逻辑也很直接，即 $a_i a_{i-1} \cdots a_1 > b_i b_{i-1} \cdots b_1$ 的充分必要条件是 $a_i > b_i$，或 $a_i = b_i$ 且 $a_{i-1}a_{i-2}\cdots a_1 > b_{i-1}b_{i-2}\cdots b_1$。通过这个方法，可以依次获得 $c_2, c_3, \cdots, c_{n+1}$。对应到逻辑电路，由于 $a_i, b_i, c_i \in \{0,1\}$，$a_i > b_i$ 可以表示为 a_i and$\sim b_i$，$a_i = b_i$ 可以表示为 $\sim(a_i \text{ xor } b_i)$，其中～表示取反，式(9-1)可以转化成如图 9-8 所示的逻辑电路（图中圆圈表示取反）。

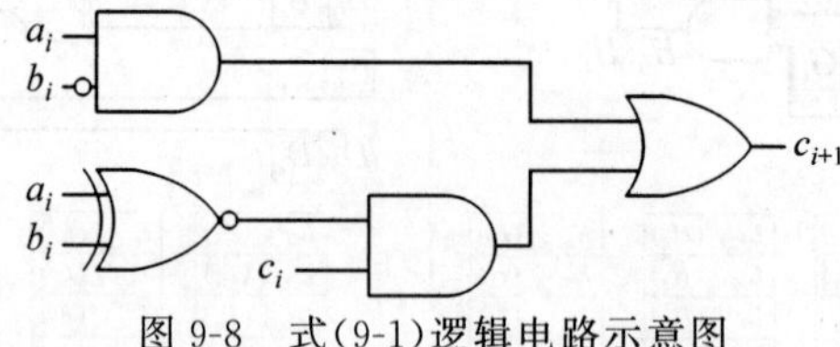

图 9-8　式(9-1)逻辑电路示意图

将上述电路封装成一个三个输入(a_i, b_i, c_i)、一个输出(c_{i+1})的模块。将 n 个这样的模块串联起来，就完成了判断 $a_n a_{n-1} \cdots a_1 > b_n b_{n-1} \cdots b_1$ 的电路，如图 9-9 所示。

该电路中，c_{n+1} 为整个电路的输出。当输出是 1 时，$a_n a_{n-1} \cdots a_1 > b_n b_{n-1} \cdots b_1$ 成立。

上文提到的电路用到了多处取反，并不是最优的。通过观察，不难发现 $c_{i+1} = a_i \oplus [(a_i \oplus c_i) \wedge (b_i \oplus c_i)]$。电路的真值表如图 9-10 所示。

电路可以由此优化为如图 9-11 所示的电路。

2）电路生成和求解

在这个例子中，将隐藏掉置换标识的处理，也不严格按照混淆电路协议执行过程，而更关注于解释整个求解过程。

步骤 1：Alice 生成混淆电路。

(1) Alice 基于上述电路生成对应的混淆电路，生成过程主要分以下 4 步。

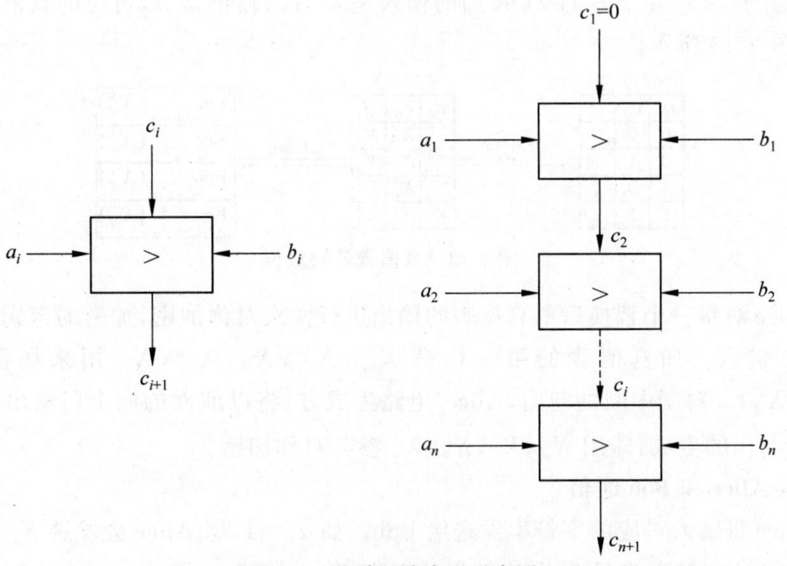

图 9-9　混淆电路串联示意图

a_i	b_i	c_i	c_{i+1}	$a_i \oplus [(a_i \oplus c_i) \wedge (b_i \oplus c_i)]$
0	0	0	0	0
0	0	1	1	1
0	1	0	0	0
0	1	1	0	0
1	0	0	1	1
1	0	1	1	1
1	1	0	0	0
1	1	1	1	1

图 9-10　电路 c_i 的真值表

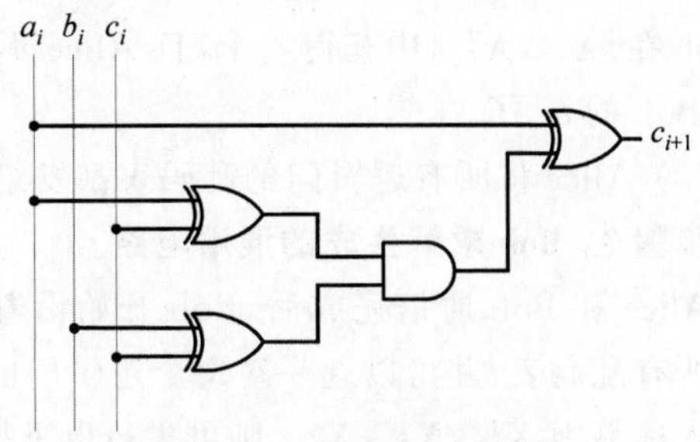

图 9-11　优化电路示意图

① Alice 对电路中的每一线路(wire)进行标注。如图 9-12 所示，Alice 一共标注了 7 条线路，包括模块的输入输出 W_{a_0}，W_{b_0}，W_{c_0}，W_{c_1}，和模块内的中间结果 W_d，W_e，W_f。

② 对于每一条线路 W_i，Alice 生成两个长度为 k 的字符串 X_i^0，X_i^1。

③ 这两个字符串分别对应逻辑上的 0 和 1。

④ 这些生成的标注会在步骤 2 有选择性地发给 Bob，但 Bob 并不知道 X_i^0，X_i^1 对应的逻辑值。

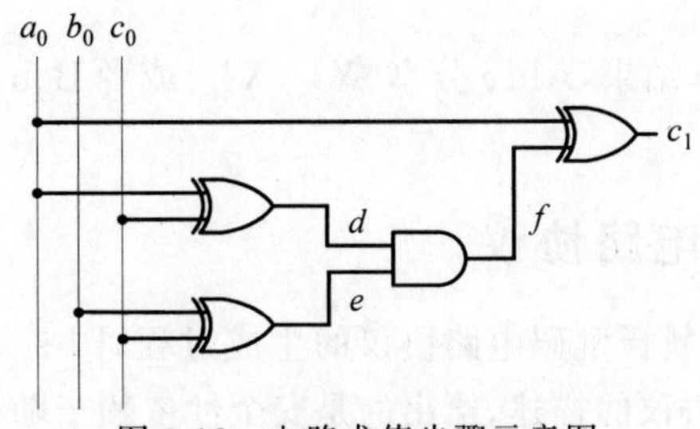

图 9-12　电路求值步骤示意图

(2) Alice 对电路中的每一个逻辑门的真值表用 X_i^0，X_i^1 进行替换，由 X_i^0 替换 0，由 X_i^1

替换 1。如图 9-12 中左上方的 XOR 门的输入是 a_0, c_0，输出是 d，对应的真值表可以做如下转换，如图 9-13 所示。

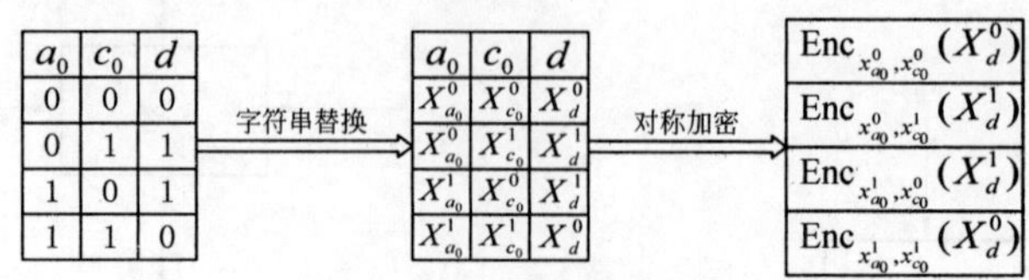

图 9-13　真值表替换过程

(3) Alice 对每一个替换后的真值表的输出进行两次对称加密，加密的密钥是真值表对应行的两个输入。如真值表的第一行是 $X_{a_0}^0, X_{c_0}^0, X_d^0, X_{a_0}^0, X_{c_0}^0$ 用来加密 X_d^0，生成 $\mathrm{Enc}_{X_{a_0}^0, X_{c_0}^0}(X_d^0)$。对于中间的与门，Alice（电路生成方）将以前面的两个门输出的 d 和 e 的导线标签参与门的生成，即用 X_d^0、X_e^1、X_d^0、X_e^1 参与对称加密。

步骤 2：Alice 和 Bob 通信。

(1) Alice 将输入对应的字符串发送给 Bob。如 $a_0=1$，那 Alice 会发送 $X_{a_0}^1$ 给 Bob。由于 Bob 不知道 $X_{a_0}^1$ 对应的逻辑值，也就无从知晓 Alice 的秘密了。

(2) Bob 通过不经意传输协议从 Alice 获得他的输入对应的字符串。不经意传输保证了 Bob 在 $\{X_{b_0}^0, X_{b_0}^1\}$ 中获得一个，且 Alice 不知道 Bob 获得了哪一个。所以 Alice 也就无从知晓 Bob 的 b_0 了。

(3) Alice 将所有逻辑门的乱码表都发给 Bob。在这个例子中，一共有 4 个乱码表。

步骤 3：Bob 求解生成的混淆电路。

Alice 和 Bob 通信完成后，Bob 开始沿着电路进行解密。此时 Bob 拥有所有输入的标签和所有乱码表，并可以逐一对每个逻辑门的输出进行解密。假设当前轮迭代中，Bob 拥有的输入标签为 $X_{a_0}^1, X_{b_0}^1, X_{c_0}^0$，则可进行以下操作：

(1) 对于电路图左上方的 XOR，用 $X_{a_0}^1, X_{c_0}^0$ 解密获得 X_d^1；

(2) 对于电路图左下方的 XOR，用 $X_{b_0}^1, X_{c_0}^0$ 解密获得 X_e^1；

(3) 对于电路图中间的 AND，用 X_d^1, X_e^1 解密获得 X_f^1；

(4) 对于电路图右侧的 XOR，用 $X_{a_0}^1, X_f^1$ 解密 $X_{c_1}^0$。

值得注意的是，由于乱码表每一行的密钥都不同，因此 Bob 只能解密其中一行，而且 Bob 并不知道解密出来的 $X_d^1, X_e^1, X_f^1, X_{c_1}^0$ 对应的逻辑值，也就无从获得更多信息了。而 Alice 全程不参与 Bob 的解密过程，所以也无法获得更多信息。

步骤 4：共享结果。

最后 Alice 和 Bob 共享结果，Alice 分享 $\{X_{c_1}^0, X_{c_1}^1\}$ 或者 Bob 分享 $X_{c_1}^1$，双方就能获得电路输出的逻辑值。

9.1.3　姚氏乱码电路协议

图 9-14 形式化描述了姚氏乱码电路协议的生成过程，图 9-15 总结了姚氏乱码电路协议的执行过程。为了简化协议的描述，给出的是安全性依赖于随机预言机模型的变种协议，但应用较弱的伪随机函数存在性假设也足以完成姚氏乱码电路协议的构造。在加密乱码表中的各个条目时，协议使用了 H 表示的随机预言机。

参数：

• 实现函数 $F()$下的布尔电路 C。

• 安全参数 κ。

生成乱码电路：

1.生成导线标签。对于 C 的每一条导线 w_i，随机选择导线标签：

(1) $w_i^b=(k_i^b \in_R \{0,1\}^\kappa, p_i^b \in_R \{0,1\})$。

(2) 使得 $p_i^b=1-p_i^{1-b}$。

2. 构造乱码电路。对于 C 的每一个门 G_i，按照拓扑顺序执行下述步骤：

(1) 假设 G_i 是一个实现函数 $g_i: w_c=g_i(w_a,w_b)$ 的 2-输入布尔门，其中输入导线标签为 $w_a^0=(k_a^0,p_a^0), w_a^1=(k_a^1,p_a^1), w_b^0=(k_b^0,p_b^0), w_b^1=(k_b^1,p_b^1)$，输出导线标签为 $w_c^0=(k_c^0, p_c^0), w_c^1=(k_c^1,p_c^1)$。

(2) 构造 G_i 的乱码表。G_i 的输入值为 $v_a, v_b \in \{0,1\}$，输入值共有 22 种可能的组合。对于每一种组合，设 $e_{v_a,v_b}=H(k_a^{v_a} \| k_b^{v_b} \| i) \oplus w_c^{g_i(v_a,v_b)}$，根据输入导线标签上的置换标识对乱码表中的条目 e 排序，将条目 e_{v_a,v_b} 放置在位置$< p_a^{v_a}, p_b^{v_b} >$上。

3. 输出解码表。对于每一条输出导线 w_i(此导线也是门 G_j 的输出导线)，假设其对应的导线标签为 $w_i^0=(k_i^0,p_i^0), w_i^1=(k_i^1,p_i^1)$，要为两个可能的导线值 $v \in \{0,1\}$ 创建解码表。设 $e_v=H(k_a^{v_a} \| \text{"}out\text{"} \| j) \oplus v$(因为是逐位执行异或计算，所以只需要使用 H 输出的最低位生成 e_v)。根据导线标签上的置换标识对解码表中的条目 e 排序，将条目 e_v 放置在位置 p_i^v 上(因为 $p_i^1=p_i^0 \oplus 1$)，所以放置的位置不会发生冲突)。

图 9-14　姚氏乱码电路协议的生成过程

参数：

• 参与方 P_1 和 P_2，其输入分别为 $x \in \{0,1\}^n$ 和 $y \in \{0,1\}^n$。

• 实现函数 $F()$下的布尔电路 C。

生成乱码电路：

1. P_1 的角色为乱码电路生成方，执行图 9-14 所示的步骤。随后，P_1 将得到的乱码电路 $\hat{C}$(包括输出解码表)发送给 P_2。
2. 对于 P_1 需要提供输入值的导线，P_1 向 P_2 发送输入值所对应的激活标签。
3. 对于 P_2 需要提供输入值的导线 w_i，P_1 作为发送方，P_2 作为接收方，两方执行 OT 协议：
   (1) P_1 的秘密值为导线上的两个导线标签，P_2 的选择位输入值为 P_2 在此条导线上的输入值。
   (2) OT 协议执行完毕后，P_2 得到导线的激活标签。
4. P_2 从输入导线的激活标签开始，按照拓扑顺序逐门对收到的 $\hat{C}$ 求值。
   对于乱码表为 $T=(e_{0,0},\cdots,e_{1,1})$，输入激活标签为 $w_a=(k_a,p_a)$和 $w_b=(k_b,p_b)$的门 G_i，P_2 计算输出激活标签 $w_c=(k_c,p_c)$：$w_c=H(k_a \| k_b \| i) \oplus e_{p_a,p_b}$
5. 应用输出解码表得到输出。对 $\hat{C}$ 的所有门完成求值后，P_2 把第二个密钥设置为'out'，解码最终的输出门，得到明文计算结果。P_2 将得到的计算结果发送给 P_1，双方均将计算结果作为协议的输出。

图 9-15　姚氏乱码电路协议执行过程

9.2 电路优化

9.2.1 行约减

1999 年，Naor 等[①]考虑了这样一个技巧：不再随机选取输出线路的加密标签，而是选取合适的输出线路加密标签使得混淆表的第一个密文(取决于颜色位和门函数)总为特殊值 0^n，而另一个加密标签仍然随机选取。例如，在图 9-16 中，混淆表的第一行为 $H(A_0,B_1)\oplus C_1$，则直接取 $C_1=H(A_0,B_1)$，即可使得混淆表的第一行密文为零串 0^n。这样 Garbler 就不再需要发送第一个密文了，从而将 Garbler 在每个门的密文发送的数量从 4 个减少为 3 个，Evaluator 可以“重构”出第一个密文，然后正常解密即可得到正确的标签。通常把这种技术记为 GRR3。第一个密文取特殊值并不会影响混淆电路的安全性，这是因为 Evaluator 无法有效区分剩下的 3 个密文到底是针对真值 0 的加密标签还是 1 的加密标签。

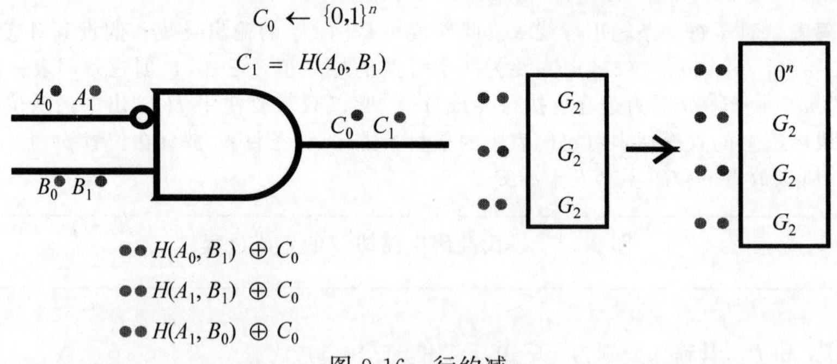

图 9-16 行约减

9.2.2 FreeXOR 技术

Kolesnikov[②] 观察到，在 GESS 导线秘密分享方案中，XOR 门的秘密份额数量不随电路深度的增加而增加。Kolesnikov 给出了秘密份额数量的下界，证明独立秘密份额的数量成指数级增长是不可避免的。然而，这个下界对 XOR 门不成立(或者更广泛地讲，对“偶数”门不成立，即真值表输出包含两个 0 和两个 1 的门)。

1. GESS 方案[②]

GESS 方案中为 XOR 门生成秘密份额的方法非常简单，令 $s_0,s_1\in D_s$ 表示输出导线秘密值，选择 $R\in_R D_s$，并将秘密份额设置为 $\mathrm{sh}_{10}=R$，$\mathrm{sh}_{11}=s_0\oplus s_1\oplus R$，$\mathrm{sh}_{21}=s_1\oplus R$。当输入为 sh_{1i}，sh_{2i} 时，直接输出 $\mathrm{sh}_{1i}\oplus\mathrm{sh}_{2i}$。很容易验证电路求值方可以通过这种方式重建出正确的输出导线秘密值。举例来说，$\mathrm{sh}_{11}\oplus\mathrm{sh}_{21}=(s_0\oplus s_1\oplus R)\oplus(s_1\oplus R)=s_0$。令 $s_0\oplus s_1=\Delta$，进一步观察可知，每一条导线的导线标签偏移量均相同：$\mathrm{sh}_{10}\oplus\mathrm{sh}_{11}=\mathrm{sh}_{20}\oplus\mathrm{sh}_{21}=s_0\oplus s_1=\Delta$。

① NAOR M, PINKAS B, SUMNER R. Privacy preserving auctions and mechanism design[C]//ACM Conference on Electronic Commerce, 1999: 129-139.

② KOLESNIKOV V. Gate evaluation secret sharing and secure one-round two-party computation[C]//11th International Conference on the Theory and Application of Cryptology and Information Security, 2005: 136-155.

由于所有门导线的秘密份额都拥有相同的偏移量，因此无法将上述 XOR 门构造方法直接插入姚氏乱码电路中，因为标准姚氏乱码电路要求导线标签都是独立随机选取的。如果在姚氏乱码电路中也这样设置，则会破坏姚氏乱码电路协议的正确性和安全性。之所以会破坏正确性，是因为 GESS 方案 XOR 门的输出导线秘密值是在秘密分享的过程中才生成的，而姚氏乱码电路要为预先生成好的输出导线秘密值生成乱码表。之所以会破坏安全性，是因为 GESS 方案 XOR 门所生成的秘密值具有相关性，但在姚氏乱码电路中导线标签将作为加密密钥使用，不能具有相关性。从安全性角度看，更大的问题是密钥和加密消息之间具有相关性，引入了循环(circular)依赖性。

2. FreeXOR 方案①

FreeXOR 方案将 GESS 方案的 XOR 门技术引入乱码电路中。FreeXOR 是 Kolesnikov 和 Schneider 提出的乱码电路优化技术。GESS 方案 XOR 门的求值过程不引入任何开销(不需要乱码表，秘密份额数量不会增加)，但姚氏乱码电路要为 XOR 门生成完整的乱码表，求值过程也需要解密乱码表。FreeXOR 技术将 GESS 方案的 XOR 门生成技术引入乱码电路中，通过调整乱码电路秘密值的生成过程来解决直接引入此技术引发的正确性问题。FreeXOR 技术提出，增强生成乱码电路乱码表时所使用加密方案的安全性假设，就可以让新的方案满足安全性要求。FreeXOR 要求生成乱码电路所有导线标签时，都要使用相同的偏移量 Δ，这样就可以将 GESS 方案的 XOR 门构造方法引入乱码电路中。也就是说，对于乱码电路 $\hat{C}$ 每一条导线 w_i 的每一对导线标签 w_i^0, w_i^1，要求 $w_i^0 \oplus w_i^1 = \Delta$，其中 $\Delta \in_R \{0,1\}^K$ 是预先随机选取的。引入导线标签相关性即可让 XOR 门正确地重建输出导线标签。

图 9-17 完整地描述了 FreeXOR 乱码电路协议。为保证安全性，FreeXOR 不能像标准姚氏乱码电路那样使用较弱的、基于 PRG 的加密方案，而是要使用随机预言机来加密门的输出导线标签。PRG 的标准安全性定义不能保证 $H: \{0,1\}^* \to \{0,1\}^{\kappa+1}$ 的输出是伪随机的，但使用随机预言机则能保证。Kolesnikov 和 Schneider 在论文中提到，使用比随机预言机模型稍弱的关联健壮性假设就足以让方案满足安全性要求。Choi 等②在理论层面详细论述了 FreeXOR 所需的密码学假设。他们指出，标准关联健壮性假设实际上不足以使 FreeXOR 满足安全性要求，证明 FreeXOR 的安全性需要使用关联健壮性的一个特定变种假设。

FreeXOR 乱码电路协议的执行过程与标准姚氏乱码电路协议的执行过程基本相同，唯一的区别是在图 9-15 的步骤 4 中，p_2 不需要为 XOR 门进行任何加解密处理：对于输入导线标签为 $w_a = (k_a, p_a)$，$w_b = (k_b, p_b)$ 的 XOR 门 G_i，可以直接计算 $(k_a \oplus k_b, p_a \oplus p_b)$ 得到输出导线标签。Kolesnikov 等③对 FreeXOR 进行了进一步的扩展，提出了 fleXOR。在

---

① KOLESNIKOV V, SCHNEIDER T. Improved garbled circuit: FreeXORgates and applications[C]//International Colloquium on Automata, Languages and Programming, 2008: 486-498.

② CHOI S G, KATZ J, KUMARESAN R, et al. On the security of the "free-XOR" technique[C]//Theory of Cryptography Conference, 2012: 39-53.

③ KOLESNIKOV V, MOHASSEL P, ROSULEK M. FleXOR: Flexible garbling for XOR gates that beats free-XOR[C]//CRYPTO Conference on Cryptology, 2014: 440-457.

fleXOR 中,可以用 0 个、1 个或 2 个密文构造 XOR 门的乱码表,具体选择哪种构造方式取决于电路结构和电路中各个门的组合关系。可以让 fleXOR 与应用在 AND 门上的 GRR2 兼容,从而支持 2 密文 AND 门。9.2.3 节介绍的半门(half gate)技术比 fleXOR 更加简单,AND 门的密文数量为 2,且与 FreeXOR 完全兼容。

参数:

- 实现功能函数 $F()$的布尔电路 C;安全参数 κ。
- 令 $H: \{0,1\}^* \to \{0,1\}^{\kappa+1}$表示一个可看成随机预言机的哈希函数。

协议:

1. 随机选择全局密钥偏移量:$\Delta \in_R \{0,1\}^K$。
2. 对于 C 中的每一条输入导线 w_i,随机选择 0 所对应的输入导线标签
$$w_i^0 = (k_i^0, p_i^0) \in_R \{0,1\}^{\kappa+1}$$
将另一条输入导线标签设置为 $w_i^1 = (k_i^1, p_i^1) = (k_i^0 \oplus \Delta, p_i^0 \oplus 1)$。
3. 按照拓扑顺序对 C 的每个门执行下述步骤。
(1) 如果 G_i 是个输入导线标签为 $w_a^0 = (k_a^0, p_a^0)$,$w_b^0 = (k_b^0, p_b^0)$,$w_a^1 = (k_a^1, p_a^1)$,$w_b^1 = (k_b^1, p_b^1)$的 XOR 门,则 $w_c = XOR(w_a, w_b)$有
① 将 0 所对应的输出导线标签设置为 $w_c^0 = (k_a^0 \oplus k_b^0, p_a^0 \oplus p_b^0)$;
② 将 1 所对应的输出导线标签设置为 $w_c^1 = (k_a^0 \oplus k_b^0 \oplus \Delta, p_a^0 \oplus p_b^0 \oplus 1)$。
(2) 如果 G_i 是个输入导线标签为 $w_a^0 = (k_a^0, p_a^0)$,$w_b^0 = (k_b^0, p_b^0)$,$w_a^1 = (k_a^1, p_a^1)$,$w_b^1 = (k_b^1, p_b^1)$的 2 输入门,则 $w_c = g_i(w_a, w_b)$有
① 随机选择 0 所对应的输出导线标签 $w_c^0 = (k_c^0, p_c^0) \in_R \{0,1\}^{\kappa+1}$。
② 将 1 所对应的输出导线标签设置为 $w_c^1 = (k_c^1, p_c^1) = (k_c^0 \oplus \Delta, p_c^0 \oplus 1)$。
③ 创建 G_i 的乱码表。G_i 的输入值 $v_a, v_b \in \{0,1\}$共有 2^2 种可能的组合。对于每一种可能的组合,设置
$$e_{v_a, v_b} = H(k_a^{v_a} \| k_b^{v_b} \| i) \oplus w_c^{g_i(v_a, v_b)}$$
按照输入标识对条目 e 排序,将条 e_{v_a, v_b} 放置在位置$< p_a^{v_a}, p_b^{v_b} >$上。
4. 按照图 9-14 的方法计算输出乱码表。

图 9-17　FreeXOR 乱码电路协议

9.2.3　半门技术

Zahur 等[①]提出了一种高效的乱码电路构造技术,每个 AND 门只包含两个密文,且与 FreeXOR 完全兼容。此技术的关键思想是将 AND 门的结果表示为两个半门 XOR 的结果。每个半门都是一个 AND 门,但其中一个参与方已知此 AND 门的一个输入。半门的乱码表只包含两个条目,再进一步用 GRR3 技术将乱码表的密文数量降低到一个。应用半门实现一个 AND 门需要构造一个电路生成方半门(电路生成方已知此半门的其中一个输入)和一个电路求值方半门(电路求值方已知此半门的其中一个输入)。接下来描述半门的构造方法,并讲解如何将半门组合起来实现一个 AND 门。

电路生成方半门。首先,考虑一个输入导线为 a 和 b、输出导线为 c 的 AND 门。电路生成方 AND 半门要计算 $v_c = v_a \wedge v_b$,其中电路生成方已知 v_a。如果 $v_a = 0$,电路生成方不

---

① ZAHUR S, ROSULEK M, EVANS D. Two halves make a whole: Reducing data transfer in garbled circuits using half gates[C]//34th Annual International Conference on the Theory and Applications of Cryptographic Techniques, 2015: 220-250.

需要考虑 v_b 即可知道 v_c 必为 0；如果 $v_a=1$，则 $v_c=v_b$。如果使用 a^0，b^0 和 c^0 分别表示导线 a，b 和 c 中 0 所对应的导线标签，应用 FreeXOR，可知 b 的导线标签为 b^0 或者为 $b^1=b^0\oplus\Delta$。电路生成方计算得到如下两个密文

$$H(b^0)\oplus c^0$$

$$H(b^1)\oplus c^0\oplus v_a\cdot\Delta$$

应用标识置换优化技术，根据 b 的标识位在乱码表中设置好两个密文的位置。

为了对半门求值并得到 $v_a\wedge v_b$，电路求值方计算 b（等于 b^0 或 b^1）的哈希值，解密对应的密文。如果电路求值方拥有 b^0，则计算 $H(b^0)$ 并将结果与第一个密文求异或，得到 c^0（导线值 0 对应的正确导线标签）。如果电路求值方拥有 $b^1=b^0\oplus\Delta$，则计算 $H(b^1)$ 并得到 $c^0\oplus v_a\cdot\Delta$。如果 $v=0$，得到的就是 c^0；如果 $v_a=1$，得到的就是 $c^1=c^0\oplus\Delta$。直观来看，电路求值方永远无法同时得到 b^0 和 b^1，因此非激活标签对电路求值方来说是完全随机的。FreeXOR 论文中构造通用电路的编程组件时也无意中用到了这一思想。

可以用乱码行缩减技术，通过适当设置 c^0 将两个密文进一步缩减为一个密文，这将大幅降低协议的通信开销。

1）电路求值方半门

电路求值方半门要计算的是 $v_c=v_a\wedge v_b$，其中电路求值方已知 v_a，电路生成方不知道此半门的任何一个输入。因此，电路求值方根据导线 a 的明文值应用不同的方法对半门求值。电路生成方提供两个密文

$$H(a^0)\oplus c^0$$

$$H(a^1)\oplus c^0\oplus b^0$$

由于电路求值方已知 v_a，因此不需要（也不能）在乱码表中打乱密文的顺序。如果 $v_a=0$，电路求值方知道其拥有的是 a^0，因此计算 $H(a^0)$ 并得到输出导线标签 c^0。如果 $v_a=1$，电路求值方知道其拥有的是 a^1，因此计算 $H(a^1)$ 并得到 $c^0\oplus b^0$。电路求值方随后再对结果和导线标签 b 求异或，从而在不知道 b 或 c 明文值的条件下得到 c^0（当 $b=b^0$）或 $c^1=c^0\oplus\Delta$（当 $b=b^1=b^0\oplus\Delta$）。与电路生成方半门类似，乱码行缩减技术可将两个密文进一步缩减为一个密文。在这种情况下，电路求值方只需要令 $c^0=H(a^0)$（让第一个密文为全 0），向电路生成方发送第二个密文。

2）合并半门

剩下要做的就是在乱码电路中把两个半门组合起来，使两个参与方都不知道明文值的条件下对门 $v_c=v_a\wedge v_b$ 求值。这里要用到的技巧是电路生成方生成一个完全随机的位 r；并用 r 将原始 AND 门拆分为两个半门

$$v_c=(v_a\wedge r)\oplus(v_a\wedge(r\oplus v_b)) \tag{9-2}$$

由于式(9-2)可用乘法分配律合并为 $v_a\wedge(r\oplus r\oplus v_b)$，因此等价于 $v_a\wedge v_b$。可以用电路生成方半门构造出第一个 AND 门（$v_a\wedge r$）。可以用电路求值方半门构造出第二个 AND 门，但前提是电路生成方要向电路求值方披露 $r\oplus v_b$。由于 r 是完全随机的，且电路求值方不知道 r 的值，因此，向电路求值方披露 $r\oplus v_b$ 不会泄露任何敏感信息。电路生成方不知道 v_b，但可以通过下述方法在不引入任何额外开销的条件下将 $r\oplus v_b$ 传递给电路求值方。电路生成方将 r 设置为导线 b 中 0 所对应导线标签的标识位 p_b^0。由于标识位 p_b^0 本身就是随机选择得到的，因此，电路求值方可以在不知道 v_b 的条件下直接从导线 b 激活标签上的标

识位 p_b^0 中得到 $r\oplus v_b$。

由于 FreeXOR 不需要为 XOR 门生成或发送任何乱码表,因此只需要两个密文、调用两次 H、执行两次"免费"的 XOR 操作,即可完成对 AND 门的求值。Zahur 等人证明,只要生成导线标签时所用的 H 满足关联健壮性假设,则半门技术就是可证明安全的。在包括低延时局域网在内的任何场景下,网络带宽引入的性能开销远远大于加密引入的性能开销,因此半门技术优于任何已知的乱码电路方案。此外还证明,在任何"线性"类乱码电路方案中,门所需的密文数量都不可能少于两个。因此在"线性"假设下,对于任何由 2-输入布尔门组成的电路,半门方案都是网络带宽最优方案。

9.3 算术电路

在工程和计算机科学中,函数被经典地表示为布尔电路,布尔电路基本上由逻辑门(与门、或门、非门等)和连接它们的导线组成。如与姚氏混淆电路描述的一样,一根导线是 1 位,逻辑门是基本单元,它可以处理 2 位的与或非等基本运算。对于位串上的与或运算,需要通过定义多个逐位的基本逻辑门进行并联。

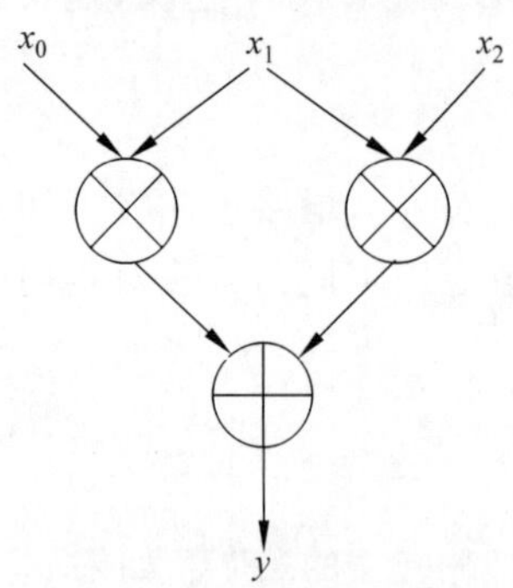

图 9-18　简单的算术电路

算术电路函数的更紧凑表示是算术电路,不像布尔电路的导线选择空间是 Z_2,算术电路导线的值从 $Z_m\geqslant 2$ 中选择。门操作为模加法或模乘法,图 9-18 表示了一个简单的算术电路。

可以将任何布尔电路表示为 Z_2 上的算术电路,但是,如果 Z_m 的模 m 足够大,那么得到的函数的算术电路表示可能比其他布尔电路表示的大小要小得多,因为对于每个整数的加法或乘法来说,一次操作就足够了。

9.3.1 BGW 协议[①]

由 Ben-Or 等在 1988 年提出的 BGW 协议是首批支持多个参与方计算的 MPC 协议之一。这里直接介绍 n 个参与方的 BGW 协议,这个协议描述起来会相对简单一些。

1. 直观思想

BGW 协议可以用于对域 F 上包含加法、乘法、常数乘法门的算术电路求值。

BGW 协议强依赖于 Shamir 秘密分享方案[②],巧妙地利用了 Shamir 秘密分享方案的同态特性对各个秘密份额进行适当的处理,可以在秘密值上实现安全计算。

给定 $v\in F$,令$[v]$表示各个参与方持有 v 的 Shamir 秘密份额。具体来说,某一参与方选择一个阶最高为 t 的随机多项式 p,并令 $p(0)=v$。每个参与方 P_i 把 $p(i)$作为 v 的秘

---

① BEN-OR M, GOLDWASSER S, WIGDERSON A. Completeness theorems for non-cryptographic fault-tolerant distributed computation[J]. Proceedings of the twentieth annual ACM symposium on Theory of computing, 1988: 1-10.

② SHAMIR A. How to share a secret[J]. Communications of the ACM, 1979: 612-613.

密份额。t 称为秘密分享的门限值，即任意 t 个秘密份额都不会泄露与 v 相关的任何信息。

BGW协议的固定范式为：对于算术电路的每一条导线 w，各个参与方都持有导线值 v_w 所对应的秘密份额$[v_w]$；每个电路门进行计算时，通过拥有的秘密份额（在乘法操作需要交互）完成输出值的秘密份额的计算。

2. 具体构造

1）秘密共享

假设BGW协议的参与者一共有 n 方：$P_1,P_2,\cdots,P_n$，假设参与者 P_i 需要输入秘密 a，则参与者 P_i 首先利用Shamir(t,n)门限秘密共享机制将秘密 a 共享给其他所有参与者，门限值 t 的选择根据具体使用情景下的安全性要求决定。

当所有参与者的输入都通过Shamir(t,n)门限秘密共享机制分享后，每个参与者都掌握了协议输入的子秘密。

假设一个门的输入分别为 a 和 b，秘密 a 和秘密 b 已经分别由秘密分配函数

$$f_a(x)=a_{t-1}x^{t-1}+a_{t-2}x^{t-2}+\cdots+a_1x^1+a$$

$$f_b(x)=b_{t-1}x^{t-1}+b_{t-2}x^{t-2}+\cdots+b_1x^1+b$$

分配完成，$f_a(0)=a$，$f_b(0)=b$，参与者 P_i 掌握 a 和 b 的子秘密 a_i 和 b_i。

2）输入导线

对于属于参与方 P_i 的输入导线，P_i 知道明文导线值 v。参与方 P_i 将秘密份额$[v]$分发给其他所有参与方。

3）加法门

考虑输入导线为 α 和 β、输出导线为 γ 的加法门。各个参与方共同持有输入导线秘密份额$[v_\alpha]$和$[v_\beta]$。参与方的目标是获得输入导线值 v_α 和 v_β 求和的秘密份额$[v_\alpha+v_\beta]$。假设输入导线值 v_α 和 v_β 所对应的多项式分别为 p_α 和 p_β。如果每个参与方 P_i 在本地对秘密份额求和，得到 $p_\alpha(i)+p_\beta(i)$，则各个参与方将共同持有多项式 $p_\gamma(x)\xrightarrow{\text{def}}p_\alpha(x)+p_\beta(x)$上的一个点。由于 p_γ 的阶最高也为 t，因此，各参与方 P_i 所持有的 $p_\alpha(i)+p_\beta(i)$构成了 $p_\gamma(0)=p_\alpha(0)+p_\beta(0)=v_\alpha+v_\beta$ 的有效秘密份额。

注意：由于Shamir具有加法同态性，加法门的求值过程不需要参与方之间进行交互。所有计算过程都是在本地完成的。可以利用相同的方法在秘密值上乘以一个公开常数，即每个参与方在本地计算秘密份额乘以常数的结果即可。

4）乘法门

考虑输入导线为 α 和 β、输出导线为 γ 的乘法门。各个参与方共同持有输入导线值 v_α 和 v_β 的秘密份额$[v_\alpha]$和$[v_\beta]$。参与方的目标是获得输入导线值 v_α 和 v_β 乘积的秘密份额$[v_\alpha\cdot v_\beta]$。如上所述，参与方可以在本地对秘密份额相乘，这使得各个参与方共同持有多项式 $q(x)=p_\alpha(x)\cdot p_\beta(x)$上的一个点。然而，得到的多项式阶数最高可达到 $2t$，超过了秘密分享的门限值。

为了解决秘密分享门限值溢出的问题，各个参与方需要一起完成多项式的降阶步骤。每个参与方 P_i 持有的秘密份额是 $q(i)$，其中 q 是一个阶最高可达到 $2t$ 的多项式。参与方的目标是得到 $q(0)$的有效秘密份额，且对应多项式的阶不超过门限值 t。

这里利用的核心结论是，可以使用各个参与方秘密份额的线性函数表示 $q(0)$。

$$q(0)=\sum_{i=1}^{2t+1}\lambda_i q(i)$$

其中：λ_i 项表示对应的拉格朗日系数。因此，降阶步骤执行过程如下所述。

(1) 每个参与方 P_i 生成 $q(i)$ 的 t 阶秘密分享，并将秘密份额 $[q(i)]$ 分发给其他参与方。为了简化符号表示，秘密份额 $[q(i)]$ 所对应的多项式没有命名。需要记住的是，每个参与方 P_i 选择了最高为 t 阶的多项式，且此多项式的常系数为 $q(i)$。

(2) 各个参与方在本地计算 $[q(0)]=\sum_{i=1}^{2t+1}\lambda_i[q(i)]$。请注意，该表达式仅涉及秘密份额的加法和常数乘法运算。

由于 $[q(i)]$ 的秘密分享门限值为 t，因此 $[q(0)]$ 的秘密分享门限值也为 t，这就满足了固定范式的要求。

请注意，参与方对 BGW 协议中的乘法门求值时需要进行交互，即各个参与方需要发送秘密份额 $[q(i)]$。还需要注意的是，BGW 协议要求 $2t+1\leqslant n$，否则由于 q 的阶可能会达到 $2t$，n 个参与方没有足够的信息确定 $q(0)$ 的值，因此当 $2t<n$ 时，BGW 协议在 t 个参与方被攻陷的条件下是安全的(即 BGW 协议的安全性依赖于多数诚实假设)。

5) 输出导线

电路完成求值后，参与方最终会持有输出导线 α 的秘密份额 $[v_\alpha]$。每个参与方将秘密份额广播给其他参与方，使得所有参与方都能得到 v_α。

前述整体过程为算术电路上的运算方法，布尔电路中的运算与前述构造一致。在布尔电路上，可将异或门和与门分别看成在有限域 F_2 上的加法和乘法。将异或用模为 2 的加法进行计算，与用模为 2 的乘法进行计算。

9.3.2 Beaver 三元组①

将 MPC 协议划分为(参与方输入未知时的)预处理阶段和(参与方选择好输入时的)在线阶段是一种很常见的 MPC 协议构造范式。预处理阶段为各个参与方生成一些相互之间具有一定关联性的随机量。参与方于在线阶段可以消耗这些随机量。一些主流恶意安全 MPC 协议也应用了这一范式。

1. 直观思想

为了理解如何将协议中的一部分操作转移到预处理阶段，需要回顾一下 BGW 协议。BGW 协议中唯一的实际开销为对每个乘法门求值时的通信开销。然而，由于这一步骤是在对秘密份额进行操作，而参与方只能于在线阶段得到秘密份额(也就是说，秘密份额的取值依赖于电路输入)，因此将这部分操作转移到预处理阶段好像并不是那么简单。尽管如此，Beaver 提出了一种非常聪明的方法，可以将大部分通信量都转移到预处理阶段。

Beaver 三元组(或称乘法三元组)指的是秘密份额三元组 $[a]$，$[b]$，$[c]$，其中 a 和 b 是从某个适当的域中选择出的随机数，而 $c=ab$。可以用很多种方法在离线阶段生成 Beaver 三元组，例如以随机数作为输入直接执行 BGW 乘法子协议。在线阶段中，每对一个乘法门

① BEAVER D. Efficient multiparty protocols using circuit randomization[J]. Advances in Cryptology: CRYPTO'91, 1992: 420-432.

求值都需要“消耗”一个 Beaver 三元组。

考虑一个输入导线为 α 和 β 的乘法门。各个参与方持有秘密份额 $[v_\alpha]$ 和 $[v_\beta]$。为应用 Beaver 三元组 $[a]$, $[b]$, $[c]$，计算 $[v_\alpha \cdot v_\beta]$，参与方执行下述步骤。

(1) 各个参与方在本地计算 $[v_\alpha - a] = [v_\alpha] - [v_\alpha]$，并打开 $d = v_\alpha - a$（即所有参与方均向其他参与方告知自己持有的秘密份额 $[d]$，就可以得到 d）。虽然 d 的取值依赖于秘密值 v_α，但由于秘密值 v_α 被随机值 a 所掩盖，因此打开 d 不会泄露与 v_α 相关的任何信息。

(2) 各个参与方在本地计算 $[v_\beta - b]$，并打开 $e = v_\beta - b$。

(3) 观察下述等式

$$\begin{aligned} v_\alpha v_\beta &= (v_\alpha - a + a)(v_\beta - b + b) \\ &= (d + a)(e + b) \\ &= \mathrm{de} + \mathrm{db} + \mathrm{ae} + \mathrm{ab} \\ &= \mathrm{de} + \mathrm{db} + \mathrm{ae} + c \end{aligned}$$

由于 d 和 e 已被打开，而各个参与方持有秘密份额 $[a]$, $[b]$, $[c]$，因此各个参与方在本地即可通过下述公式计算秘密份额 $[v_\alpha v_\beta]$：

$$[v_\alpha v_\beta] = \mathrm{de} + d[b] + e[a] + [c]$$

应用这一技术，只需要公开两个参数即可通过本地计算完成乘法门的求值。总的来说，对每个乘法门求值时，每个参与方需要对外广播两个域元素。而在普通 BGW 协议中，每个参与方需要（通过安全通信信道）发送 n 个域元素。不过，用这种方式比较性能开销实际上忽略了生成 Beaver 三元组所引入的计算和通信开销。但需要注意，可以通过一些方法批量生成 Beaver 三元组，使生成每个 Beaver 三元组的平均开销仅为每个参与方发送常数个域元素①。

2. 抽象

虽然 BGW 协议（更准确地说是 BGW 协议的降阶步骤）依赖于 Shamir 秘密分享方案，但 Beaver 三元组方法恰当地对 BGW 协议进行了抽象。实际上，只要“抽象秘密分享方案”的秘密份额 $[v]$ 满足下述性质，就可以使用 Beaver 三元组方法。

(1) 加同态性：给定 $[x]$, $[y]$ 和公开值 z，参与方不需交互即可计算得到 $[x+y]$, $[x+z]$ 及 $[xz]$。

(2) 可打开性：给定 $[x]$，参与方可以选择向所有其他参与方披露 x。

(3) 隐私性：攻击者（无论是何种攻击者）都无法从 $[x]$ 中得到与 x 相关的任何信息。

(4) Beaver 三元组：各个参与方可以为每一个乘法门构造满足 $c = ab$ 的随机三元组 $[a]$, $[b]$, $[c]$。

(5) 随机输入工具：对于属于参与方 P_i 的输入导线，各个参与方可以得到一个随机秘密份额 $[r]$，秘密份额 $[r]$ 对于除 P_i 的所有参与方来说都是随机的，只有 P_i 已知 r。在协议执行过程中，当 P_i 为此条输入导线选择好输入值 x 后，P_i 可以向所有其他参与方公开 $\delta = x - r$（但这不会泄露 x 的任何相关信息），参与方可以利用加同态性于本地计算得到 $[x] = [r] + \delta$。

---

① BEERLIOVÁ-TRUBINÍOVÁ Z, HIRT M. Simple and efficient perfectly-secure asynchronous MPC[C]// International Conference on the Theory and Application of Cryptology and Information Security, 2007: 376-392.

只要抽象秘密分享方案满足上述所有性质,Beaver 三元组方法就是安全的。进一步,只要抽象秘密分享方案在恶意攻击者的攻击下仍然满足可打开性和隐私性,则 Beaver 三元组方法也可以抵御恶意攻击者的攻击。如果 Beaver 三元组方法在恶意攻击者的攻击下是安全的,则恶意攻击者无法伪造出未被打开的秘密值。

9.4 ABY 框架及应用实践

实验 9-1 使用 ABY(arithmetic sharing, boolean sharing, and Yao's garbled circuits)[①]框架简要给出数值比较算子的实现。ABY 是一个安全双方计算框架,允许双方在敏感数据上评估函数,同时保护数据的隐私。支持三种不同的共享类型：算术共享、布尔共享和姚氏共享,并允许三者之间的有效转换。

数值的比较过程可以简化如下。

假设有两个正整数 x,y。转换为二进制后,可分别表示为 x：$x_n x_{n-1} \cdots x_1$,y：$y_n y_{n-1} \cdots y_1$。如果最高位 $x_n > y_n$,则可判定 $x > y$;若 $x_n = y_n$,则比较下一位 x_{n-1} 和 y_{n-1},循环此过程直至最低位。

定义变量 $c_{i+1}=\begin{cases}1, & x_i x_{i-1} \cdots x_1 \\ 0, & y_i y_{i-1} \cdots y_1\end{cases}$,可得 $c_{i+1}=(x_i > y_i) \vee (x_i = y_i \wedge c_i = 1)$,其对应的逻辑电路示意图如图 9-19 所示：

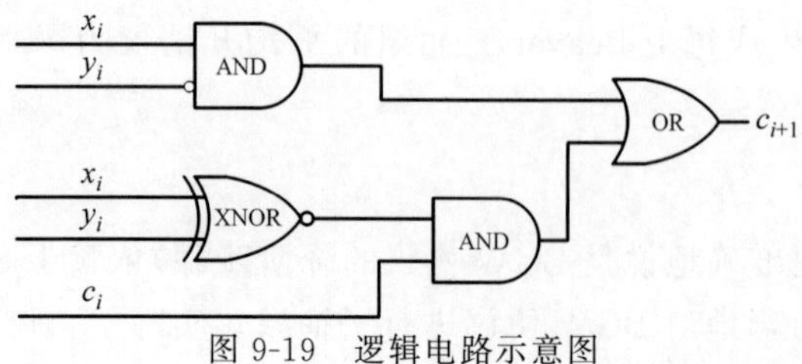

图 9-19 逻辑电路示意图

对于正整数 x,y 来说,将 n 个图中的逻辑电路串联,即可组成完整的数值比较逻辑电路,其中 $c_1 = 0$。

1. 搭建 ABY 框架(在 Ubuntu 操作系统下进行安装)

(1) 安装 g++,make,cmake,libgmp-dev,libssl-dev,libboost-all-dev,git,doxygen(可选),graphviz(可选)等工具包。

```
sudo apt-get install g++
sudo apt-get install make
sudo apt-get install cmake
sudo apt-get install libgmp-dev
sudo apt-get install libssl-dev
sudo apt-get install libboost-all-dev
```

① DEMMLER D, SCHNEIDER T, ZOHNER M. ABY-A framework for efficient mixed-protocol secure two-party computation[C]//Proceedings of the Network and Distributed System Security Symposium, 2015.

```
sudo apt-get install git
sudo apt-get install doxygen
sudo apt-get install graphviz
```

(2) 克隆 ABY git 库。

```
git clone https://github.com/encryptogroup/ABY.git
```

(3) 进入 ABY 框架目录。

```
cd ABY/
```

(4) 创建并进入 build 目录。

```
mkdir build && cd build
```

(5) 使用 cmake 进行配置。

```
cmake ..
```

(6) 在 build 目录中调用 make。

```
make
```

2. 程序实现

```
#include <ENCRYPTO_utils/crypto/crypto.h>
#include <ENCRYPTO_utils/parse_options.h>
#include "ABY/src/abycore/aby/abyparty.h"
#include "ABY/src/abycore/circuit/booleancircuits.h"
#include "ABY/src/abycore/circuit/arithmeticcircuits.h"
#include "ABY/src/abycore/circuit/circuit.h"
#include "ABY/src/abycore/sharing/sharing.h"
#include "ABY/src/abycore/aby/abyparty.h"
#include <math.h>
#include <cassert>

#define ALICE    "ALICE"                    //客户端
#define BOB      "BOB"                      //服务器

/*命令行输入的相关参数*/
int32_t read_test_options(int32_t* argcp, char*** argvp, e_role* role,
    uint32_t* bitlen, uint32_t* nvals, uint32_t* secparam,
    std::string* address, uint16_t* port, int32_t* test_op) {
    uint32_t int_role = 0, int_port = 0;
    parsing_ctx options[] = { {(void*) &int_role, T_NUM, "r",
            "Role: 0/1", true, false},
```

```
                {(void*) nvals, T_NUM, "n",
                "Number of parallel operation elements", false, false},
                    {(void*) bitlen, T_NUM, "b", "Bit-length, default 32",
                    false, false },
                    {(void*) secparam, T_NUM, "s",
                    "Symmetric Security Bits, default: 128", false, false},
                    {(void*) address, T_STR, "a", "IP-address,
                    default: localhost", false, false },
                    {(void*) &int_port, T_NUM, "p", "Port, default: 7766",
                    false, false },
                    {(void*) test_op, T_NUM, "t", "Single test (
                    leave out for all operations), default: off",
                    false, false } };
    if (!parse_options(argcp, argvp, options,
        sizeof(options) / sizeof(parsing_ctx))) {
        print_usage(*argvp[0], options,
        sizeof(options)/sizeof(parsing_ctx));
        std::cout << "Exiting" << std::endl;
        exit(0);
    }

    assert(int_role < 2);
    *role = (e_role) int_role;

    if (int_port != 0) {
        assert(int_port < 1 << (sizeof(uint16_t) * 8));
        *port = (uint16_t) int_port;
    }
    return 1;
}

/*构建数值比较电路*/
/* s_alice是alice的共享对象
   s_bob是bob的共享对象
   bc是布尔电路对象*/
share* BuildGTCircuit(share* s_alice, share* s_bob,
                      BooleanCircuit *cir){
    std::vector<uint32_t> a, b;
    a = s_alice->get_wires();
    b = s_bob->get_wires();

    /*将两方输入填充到相同长度*/
    uint32_t maxlen = std::max(a.size(), b.size());
    if(a.size() != b.size()) {
        uint32_t zerogate = cir->PutConstantGate(0, 31);
        a.resize(maxlen, zerogate);
        b.resize(maxlen, zerogate);
    }

```

```
    uint32_t i, rem;
    uint32_t inputbitlen = std::min(a.size(), b.size());
    std::vector<uint32_t> agtb(inputbitlen);
    std::vector<uint32_t> eq(inputbitlen);
    for (i = 0; i < inputbitlen; i++) {
        agtb[i]=cir->PutANDGate(a[i],cir->PutINVGate(b[i]));
        //比较 xi ?> yi
    }
    for (i = 1;  i < inputbitlen; i++) {
        eq[i] = cir->PutINVGate(cir->PutXORGate(a[i], b[i]));
        //判断 xi ?= yi
    }
    rem = inputbitlen;

    while (rem > 1) {
        uint32_t j = 0;
        for (i = 0; i < rem;) {
            if (i + 1 >= rem) {
                agtb[j] = agtb[i];
                eq[j] = eq[i];
                i++;
                j++;
            } else {
                cir->PutANDGate(eq[i+1], agtb[i]));
                If (j > 0) {
                    eq[j] = cir->PutANDGate(eq[i], eq[i+1]);
                }
                i += 2;
                j++;
            }
        }
        rem = j;
    }
    share* shr = new boolshare(1, cir);
    shr->set_wire_id(0, agtb[0]);            //输出结果
    return shr;
}

/* role 程序的执行方:客户端或服务器
   address IP 地址
   seclvl 安全级别
   bitlen 输入的位长
   nthreads 线程数量
   mt_alg 生成乘法三元组的算法
   sharing 共享类型对象,如 Yao's 共享、布尔共享、算术共享 */
/* 测试电路 */
int32_t test_GT_circuit(e_role role, const std::string& address, uint16_t port, seclvl seclvl, uint32_t bitlen, uint32_t nthreads, e_mt_gen_alg mt_alg, e_sharing sharing) {
```

```
    /* 创建 ABYParty 对象。ABYParty 对象定义了所有要进行的操作的基础,基于此对
象扮演的角色来执行相应的操作 */
    ABYParty* party = new ABYParty(role, address, port, seclvl,
                bitlen, nthreads, mt_alg);

    /* 获得程序中所有可以使用的共享类型 */
    std::vector<Sharing*>& sharings = party->GetSharings();

    /* 基于选择的共享类型创建电路对象 */
    Circuit* circ = sharings[sharing]->GetCircuitBuildRoutine();

    /* 初始化 Alice 和 Bob 的输入,实际应用中,每一方仅提供一个输入值 */
    uint32_t alice_input, bob_input, output;
    srand(time(NULL));
    alice_input = rand();
    bob_input = rand();

    /* 创建 Alice 和 Bob 原始数据的共享对象 s_alice 和 s_bob 作为电路的输入,使用
PutINGate()将自己的数据输入电路,使用 PutDummyINGate()将对方的数据输入电路;
s_out存储电路的输出 */
    share *s_alice_input, *s_bob_input, *s_out;
    if(role == SERVER) {
        s_alice_input = circ->PutDummyINGate(bitlen);
        s_bob_input = circ->PutINGate(bob_input, bitlen, SERVER);
    } else { //role == CLIENT
        s_alice_input = circ->PutINGate(alice_input, bitlen, CLIENT);
        s_bob_input = circ->PutDummyINGate(bitlen);
    }

    /* 传递共享对象和电路对象构建数值比较电路 */
    s_out = BuildGTCircuit(s_alice_input, s_bob_input,
                (BooleanCircuit*) circ);

    /* 使用 PutOUTGate 将电路输出写入输出共享对象 s_out,可以通过修改参数调整接
收输出的对象 */
    s_out = circ->PutOUTGate(s_out, ALL);

    /* 使用 ABYParty 对象执行电路 */
    party->ExecCircuit();

    /* 将输出共享对象 s_out 转换为整数输出 */
    output = s_out->get_clear_value<uint32_t>();

    std::cout<<"Testing Greater_than operator in " <<
    get_sharing_name(sharing) << " sharing: " << std::endl;
    if(role == CLIENT)
        std::cout << "\nAlice Input:\t" << alice_input;
    if(role == SERVER)
        std::cout << "\nBob Input:\t" << bob_input;
```

```
    std::cout << "\nCircuit Result:\t" << (output ?"ALICE greater than BOB" : "BOB greater than ALICE")<<std::endl;

/*输出各个阶段的运行时间
std::cout <<"set up time: "<< party->GetTiming(P_SETUP) << "\n" <<"online time: "<<party->GetTiming(P_ONLINE)<<"\n"<<"totaltime:"<<party->GetTiming(P_TOTAL)<<"\n"<<"base ot time: "<<party->GetTiming(P_BASE_OT)<<std::endl; */

    delete party;
    return 0;
}

int main(int argc, char** argv) {
    e_role role;
    uint32_t bitlen = 32, nvals = 31, secparam = 128, nthreads = 1;
    uint16_t port = 7766;
    std::string address = "127.0.0.1";
    int32_t test_op = -1;
    e_mt_gen_alg mt_alg = MT_OT;
    read_test_options(&argc, &argv, &role, &bitlen, &nvals,
                      &secparam, &address, &port, &test_op);
    seclvl seclvl = get_sec_lvl(secparam);

    //选用 GMW 执行电路
    test_GT_circuit(role, address, port, seclvl, 32,
                    nthreads, mt_alg, S_BOOL);
    return 0;
}
```

3. 编译并运行

(1) 目录结构如下。

```
GT_test
    ├─── ABY
    ├─── CMakeLists.txt
    └─── GT_test.cpp
```

(2) CMakeList.txt 内容如下。

```
find_package(ABY QUIET)
if(ABY_FOUND)
   message(STATUS "Found ABY")
elseif (NOT ABY_FOUND AND NOT TARGET ABY::aby)
   message("ABY was not found: add ABY subdirectory")
   add_subdirectory(ABY)
endif()
```

```

add_executable(GT_test GT_test.cpp)
target_link_libraries(GT_test ABY::aby)
```

(3) 在 GT_test 目录下执行命令。

```
/GT_test$ cmake.
/GT_test$ make
```

(4) 在 GT_test 目录下打开两个终端,分别输入如下代码,即可运行。

```
./GT_test -r 0
./GT_test -r 1
```

课后习题

1. 在姚氏混淆电路中,求值方的主要功能是(　　)。
   A. 对混淆电路的输出进行解密
   B. 逐个门计算混淆电路的输出
   C. 生成随机的激活标签
   D. 控制混淆电路的运行状态
2. 在混淆电路的生成过程中,可能会采用的技术包括(　　)。
   A. 一次性密码本
   B. 标识置换
   C. 静态密钥交换
   D. 基于公钥密码的加密

第10章 不经意随机存取模型

学习要求：掌握不经意随机存取机的概念、分类和工作原理；掌握层次结构、树状结构、分区结构不经意随机存取机的典型构造方案。理解多云不经意随机存取机的设计方案和改进原理。

课时：2课时

建议授课进度：10.1节～10.2节用1课时，10.3节用1课时

10.1 基本定义

10.1.1 定义

ORAM是一种保护数据访问行为的密码原语。当数据的访问路径被泄露给攻击者之后，攻击者可以根据观察获得的访问路径、访问频率、访问时间等新信息，大概率地猜测出用户访问行为的目的，从而推断出数据的真实信息。

1996年，O. Goldreich和R. Ostrovsky首次提出了ORAM的概念①，目的是使任意两次数据访问行为在计算上不可区分。随后，根据不同的数据存储类型，将ORAM分为了分区ORAM②、层次ORAM²、树状ORAM③等。根据茫然读取数据和茫然写入数据的程度不同，将ORAM分为传统茫然读写ORAM和只写ORAM（该类型的ORAM只考虑茫然写入数据，由于读取操作可远程操作和不留历史痕迹，因此无须考虑到从服务器读数据需要茫然读取）。根据服务器的数量不同，将ORAM分为单一ORAM和多云ORAM模型（如MCOS④（multi-cloud oblivious storage））。

典型ORAM中的通用做法可以归纳如下。

---

① GOLDREICH O, OSTROVSKY R. Software protection and simulation on oblivious RAMs[J]. Journal of the ACM (JACM), 1996,43(3): 431-473.

② STEFANOV E, SHI E, SONG D. Towards practical oblivious RAM[C]//Proc. of the 17th Network and Distributed System Security Symp, 2011.

③ STEFANOV E, DIJK M, SHI E. et al. Path ORAM: An extremely simple oblivious RAM protocol[C]//Proc. of the 20th ACM Conf. on Computer and Communications Security. ACM Press, 2013: 299-310.

④ STEFANOV E, SHI E. Multi-Cloud oblivious storage[C]//Proc. of the 33rd ACM Conf. on Computer and Communications Security. ACM Press, 2013: 247-258.

(1) 数据访问模式统一：每次读取或者写入数据都需要遵守“先读后写”的访问模式，从服务器茫然读取数据块到客户端，然后在客户端判断对数据块是进行读操作还是写操作，最后再从客户端茫然上传数据块到服务器。

(2) 借助虚假块茫然读取数据：从服务器茫然地读取数据块，首先明确在服务器是否存在用户真实想要的真实数据块，然后根据存储结构从其他位置读取对应的从未访问过的虚假数据块，从而向攻击者隐藏真实数据块的位置信息，达到混淆真实想要的数据块和从未访问过的虚假数据块的目的。如果服务器不存在用户真实想要读取的数据块，说明这就是一次虚假的读取操作，只需要读取若干的虚假块即可。攻击者无法区分用户是否获取到真实的数据块。

(3) 借助洗牌操作茫然写入数据块：从客户端写入到服务器的数据块一般不会直接暴露出其在服务器存储的位置和写入的时间。所以，需要与一些已经存储在服务器的数据块进行茫然的置换操作，这一过程称为洗牌操作，通过该操作，客户端无法识别本次写入的数据块的具体位置。如果没有真实想要写入的数据块，用户可以上传虚假数据块写入到服务器。

综上，ORAM 访问模式的基本思路就是从服务器茫然地读取数据块到客户端，然后由可信的客户端对数据块进行读或者写操作，最后客户端茫然地上传数据块到服务器。

10.1.2 基本方案

为了实现从服务器茫然读取数据至客户端，一个简单直观的方法就是将整个数据库的内容下载至客户端，由客户端读取目标数据后，对整个数据库内容进行重新洗牌和混淆，再将数据库上传至服务器。显而易见的是，这样的方法会产生大量的通信开销，而在 ORAM 方案的性能评价中，通信开销是影响整体方案效率的一大因素，因此该方案仅仅停留在理论层面，无法落地到实际应用中，不具备推广和实用价值。

全下载方案作为理论雏形为 ORAM 后续的研究提供了思路和发展方向，其访问方法可以总结如下。

(1) 读取过程：客户端向服务器发送读取请求，服务器收到读取请求后，打包压缩数据库全部数据至数据包中，并将该数据包整体发送至客户端。客户端接收到数据包后对其进行解析，包括数据拆分和解密等操作。随后客户端在本地对已解析后的数据库执行读取或查询操作。读取完毕后，客户端会对所有数据进行重加密并将其位置顺序打乱重排。再将全部数据发送回服务器存储。

(2) 写入过程：客户端将混淆后的所有数据打包至数据包中，再将数据包发送至服务器，服务器接收数据包后对其解析后进行存储。

10.2 典型构造

10.2.1 层次结构

如果在 ORAM 中需要存储 N 个真实的数据块，则总共需要设计 $\log N+1$ 层，第 l 层中可以存储 2^{l+1} 个数据块，这些数据块中至少有 2^l 个虚假数据块，至多有 2^l 个真实数据块，

其中 $l\in[0,\log N)$。可以得出,从上一层到下一层的数据存储量呈现指数增长。

数据块的茫然写入操作一般是写入到第一层中,如果出现连续满层的情况,则需要将写入的数据块和连续满层中的所有数据块进行洗牌操作,也就是将前 n 层连续满层的数据块和新写入的数据块经过数据茫然置换操作之后存储在第 $n+1$ 层。特殊地,如果所有层都满的情况下,进行茫然写入操作,可以将所有的数据块经过洗牌操作之后全部存储在最后一层,这是因为最上层可以至多存储 N 个真实数据块,洗牌过程中只需要将部分虚假数据块移除掉即可。层次 ORAM 洗牌操作如图 10-1 所示。

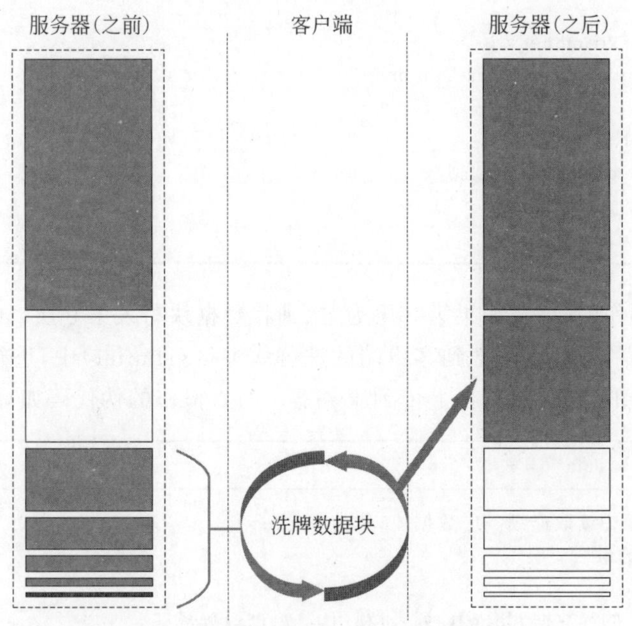

图 10-1　层次 ORAM 洗牌操作示意图

数据块的茫然读取操作一般是从有数据的层中读取一个未被访问过的虚假数据块,包含用户想要真实数据块所存储的层除外。

算法具体步骤如下。

(1) 按照顺序搜索全部的有数据块的层。查找到要访问的数据块,其他的层次则由客户端指定伪随机搜索到一个未被访问过的虚假数据块,被访问过的数据块仅是被逻辑上删除。

(2) 如果操作请求是写操作,则在客户端更新数据块。

(3) 将更新的数据块写回到第一层,若第一层存在数据块,需要对连续满层进行更新,将更新的数据块和连续满层中的其他数据块茫然地合并重组到下一层中。

对于数据的茫然写入操作,二叉树状 ORAM 的驱逐工作量比层次 ORAM 的洗牌操作要小。对于数据块的茫然读取操作,层次 ORAM 往往比树状 ORAM 的工作量要小。具体的伪代码执行将在 10.2.3 节分区 ORAM 中进行介绍,分区 ORAM 中的每一个分区就是一个层次 ORAM。

在进行读取操作时,nextDummy[l]是指层次 l 中下一个的虚假块索引。读取操作时,需要锁定想要读取的真实数据块的位置,其他有数据块的层次只需要读取一个虚假数据块,在算法 10-1 中借助函数 nextDummy[l]来定位虚假数据块的相关位置信息。

算法 10-1　read(*u*)

```
L ← number of levels
for l = 0, 1, …, L − 1（并行操作） do
    if level l is not filled then
        continue
    end if
    if block u is in level l then
        i = position[u].index
    else
        i = nextDummy[l]
        nextDummy[l] ← nextDummy[l] + 1
    end if
    i0 = PRP(K[l], i)
    从 level l, offset i0 读取数据块
    利用密钥 K[l]进行解密
end for
```

在进行写入操作的时候，如果第 0 层为空，则将数据块写入第 0 层，如果出现连续满层，则需要将连续满层的数据块下载到客户端的洗牌缓冲区（shuffer）中，进行填充虚假数据块和置换数据块位置的操作，然后再上传到服务器。写入操作的伪代码如算法 10-2 所示。

算法 10-2　Write(*u, data*)**

```
在客户端洗牌缓冲区中读取连续满层数据块，称为 shuffer
l0 ← 连续满层的最后一层
for l = 0 to l0 do
    读取层次 l 的元数据 block ID 列表，利用 K[l]进行解密
    从 shuffer 读取 2^l 未读过的真实数据块，忽略 shuffer 中存储的虚假数据块和已经读取的真实
    数据块
    标志第 l 层为 unfilled
end for
l = min(l0, L − 1)                              //不要溢出最高层次范围
Add(u*, data*) to shuffer
k ← shuffer 中真实数据块的数量
for i = 1 to k do
    (u, data) ← shuffer[i]
    position[u] ← {l, i}
end for
K[l] ← 生成新的密钥
在 shuffer 中添加虚假块的数量达到 2^l
利用 PRP′(K[l], ·)置换 shuffer 中的数据块。
将 shuffer 中数据块写回到层次 l 中。
更新层次 l 的元数据 blockID 列表
标志第 l 层为 filled
nextDummy[l] ← k + 1                            //初始化该层的虚假块的索引信息
```

10.2.2　树状结构

现有 ORAM 方案中的一个经典构造是二叉树状 ORAM(路径 ORAM)。二叉树状 ORAM 中,每一个树节点存储的数据块容量可以记为 Z,一般来说 Z 的大小为 $O(\log N)$,其中 N 表示在 ORAM 服务器能够存储的真实数据块最大数量。一个真实的数据块对应一条树的路径,也即一个叶子节点。最重要的不变量是,在任何时间点,每个块都映射到树中的一个随机路径(也称为块的指定路径),其中路径从根开始,在某个叶节点结束,因此路径可以由相应的叶节点的标识符指定。当一个块映射到一个路径时,这意味着该块可以合法地驻留在该路径的任何位置。

在客户端需要维护一个位置映射表(position map),用于记录真实数据块在服务器对应的叶子节点。该部分也可以保存在服务器,利用 ORAM 结构进行秘密存储。假设客户端可以存储一个较大的位置映射表,它记录每个块的指定路径。一般来说,这样的位置映射表需要大约 $O(N\log N)$位来存储,但是稍后可以递归地将位置映射的存储外包给服务器,方法是将位置映射放在逐渐变小的 ORAM 中。还需要维护一个用户本地缓存(stash),客户端将从服务器读取到的数据块线性存放在 stash 中,然后扫描 stash 找到自己所需的数据块并且更新该数据块所对应的叶子节点。

如图 10-2 所示,路径 ORAM 的主要操作包括茫然写入、茫然读取及茫然驱逐。

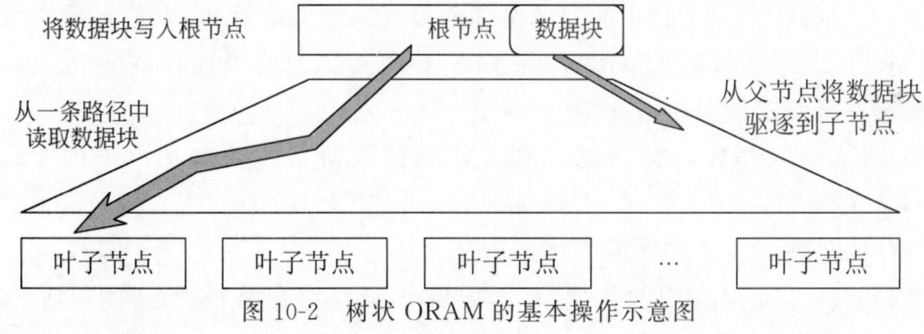

图 10-2　树状 ORAM 的基本操作示意图

1）数据块的茫然写入操作

一般可以写入到根节点处。写入的数据块和其他的根节点数据块进行洗牌操作,完成茫然混淆。写操作也可以是采用对整个路径进行茫然写入的操作,将客户端内所缓存的多个数据块写入到一条树的路径里,由客户端来计算每一个数据块应该写到该路径的哪个节点中。

2）数据块的茫然读取操作

一般是访问一条路径上的所有节点,从每一个节点读取一个未被访问过的虚假数据块,除了存储用户真实想要的数据块所在的那一个节点。访问一个数据块是非常容易的：客户端只需查找其本地位置映射表,找出块所在的路径,然后读取路径上的每个块,就可以保证客户端找到所需的块。

3）数据块的重新映射

每当访问数据块时,都应该重新定位。在这里,每当访问一个块时,必须将它重新映射到一个随机选择的新路径上,否则,如果再次请求该数据块,将返回到相同的路径,从而泄露统计信息。为了重新映射块,选择一个新的路径,并更新客户端的位置映射,以将新路径与块相关联。现在需要将这个块写回树中,写在新路径上的某个地方(如果请求是写请求,那么块的内容在写回服务器之前会被更新)，但实现的难度很大。

事实证明，不能将数据块直接写回新路径的叶子节点中，因为这样将显示数据块被分配到了某个新路径，从而泄露信息，如果下一个请求的是相同的数据块，那么它就会转到这个新路径；否则，下一个请求很可能会转到另一个路径。通过类似的推理，也不能将此块写回新路径的任何内部节点，因为写入新路径上的任何内部节点也会泄露有关新路径的部分信息。事实证明，将数据块写回的唯一安全位置是根节点。根节点驻留在每个路径上，因此将块写回根目录不会违反主路径不变量；而且，它不会泄露有关新路径的任何信息。因此，正确的做法是将这个块写回根节点。然而，这将带来另一个问题：根节点的容量是 Z，如果继续将数据块写回根节点，很快根节点就会溢出。因此，现在引入一种新的程序，称为驱逐来解决这个问题。

4) 数据块的茫然驱逐操作

一般是为了使根节点能够有足够的空间容纳新写入的数据块，为了使茫然读取操作中有充足的未被访问过的虚假数据块。一般茫然驱逐的过程是将数据块从父节点根据其所对应的路径驱逐到对应的子节点中，这一个驱逐过程需要洗牌操作，从而使数据块驱逐路径得到隐藏。也就是说父节点和子节点中的数据块都需要进行置换混淆，从而隐藏数据块驱逐的痕迹。当执行驱逐时，会为此维护操作支付费用，并将该费用计入每次数据访问。很明显，如果愿意付出更多这样的成本，可以把需要驱逐的数据块放在离叶子更近的地方，从而在较小的树层次留下更多的空间，这样就不太可能发生溢出了。另一方面，也不希望这样做造成成本太高。因此，另一个棘手的问题是如何设计一个驱逐算法，以达到最佳效果：通过少量的逐出操作，几乎可以避免溢出(即除了 N 概率可以忽略不计外，没有溢出)。该部分的改进工作会在升级篇部分进行介绍。

基于表 10-1 中的参数定义，路径 ORAM 的访问协议主要包括以下四个部分，如算法 10-3 所示：

(1) 保存数据块 a 在 x 中之前的位置；

(2) 读取 $P(x)$，获得其中的数据块 a，如果 a 不存储在路径 $P(x)$中，则一定会存在 stash 中；

(3) 如果该访问最终是为了写操作，则更新数据块 a 中的信息；

(4) 写回数据块到路径中，在这其中很可能包含一些来自于客户端缓存的数据块。这些数据块会在客户端重新加密之后传回服务器，并且让服务器无法识别之前的信息，看起来像是新产生的数据块。

表 10-1 路径 ORAM 参数表

符号	定义
N	向服务器外包的真实数据块总体数量
L	二叉树的树高
B	数据块的大小
Z	每一个树节点的容量
$P(x)$	从叶子节点 x 到根节点的路径
$P(x,l)$	在路径 $P(x)$上的第 l 层

续表

符　号	定　义
S	客户端的本地缓存
position	客户端的本地位置映射表
x := position[a]	数据块 a 与叶子节点 x 相关联

算法 10-3　Access(op, *a*, data*)

```
1:  x←position[a]
2:  position[a]← UniformDistribution(0…2^L −1)
3:  for l∈{0,1,…,L} do
4:       S←S∪ReadBucket(P(x,l))
5:  end for
6:  data← Read block a from S
7:  if op = write then
8:       S←(S−{(a,data)})∪{(a,data*)}
9:  end if
10: for l∈{L,L−1,…,0} do
11:      S'←{(a',data')∈S: P(x,l)=P(position[a'],l)}
12:      S'←Select min(|S'|,Z) blocks from S'
13:      S←S−S'
14:      WriteBucket(P(x,l),S')
15: end for
16: return data
```

算法 10-3 前两行重新定位数据块 a。第 3～5 行描述读取二叉树路径的步骤。第 6～9 行重新更新数据块 a。第 10～15 行描述的是向树的路径进行写入的步骤。

当执行驱逐操作时，数据块的位置会被更新，并且需要保证位置映射表的对应记录的更新(只有在访问数据块对的时候才会进行更新)。因此，在客户端 stash 缓存的数据块 a' 可以被放置在 position[a']，第 l 层上，如第 11 行所示。第 12～13 行描述的是当一个树节点少于 Z 个真实数据块，其他的虚假数据块需要被存储在该节点中作为填充。如果数据块需要存储的数量多于 Z 个真实的数据块，需要在客户端 stash 进行存储。

10.2.3　分区 ORAM

分区 ORAM(如 CURIOUS①)，是一个最接近实际情况的 ORAM，可以支持同步异步性等工作。其中的分区采用树状 ORAM 达到比层次 ORAM 更好的效果。树状 ORAM 没有大型的重新洗牌的过程(也就是将数据块由客户端决定进行打乱重新排列，再次上传给 ORAM 的操作)，只需要将一些需要重新洗牌的节点中数据块进行存储。每一个节点包含 $O(\log N)$ 个数据块，所以在这一部分带宽会得到降低，所以其响应时间得到了相应的提升。

① BINDSCHAEDLER V, NAVEED M, PAN X, et al. Practicing oblivious access on cloud storage: The gap, the fallacy, and the new way forward[C]//Proc. of the 22nd ACM Conf. on Computer and Communications Security. ACM Press, 2015: 837-849.

1. 存储架构

分区 ORAM[①] 提出，将一个 ORAM 分为若干 ORAM 作为分区。在 ORAM 中存储 N 个真实数据块，将其划分为 $\sqrt{N}$ 个分区，每一个分区预计存储 $\sqrt{N}$ 个真实数据块。一个分区是由层次 ORAM 构成，总共有 $\log\sqrt{N}+1$ 层，每一层有 2^{l+1} 个数据块，这些数据块中至少有 2^l 个虚假数据块，至多有 2^l 个真实数据块，其中 $l\in[0,\log\sqrt{N}]$。

特殊的是，顶层可以允许少量更多的块，这是因为可能会有多于 $\sqrt{N}$ 个真实块存储在一个分区中，真实块分配到对应的分区具有一定的随机性，这样的更大空间的设计会使失败存储的可能性降低到 $1/\text{poly}(N)$。通过实验分析，一个分区可能会出现 $1.15\sqrt{N}$ 个数据块，所以体现顶层设计需要有更多空间的重要性。

客户端需要存储以下内容。

① 位置映射表：服务器上的位置信息。

② 缓冲区：暂存读取到客户端的真实数据块，一个分区对应一个缓冲槽。通过实验分析，1TB 的 ORAM 容量，有可能就需要 1.5GB 的客户端缓冲区。

③ 洗牌区：将需要洗牌的数据块在客户端该区域进行置换工作。

分区 ORAM 的主要优势在于可以支持同步异步性，每一个分区的读写操作是独立互不干扰的，充分利用了并行操作的优势。

2. 具体操作

每次数据访问都需要先从服务器读取数据，然后再向服务器写回数据(这个过程也称为驱逐)。分区 ORAM 的具体操作如图 10-3 所示，分为三部分：数据块从服务器茫然读取、数据块在客户端写入缓冲区，数据块茫然写入服务器。

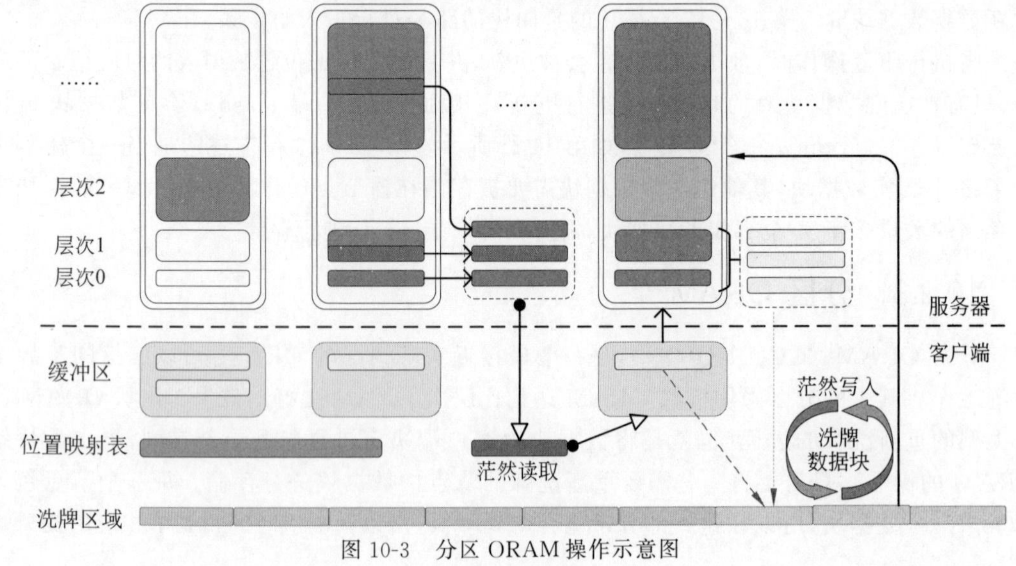

图 10-3 分区 ORAM 操作示意图

① STEFANOV E, SHI E, SONG D. Towards practical oblivious RAM[C]//Proc. of the 17th Network and Distributed System Security Symp, 2011.

茫然读取和茫然写入的基本操作和基础的层次 ORAM 是完全一致的，唯一不同之处在于分区 ORAM(表 10-2)中每一个分区在客户端对应一个缓冲槽。当真实数据块从服务器读取到客户端之后，将其随机放入一个缓冲槽中，即将该数据块重新分配一个对应分区。当数据块需要从客户端写入服务器，需要按照一定的缓冲槽数据块驱逐规则进行，随机或者按照一定顺序选择一个缓冲槽，将其中的数据块写回到服务器对应的分区中，如果这个缓冲槽为空，则向服务器驱逐一个虚假数据块即可。

表 10-2　分区 ORAM 的参数表

符　号	定　义
N	ORAM 中真实数据块数量
l	层次 ORAM 中的层次编号
u	数据块的标识符
position[u]=(p,l,o)	p 是指数据块 u 对应的分区编号；l 是指对应层次编号；o 是指在该层中的偏移

考虑将每个分区 ORAM 当作一个黑盒 ORAM，该 ORAM 包含两个操作 ReadPartition 和 WritePartition。ReadPartition(p,u)从分区 p 中读取一个标志为 u 的数据块，如果数据块 u 是一个虚假数据块，那么这个茫然读取操作就是一个虚假的读操作。假定 ReadPartition 操作是将对应的数据块逻辑地从对应的分区中读取出来。WritePartition(p,u,data)写回一个标志为 u 的数据块至分区 p。如果分区 ORAM 的每个分区是一个层次 ORAM，那么 ReadPartition 和 WritePartition 的执行过程分别和算法 10-1 和算法 10-2 相似，不同之处在于在分区 ORAM 中添加了分区号 p 这一参数。

1) 读取一个数据块

让 read(u)表示对由 u 标识的块的读取操作。客户端在位置映射表中查找它，并确定与哪个分区与块 u 相关联。假设块 u 与分区 p 相关联。然后客户端按照算法 10-4 中的第 1～第 9 行执行以下步骤。

(1) 从分区 p 读取块。

① 如果块 u 位于缓存插槽 s 中，则客户端从服务器的分区 p 执行虚拟读取，即调用 ReadPartition(p,⊥)，其中⊥表示读取虚拟块。

② 否则，客户端通过调用 ReadPartition(p,u)从服务器的分区 p 读取块 u。

(2) 将步骤(1)中获取的块 u 放入客户机的缓存中，并更新位置映射。

① 选择一个新的随机的更新槽位置，并将块 u 放入缓存槽 s 中。这意味着数据块 u 被计划在将来被驱逐到分区 p，除非另一个 read(u)抢占了这个块的移出。

② 更新位置映射表，并将块 u 与分区 p 相关联。这样，下一次读取 u 将导致分区 p 被读写。

2) 写入一个数据块

让 write(u,data*)表示将 data* 写入 u 标识的块。此操作作为 read(u)操作实现，不同之处在于：当数据块 u 在 read(u)操作期间放入客户端缓存时，其数据设置为 data*。

3) 背景驱逐

背景驱逐发生的速率与数据访问速率成比例(参见算法 10-4 的第 14 行)。因此，作为一个独立的线程,请求可以完全独立于后台。构造使用的驱逐率为 $v>0$,这意味着在预期中,每次数据访问请求都会尝试执行 v 个后台驱逐。以下是两种可能的背景驱逐算法:

(1) 以固定速率 v 顺序扫描缓存插槽,参阅算法 10-4 中的 SequentialEvict(v);

(2) 以固定速率 v,从所有 P 个插槽中随机选择一个插槽进行驱逐,参阅算法 10-4 中的 RandomEvict(v)。

算法 10-4　Access(op, *u*, data*)

```
r ← UniformRandom(1…P)
p ← position[u], position[u] ← r
if block u is in slot[p] then
    data ← read u from slot[p]
    delete u from slot[p]
    ReadPartition(p, ⊥)
else
    data ← ReadPartition(p, u)
end if
if op = write then
    data ← data*
end if
slot[r] ← slot[r] ∪ (u, data)
Call Evict(p)
Call SequentialEvict(v) or RandomEvict(v)
return data
```

10.3 多云 ORAM

10.3.1 MCOS 方案

MCOS 方案建立在多云架构的基础上,同时延续分区 ORAM 的存储结构,每个分区最初都放置在随机云(S1 或 S2)中。每个块被分配到一个随机分区,并且在分区的顶层有一个随机偏移量。同时相应地初始化客户端的位置映射表。该方案最初假设所有块的值为零,通过将服务器上的所有块初始化为带有适当元数据的零块的加密来完成。

MCOS 方案的基本架构为 SSS 框架。SSS 分区框架允许客户端安全地将 ORAM 读/写操作分解为更小分区上的读/写操作,其中每个分区本身就是一个 ORAM。该框架由两个主要技术组成,即分区和驱逐。通过分区,一个容量为 N 的较大 ORAM 实例被分成 $O(\sqrt{N})$ 个较小的 ORAM 实例(称为分区),每个分区的容量为 $O(\sqrt{N})$。虽然单纯的分区会破坏安全性,但 Stefanov 等人提出了一种新方法,允许在不影响安全性的情况下进行分区。

在任何时间点,块都驻留在随机分区中。客户端存储位置映射以跟踪每个块所在的分区。要访问标识符为 u 的块,客户端首先查找位置映射并确定块 u 的当前分区 p。然后客户端向分区 p 发出 ORAM 读操作并查找块 u。从服务器获取块时,客户端逻辑上将其分配给新选择的随机分区,而不是立即将块写入服务器。相反,这个块被临时缓存在客户端的本地驱逐缓存中。算法 10-5～算法 10-7 描述了读取数据块，写回数据块和驱逐操作的过程。

算法 10-5　Read(u)

查询位置映射表确定数据块 u 所在分区 p
if u 不在驱逐缓冲区 **then**
　　ReadPartition(p,u)
else if u 在本地驱逐缓冲区 **then**
　　ReadPartition(p,⊥)
end if
选择一个随机分区 p'，将数据块 u 添加到驱逐缓冲区，并逻辑更改 u 对应的分区 p'
调用 Evict(v)

算法 10-6　Write(u,B)

和 Read(u)步骤相同，除了写入驱逐缓冲区的数据块替换为新的数据块 u

算法 10-7　Evict

选择一个随机分区 p
if 有一个数据块 B 在分区 p 对应的驱逐缓冲区 **then**
　　调用 WritePartition(p,B)
else
　　调用 WritePartition(p,⊥)　　　　//⊥表示一个虚假数据块
end if

后台驱逐进程以不经意的方式将块从驱逐缓存中驱逐回服务器。每次数据访问，随机选择 2 个分区进行驱逐。如果分配给所选分区的驱逐缓存中存在一个块，则驱逐一个真正的块；否则，驱逐一个虚拟块以防止泄露。

1）客户端元数据

客户端存储是渐进线性的，但其存在一个非常小的常数，并且在实践中同样非常小。例如，对于具有 4KB 块的 1 TB ORAM，所有客户端存储的总和小于 1.5GB(即小于 ORAM 容量的 0.15%)。

(1) 位置元组 (p,l,offset) 表示块的当前分区、层和层内的偏移量。

(2) 每个分区和每个填充层的位向量，指示层中的哪些块已被读取和(逻辑上)删除。

标准的 ORAM 包括两个操作：读取和写入。该方案的构建使用 SSS 分区框架。SSS 框架规定了如何利用 ReadPartition 操作和 WritePartition 操作的分区 ORAM 读/写操作安全地表示读和写操作。ReadPartition 操作和 WritePartition 操作在所有分区中并行执行，但对每个单独的分区串行执行以确保一致性。

2）读取数据

在典型的单云 ORAM 方案中，客户端需要为分区中的每个 $O(logN)$层下载一个块，以隐藏它想要从哪个层读取。该构建依赖于云间洗牌技术，这样客户端只需要下载一个块。

ReadPartition 协议如图 10-4 所示。要读取块 u，客户端首先查找其位置映射以获得用

于块 u 的指示位置元组(p^*,l^*,offset^*)。然后,客户端为分区 p 中的每个填充层数 l 生成一个偏移量。对于层数 $l=l^*$,偏移量 $\text{offset}_l=\text{offset}^*$。对于所有其他层,其 offset_l 对应于通过计算每个层的 nextDummy[p^*,l]计数器的置换偏移量确定的随机未读虚拟对象(通过 GetNextDummy()函数获得)。客户端现在根据哪个云包含每个层来划分这些偏移量,并将相应的偏移量发送到每个云。客户端仅向每个云发送云中包含的层的偏移量是保证安全性的关键。

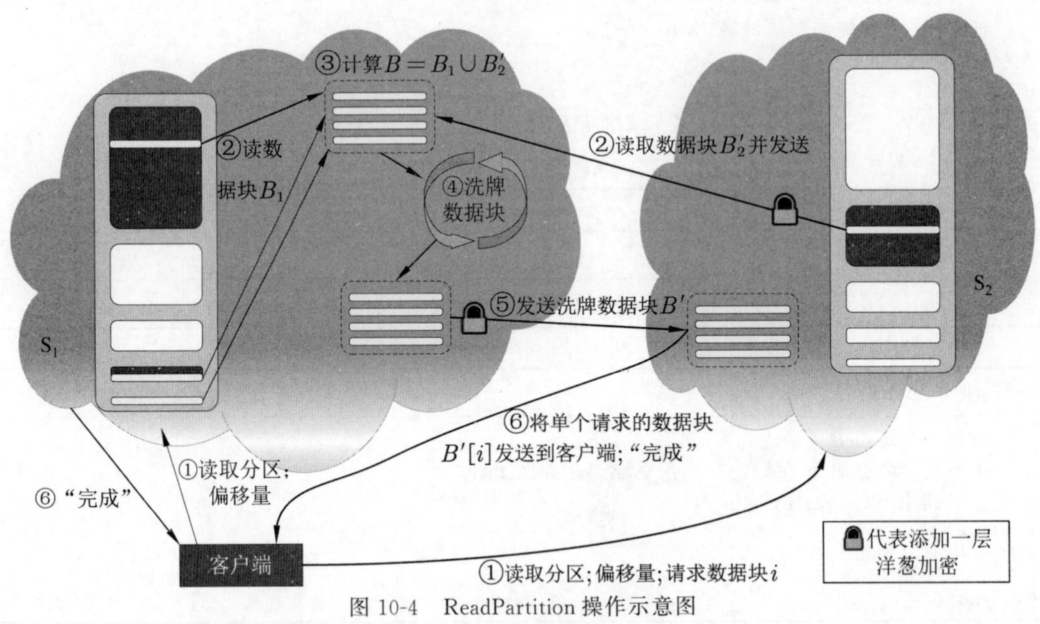

图 10-4 ReadPartition 操作示意图

接着,每个云在客户端指定的偏移量处从其每个填充层读取一个块。填充层较少的云对获取的块进行洋葱加密,并将它们发送到另一个云。不失一般性,假设 S_2 将其洋葱加密块发送到 S_1。S_1 现在将来自 S_2 的块与其自己的提取集合并,洋葱加密它们,并使用与客户端共享的 PRP 密钥重新排列它们。重新洗牌后的集合被发送到 S_2。客户端现在向 S_2 显示重新排列后的数组中所需的索引,S_2 返回该索引处的块。

3) 写入数据

WritePartition 协议如图 10-5 所示。每当将一个块写入分区 p 时,它就会与分区的所有连续填充层 $0,1,2,\cdots,l$ 一起写入 $l+1$ 层。如果 $l=L-1$ 是顶层,则所有层都将被混入顶层。请注意,有 $2L$ 种可能的方法可以在两个云之间划分 L 个层。分配算法旨在通过强制执行以下不变量来最好地促进云间洗牌。

4) 不变量

任何时候当连续的层 0～层 i 被填充并且需要洗牌到层 $i+1$ 时,层 0～层 i 都位于同一云中。这最大限度地减少了云-云带宽,因为洗牌总是涉及相应的填充层(即 0～i)。假设在不失一般性的情况下,云 S_1 的第 0～第 i 层将被洗牌到云 S_2 的第 $i+1$ 层。通过确保上述不变量成立,在洗牌开始时,S_1 已经拥有所有正在洗牌的层(即 0～i),并且在开始洗牌之前无须从 S_2 获取额外的层。图 10-6 演示了分区的层如何随时间在两个云之间划分。这些打乱的块现在形成同一分区的 $l+1$ 级,并驻留在 S_2 上。分区 p 的 S_1 上的层 0～层 l 被删

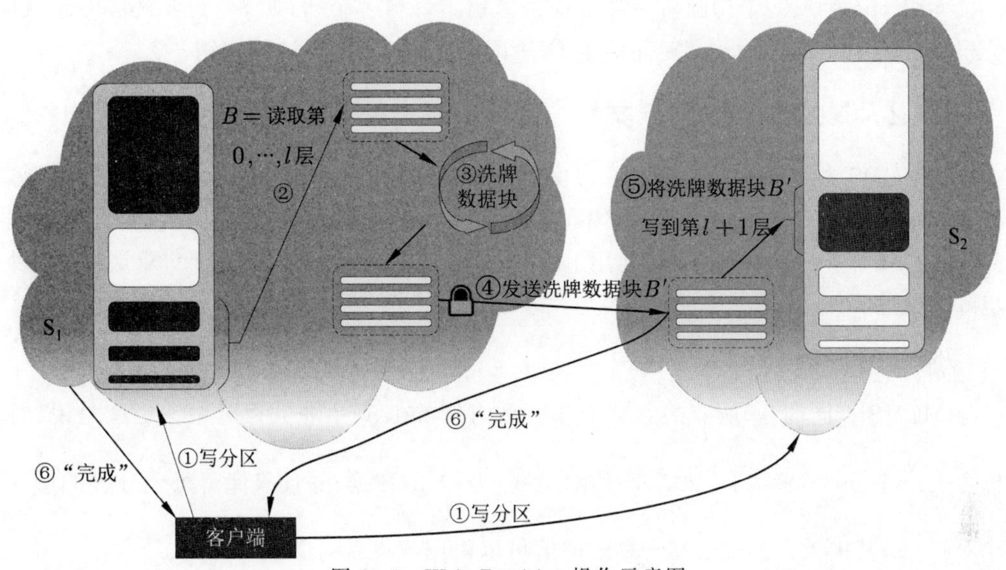

图 10-5　WritePartition 操作示意图

除，并且将来对分区 p 的层 l 的请求被定向到 S_2。

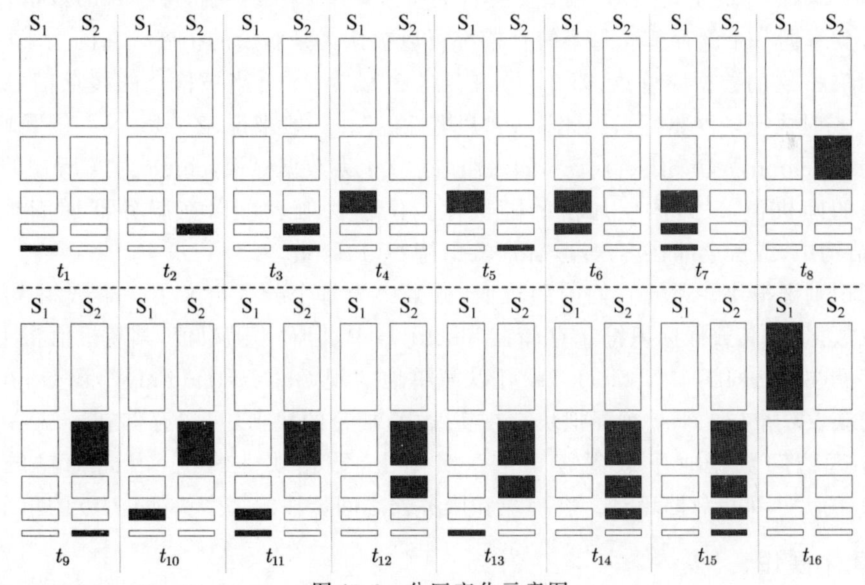

图 10-6　分区变化示意图

5）洗牌顶层

唯一的例外是当所有层 0～层 $L+1$ 都被洗牌时，即当最高层参与洗牌时，在这种情况下，在洗牌过程中需要丢弃一些虚拟或过时的块。因此，顶层洗牌需要稍微区别对待，其中客户端告诉 S_1（即洗牌的来源）每个层要保留的块子集（在不泄露任何信息的情况下）。请注意，几乎所有的带宽消耗都发生在两个云交换块时，并且客户端的带宽得以保留。

6）洋葱层密钥生成

客户端与云 S_1 共享一个主密钥 msk1，客户端与带有云 S_2 共享一个主密钥 msk2。每当一个云，如 S_1，需要洋葱加密一个块时，它会根据 msk1、当前分区的时间值和洗牌之后块的位置元组 pos′生成一个伪随机一次性加密密钥。每当一个云，如 S_1，需要洗牌一组块时，它会根据 msk1、当前分区及其时间值生成一个伪随机的一次性洗牌密钥。

10.3.2 NewMCOS 方案

NewMCOS 方案①建立在 MCOS 方案的基础上，进一步利用了多云互不共谋的优势来转移客户端计算和云端之间的通信成本，实现了 $O(1)$的云端-客户端带宽成本，并且节省了大部分客户端计算。同时，该方案利用“断开连接的 ORAM 操作”并设计“双层加密”以进一步减少这些开销。

1. 服务器存储

与 MCOS 不同的是，所有的 $\sqrt{N}$ 个分区平均分布在 K 个非共谋云中。也就是说，每个云包含$\dfrac{\sqrt{N}}{K}$个分区（$2<K\leqslant\sqrt{N}$）。移除层 0～层 x 的数据，并且只保留每个分区的层 $x+1$ 到层 $L-1$，其中 $L:=\log\sqrt{N}+1$，x 的值可以由用户设置。

2. 客户端存储

与 MCOS 不同的是，在客户端有 K 个（而不是 $\sqrt{N}$）个缓存槽，等于云的数量。云中的所有分区共享同一个缓存槽。每个缓存槽都可以被认为是对云的扩展。它的大小应该大于第 0 层到第 x 层的数据块总数，即 $2^{x+1}-1$。将 Z 设为 2^{x+1}，当被检查的缓存槽 S_i 中的块数不小于 Z 时执行惰性驱逐。因此称 x 为“惰性度”。一般来说，$Z<\log N$。位置映射表可以定义为$(u,\text{cloud},p,l,\text{offset},r,r')$的元组，其中 u 为数据标识，cloud 为 u 所在的云，r 为数据加密的随机值，r'为内层加密的随机值。位置映射表可以在服务器递归地存储在 ORAM 结构中，或者全部在客户端，客户端保持 $O(1)$容量。

为了识别虚拟块并存储它们的随机值，方案中为每个分区定义了一个数组 blockIDs。为了读取数据块，其数据标识符 u 存储在 blockIDs 中，但对于随机值，其随机值将生成为负大数并存储在 blockIDs 中。blockIDs 可以简单地实现 GetNextDummy()函数，在从云端读取期间获取一个层的下一个虚拟块。在实践中，加密的块 ID 可以存储在云端，并在用户想要从分区访问数据时下载到客户端。实际上，数据块非常大，因此传输的元数据(blockID)的大小可以忽略不计。客户端和服务器之间传输的每个块都是 IO 的单个单元。

3. 具体操作

如算法 10-8 所示，NewMCOS 的数据访问包含如下 5 个子操作。

(1) ReadCloud(C_i,u)：从第 i 个云或客户端缓存槽 S_i 中读取标识符为 u 的块。

(2) WriteCache(S_i)：一个获取的块被写入第 i 个缓存槽。

(3) WriteCloud(C_i,u,data)：将一个带有标识符 u 和值的选定块写回第 i 个云。

(4) SpecialShuffle()：云可以观察哪一层没有足够的块被访问。如果存在，应该优先打乱这一层，以保持足够的块被访问。

---

① LIU Z，LI B，HUANG Y，et al. NewMCOS：towards a practical multi-cloud oblivious storage scheme[J]. IEEE Transactions on Knowledge and Data Engineering，2020，32(4)：714-727.

(5) LazyEvict()：来自缓存槽的 Z 个真实块通过预定义的规则用足够的填充虚拟块写入相应的云。

无论操作是读还是写，都需要完整的数据访问。读取和写入操作之间的独特区别在于，块在写入操作期间更改为客户端逐出缓存中的新值。

算法 10-8　Access(op, u, data*)

```
C_i ← position[u].cloud
C_r ← Random(C_1 … C_k)                       //随机选择一个新云用来缓存数据
if block u is in S_i then
    data ← S_i.ReadThenDelete(u)              //从客户端缓存读取并删除
    ReadCloud(C_i, ⊥)
else
    ReadCloud(C_i, u)                         //逻辑删除云服务器上的数据块
end if
if op = write then
    data ← data*
end if
WriteCache(S_r)
LazyEvict()
SpecialShuffle()
return data
```

首先从位置映射表中搜索 u 所在的云，假设它是 C_i，并从 K 个云中随机选择一个云 C_r。当块 u 在缓存槽 S_i 中时，从 S_i 读取并删除数据块 u 并执行 ReadCloud(C_i, ⊥)从云端读取一个虚拟块；否则，执行 ReadCloud(C_i, u)从云 C_i 中读取数据 u。如果操作为写入操作，则将需要写入的块 data* 赋给 data。之后执行 WriteCache(S_r)将块 u 放入缓存槽 S_r。随后执行驱逐操作 LazyEvict 和洗牌操作 SpecialShuffle，最终返回数据 data。

下面详细介绍算法 10-8 中提到的 5 个子操作。

(1) 从云中读取数据。

利用异或技术在云端生成一个单独的块，并将该块返回给客户端，避免了云之间的洗牌，消除了云与云之间的带宽。对于真实数据块 u，客户端首先将其偏移量和其他虚拟块的偏移量发送到云端。然后，云根据分区 p 中的这些偏移量简单地对块进行异或，并将结果的单个块返回给客户端。最后，块在客户端被解密得到真实值。

(2) 写入 cache。

从云端 C_i 读取后，将获取的真实块随机重新分配到云端 C_r，但它会首先写入缓存槽 S_r 以防御可链接性攻击。当数据块 u 在缓冲槽中时，其位置映射表中第 l 层的值会被置为 -1。在将其写入缓存之前，客户端首先获取其原始值，然后使用新的数据密钥对数据进行加密。

(3) 写回云端。

如算法 10-9 所述，在 WriteCloud 操作中，客户端将缓存槽 S_n 中的 Z 个真实块与新生成的 Z 个虚拟块一起驱逐到云 C_n 中，并随机选择一个分区 p 来存储这些块。使用 B 来表示 $2Z$ 块的集合。如果分区 p 有空层 $x+1$，客户端将 B 中的块洗牌，加上外层密钥 $OKey_{x+1}$ 加密的外层，直接写入云端 C_n。否则，客户端将选择另一个云 C_i 作为洗牌云进行

洗牌。出于安全考虑，连续两次洗牌不能由同一个云执行。

首先，客户端用数据密钥 k_n 对 B 进行加密，将 B 中的所有块打乱后发送给混洗云 C_i。然后，客户端引导源云 C_n 将其连续填充层级的未读块及其对应的变化值发送给混洗云 C_i，其中变化值是旧随机值和新随机值密文异或的结果，随机值在客户端生成并与源云共享。B^* 表示传输到混洗云的所有未读块的集合，R^* 表示对应于块的随机值的顺序。B^* 中块的顺序与源云 C_n 的随机值混淆，以避免发起可链接性攻击。客户端将 R^* 发送到混洗云 C_i。进一步，客户端将当前的外层密钥 OKeys 和新的 B^* 的外层密钥 OKeyl* 发送给混洗云，其中 l^* 为混洗后源云 C_n 中存储混洗块的层级，然后混洗云对 B^* 进行了两层更改。

算法 10-9　WriteCloud(C_n, B)

```
Client：       p←random()
               B← BlockAt[S_n,0…x]∪dummys              //BlockAt 返回数据块位置
               for j=0 to |B|-1 do
                   r_j← RND()
                   k_n← reKey(sk,r_j)
                   B[j]:=E_{k_n}(B[j])
               l* 代表 p 中下一个不满的层
               if L_# ∈[0,l*),C_# =C_n,P_# =p then
                   (C_#,P_#,L_#)←(-1,-1,-1)
                   OKeys←{OKey_j : j∈[x+1,…,l*]}
               unreadOffs:={C_n 中分区 p 中 j 层未读的偏移量,j∈[x+1,…,l*-1]}
               rs:={(old,new)}分区 p 中未读块内层加密的新旧随机值
               洗牌 rs 集合,并生成相关块的排序 R*
               C_n 是源云,C_i 是混洗云
Client→C_i：   B,R*,OKeys,OKey_{l*}
Client→C_n：   p,unreadOffs,r,s
C_n→C_i：      B*←BlockAt[p,x+1…l*-1,unreadOffs]
               ∀j∈[rs]: R*[j]←E_{msk_n}(r_j.old)⊕E_{msk_n}(r_j.new)
C_i：          ∀j∈[B*]: x←R[j],B*[j]←D_{OKeys}(B*[j]⊕R*[x])   //D 代表的是明文
               B_D:={B_i : E_{msf_i}("000…000")其中 msf_i←reKey(msf_i,r_i),i∈[0,|B*|]}
               B':=B∪B*∪B_D
               sfk←reKey(msf_i,time)
               for j=0 to |B'|-1 do
                   B'[j]:=E_{OKeyl*}(B'[j])
               for j=0 to |B'|-1 do
                   j':=PRF_sfk(j);block:=B'[j];B'[j]:=B'[j'];B'[j']:=block
C_i→C_n：      B'
C_n：          BlockAt[p,l*]←B'
Client：       收到云 C_n 的“完成”消息
```

(4) 特殊洗牌。

在洗牌之前被访问的块不能被再次访问。在 BurstORAM① 中已经指出，虚拟块的数

① DAUTRICH J, STEFANOV E, SHI S. Burst ORAM: minimizing ORAM response times for bursty access patterns[C]//23rd USENIX Security Symposium, 2014: 749-764.

量不低于分区层中的真实块的数量。云服务器可以观察到一半的层数被访问，并以一定的概率判断该层中的虚拟块不足以被访问。在这种情况下，需要重新洗牌。由于该方案支持从云端读取而很长时间不向云端写入，因此应该在云端 $C_{\#}$ 中的分区 $P_{\#}$ 的层 $L_{\#}$ 上执行特殊的洗牌，它仍然少于在 ReadCloud 操作期间层 $L_{\#}$ 的一半访问，并且在 WriteCloud 操作期间不执行涉及层 $L_{\#}$ 的正常混洗。特殊的洗牌确保在关卡中有足够的虚拟块可以访问。

SpecialShuffle 操作首先需要检查在 ReadCloud 操作和 WriteCloud 操作期间是否需要执行特殊洗牌。当存在这种层时，云应该将此层中的未读块发送到另一个非共谋云，以使用填充的虚拟块对块进行洗牌，然后将它们发回。该过程伪代码如算法 10-10 所示。

算法 10-10　SpecialShuffle()

```
if(C#, P#, L#)! =(−1, −1, −1) then
    C_r ← Random(C_1, …, C_k) where C_r ! = C#
    C# 将 L# 中的数据发送给 C_r 做特殊洗牌
    C_r 添加虚假块，洗牌之后发回
```

(5) 惰性驱逐。

与传统的方案不同，NewMCOS 采用了“惰性逐出操作”，称为 LazyEvict，即在一定次数的读操作后将一个块集合写入云端，参看算法 10-11。在数据访问期间，它检查是否缓存槽中的块数最多为 Z，逐出率为 v，缓存槽的编号序列为$(0,1,\cdots,K-1)$。

算法 10-11　LazyEvict()

```
for i=1 to v do
    C_i ← C_cnt ; cnt ← (cnt+1) % K
    if |S_i| ≥ Z then
        B ← shuffle(S_i)
        WriteCloud(C_i, B)
```

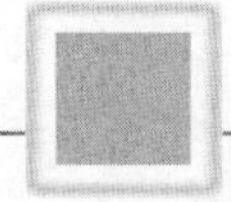

课后习题

1. 下列选项中，关于 ORAM 的说法错误的是（　　）。

A. 洗牌操作需要在客户端或者通过安全多方计算等不泄露信息的原语来完成

B. 读写操作类型也需要保持一致，不能泄露信息

C. 分区 ORAM 通常会使用客户端的缓存来保存写回分区的块

D. 分区 ORAM 中的子 ORAM 只能是层次 ORAM

2. 如何衡量一个 ORAM 方案的性能？有哪些指标可以用来评估其效率？

3. ORAM 的设计原理如何影响其在实际应用中的可行性和效率？是否存在某些特定的使用场景更适合采用 ORAM？

第11章 联邦机器学习

学习要求：了解联邦学习，掌握联邦学习的概念、分类和威胁模型；了解横向联邦学习架构，掌握联邦平均聚合算法和安全聚合协议；了解纵向联邦学习架构，掌握纵向联邦学习算法和流程。了解联邦学习框架 FATE，掌握横向联邦学习和纵向联邦学习的实现。

课时：2 课时

建议授课进度：11.1 节～11.2 节用 1 课时，11.3 节～11.4 节用 1 课时

在本章中，将讨论隐私保护的机器学习方案，它为机器学习任务提供了保障数据安全的机制。首先，将介绍联邦学习的基本定义和分类，并且对联邦学习中的威胁模型进行定义。其次，分别对横向联邦学习（horizontal federated learning，HFL）和纵向联邦学习（vertical federated learning，VFL）这两类经典架构进行详细讲解，其中涉及平均聚合、安全聚合、纵向联邦等聚合算法。最后，基于联邦学习框架 FATE 对横向联邦学习和纵向联邦学习的实现进行讲解。

11.1 联邦学习

机器学习的迅速发展得益于大量数据的支持，通过使用大量的数据训练出高性能的模型来代替人类执行任务，如人脸识别系统被应用到车站代替检票员进行检票。然而，随着社会的不断发展，人们逐渐意识到数据滥用带来的危害，对数据的安全问题产生了极大的担忧。为此，越来越多的政府及组织开始出台新的法律来规范数据的管理和使用，例如，2018 年欧盟开始执行的《通用数据保护条例》(General Data Protection Regulation，GDPR)和 2021 年中国开始执行的《中华人民共和国数据安全法》。这些法律条例的执行导致不同组织间收集和分享数据越来越困难，进而形成了数据孤岛的难题。倘若不能很好地解决数据孤岛问题，大量的机器学习模型无法进行较好的训练，很可能会导致新一轮的人工智能的寒冬。所以，人们开始寻求一种方法，无须集中数据集也可以使用整个数据集进行机器学习模型的训练。

11.1.1 基本定义

联邦学习[①]是一种隐私保护的机器学习框架，其核心思想是通过在多个拥有本地数据

① 杨强，联邦学习[M]. 北京：电子工业出版社，2020.

的数据源之间进行分布式模型训练，在不需要交换本地个体或样本数据的前提下，仅通过交换模型参数或中间结果的方式，构建基于虚拟融合数据下的全局模型，从而实现数据隐私保护和数据共享计算的平衡，即“数据可用不可见”“数据不动模型动”的应用新范式。

具体来讲，联邦学习具有以下特征。

(1) 有两个或以上的联邦学习参与方协作地训练一个共享的机器学习模型。每一个参与方都拥有若干隐私敏感的训练数据。

(2) 在模型训练过程中，每个参与方的训练数据都不会离开该参与方，即数据不出域。

(3) 模型训练过程中保证参与方之间传输和交换的中间信息不能推测出任意一方的原始数据及其隐私敏感的属性。

(4) 共享的机器学习模型的性能要能够充分逼近理想模型(指所有参与方的训练数据集中在一起训练获得的机器学习模型)的性能。

一般地，联邦学习系统与传统的集中式机器学习系统都需要迭代多次来训练一个共享的机器学习模型。假设在联邦学习系统中有 N 个参与方和一个中央协调方，联邦学习系统中一个迭代可以总结为以下 3 个步骤：

(1) 每个参与方从中央协调方下载最新的全局模型。

(2) 每个参与方通过使用自己的训练数据集更新全局模型并将梯度或者更新的全局模型(一般称为本地模型)上传给中央协调方。

(3) 中央协调方根据聚合规则[如联邦平均(federal averaging，FedAvg)聚合]将每个参与方上传的梯度聚合为全局梯度并更新其持有的全局模型。

11.1.2　联邦学习的分类

根据训练数据在不同参与方之间的数据特征空间和样本 ID 空间的分布情况，联邦学习可以划分为横向联邦学习、纵向联邦学习和联邦迁移学习(federated transfer learning，FTL)。图 11-1～图 11-3 分别展示了三种联邦学习架构的数据分布。

图 11-1　横向联邦学习数据分布

横向联邦学习适用于参与方的每个数据样本的特征空间重叠度高且重叠的特征空间与要训练的共享模型的输入空间是一致的，但是参与方所拥有的数据样本是不同的应用场景。例如，当联邦学习的参与方是服务于不同区域的银行时，虽然只有很少的重叠客户，但是它们的服务内容相似，每个客户的数据特征空间重叠程度非常大。

纵向联邦学习适用于参与方的训练数据样本重叠度高，但是每个参与方的训练数据集

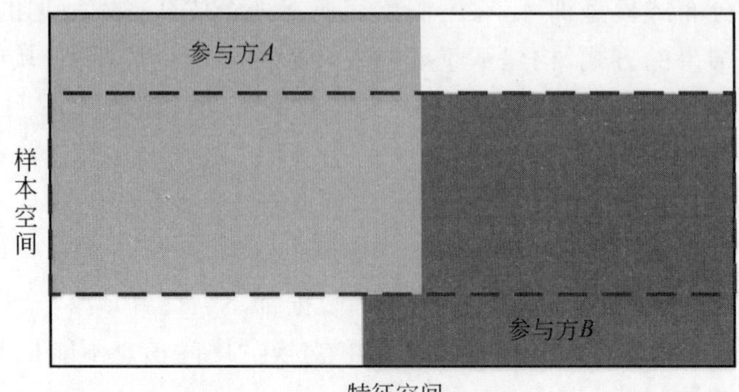

图 11-2　纵向联邦学习数据分布

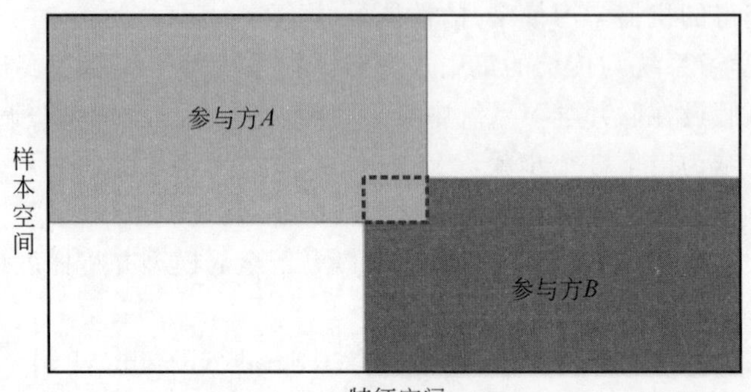

图 11-3　联邦迁移学习数据分布

中的样本的特征空间与其他参与方不同的应用场景。在这种应用场景中，一般只有两个参与方和一个中央协调方。例如，一家电子商务公司持有用户的消费数据，一家银行持有相同用户的存款数据，它们可以在相同数据样本但不同特征空间上协作，为各自得到一个更好的机器学习模型。

联邦迁移学习适用于参与方的训练数据集在样本空间和特征空间上的重叠部分都比较小的应用场景。联邦迁移学习通过将联邦学习与迁移学习技术相结合，有效地解决了只有少量数据和弱监督的应用难题，并且保护了数据隐私和安全。

11.1.3　威胁模型

为了在联邦学习中保护隐私和完整性，有必要理解可能的安全威胁模型。在联邦学习任务中通常会有以下两种角色。

（1）参与方，即拥有隐私敏感的训练数据集。

（2）中央协调方，即负责全局模型的维护及更新。

与密码学协议面对的敌手类似，联邦学习的研究工作涉及以下两种类型的敌手。

（1）半诚实敌手：在半诚实[或者诚实但好奇的（honest-but-curious）、被动的]敌手模型中，敌手诚实地遵守协议，但也会试图从接收到的信息中学习更多除输出以外的信息。

（2）恶意的敌手：在恶意的（或者主动的）敌手模型中，敌手不遵守协议，可以执行任意的攻击行为。

根据不同的攻击目的，联邦学习系统中存在的攻击主要分为隐私推理攻击和模型篡改攻击这两种攻击。

(1) 隐私推理攻击。除了在传统安全协议中存在的窃听攻击以外，对数据集隐私进行窃取的攻击包括重构攻击(reconstruction attacks)①、成员推理攻击(membership-inference attacks)②和特征推理攻击(attribute-Inference attacks)③。重构攻击中敌手的目标是通过其所获得的中间信息恢复出原始的训练数据。成员推理攻击中敌手的目标是判断参与方的训练数据集中是否包含特定的样本。特征推理攻击中敌手的目标是推理出参与方的训练数据集中样本的特定特征。在此类攻击中，敌手既可以是被动的，也可以是主动的。

(2) 模型篡改攻击。对模型的攻击包括拜占庭攻击(Byzantine attacks)④和后门攻击(poisoning attacks)⑤。这两种攻击中敌手都是主动的，其目标都是降低全局模型的性能或者往全局模型中植入特定的后门。

11.2 横向联邦学习

谷歌公司于 2016 年首先提出了联邦学习的概念，其关注的应用场景在今天被认为是横向联邦学习的场景。在谷歌提出的框架中，参与方在本地使用其训练数据集更新模型参数，并将梯度上传给中央协调方，然后中央协调方根据联邦平均聚合规则将所有参与方上传的梯度聚合并更新全局模型，其合理性来源于梯度计算的特性。横向联邦学习的架构如图 11-4 所示。聚合算法是横向联邦学习系统中最重要的部分，其不仅影响全局模型的性能，而且还会影响横向联邦学习系统的安全性。

11.2.1 联邦平均聚合

联邦平均⑥聚合算法是谷歌公司同联邦学习概念一起提出来的。联邦学习虽然也属于分布式机器学习，但是其中的优化问题与分布式优化问题是有所区别的，主要有以下 4 点。

(1) 数据集的非独立同分布(non-independent and identically distributed, Non-IID)：参与方拥有的训练数据集可能服从不同的分布。

(2) 不平衡的数据量：参与方拥有的训练数量是不同的，甚至相差很大。

(3) 大规模：参与方的数量可能远大于每个参与方平均持有的数据量。

---

① ZHU L, LIU Z, HAN S. Deep leakage from gradients[C]//Advances in Neural Information Processing Systems 32: Annual Conference on Neural Information Processing Systems 2019, 14 747-14 756.

② MELIS L, SONG C, CRISTOFARO E, et al. Exploiting unintended feature leakage in collaborative learning[C]//IEEE Symposium on Security and Privacy, 2019: 691-706.

③ NASR M, SHOKRI R, HOUMANSADR A. Comprehensive privacy analysis of deep learning: passive and active white-box inference attacks against centralized and federated learning[C]//IEEE Symposium on Security and Privacy, 2019: 739-753.

④ FANG M, CAO X, JIA J, et al. Local model poisoning attacks to Byzantine-Robust federated learning[C]//29th USENIX security symposium, 2020: 1605-1622.

⑤ BAGDASARYAN E, VEIT A, HUA Y. How to backdoor federated learning[C]//International conference on artificial intelligence and statistics, 2020: 2938-2948.

⑥ MCMAHAN B, MOORE E, RAMAGE D, et al. Communication-efficient learning of deep networks from decentralize data[J]. Artificial Intelligence and Statistics, 2017: 1273-1282.

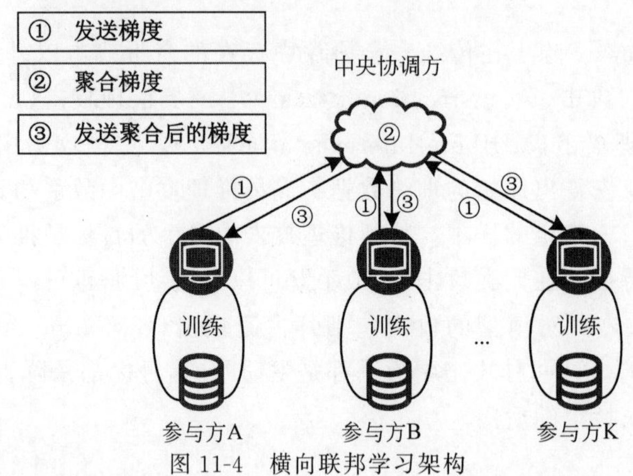

图 11-4　横向联邦学习架构

(4) 有限的通信：参与方一般为移动设备，其经常离线并且通信速率缓慢。

为了应对以上四点区别，谷歌公司提出了联邦平均聚合算法。对于一个机器学习问题，通常使用 $f_i(w)=L(x_i,y_i,w)$ 表示模型参数为 w 时在样本(x_i,y_i)上预测的损失。当损失函数 $f_i(w)$为非凸时，联邦平均聚合算法适用于如下任何有限加和形式的损失函数的优化目标

$$\min_{w\in\mathbf{R}^d} f(w),\ f(w)=\frac{1}{n}\sum_{i=1}^{n} f_i(w)$$

式中，n 表示训练数据的数量。

具体地，假设有 K 个参与方参与了第 t 轮的全局模型的训练更新，第 k 个参与方与其他参与方一样使用固定学习率 η 的随机梯度下降(stochastic gradient descent，SGD)的优化方法基于自己的本地训练数据集计算其本地模型的梯度，即

$$g_k=\nabla F_k(w_t),\ F_k(w_t)=\frac{1}{n_k}\sum_{i\in P_k} f_i(w_t)$$

其中，P_k 表示参与方 k 的数据点的索引集合；$n_k=|P_k|$表示集合 P_k 的大小。中央协调方将根据下式聚合这 K 个参与方的梯度作为全局模型的梯度。

$$\nabla f(w_t)=\sum_{k=1}^{K}\frac{n_k}{n}g_k$$

之后，协调方根据梯度更新全局模型，即 $w_{t+1}\leftarrow w_t-\nabla f(w_t)$，或者直接将全局模型的梯度发送给各参与方，这种方法被称作为联邦梯度平均。

同时，谷歌公司还提出了一种等价的联邦模型平均聚合方法。与上述方法不同的是，第 k 个参与方基于其本地训练数据执行梯度下降一个(或多个)步骤，即 $w_{t+1}^{(k)}\leftarrow w_t-\eta g_k$，并且将更新好的本地模型 $w_{t+1}^{(k)}$ 发送给中央协调方。之后协调方根据下式对这 K 个参与方的本地模型进行加权平均聚合。

$$w_{t+1}\leftarrow\sum_{k=1}^{K}\frac{n_k}{n}w_{t+1}^{(k)}$$

11.2.2 安全聚合

在联邦平均聚合算法中，参与方的梯度或者本地模型会直接暴露给中央协调方。尽管可以利用本地差分隐私等方法在一定程度上缓解隐私泄露问题，但是中央协调方可以通过

这些信息推理出参与方的原始数据或者与数据有关的一些信息，这给参与方的隐私安全带来了威胁。为了解决这个问题，谷歌公司在 2017 年提出了安全聚合协议①，该协议利用了基于秘密共享的安全多方计算技术对每个参与方的本地模型(梯度)进行加密，并且实现协调方不解密任何一个参与方本地模型的前提下计算出所有参与方本地模型的平均值。由于参与方的本地模型对协调方来说是秘密的，因此，也就避免了本地模型被协调方进行分析从而推理出相应的原始数据及相关信息的隐私泄露风险。

联邦学习每一轮迭代中，系统需要执行一次安全聚合协议，安全聚合协议的流程如图 11-5 所示。具体地，整个协议包括 4 个步骤，下面对每个步骤进行介绍。

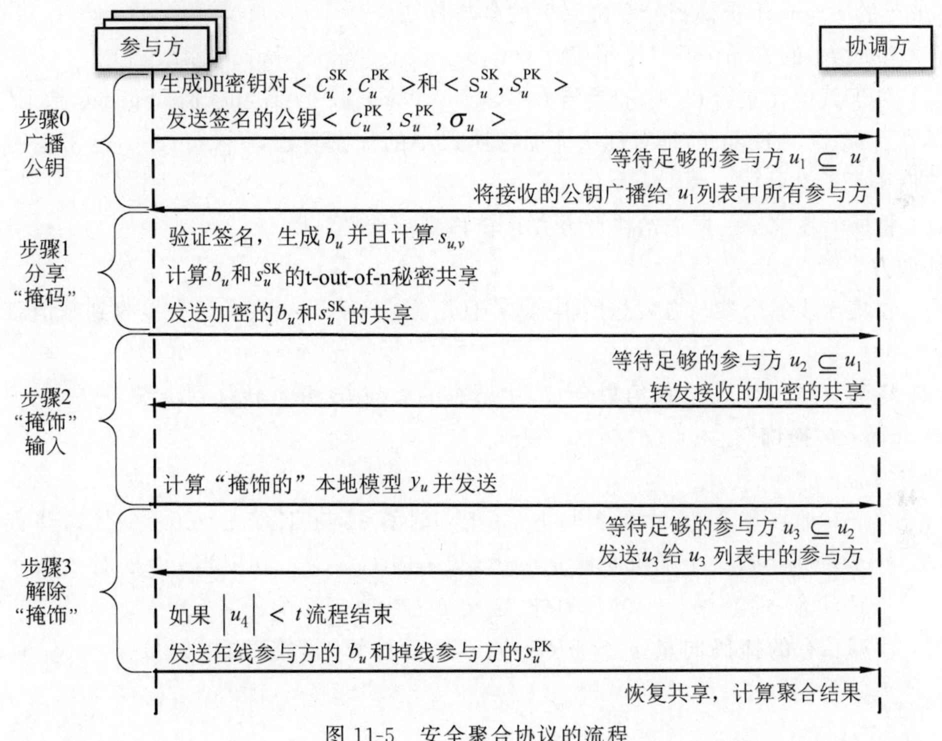

图 11-5　安全聚合协议的流程

1) 步骤 0(广播公钥)

参与方 u：

(1) 利用密钥协商协议中密钥生成算法生成两对公私钥(c_u^{SK}, c_u^{PK})和(s_u^{SK}, s_u^{PK})，并且生成签名 $\sigma_u \leftarrow \text{SIG.sign}(d_u^{SK}, c_u^{PK} \| s_u^{PK})$。密钥协商协议可以允许任意两方获得一个只有它们知道的私有共享的密钥，在提出安全聚合协议的文章中使用的是 Diffie-Hellman(DH)密钥协商协议。

(2) 将($c_u^{PK} \| s_u^{PK} \| \sigma_u$)发送给协调方并且转到步骤 1。

协调方：

(1) 收集至少 t 个参与方发送的消息，并且用集合 U_1 表示所有接收到其消息的参

① BONAWITZ K, IVANOV V, KREUTER B, et al. Practical secure aggregation for privacy-preserving machine learning[C]//ACM SIGSAC Conference on Computer and Communications Security, 2017: 1175-1191.

与方。

(2) 将消息列表$\{(v, c_v^{PK}, s_v^{PK}, \underline{\sigma_v})\}_{v\in U_1}$广播给集合$U_1$中所有的参与方并且转到步骤1。

2) 步骤1(分享"掩码")

参与方 u：

(1) 接收到消息列表$\{(v, c_v^{PK}, s_v^{PK}, \underline{\sigma_v})\}_{v\in U_1}$，并且对列表中所有消息进行验证，即$\forall v\in U_1$，$\mathrm{SIG.ver}(\underline{d_v^{PK}}, c_v^{PK} \| s_v^{PK}, \sigma_u)=1$。

(2) 从域F中取样一个随机数。

(3) 生成s_u^{SK}的t-out-of-$|U_1|$份额为$\{(v, s_{u,v}^{SK})\}_{v\in U_1} \leftarrow \mathrm{SS.share}(s_u^{SK}, t, U_1)$，SS.share()是Shamir的$t$-out-of-$n$秘密分享协议里的分享算法。

(4) 生成b_u的t-out-of-$|U_1|$份额：$\{(v, b_{u,v})\}_{v\in U_1} \leftarrow \mathrm{SS.share}(b_u, t, U_1)$。

(5) 对于其他在集合U_1中的参与方$v\in U_1$，计算$e_{u,v} \leftarrow \mathrm{AE.enc}(\mathrm{KA.agree}(c_u^{SK}, c_v^{PK}), u \| v \| s_{u,v}^{SK} \| b_{u,v})$，AE.enc()是对称认证加密协议中的加密算法，KA.agree()是密钥协商协议中协商密钥算法。

(6) 将所有密文$e_{u,v}$发送给协调方并且转移到步骤2。

协调方：

(1) 收集至少t个参与方发送的消息，并且用集合$U_2 \in U_1$表示所有接收到其消息的参与方。

(2) 将消息$\{e_{u,v}\}_{v\in U_2}$广播给集合U_2中所有的参与方，并且转移到步骤2。

3) 步骤2("掩饰"输入)

参与方 u：

(1) 对于其他在集合U_2中的参与方$v\in U_2$，计算$s_{u,v} \leftarrow \mathrm{KA.agree}(s_u^{SK}, s_v^{PK})$，并且利用PRG以$s_{u,v}$为种子生成一个随机向量$\boldsymbol{p}_{u,v} = \Delta_{u,v} \cdot \mathrm{PRG}(s_{u,v})$，其中当$u>v$时$\Delta_{u,v}=1$，否则$\Delta_{u,v}=-1$(注意$p_{u,v}+p_{v,u}=0$)。另外，定义$\boldsymbol{p}_{u,v}=0$。

(2) 计算私有的掩码向量$\boldsymbol{p}_u = \mathrm{PRG}(b_u)$，然后计算"掩饰"输入向量$\boldsymbol{y}_u \leftarrow \boldsymbol{x}_u + \boldsymbol{p}_u + \sum_{v\in U_2} \boldsymbol{p}_{u,v}$。

(3) 将$\boldsymbol{y}_u$发送给协调方并且转到步骤3。

协调方：

收集至少t个参与方发送的$\boldsymbol{y}_u$，并且用集合$U_3 \in U_2$表示所有接收到其消息的参与方，并且转到步骤3。

4) 步骤3(解除"掩饰")

参与方 u：

(1) 对于其他在集合U_2中的参与方$v\in U_2$，解密密文$u \| v \| s_{u,v}^{SK} \| b_{u,v} \leftarrow \mathrm{AE.dec}(\mathrm{KA.agree}(c_u^{SK}, c_v^{PK}), e_{u,v})$。

(2) 对于参与方$v\in U_2 \backslash U_3$，给服务器发送秘密份额$s_{v,u}^{SK}$，对于参与方$v\in U_3$，给服务器发送秘密份额$b_{v,u}$。

协调方：

(1) 收集至少t个参与方的回应，并且用集合U_4表示。

(2) 对于参与方$u\in U_2 \backslash U_3$，使用秘密共享协议中的恢复算法SS.recon()恢复出$s_u^{SK} \leftarrow$

SS.recon($\{s_{u,v}^{\mathrm{SK}}\}_{v\in U_4}$,$t$)，并且计算向量 $\boldsymbol{p}_{v,u}$。

(3) 对于参与方 $u\in U_3$，恢复出 $\boldsymbol{b}_u\leftarrow$SS.recon($\{\boldsymbol{b}_{u,v}\}_{v\in U_4}$,$t$)并且计算向量 $\boldsymbol{p}_u$。

(4) 计算聚合结果如下：

$$\sum_{u\in U_3}\boldsymbol{x}_u=\sum_{u\in U_3}\boldsymbol{y}_u-\sum_{u\in U_3}\boldsymbol{p}_u+\sum_{u\in U_3,v\in U_2\backslash U_3}\boldsymbol{p}_{v,u}$$

11.3 纵向联邦学习

11.3.1 基本定义

在许多实际场景中，联邦学习的参与方往往是拥有同一用户群体的组织或者机构。这些组织或机构针对同一群体开展不同维度的业务，从而收集了不同特征维度的数据。他们为了提高业务处理效率或者提高用户体验，通常有非常强烈的合作意向共同训练一个机器学习模型。对于这种应用场景，横向联邦学习架构不再适用。于是，传统的隐私保护机器学习方法以纵向联邦学习的形式被研究者和从业人员重新审视。

在大多数纵向联邦学习应用中，持有数据的参与方往往只有两个，他们通过一个第三方的协调方(可以由权威机构扮演)交换训练过程中的中间信息来完成机器学习模型的训练。纵向联邦学习的架构如图 11-6 所示，参与方 A 和参与方 B 不交换双方的原始数据，并且交换的中间信息也都是加密的或者被“掩码”扰动的，所以参与方 A 和参与方 B 的隐私是得到保护的。

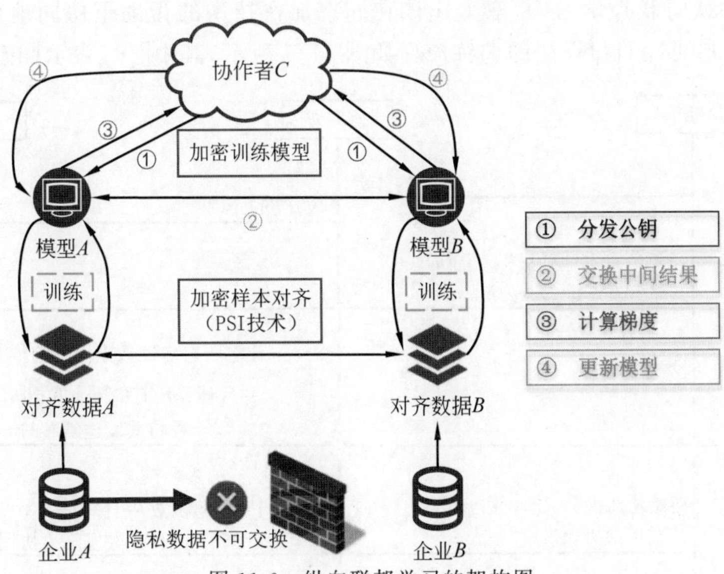

图 11-6　纵向联邦学习的架构图

在双方进行训练之前，双方需要先进行数据样本对齐。虽然参与方 A 和参与方 B 的用户群体相同，但是他们所持有的数据样本 ID 仍然会有不同，所以双方需要对齐数据样本从而使用相同的数据样本 ID 进行模型训练。一般通过第 8 章中介绍的 PSI 技术来对齐数据样本。PSI 技术可以保证双方不需要暴露各自的原始数据便可以对齐相同 ID 的数据样本。

11.3.2 纵向联邦学习算法

从理论上讲，使用第9章中介绍的通用安全多方计算技术即可以实现安全的纵向联邦学习，但效率堪忧。因此，人们倾向于根据不同的计算任务设计不同的安全算法，以提高训练中的计算效率。本节中，介绍一种特殊的纵向联邦线性回归算法，以此来帮助读者更好地理解纵向联邦学习是如何工作的。该算法会利用同态加密技术保护双方交换的中间信息。假设参与方 A 的数据集为 $\{x_i^A\}_{i\in D_A}$，参与方 B 的数据集为 $\{x_i^B, y_i\}_{i\in D_B}$，并且它们的数据集已经进行了对齐，即 x_i^A 和 x_i^B 的样本ID是相同的。给定正则化参数 λ 及分别与特征空间 x_i^A、x_i^B 相关的模型参数 W_A、W_B，那么训练目标可以表示为

$$\min_{W_A, W_B} \sum_i \| W_A x_i^A + W_B x_i^B - y_i \|^2 + \frac{\lambda}{2}(\| W_A \|^2 + \| W_B \|^2)。$$

设 $u_i^A = W_A x_i^A$，$u_i^B = W_B x_i^B$，那么损失函数可以表示为

$$L = \sum_i (u_i^A + u_i^B - y_i)^2 + \frac{\lambda}{2}(\| W_A \|^2 + \| W_B \|^2)$$

设 $d_i = u_i^A + u_i^B - y_i$，那么关于模型参数 W_A 和 W_B 的梯度可以表示为

$$\frac{\partial L}{\partial W_A} = 2\sum_i d_i x_i^A + \lambda W_A,$$

$$\frac{\partial L}{\partial W_B} = 2\sum_i d_i x_i^B + \lambda W_B。$$

模型参数 W_A 和 W_B 更新参数时所需要的梯度均需要计算 d_i，而 d_i 包含了 u_i^A，u_i^B，y_i 的信息，所以在纵向联邦学习中，双方应该在同态加密技术的帮助下协同地计算 d_i 的值。具体地，纵向联邦线性回归算法的训练流程如图11-7所示，其中[·]表示同态加密操作。

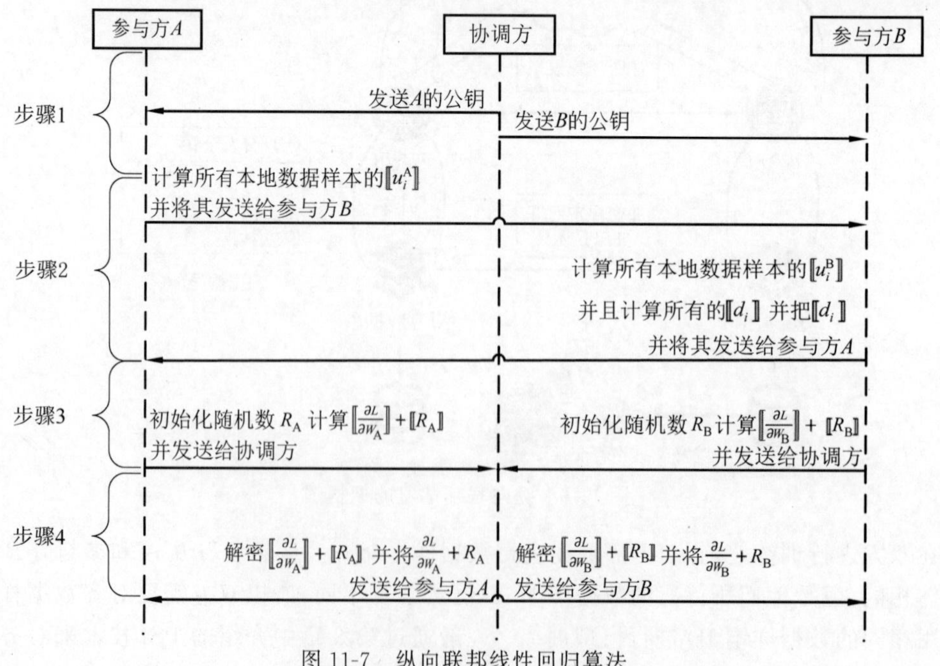

图11-7 纵向联邦线性回归算法

11.4 应用实践

随着联邦学习的近年来的逐步发展，目前在市面上已经存在许多关于联邦学习的开源项目，主要有 FATE、TFF(TensorFLow Federated)、FedML、SecretFlow、PaddleFL 等。下面以最具代表性的 FATE 框架为例，介绍如何快速搭建一个简单的联邦学习原型系统。FATE 源代码地址为 https://github.com/FederatedAI/FATE。

11.4.1 安装部署

FATE 支持单机部署及集群部署。单机部署是指在一台计算机上模拟多个参与方来运行联邦学习应用，集群部署则是真实地在多台机器上运行联邦学习应用(一般是企业选择)。本节选择单机部署进行讲解，因为这种部署方式对于科研及学习最友好。FATE 框架对机器的配置应该大于或等于以下要求。

(1) 配置：8 核、16GB 内存、500GB 硬盘内存。

(2) 操作系统：CentOS Linux release 7。

单机部署 FATE 提供了 3 种部署方式：使用 Docker 镜像安装 FATE、在主机中安装已编译的 FATE 的安装包、通过源码安装。由于环境配置复杂，建议使用 Docker 镜像安装 FATE，在安装之前进行环境检查，这样可以很大程度避免安装出现问题。因此本节主要介绍如何使用 Docker 镜像安装 FATE，其他两种部署方式读者可自行在源代码网页查找。

1) 环境检查

(1) 主机已经安装 Docker，Docker 建议版本为 18.09。可以使用命令 Docker --Version 验证 Docker 环境。

(2) 主机能够访问外部网络并且可以从公共网络中拉取安装包和 Docker 镜像。

(3) 运行镜像之前检查 8080 端口是否已被占用。

设置部署所需要的环境变量(注意，通过以下方式设置的环境变量仅在当前终端会话有效，若打开新的终端会话，如重新登录或者新窗口，请重新设置)。

```
export version={本次部署的 FATE 版本号, 如 1.7.0}
```

样例如下。

```
export version=1.7.0
```

2) 拉取镜像

(1) 通过公共镜像服务。

```
#Docker Hub
docker pull federatedai/standalone_fate:${version}
#腾讯云容器镜像
docker pull ccr.ccs.tencentyun.com/federatedai/standalone_fate:${version}
docker tag ccr.ccs.tencentyun.com/federatedai/standalone_fate:${version}
federatedai/standalone_fate:${version}
```

(2) 通过镜像包。

```
wget
https://webank-ai-1251170195.cos.ap-guangzhou.myqcloud.com/fate/${version}/
release/standalone_fate_docker_image_${version}_release.tar.gz
docker load -i standalone_fate_docker_image_${version}_release.tar.gz
docker images | grep federatedai/standalone_fate
```

3) 启动

```
docker run -it --name standalone_fate -p
8080:8080federatedai/standalone_fate:${version}
```

4) 测试

```
source bin/init_env.sh
```

11.4.2 横向联邦学习示例

实验 11-1 利用源代码提供的示例数据 FATE/examples/data/breast_homo_guest.csv 和 FATE/examples/data/breast_homo_host.csv 基于单机版 FATE 创建一个横向联邦学习示例。breast 数据集有 30 个特征，在本示例中它是水平分割的：breast_homo_guest.csv 和 breast_homo_host.csv 中的数据都是 30 个特征。该示例中有两个参与方，它们的 ID 分别是 1 和 2，并且参与方 1 同时被指定为服务端进行聚合操作，该示例要解决的问题是一个基础的二分类问题。

FATE 提供了一种高级的 Python API，FATE-Pipeline，它允许用户以顺序方式设计、启动和查询 FATE 训练任务。为了实现横向联邦学习示例，需要依次执行以下 2 个步骤。

1) 通过 FATE-Pipeline 上传数据

这个步骤主要是为集群版 FATE 设计，因为在集群版 FATE 中一个参与方往往有多个计算节点，所以需要将数据上传到这个参与方的某个集中节点并分配给其他节点。在单机版 FATE 中，不可避免地要使用 FATE-Pipeline 将数据象征性地上传从而进行下一个步骤，即

```
from pipeline.backend.pipeline import PipeLine     #导入 Pipeline 类
guest = 1                   #设置第一个参与方的 ID 为 1,这里称第一个参与方为 guest
host = 2                    #设置第二个参与方的 ID 为 2,这里称第二个参与方为 host
arbiter = 1                 #设置聚合方的 ID 仍然为 1
pipeline_upload = PipeLine().
set_initiator(role='guest',party_id=guest).
set_roles(guest=guest, host=host, arbiter=arbiter) #创建 pipeline 对象
partition = 4   #设置存储分区(其的值在这里不影响训练任务,具体如何设置参考官方文档)
#上传数据集
#定义数据集表格的名称和命名空间,后面的配置会用
guest_data = {"name": "breast_homo_guest", "namespace": "experiment"}
host_data = {"name": "breast_homo_host", "namespace": "experiment"}
pipeline_upload.add_upload_data(
    file="examples/data/breast_homo_guest.csv",
```

```
    table_name=guest_data["name"],
    namespace=guest_data["namespace"],
    head=1,
    partition=partition)                #配置 guest 数据信息
pipeline_upload.add_upload_data(
    file="examples/data/breast_homo_host.csv",
    table_name=host_data["name"],
    namespace=host_data["namespace"],
    head=1,
    partition=partition)                #配置 host 数据信息
pipeline_upload.upload(drop=1)          #上传数据
```

2）写 Pipeline 训练脚本并且执行

需要写一个 Pipeline 训练脚本来提交训练任务，在脚本中应该设计一个完整的 Pipeline 执行流。代码如下。

```
import torch as t                                   #导入 Pytorch 并用 t 表示
from torch import nn                                #导入 nn
from pipeline.component.homo_nn import HomoNN, TrainerParam
                #导入 HomoNN 组件和 TrainerParam, TrainerParam 用来设置训练参数
from pipeline.backend.pipeline import PipeLine
                                                    #导入 Pipeline 类
from pipeline.component import Reader, DataTransform, Evaluation
                                                    #导入数据 I/O 组件和评估组件
from pipeline.interface import Data                 #导入定义数据流的数据接口
from pipeline import fate_torch_hook                #导入 fate_torch_hook 函数,该函数可
#以修改 Pytorch 的一些类,使在脚本中定义的 layer、sequential、optimizer、loss
#function 能够被 Pipeline 解析并提交
t = fate_torch_hook(t)                              #执行 fate_torch_hook 函数
#创建一个 Pipeline 来提交工作(该操作与数据上传步骤重复,可删除)
guest = 1
host = 2
arbiter = 1
pipeline = PipeLine().
set_initiator(role='guest', party_id=guest).
set_roles(guest=guest, host=host, arbiter=arbiter)
#读取上传的数据集
train_data_0 = {"name": "breast_homo_guest",
                "namespace": "experiment"}
train_data_1 = {"name": "breast_homo_host", "namespace": "experiment"}
reader_0 = Reader(name="reader_0")
reader_0.get_party_instance(role='guest', party_id=guest).
        component_param(table=train_data_0)
reader_0.get_party_instance(role='host', party_id=host).
        component_param(table=train_data_1)
#DataTransform 组件将上传的数据转换为 DATE 标准格式
data_transform_0 = DataTransform(name='data_transform_0')
data_transform_0.get_party_instance(role='guest', party_id=guest).
```

```
            component_param(with_label=True, output_format="dense")
data_transform_0.get_party_instance(role='host', party_id=host).
            component_param(with_label=True, output_format="dense")
#定义 Pytorch 模型、优化器以及损失函数
model = nn.Sequential(nn.Linear(30, 1), nn.Sigmoid())
loss = nn.BCELoss()
optimizer = t.optim.Adam(model.parameters(), lr=0.01)
#创建 Homo-NN 组件
nn_component = HomoNN(
            name = 'nn_0',
            model = model,                    #设置模型
            loss = loss,                      #设置损失
            optimizer = optimizer,            #设置优化器
            trainer = TrainerParam(trainer_name = 'fedavg_trainer',
                  epochs = 3, batch_size = 128, validation_freqs = 1),
                  #设置训练参数,这里使用的是 FedAvg
            torch_seed = 100                  #设置随机种子
)
#定义 Pipeline 任务流
pipeline.add_component(reader_0)
pipeline.add_component(data_transform_0,
             data=Data(data=reader_0.output.data))
pipeline.add_component(nn_component,
             data=Data(train_data=data_transform_0.output.data))
pipeline.add_component(Evaluation(name='eval_0'),
             data=Data(data=nn_component.output.data))
#编译并执行
pipeline.compile()
pipeline.fit()
```

11.4.3 纵向联邦学习示例

实验 11-2 利用源代码提供的示例数据 FATE/examples/data/breast_hetero_guest.csv 和 FATE/examples/data/breast_hetero_host.csv 基于单机版 FATE 创建一个纵向联邦学习示例。Breast 数据集是一个包含 30 个特征的二进制数据集,在本示例中它是垂直分割的: breast_hetero_guest.csv 持有 10 个特征和标签,而 breast_hetero_host.csv 持有 20 个特征。该示例中有两个参与方,它们的 ID 分别是 1 和 2,该示例要解决的问题是一个基础的二分类问题。

在 FATE 中,纵向联邦学习任务的搭建与横向联邦学习任务类似,都是通过 Pipeline 进行设计与构建,即通过 Pipeline 上传数据及执行 Pipeline 脚本进行训练。

1) 通过 FATE-Pipeline 上传数据

这个步骤与横向联邦学习示例中相似,即

```
from pipeline.backend.pipeline import PipeLine      #导入 Pipeline 类
guest = 1                  #设置第一个参与方的 ID 为 1,这里称第一个参与方为 guest
```

```
host = 2                   #设置第二个参与方的 ID 为 2,这里称第二个参与方为 host
pipeline_upload = PipeLine().
    set_initiator(role = 'guest', party_id = guest).
    set_roles(guest = guest, host = host)    #创建 pipeline 对象
partition = 4  #设置存储分区(其的值在这里不影响训练任务,具体如何设置参考官方文档)
#上传数据集
#定义数据集表格的名称和命名空间,后面的配置会用
guest_data = {"name": "breast_hetero_guest", "namespace": "experiment"}
host_data = {"name": "breast_hetero_host", "namespace": "experiment"}
pipeline_upload.add_upload_data(
    file = "examples/data/breast_hetero_guest.csv",
    table_name = guest_data["name"],
    namespace = guest_data["namespace"],
    head = 1,
    partition = partition)             #配置 guest 数据信息
pipeline_upload.add_upload_data(
    file = "examples/data/breast_ hetero_host.csv",
    table_name = host_data["name"], namespace = host_data["namespace"],
    head = 1, partition = partition)   #配置 host 数据信息
pipeline_upload.upload(drop = 1)       #上传数据
```

2) 写 Pipeline 训练脚本并且执行

纵向联邦学习的结构相对于横向联邦更为复杂。在纵向联邦学习中每个参与方都会持有一个底部(bottom)模型,持有标签的参与方则持有 bottom 模型和一个顶部(top)模型。在本示例中,guest 持有标签数据。完整的 Pipeline 脚本代码如下。

```
import torch as t                            #导入 Pytorch 并用 t 表示
from torch import nn                         #导入 nn
from pipeline.component import HeteroNN, Reader, DataTransform, Intersection
                    #导入 HeteroNN 组件、数据 I/O 组件和求交组件。求交组件则是 PSI
from pipeline.backend.pipeline import PipeLine   #导入 Pipeline 类
from pipeline.component import Reader, DataTransform, Evaluation
                                             #导入数据 I/O 组件和评估组件
from pipeline.interface import Data, Model
                                             #导入定义数据流的数据接口和模型类
from pipeline import fate_torch_hook         #导入 fate_torch_hook 函数,该函数可
#以修改 Pytorch 的一些类,使您在脚本中定义的 layer、sequential、optimizer、loss
#function 能够被 Pipeline 解析并提交
t = fate_torch_hook(t)                       #执行 fate_torch_hook 函数
#创建一个 Pipeline 来提交工作(该操作与数据上传步骤重复,可删除)
guest = 1
host = 2
pipeline = PipeLine().
    set_initiator(role = 'guest', party_id = guest).
    set_roles(guest = guest, host = host)
#读取上传的数据集
guest_train_data = {"name": "breast_hetero_guest",
                    "namespace": "experiment"}
```

```
host_train_data = {"name": "breast_hetero_host","namespace": "experiment"}
reader_0 = Reader(name = "reader_0")
reader_0.get_party_instance(role = 'guest',party_id = guest).
        component_param(table = guest_train_data)
reader_0.get_party_instance(role = 'host', party_id = host).
        component_param(table = host_train_data)
#DataTransform组件将上传的数据转换为 DATE 标准格式
data_transform_0 = DataTransform(name = 'data_transform_0')
data_transform_0.get_party_instance(role = 'guest', party_id = guest).
                component_param(with_label = True)
data_transform_0.get_party_instance(role = 'host', party_id = host).
                component_param(with_label = False)
#创建求交组件
intersection_0 = Intersection(name = "intersection_0")
#初始化 Hetero-NN组件,并且分别为 guest 和 host 指定不同的模型组件
hetero_nn_0 = HeteroNN(name = "hetero_nn_0",epochs = 2,
       interactive_layer_lr = 0.01,batch_size = -1,
       validation_freqs = 1,task_type = 'classification',seed = 114514)
guest_nn_0 = hetero_nn_0.get_party_instance(role = 'guest',
       party_id = guest)
host_nn_0 = hetero_nn_0.get_party_instance(role = 'host',
       party_id = host)
#定义 guest 和 host 的模型
guest_bottom = t.nn.Sequential(nn.Linear(10, 2), nn.ReLU())
guest_top = t.nn.Sequential(nn.Linear(2, 1), nn.Sigmoid())
host_bottom = t.nn.Sequential(nn.Linear(20, 2), nn.ReLU())
#定义交互层
interactive_layer = t.nn.InteractiveLayer(out_dim = 2, guest_dim = 2,
       host_dim = 2, host_num = 1)
#将 guest 和 host 模型及交互层添加到 Hetero-NN 组件中
guest_nn_0.add_top_model(guest_top)
guest_nn_0.add_bottom_model(guest_bottom)
host_nn_0.add_bottom_model(host_bottom)
hetero_nn_0.set_interactive_layer(interactive_layer)
#定义优化器及损失函数
optimizer = t.optim.Adam(lr = 0.01)
loss = t.nn.BCELoss()
hetero_nn_0.compile(optimizer = optimizer, loss = loss)
#定义 Pipeline 任务流
pipeline.add_component(reader_0)
pipeline.add_component(data_transform_0,
        data=Data(data=reader_0.output.data))
pipeline.add_component(intersection_0,
        data=Data(data=data_transform_0.output.data))
pipeline.add_component(hetero_nn_0,
        data=Data(train_data=intersection_0.output.data))
#编译并执行
pipeline.compile()
pipeline.fit()
```

课后习题

1. 在联邦学习中,下列选项中描述了潜在威胁模型的是(　　)。
   A. 客户端通过向本地数据集投毒并将训练的本地模型发送给服务器
   B. 客户端更改本地模型参数并发送给服务器
   C. 服务器根据本地模型参数推测客户端数据集
   D. 服务器获取了聚合后全局模型的参数
2. 在横向联邦学习场景中,安全聚合协议如何保护了客户端的隐私?

图书资源支持

感谢您一直以来对清华版图书的支持和爱护。为了配合本书的使用，本书提供配套的资源，有需求的读者请扫描下方的“书圈”微信公众号二维码，在图书专区下载，也可以拨打电话或发送电子邮件咨询。

如果您在使用本书的过程中遇到了什么问题，或者有相关图书出版计划，也请您发邮件告诉我们，以便我们更好地为您服务。

我们的联系方式：

清华大学出版社计算机与信息分社网站：https://www.shuimushuhui.com/

地　　址：北京市海淀区双清路学研大厦 A 座 714

邮　　编：100084

电　　话：010-83470236　010-83470237

客服邮箱：2301891038@qq.com

QQ：2301891038（请写明您的单位和姓名）

资源下载：关注公众号“书圈”下载配套资源。

资源下载、样书申请

书圈

图书案例

清华计算机学堂

观看课程直播